炼油装置技术问答丛书

加氢裂化装置技术问答

（第三版）

王敬东　周能冬　王建伟　主编

U0255043

中国石化出版社

内 容 提 要

　　本书从生产实际出发，以问答的方式详细介绍了加氢裂化装置操作人员应知应会的基本知识、操作技术和事故处理的基本方法。本书的主要内容包括：加氢裂化基础知识、原料和产品、催化剂、加氢裂化的加工方案和工艺过程、加氢裂化操作调整、加氢裂化设备、加氢裂化装置开停工、安全生产和事故处理、仪表与自动化等。

　　本书主要供加氢裂化装置管理人员、技术人员和操作人员使用，也可以供相关院校师生参考。

图书在版编目（CIP）数据

　　加氢裂化装置技术问答／王敬东，周能冬，王建伟主编．—3 版．—
北京 ：中国石化出版社，2023.8
　　ISBN 978-7-5114-7177-2

　　Ⅰ．①加… Ⅱ．①王… ②周… ③王… Ⅲ．①石油炼制–加氢裂化–
化工设备–问题解答 Ⅳ．①TE966–44

　　中国国家版本馆 CIP 数据核字（2023）第 131630 号

未经本社书面授权,本书任何部分不得被复制、抄袭,或者以任何
形式或任何方式传播。版权所有,侵权必究。

中国石化出版社出版发行

地址:北京市东城区安定门外大街 58 号
邮编:100011　电话:(010)57512500
发行部电话:(010)57512575
http://www. sinopec-press. com
E-mail:press@ sinopec. com
北京富泰印刷有限责任公司印刷
全国各地新华书店经销

*

710×1000 毫米 16 开本 28.5 印张 446 千字
2023 年 9 月第 3 版　2023 年 9 月第 1 次印刷
定价：88.00 元

前　　言

　　加氢裂化装置具有加工原料适应性强、工艺流程及产品方案灵活、液体产品收率高、产品质量好等特点，可以直接从劣质原料生产出超低硫、高品质的柴油、喷气燃料和特种油品，同时还可以生产优质的石脑油和尾油，为催化重整、乙烯裂解或润滑油生产提供原料。对于燃料型加工企业来说，加氢裂化装置是炼油企业满足原料劣质化、成品油清洁化的重要手段之一；而对于炼化一体化企业来说，加氢裂化装置则是实现"宜油则油、宜烯则烯、宜芳则芳"，且具有承上启下作用的核心装置。

　　国内自20世纪70年代在扬子、金山、南京和茂名引进4套加氢裂化装置以来，陆续新建了几十套加氢裂化装置。经过中国石化大连（抚顺）石油化工研究院、石油化工科学研究院和其他研究、设计院所的多年努力，我国已在加氢裂化基础理论、催化剂研发制造、工艺开发和工程设计等方面取得了一系列显著成果，陆续出版了一批关于加氢裂化技术的指导性书籍。然而这些书籍多是侧重于基础理论方面的研究，对实际操作方面相对讲述较少。《加氢裂化装置技术问答》一书着重于解决加氢裂化装置的实际操作，同时附带部分理论，以技术问答的形式介绍了加氢裂化技术的相关知识。

　　《加氢裂化装置技术问答》自出版以来，深受广大读者的欢迎。本书则在第二版的基础上结合最新的催化剂、工艺、设备进展和应用情况，以及安全环保要求进行了适当的修订和完善。修订后的《加氢裂化装置技术问答》包括加氢裂化基础知识、原料和产品、催化剂、加氢裂化操作调整、加氢裂化设备、加氢裂化装置开停工、安全生产和事故处理、仪表与自动化等内容，力求在内容上更加充实、完善，以更好地满足读者的需求。

由于水平有限、经验不足，书中难免存在错误，不妥之处敬请读者批评指正。

目　　录

14

16

17

28

第一章　基础知识

第一节　相关基础知识

1　什么是烷烃?

分子中各个碳原子用单键连接成链状，而每个碳原子余下的化合价都与氢原子相连接，这类化合物叫烷烃。烷烃包含支链和直链，是无任何环结构的饱和烃。

烷烃包括一系列性质相近的化合物，随着烷烃分子中含碳原子数目增加，它们的性质呈规律性变化，相邻的烷烃分子组成上仅差一个—CH_2—原子团，因此这一类烃的通式可以用 C_nH_{2n+2}（$n=1$，2，3，4，…）来表示。分子结构式中没有支链的习惯上叫作正构烷烃，带有支链的叫作异构烷烃。对于正构烷烃，凡分子中碳原子数在 10 个以下的用甲、乙、丙、丁、戊、己、庚、辛、壬、癸表示。碳原子数在 10 个以上的则用数字来表示。

2　什么是烯烃?

分子结构式中含有一个双键的叫烯烃，分子通式为 C_nH_{2n}。含有两个双键的叫二烯烃，分子通式为 C_nH_{2n-2}。

3　什么是不饱和烃?

不饱和烃就是分子结构中碳原子间有双键或三键的开链烃和脂环烃。与相同碳原子数的饱和烃相比，分子中氢原子要少。烯烃（如乙烯、丙烯）、炔烃（如乙炔）、环烯烃（如环戊烯）都属于不饱和烃。不饱和烃几乎不存在于原油和天然气中，而存在于石油二次加工产品中，因此直馏馏分中基本不含不饱和烃。但芳香烃则既存在于原油中，也存在于石油二次加工产品中。

4　原料油特性因数 K 值的含义? K 值的高低说明什么?

特性因数 K 值常用以划分石油和石油馏分的化学组成，在评价原料的质量上被普遍使用。它是由密度和平均沸点计算得到，也可以从计算特性因数的诺谟图求出。K值有 UOP K 值和 Watson K 值两种。特性因数是一种说明原料石蜡烃含量的指标。K 值高，原料的石蜡烃含量高；K 值低，原料的石蜡烃含量低。但它在芳香烃和环烷烃之间则不能区分开。K 的平均值，烷烃约为 13，环烷烃约为 11.5，芳烃约为 10.5。

5 按特性因数 K 值，原油如何分类？

按特性因数（K）大小，原油分为：

特性因数 K 大于 12.1 为石蜡基原油，K 值为 11.5～12.1 为中间基原油，K 值为 10.5～11.5 为环烷基原油。对于烷烃来说，支链增加 K 值下降；对于环烷烃和芳烃来说，支链增加 K 值增加；对于芳烃来说，环数增加，K 值减小。

石蜡基原油烷烃含量一般超过 50%，其特点是密度小，凝固点高，含硫、含胶质低。环烷基原油一般密度大，凝固点低。中间基原油的性质介于二者之间。

原料特性因素 K 值的高低，最能说明该原料的生焦倾向和裂化性能。原料的 K 值越高，它就越易于进行裂化反应，而且生焦倾向也越小；反之原料的 K 值越低，它就难以进行裂化反应，而且生焦倾向也越大。因此特性因数对于了解原油分类和确定原油加工方案、油品的化学组成及油品的其他特性是十分有用的。

6 原油按关键馏分的特性如何分类？

原油在实沸点蒸馏装置馏出 250～275℃作为第一关键馏分，残油用没有填料柱的蒸馏瓶在 40mmHg 残压下蒸馏，切取 275～300℃馏分（相当于常压 395～425℃）作为第二关键馏分。测定以上两个关键馏分的密度，对照表 1-1 中的密度分类标准，决定两个关键馏分的属性，最后按照表 1-1 和表 1-2 确定该原油的性质。

表 1-1 关键馏分的分类指标

关键馏分	石蜡基	中间基	环烷基
第一关键馏分 （轻油部分）	d_4^{20}<0.8210 比重指数>40 （K>11.9）	d_4^{20}<0.8210～0.8562 比重指数 33～40 （K=11.5～11.9）	d_4^{20}>0.8562 比重指数<33 （K<11.5）
第二关键馏分	d_4^{20}<0.8723 比重指数>30 （K>12.2）	d_4^{20}=0.8723～0.9305 比重指数 20～30 （K=11.5～12.2）	d_4^{20}>0.9305 比重指数<20 （K<11.5）
分类及其特点	石蜡基原油，含较多石蜡，凝点高	中间基原油，含有一定数量的烷烃、环烷烃与芳香烃	环烷基原油，含有较多环烷烃和芳香烃，凝点低

表 1-2　关键馏分特性分析

编号	轻油部分的类别	重油部分的类别	原油的类别
1	石蜡(P)	石蜡(P)	石蜡(P)
2	石蜡(P)	中间(I)	石蜡~中间(P~I)
3	中间(I)	石蜡(P)	中间~石蜡(I~P)
4	中间(I)	中间(I)	中间(I)
5	中间(I)	环烷(N)	中间~环烷(I~N)
6	环烷(N)	中间(I)	环烷~中间(N~I)
7	环烷(N)	环烷(N)	环烷(N)

7　原油商品分类有几种？各按什么原则进行？

原油的商品分类法可以作为化学分类法的补充，在工业上也有一定的参考价值，分类的根据包括：按密度分类、按含硫量分类、按含蜡量分类、按含胶质量分类等。

API 度是美国石油学会(简称 API)制定的用以表示石油及石油产品密度的一种量度。美国和中国以 API 度作为原油分类的基准(见原油评价)。API 度为液体的比重指数，用来表示液体的相对密度。其标准温度为 15.6℃(60°F)，它和 15.6℃时的相对密度(与水比)的关系为：$API° = 141.5/d\frac{15.6}{15.6} - 131.5$。由上式可知，API 度愈大，相对密度愈小。目前，国际上把 API 度作为决定原油价格的主要标准之一。它的数值愈大，表示原油愈轻，价格愈高。

① 按原油的密度分类：

轻质原油	>34°API；	<852kg/m³(20℃)
中质原油	34~20°API；	852~930 kg/m³(20℃)
重质原油	20~10°API；	931~998 kg/m³(20℃)
特稠原油	<10°API；	>998 kg/m³(20℃)

② 按原油的含硫量分类：

低硫原油	硫含量<0.5%
含硫原油	硫含量 0.5%~2.0%
高硫原油	硫含量>2.0%

但世界各国都按本国所使用原油性质规定，互不相同。以上所列数据可作为分类时的参考标准。

8　油品的商品牌号是如何划分的？

汽油的牌号是按马达法辛烷值进行划分，如 92#、95#、98#；柴油牌号按凝

3

点进行划分，如 $0^#$、$-10^#$、$-20^#$、$-35^#$；重质燃料油按黏度进行划分，如 $60^#$、$100^#$、$200^#$；石蜡按熔点进行划分，如 $60^#$、$64^#$、$70^#$；道路和建筑沥青则以针入度为划分依据。

9 原油中硫以什么形态存在？各形态的含硫化合物的分布有何特点？比较 VGO 和 CGO 中硫种类有何特点？

硫在原油馏分中的分布一般是随着馏分沸程的升高而增加，大部分集中在重馏分和渣油中，硫在原油中的存在形态已经确定的有：单质硫(S)、硫化氢(H_2S)、硫醇类(RHS)、硫醚(RSR)、硫醚类(RSR')、二硫化物($RSSR'$)、杂环化合物(噻吩、苯并噻吩、二苯并噻吩、萘苯并噻吩及其烷基衍生物)。含硫化合物按性质划分，可分为活性硫化物和非活性硫化物。活性硫化物主要包括单质硫、硫化氢和硫醇等，它们的共同特点是对金属设备有较强的腐蚀作用；非活性硫化物主要包括硫醚、二硫化物和噻吩等对金属设备无腐蚀作用的硫化物，一些非活性硫化物经受热分解可以转化为活性硫化物。

硫的浓度一般随着馏分沸点的升高而增加。硫醇通常集中在低沸点馏分中，随着沸点的上升，硫醇含量显著下降，>300℃的馏分几乎不含硫醇。硫醚主要分布在中沸点馏分中，300~350℃馏分中的硫醚含量可占到该馏分硫含量的50%，重质馏分硫醚含量一般下降。二硫化物一般分布在沸点110℃以上的馏分中，300℃以上馏分则含量极少。杂环硫化物主要分布在中沸点以上馏分，VGO（300~540℃直馏馏分）部分硫是硫醚，基本不含硫醇和二硫化物，大部分是杂环硫化物，焦化蜡油（CGO）则基本上是杂环硫化物，而且大部分是噻吩类。

10 原油中氮以什么形态存在？分布规律是什么？氮的存在对石油加工过程的影响是什么？

原油中氮含量均低于万分之几至千分之几。我国大多数原油含氮量均低于千分之五。氮在原油中的存在形态已经确定的有：①杂环芳烃，如吡咯、吲哚、吡啶、喹啉等单、双环杂环氮化物及咔唑、吖啶及其衍生物等稠环氮化物；②非杂环化合物苯胺类。氮含量一般随馏分沸点的升高而增加，较轻的馏分氮化物主要是单、双环杂环氮化物，较重馏分主要含稠环氮化物。

原油中氮的分布随着馏分沸点的升高，其氮含量迅速升高，约有80%的氮集中在400℃以上的重油中。我国原油中氮含量偏高，且大多数原油中90%的总氮集中在渣油中。大部分氮也是以胶状、沥青状物质形态存在于渣油中。原油中的氮化物可分为碱性和非碱性两类。所谓碱性氮化物是指能用高氯酸($HClO_4$)在醋酸溶液中滴定的氮化物，非碱性氮化物则不能。原油馏分中碱性含氮化合物主要有吡啶系、喹啉系、异喹啉系和吖啶系；弱碱性和非碱性含氮化合物主要有吡咯系、吲哚系和咔唑系。

石油中的非碱性含氮化合物（如吡咯、吲哚等衍生物）性质不稳定，易被氧化和聚合，是导致石油二次加工油品颜色变深和产生沉淀的主要原因，影响了产品的安定性，与微量金属作用，形成卟啉化合物。这些化合物的存在，会导致催化剂中毒，使催化剂的活性和选择性降低。

11 原油中氧以什么形态存在？环烷酸的危害有哪些？

原油中的氧大部分集中在胶质、沥青质中。除此之外，原油中氧均以有机化合物状态存在，这些含氧化合物可分为酸性氧化物和中性氧化物两类。酸性氧化物中有环烷酸、脂肪酸以及酚类，总称为石油酸。中性氧化物有醛、酮等，它们在原油中含量极少。

在原油的酸性氧化物中，以环烷酸最为重要，它约占原油酸性氧化物的90%。环烷酸的含量因原油产地不同而异，一般多在1%以下。环烷酸在原油馏分中的分布规律很特殊，在中间馏分中（沸程为250~350℃）环烷酸含量最高，而在轻馏分以及重馏分中环烷酸含量比较低。

原油含环烷酸多，易乳化，对原油的脱盐脱水不利；较重馏分中的环烷酸在碱洗时易乳化从而难以分离。环烷酸对装置设备造成腐蚀，特别是低分子环烷酸因酸性较强而对设备造成腐蚀，尤其是在较大的酸值和较高的温度下对设备腐蚀更严重。

12 石油馏分中芳烃有哪些分布特点？

多环芳烃主要存在于高沸点馏分（>350℃）中，中间馏分主要含单、双和三环芳烃；直馏瓦斯油的芳烃含量相对较低，催化轻循环油芳烃含量较高。

13 原油中的微量金属元素的存在形态有哪些？

在原油中一部分微量金属以无机的水溶性盐类形式存在，如钾、钠的氯化物盐类，这些金属盐类主要存在于原油乳化的水相里，在脱盐过程中可以通过水洗除去。另一些金属是以油溶性的有机化合物或络合物形式存在，这类金属经原油蒸馏后，大部分浓集在渣油中。此外一些金属还可能以极细的矿物质微粒悬浮于原油中。

14 什么是油品的比重和密度？有何意义？

物质的密度是该物质单位体积的质量，以符号 ρ 表示，单位为 kg/m³。

液体油品的比重为其密度与规定温度下水的密度之比，无因次单位，常以 d

表示。我国以油品在20℃时的单位体积质量与同体积的水在4℃时的质量之比作为油品的标准比重，以 d_4^{20} 表示。

由于油品的实际温度并不正好是20℃，所以需将任意温度下测定的比重换算成20℃的标准比重。

换算公式：

$$d_4^{20} = d_4^t + \gamma(t - 20)$$

式中　γ——温度校正值。

欧美各国，油品的比重通常用比重指数或称 API 度表示。可利用专用换算表，将 API 度换算成 $d_{15.6}^{15.6}$，再换算成 d_4^{20}，也可反过来，将 d_4^{20} 换算成 API 度。

油品的比重取决于组成它的烃类分子大小和分子结构，油品比重反映了油品的轻重。馏分组成相同，比重大，环烷烃、芳烃含量多；比重小，烷烃含量较多。同一种原油的馏分，密度大，说明该馏分沸点高和分子量大。

15　什么是残留百分数？

经过干点测定后，待烧瓶冷却将其内容物倒入5mL量筒中，并且将烧瓶悬垂在5mL量筒上，让蒸馏烧瓶排油，直至观察到5mL量筒的体积没有增加为止。此时测得的体积为残留体积，用体积分数表示或者以 mL 表示。

16　什么是石油产品的灰分？

油品在规定条件下灼烧后所剩的不燃物质称为灰分，以质量分数表示。此种不燃物质是油品中的矿物质，主要是由环烷酸的钙盐、镁盐、钠盐等形成的。重油中此种碱金属的含量占灰分总量的20%~30%。

17　什么是原料油的残炭？它是由什么组成的？

残炭是实验室破坏蒸馏（油样在不充足的空气中燃烧）后剩留的物质，是用来衡量裂化原料的非催化焦生成倾向的一种特性指标，得到非常普遍的使用。作为加氢裂化原料的馏分油的残炭值很低，一般不超过0.2%，其胶质、沥青质含量也很少。渣油的残炭值较高，在5%~27%之间，胶质、沥青质含量也很高。

残炭一般由多环芳烃缩合而成，而渣油中不仅含有大量芳烃，而且含有大量的胶质和沥青质，胶质和沥青质也含有大量多环芳烃和杂环芳烃，因而实验室中分析出来的残炭，也是一些加工过程中生焦的前身物质。

18　油品的残炭如何测定（康氏残炭法）？

将油品放入残炭测定器中，在不通入空气的条件下加热，油中的多环芳烃、胶质和沥青质等受热蒸发、分解并缩合，排出燃烧气体后所剩的鳞片状黑色残余物，称为残炭，以质量分数表示。残炭的多少主要取决于油品的化学组成，残炭多则说明油品容易氧化生胶或生成积炭。残炭并不完全是炭而是一种会进一步热解变化的焦炭。

试样或10%蒸余物的康氏残炭值 $X[\%(质量分数)]$ 按照下式计算：

$$X = \frac{m_1}{m_0} \times 100$$

式中　m_1——残炭的质量，kg；

　　　m_0——试样的质量，kg。

19 什么是油品的黏度？有何意义？与温度压力的关系如何？什么是油品的黏温性质？

液体受外力作用时，分子间产生的内摩擦力。分子间的内摩擦阻力越大，则黏度也越大。黏度是评定油品流动性的指标，是油品尤其是润滑油的重要质量指标。润滑油必须具有适当的黏度，若黏度过大，则流动性差，不能在机器启动时迅速流到各摩擦点去，使之得不到润滑；黏度过小，则不能保证润滑效果，容易造成机件干摩擦，对于油品来说，黏度合适则喷射的油滴小而均匀，燃烧完全。黏度的表示方法很多，可归纳分为绝对黏度和条件黏度两类，绝对黏度分动力黏度和运动黏度两种。

动力黏度的单位为 Pa·s，其物理意义为：面积各为 $1m^2$ 并相距 $1m$ 的两层液体，以 $1m/s$ 的速度做相对运动时所产生的内摩擦力，常用单位是 P（泊）和 cP（厘泊），换算关系为 $1Pa·s = 10P = 1000cP$。

运动黏度是在温度（ $t℃$ ）时，液体的动力黏度（ η ）与同温度下密度（ ρ ）之比，运动黏度以符号 v_1 表示。运动黏度的单位是 m^2/s，常用 mm^2/s 和 cSt（厘泡），换算关系为 $1mm^2/s = 1cSt$。石油产品的规格中，大都采用运动黏度，润滑油的牌号很多是根据其运动黏度的大小来规定的。

条件黏度有恩氏黏度、赛氏通用黏度、赛氏重油黏度、雷氏 1 号黏度、雷氏 2 号黏度等几种，在欧美各国比较通用。

油品在流动和输送过程中黏度对流量和阻力降有很大的影响。黏度是一种随温度而变化的物理参数，温度升高则黏度变小，而温度降低时，黏度则增大，油品这种黏度随温度变化的性质称为黏温性质。有的油品的黏度随温度变化小，有的则变化大，受温度变化小的油品黏温性能就好。油品的黏温性质常用的有两种表示法：一种是黏度比，即油品在两个不同温度下的运动黏度的比值；另一种是黏度指数。通常压力小于 40atm（4053kPa）时，压力对黏度影响可忽略，但在高压下，黏度随压力升高而急剧增大。特别要说明的是油品混合物的黏度是没有可加性的。

20　什么是油品的闪点？有何意义？

闪点是在规定试验条件下，加热油品时逸出的蒸汽和空气组成的混合物与火焰接触发生瞬间闪火时的最低温度，单位用℃表示。

根据测定方法和仪器的不同，分开口(杯)和闭口(杯)两种测定方法，前者用以测定重质油品，后者用以测定轻质油品。重质油品中混入少量轻质油时，闪点大幅下降，而且开口杯闪点与闭口杯闪点的差别也大幅增大。因此可以通过某种油品闪点的大小来判断其是否掺杂其他轻质油品。

闪点常用来划定油品的危险等级，例如，闪点在45℃以上称为可燃品，45℃以下称为易燃品。汽油的闪点相当于爆炸上限温度。闪点与油品蒸发性有关，与油品的10%馏出点温度关联极好。石油产品的馏程越轻，蒸气压越大，闪点越低。

闪点越低表明其着火危险性越大。因此石油产品以其闪点作为着火危险等级的分级标准。通过油品闪点的大小来确定油品储存或使用时应采用的温度。从防火角度来看，敞开装油容器或倾倒油品时的温度应比油品的闪点低至少17℃。

21　什么是油品的燃点？什么是油品的自燃点？

燃点是油品在规定条件下加热到能被外部火源引燃并连续燃烧不少于 5s 的最低温度。

油品在加热时不需外部火源引燃，而自身能发生剧烈的氧化自行燃烧，能发生自燃的最低油温称为自燃点。

油品愈轻，其闪点和燃点愈低，而自燃点愈高。烷烃比芳香烃易自燃。从安全防火的角度来说，轻质油品防明火，以防外界火源而引起爆炸，重质油品防高温泄漏，遇空气自燃。

22　什么是油品的浊点、冰点、倾点和凝点？

浊点是指油品在试验条件下，开始出现烃类的微晶粒或水雾而使油品呈现浑浊时的最高温度。油品出现浊点后，继续冷却直到油中呈现出肉眼能看得见的晶体，此时的温度就是油品的结晶点，俗称冰点。倾点是指石油产品在冷却过程中能从标准型式的容器中流出的最低温度。凝点是指油品在规定的仪器中，按一定的试验条件测得油品失去流动性(试管倾斜45°，经 1min 后肉眼看不到油面有所移动)时的温度。凝点的实质是油品低温下黏度增大，形成无定形的玻璃状物质而失去流动性，或含蜡的油品蜡大量结晶，连接成网状结构，结晶骨架把液态的油包在其中，使其失去流动性。同一油品的浊点要高于冰点，冰点高于凝点。

浊点和结晶点高，说明燃料的低温性较差，在较高温度下就会析出结晶，堵塞过滤器，妨碍甚至中断供油。因此，航空汽油和喷气燃料规格对浊点和结晶点均有严格规定。

23　什么是油品的冷滤点？

冷滤点是按照 SH/T 0248 规定的测定条件，当试油通过过滤器的流量每分钟不足 20mL 时的最高温度。由于冷滤点的测定条件近似于使用条件，所以可以用来粗略地判断柴油可能使用的最低温度。冷滤点高低与柴油的低温黏度和含蜡量有关。低温下黏度大或出现的蜡结晶多，都会使柴油的冷滤点升高。

24　油品的苯胺点表示什么？

所谓苯胺点是指以苯为溶剂与油品按体积 1∶1 混合时的临界溶解温度。苯胺点是表示油品中芳烃含量的指标，苯胺点越低，说明油品烃类结构与苯胺越相似，油品中芳烃含量越高。

25　什么是烟点？什么叫辉光值？

烟点或称无烟火焰高度，是指在特制的灯中测定燃料火焰不冒烟时的最大高度，烟点又称无烟火焰高度。无烟火焰的最大高度以 mm 表示。烟点是控制喷气燃料积炭性能的规格指标。烟点的值愈大愈好，燃料生成积炭倾向越小。它与以下因素有关：芳香烃含量越高，烟点越低。馏分加重，烟点变低；不饱和烃含量增加，烟点变低；实际胶质含量高，烟点变低。辉光值表示燃料燃烧时火焰的辐射强度，辉光值高，表示燃料芳烃含量高，火焰中的炭微粒数量多，火焰辐射强度大。

26　什么是油品的酸度和酸值？

酸度是指中和 100mL 试油所需的氢氧化钾质量[mg(KOH)/100mL]，该值一般适用于轻质油品；酸值是指中和 1g 试油所需的氢氧化钾质量[mg(KOH)/g]，该值一般适用于重质油品。测试方法是用沸腾的乙醇抽出试油中的酸性成分，然后再用氢氧化钾乙醇溶液进行滴定。根据氢氧化钾乙醇溶液的消耗量，算出油品的酸度或酸值。

27　什么是石油产品的碘值？其数值的大小说明什么问题？

100g 试油所能吸收碘的质量（g），称为石油产品的碘值。碘值是表示油品安定性的指标之一。从测得碘值的大小可以说明油品中的不饱和烃含量的多少。石油产品中的不饱和烃愈多，碘值就愈高，油品安定性也愈差。

28　什么是溴价？油品的溴价代表什么？

将一定量的油品试样用溴酸钾-溴化钾标准溶液滴定，滴定完成时每 100g 油品所消耗的溴的质量表示溴价。溴价越高，代表油品中不饱和烃含量越高。

29　什么是 BMCI 值？

BMCI 值也称芳烃指数，是依据油品的馏程和密度两个基本性质建立起来的关联指标，数值表示油品芳烃含量的多少，数值高表示芳烃含量高。它的基础是以正己烷的 BMCI 值为 0，苯的 BMCI 值为 100。计算公式为：

$$BMCI = 48640 \div (t_{体} + 273) + 473.7 \times d_{15.6}^{15.6} - 456.8$$

式中，$t_{体}$ 对于单一的烃为沸点，对混合烃为体积平均沸点；$d_{15.6}^{15.6}$ 为相对密度。

加氢裂化尾油 BMCI 值不能超过 20，一般以小于 10 为佳。反应深度越大，BMCI 值越低，乙烯收率越高。

30　什么是汽油的辛烷值？

汽油辛烷值是汽油在稀混合气情况下抗爆性的衡量指标。在数值上等于在规定条件下与试样抗爆性相同时的标准燃料中所含异辛烷的体积分数。

辛烷值的测定是在专门设计的可变压缩比的单缸试验机中进行。标准燃料由异辛烷(2，2，4-三甲基戊烷)和正庚烷的混合物组成。异辛烷用作抗爆性优良的标准，辛烷值定为 100；正庚烷用作抗爆性低劣的标准，辛烷值定为 0。将这两种烃按不同体积比例混合，可配制成辛烷值由 0~100 的标准燃料。混合物中异辛烷的体积分数愈高，它的抗爆性能也愈好。在辛烷值试验机中测定试样的辛烷值时，提高压缩比到出现标准爆燃强度为止，然后保持压缩比不变，选择某一成分的标准燃料在同一试验条件下进行测定，使发动机产生同样强度的爆燃。当确定所取标准燃料的抗爆性与未知辛烷值试油的抗爆性相同时，所选择的标准燃料如恰好是由 70%异辛烷和 30%正庚烷(体积分数)组成的，则可评定出此试油的辛烷值等于 70。

31　什么是马达法辛烷值和研究法辛烷值？

马达法辛烷值是指用马达法测得的辛烷值。代表辛烷值低于或等于 100 的车用汽油在节气门全开和发动机高速运转时的抗爆性能。测定马达法辛烷值时，使用发动机汽缸工作容积为 652mL 或 612mL 的辛烷值试验机，由压缩比可改变的单缸发动机、制动设备(同步电动机)及测爆震仪器(包括爆震发讯器和爆震指示计)所组成。测定条件是在较高的混合气温度(149℃)和较高的发动机转速(900r/min)下进行测定。用马达法辛烷值表示的车用汽油抗爆性，适应汽车在高速公路上行驶和高功率重载汽车在超车或爬山时的情况。

研究法辛烷值是指用研究法测得的辛烷值。代表辛烷值低于或等于 100 的车用汽油在发动机由低速至中速运行时燃料的抗爆性能。测定研究法辛烷值所使用的试验机基本上和马达法相同。试验是在较低的混合气温度(不加热)和比马达法低的发动机转速(600r/min)的条件下进行的。用研究法辛烷值表示的车用汽油抗爆性，适应公共汽车和轻载汽车行驶时速度较慢但常要加速的情况。

马达法和研究法辛烷值都属于实验室辛烷值。实验室辛烷值用于炼油厂测定车用汽油的抗爆性，并调和产品，以决定车用汽油的牌号，特别是多缸发动机运转时燃料的实际抗爆性状况有所不同。

32　柴油机和汽油机的爆震原因有何不同？

汽油机的爆震是由于未燃烧的混合气中某些烃类太易氧化而造成过氧化物积聚，在火焰前峰未到达前发生自燃引起，是因为燃料太易自燃；柴油机的爆震是因为燃料自燃点过高，造成气缸中燃料积存过多，达到自燃温度时燃烧产生的压力过高。因此汽油机要求燃料自燃点高，柴油机则相反。

33　燃料油的欧洲标准是怎样的？

燃料油的欧洲标准见表 1-3。

表 1-3　燃料油的欧洲标准

标准名称		欧洲 I 号		欧洲 II 号		欧洲 III 号		欧洲 IV 号		欧洲 V 号	
实施时间/年		1993		1998		2000		2005		2009	
		汽油	柴油	汽油	柴油	汽油	柴油	汽油	柴油	汽油	柴油
指标	十六烷值		49		49		51		51		51
	十六烷指数		46		46		46				
	密度(15℃)/(kg/m³)		860		860		845		845		845
	95%馏出温度/℃		370		370		360		360		360
	多环芳烃/%(体)		—		—		11		11		8
	硫含量/(mg/kg)	1000	2000	500	500	150	350	50	50	10	10

标准名称		欧洲Ⅰ号	欧洲Ⅱ号	欧洲Ⅲ号	欧洲Ⅳ号	欧洲Ⅴ号
实施时间/年		1993	1998	2000	2005	2009
指标	苯含量/%	5	5	1	1	1
	烯烃含量/%	—	—	42	35	35
	芳烃含量/%	—	—	18	18	18
	氧含量/%	2.5	2.5	2.7	2.3	2.3
	铅含量/%	13	13	5		

34 **什么是油品的沸点、初馏点、终馏点和馏程？有何意义？**

对于纯物质，在一定的外压下，当加热到某一温度时，其饱和蒸气压等于外界压力，此时气液界面和液体内部同时出现汽化现象，这一温度即称为沸点。对于一种纯的化合物，在一定的外压条件下，都有它自己的沸点，例如，纯水在 1 个标准大气压力下，它的沸点是 100℃。油品与纯化合物不同，它是复杂的混合物，因而其沸点表现为一段连续的沸点范围，简称沸程。

初馏点和终馏点是表示油品馏分组成的两个重要指标，其中初馏点是表示油品在馏程实验测定时馏出第一滴凝液时的温度；终馏点是表示馏出最后一滴凝液时的温度；在规定的条件下蒸馏切割出来的油品，是以初馏点到终馏点的温度范围，来表示其规格的，称为馏程（即"沸程"）。

我们可以从馏程数据来判断油品轻重馏分所占的比例及蒸发性能的好坏。

初馏点和 10% 馏出温度的高低将影响发动机的启动性能。过高则冷车不易启动，过低则易形成"气阻"而中断油路（特别是夏季）。50% 馏出温度的高低将影响发动机的加速性能。90% 馏出温度和干点表示油品不易蒸发和不完全燃烧的重质馏分含量。

35 **测试油品馏分的方法主要有哪些？**

测试油品馏分的方法主要有恩氏蒸馏、实沸点蒸馏和平衡汽化三种方法。

平衡汽化曲线又称一次汽化曲线，指在某一压力下，石油馏分在一系列不同温度下进行平衡蒸发所得到汽化率和温度的关系曲线。汽化率以馏出%（体积分数）表示，不同压力可得到不同的平衡汽化曲线。平衡蒸发的初馏点即 0% 馏出温度，为该馏分的泡点；终馏点即 100% 馏出温度，为该馏分的露点。平衡蒸发曲线是炼油工艺的基本数据之一。

实沸点蒸馏是一种实验室间歇精馏过程，主要用于评价原油。实沸点馏程设备由蒸馏釜和相当于具有一定理论塔板数（一般为 30 块）的精馏柱组成，是一种规格化蒸馏设备。蒸馏时以较大的回流液来控制馏出速度，使每一馏出温度比较接近于该馏出物的真实沸点。

恩氏蒸馏是一种测定油品馏分组成的经验性标准方法，属于简单蒸馏。其规定的标准方法是取 100mL 油样，在规定的恩氏蒸馏装置中按规定条件进行蒸馏以收集到第一滴馏出液时的气相温度作为试样的初馏点，然后按每馏出 10%（体积分数）记录一次气相温度，直到蒸馏终了时的最高气相温度作为终馏点。恩氏蒸馏由于没有精馏柱，组分分离粗糙，但设备和操作方法简易，试验重复性较好，故现在仍广泛应用。

三种蒸馏曲线中实沸点蒸馏曲线斜率最大，表明分离精度最高；平衡汽化曲线斜率最小，表明分离精度最低。为获得相同汽化率，实沸点蒸馏液相温度最高，平衡汽化液相温度最低，恩氏蒸馏居中。

36　什么是油品的平均沸点？平均沸点有几种表示方法？

石油及其产品是复杂的混合物，在一定压力下，其沸点不是一个温度，而是一个温度范围。在加热过程中，低沸点的轻组分首先汽化，随着温度的升高，较重组分才依次汽化。因此要用平均沸点的概念说明。

平均沸点有几种不同表示方法：①体积平均沸点，是恩氏蒸馏 10%、30%、50%、70%、90% 五个馏出温度的算术平均值。用于求定其他物理常数。②分子平均沸点（实分子平均沸点），是各组分的摩尔分数与各自沸点的乘积之和。用于求定平均相对分子质量。③质量平均沸点，是各组分的质量分数与各自馏出温度的乘积之和。④立方平均沸点，是各组分体积分数与各自沸点立方根乘积之和的立方。用于求定油品的特性因数和运动黏度等。⑤中平均沸点，是分子平均沸点和立方平均沸点的算术平均值。用于求定油的氢含量、燃烧热和平均相对分子质量等。除体积平均沸点可直接用恩氏蒸馏数据求得外，其他平均沸点通常都由体积平均沸点查图求出。

37　什么是临界状态？什么是临界温度和临界压力？

临界状态指物质的气态和液态平衡共存时的一个边缘状态，这时液体密度和饱和蒸汽密度相同，因而它们的界面消失，这种状态只能在临界温度和临界压力下实现。

临界温度是物质处于临界状态时的温度，对纯组分来说，也就是气体加压液化时所允许的最高温度（如氧是 $-118.8℃$，氨是 $132.4℃$），超过此温度，不管压力再提高多少，也不能使气体液化，只能使其受到高度压缩。而对于多组分混合物，其液化或汽化温度即露点或泡点随压力不断提高而升高，两者温度差逐渐缩小，最后交于一点，称临界点，相应于这点的温度和压力，就是多组分混合物的临界温度和临界压力。

传热的三种基本方式:热传导、对流和辐射。

热量从物体中温度较高的部分传递到温度较低的部分,或者传递到与之接触的温度较低的另一物体的过程称为热传导,简称导热。在纯导热过程中,物体的各部分之间不发生相对位移。

对流是指流体各部分质点发生相对位移而引起的热量传递过程,因而对流只能发生在流体中,在化工生产中常遇到的是流体流过固定表面时,热能由流体传到固体壁面,或者由固体壁面传入周围流体,这一过程称为对流传热。若用机械能(例如搅拌流体或用泵将流体送经导管)使流体发生对流而传热的称为强制对流传热。若流体原来是静止的,因受热而有密度的局部变化,遂导致发生对流而传热的,则称为自然对流传热。无论哪一种形式的对流传热,单位时间内所传递的热量均采用牛顿冷却公式计算:

流体被加热时,$Q = XA(t_w - t)$

流体被冷却时,$Q = XA(T - t_w)$

式中,t_w 为壁温;T 和 t 分别为热、冷流体的平均温度;A 为传热面积;比例系数 X 称为对流传热系数。

辐射是一种以电磁波传递能量的现象,物体会因各种原因发出辐射能,其中因热的原因而发生辐射能的过程称为热辐射。物体在放热时,热能变为辐射能,以电磁波的形式发射而在空间传播,当遇到另一物体,则部分地或全部地被吸收,重新又转变了热能,因而辐射不仅是能量的转移,而且伴有能量形式的转化,这是热辐射区别于热传导和对流的特别之处。因此辐射能可以在真空中传播,不需要任何物质做媒介。物体虽能以辐射能的方式传递热量,但是只有在高温下辐射才能成为主要的传热方式。

传热系数 K 的定义如下:

$$K = \frac{q}{F \cdot \Delta t_m}$$

式中 K——传热系数,$W/(m^2 \cdot K)$;

q——传热速率,J/h;

F——传热面积,m^2;

Δt_m——温度差,K。

传热系数 K 的物理意义是指流体在单位面积和单位时间内,温度每变化1℃

所传递的热量。传热系数 K 的计算式如下：

$$K = \cfrac{1}{\cfrac{1}{\alpha_1} + R_1 + \cfrac{\delta}{\lambda} + \cfrac{1}{\alpha_2} + R_2}$$

式中　K——传热系数，$W/(m^2 \cdot K)$；

　　　α_1——热流体侧的传热分系数，$W/(m^2 \cdot K)$；

　　　R_1——热流体侧的污垢热阻，$m^2 \cdot K/W$；

　　　α_2——冷流体侧的传热分系数，$W/(m^2 \cdot K)$；

　　　R_2——冷流体侧的污垢热阻，$m^2 \cdot K/W$；

　　　λ——管壁材料的导热系数，$W/(m \cdot K)$；

　　　δ——管壁厚度，m。

从上述的关系式可以看出：要提高 K 值，必须设法提高 α_1、α_2，降低 δ 值。在提高 K 值时应增加 α 较小的一方。但当 α 值相接近时，应同时提高两个 α。对流传热的热阻主要集中在靠近管壁的滞流层，在滞流层中热量以传导方式进行传递，而流体的导热系数又很小。所以强化传热应考虑以下几个方面：

（1）增加湍流程度，以减小滞流层内层厚度。①增大流体流速。如列管换热器的管程可用增加管程数来提高管内流速，壳程可加挡板等来提高传热速率。②改变流动条件，使流体在流动过程中不断改变流动方向，促使其形成湍流。例如，在板式换热器中，当 $Re = 200$ 时，即进入湍流状况。

（2）增大流体的导热系数。如在原子能工业中采用液态金属作载热体，其导热系数比水大十多倍。

（3）除垢。当换热器使用时间长后，垢层变厚影响传热，应设法除垢。如在线清洗技术，可在换热器使用过程中清除垢层。

40 什么是对数平均温差？

对数平均温差的计算式如下：

$$\Delta t_m = \cfrac{(T_1 - t_2) - (T_2 - t_1)}{\ln \cfrac{T_1 - t_2}{T_2 - t_1}} = \cfrac{\Delta t_h - \Delta t_c}{\ln \cfrac{\Delta t_h}{\Delta t_c}}$$

式中　T_1——热流进口温度，$℃$；

　　　T_2——热流出口温度，$℃$；

　　　t_1——冷流进口温度，$℃$；

　　　t_2——冷流出口温度，$℃$；

　　　Δt_h——热端温差，$℃$；

Δt_c——冷端温差,℃;

Δt_m——对数平均温差,即热端温差与冷端温差的对数平均值,℃。

41 反映油品热性质的物理量有哪些?

反映油品热性质的物理量主要是指热焓、比热容、汽化潜热。

油品的热焓是指 1kg 油品在标准状态下加热到某一温度、某一压力时所需的热量(其中包括发生相变的热量)。压力变化对液相油品的焓值的影响很小,可以忽略;而压力对气相油品的焓值却影响很大,必须考虑压力变化影响因素,同一温度下,密度小及特性因数大的油品则焓值相对也高。焓值单位以 kJ/kg 表示。

比热容又称热容,它是指单位物质(按质量或分子计)温度升高 1℃所需的热量,单位是 kJ/(kg·℃)。液体油品的比热容低于水的比热容,油汽的比热容也低于水蒸气的比热容。

汽化潜热又称蒸发潜热,它是指单位物质在一定温度下由液态转化为气态所需的热量,单位以 kJ/kg 表示。当温度和压力升高时,汽化潜热逐渐减少,到临界点时,汽化潜热等于零。

42 什么是热的良导体和不良导体?

传导热的能力比较强的物体,叫做热的良导体;传导热的能力比较弱的物体,叫做热的不良导体。

金属是良导电体,因而也是良好的导热体。纯金属的导热系数一般随温度升高而降低,金属的纯度对导热系数影响很大,例如纯铜中含有极微量的砷,其导热系数即急剧下降。非金属的建筑材料或绝缘材料的导热系数与其组成、结构的致密程度以及温度有关,通常导热系数随密度的增大或温度的升高而增加。

43 什么是导热系数?影响其大小的因素有哪些?

导热系数(λ)是在温度梯度为 1K/m、导热面积为 $1m^2$ 的情况下,单位时间内传递的热量。即导热系数值越大,说明物质的导热能力越强。所以导热系数是物质导热能力的标志,是物质的一个物理性质。影响导热系数 λ 主要有如下几个因素:

① 物质的化学组成:化学组成不同和同样材料含有少量杂质会使 λ 值改变。

② 内部结构:物质内部结构越紧密,其导热系数越大。

③ 物理状态:化学组成虽相同,但所处物理状态不同,λ 值也不一样。

④ 湿度:湿材料的导热系数比同样组成的干材料要高。

⑤ 压强:主要是对气体的影响。气体的导热系数随压强的增加而增加,但在通常压强范围内导热系数值增加很小,可以忽略。在高真空(绝对压强<

2.66kPa）和高压下，压强的影响较大。

⑥ 温度：温度对不同材料导热系数的影响各有不同。气体、蒸汽、建筑材料和绝热材料的 λ 值随温度升高而增大，大部分液体（水和甘油除外）和大部分金属的 λ 值随温度升高而降低。

44 什么是溶剂抽提？

抽提也称萃取，它是利用各组分在溶剂中的溶解度不同而使液体或固体混合物分离的过程。抽提分离时要求混合物组分在溶剂中的溶解度不同，同时加入溶剂后形成的两相必须具有不同的密度。

45 什么是溶解度？影响因素是什么？什么是临界溶解温度？

所谓溶解就是一种物质（溶质）分散在另一种物质（溶剂）中形成溶液的过程。物质溶解能力的大小用溶解度表示，就是指在一定温度和压力下，物质在一定量溶剂中溶解的最高量，通常用 100g 溶剂里溶解的最多克数来表示，即以 g/100g 来表示。烃类在溶剂中的溶解度主要取决于烃类和溶剂的分子结构相似程度，两者结构越相似，溶解度越大；温度升高，烃类在溶剂中的溶解度增大。当加热到某一温度时，烃类和溶剂达到完全互溶，两相界面消失，这时的温度称为该混合物的临界溶解温度。

46 什么是亨利定律？

当温度一定时，气体在液体中的溶解度和该气体在气相中的分压成正比，这一规律称为亨利定律。其表达式如下：

$$P = E \cdot x$$

式中 P——平衡时组分的气相分压；

       E——组分的亨利常数；

       x——气体在液相中的摩尔分数。

47 什么是挥发度和相对挥发度？相对挥发度大小对蒸馏分离有何影响？

溶液达到气液两相平衡时，某一组分 A 在平衡气相中的分压 P_A 与它在平衡液相中的摩尔分率 x_A 的比值，称为 A 组分的挥发度 α_A。

$$\alpha_A = P_A / x_A$$

溶液中的两组分挥发度之比，为相对挥发度。如 A 和 B 组分的相对挥发度 α_{AB}：

$$\alpha_{AB} = \alpha_A / \alpha_B$$

对于理想溶液

$$\alpha_{AB} = P_A / P_B$$

当相对挥发度等于 1 时，轻重组分的饱和蒸气压相等，两组分在气液两相组成完全一样，采用普通蒸馏方法不能分离；当相对挥发度不等于 1 时，气液两相轻重组分组成存在差异，且相对挥发度离等于 1 越远，相差越大，越容易用蒸馏方法分离。

48 什么是吸收？什么叫物理吸收、化学吸收？什么是解吸？

吸收是一种气体分离方法，它利用气体混合物的各组分在某溶剂中的溶解度不同，通过使气液两相充分接触，易溶气体进入溶剂中，从而达到使混合气体中组分分离的目的。易溶气体为吸收质，所用溶剂为吸收剂。吸收过程实质上是气相组分在液相中溶解的过程，各种气体在液体中都有一定的溶解度。当气体和液体接触时，气体溶于液体中的浓度逐渐增加到饱和为止，当溶质（被溶解的气体）在气相中的分压大于它在液相中饱和蒸气压时，就会发生吸收作用，当差压等于 0 时，过程就达到了平衡，即气体不再溶解于液体，如果条件相反，溶质由液相转入气相，即为解吸过程。当溶质在液相中的饱和蒸气压大于它在气相中的分压，就会发生解吸作用，当两者压差等于 0 时，过程就达到平衡。

气体被吸收剂溶解时不发生化学反应的吸收过程称物理吸收。气体被吸收剂溶解时伴有化学反应的吸收过程称化学吸收。

解吸也称脱吸，指吸收质由溶剂中分离出来转移入气相的过程，与吸收是一个相反的过程。通常解吸的方法有加热升温、降压闪蒸、惰性气体或蒸汽脱气、精馏等。

49 温度和压力对吸收效果有何影响？

温度对吸收效果有显著的影响，因为溶解度和温度有关，会使溶剂中的气体平衡分压降低，有利气体吸收，但温度过低，可能导致气体的一部分烃类冷凝，导致溶剂发泡而影响吸收效果。

压力高有利于吸收进行，但不利于解吸过程。压力过高会导致气体部分烃类冷凝。压力低有利吸收剂的解吸，但不利于吸收过程。

50 什么是溶液酸性气负荷？

单位体积溶液中，酸性气的摩尔分数与脱硫剂的摩尔分数之比。

51 什么是传质过程？

物质以扩散的形式，从一相转移到另一相的过程，即为传质的过程。因为传质是借助于分子扩散运动，使分子从一相扩散到另一相，故又叫扩散过程，两相传质过程的进行，其极限是都要达到相同的平衡。但相同的平衡只有两相经过长时间的接触后才能建立。因为相同的接触时间一般是有限的，故而在塔内不能达到平衡状态。

52 什么是饱和蒸气压？饱和蒸气压的大小与哪些因素有关？

在某一温度下，液体与在它表面上的蒸气呈平衡状态时，由此蒸气所产生的压力称为饱和蒸气压，简称为蒸气压。蒸气压的高低表明了液体中的分子离开液体汽化或蒸发的能力，蒸气压越高，就说明液体越容易汽化。一般用蒸气压确定发动机燃料的启动性能、生成气阻倾向和在贮运过程中损失轻质馏分的倾向。

在炼油工艺中，经常要用到蒸气压的数据。例如，计算平衡状态下烃类气相和液相组成，以及在不同压力下烃类及其混合物的沸点换算，或计算烃类液化条件等都是以烃类蒸气压数据为基础的。

蒸气压的大小首先与物质的本性相对分子质量大小、化学结构等有关，同时也和体系的温度有关。对于同一物质其饱和蒸气压的大小主要与系统的温度(T)有关，温度越高，饱和蒸气压也就越大。在低于 0.3MPa 的压力条件下，对于有机化合物常采用安托因(Antoine)方程来求取蒸气压、其公式如下：

$$\ln P_i^\circ = A_i - B_i / (T + C_i) \ln P_i^\circ = A_i - B_i / (T + C_i)$$

式中　　P_i°——i 组分的蒸气压，Pa；

A_i、B_i、C_i——安托因常数；

　　　T——系统温度，K。

安托因常数 A_i、B_i、C_i 可从有关的热力学手册中查到。对于同一物质其饱和蒸气压的大小主要与系统的温度(T)有关，温度越高、饱和蒸气压也越大。

53 气液相平衡以及相平衡常数的物理意义是什么？

相就是指在系统中具有相同的物理性质和化学性质的均匀部分，不同相之间往往有一个相界面把不同的相分开，例如，液相和固相，液相和气相之间。在一定的温度和压力下，如果物料系统中存在两个或两个以上的相，物料在各相的相对量以及物料中各组分在各相中的浓度不随时间变化，我们称此状态为相平衡。在蒸馏过程中，当蒸气未被引出前与液体处于某一相同的温度和压力下，并且相互密切接触，同时气相和液相的相对量以及组分在两相中的浓度分布都不再变化，称之为达到了相平衡(气-液相平衡)。

相平衡时系统内温度、压力和组成都是一定的，一个系统中气液相达到平衡状态有两个条件：①液相中各组分的蒸气分压必须等于气相中同组分的分压；各组分在单位时间内汽化的分子数和冷凝的分子数就相等；②液相的温度必须等于气相的温度，否则两相间会发生热交换，当任一相的温度升高或降低时，势必引起各组分量的变化。这就说明在一定温度下，气液两相达到相平衡状态时，气液两相中的同一组分的摩尔分数比衡定。相平衡方程如下式：

$$y_A = k_A x_A$$

式中　y_A——组分在气相中的摩尔分数；

　　　x_A——组分在液相中的摩尔分数；

　　　k_A——组分的平衡常数。

气液两相平衡时，两相温度相等，此温度对气相来说，代表露点温度；对液相来说，代表泡点温度。

气液平衡是两相传质的极限状态。气液两相不平衡到平衡的原理，是汽化和冷凝、吸收和解吸过程的基础。例如，蒸馏的最基本过程就是气液两相充分接触，通过两相组分浓度差和温度差进行传质传热，使系统趋近于动平衡，这样经过塔板多级接触，就能达到混合物组分的最大限度分离。

气液相平衡常数 K_i 是指气液两相达到平衡时，在系统的温度、压力条件下，系统中某一组分 i 在气相中的摩尔分数 y_i 与液相中的摩尔分数 x_i 的比值。即

$$K_i = y_i / x_i$$

相平衡常数是石油蒸馏过程相平衡计算时最重要的参数，对于压力低于 0.3MPa 的理想溶液，相平衡常数可以用下式计算：

$$K_i = P_i^\circ / P K_i = P_i^\circ / P$$

式中　P_i°——i 组分在系统温度下的饱和蒸气压，Pa；

　　　P——系统压力，Pa。

对于石油或石油馏分，可用实沸点蒸馏的方法切割成为沸程在 10~30℃ 的若干个窄馏分、把每个窄馏分看成为一个组分——假组分，借助于多元系统气液相平衡计算的方法、进行石油蒸馏过程中的气液相平衡的计算。

54 什么是油品的泡点和泡点压力？

泡点温度是多组分流体（流体包括气体和液体）混合物在某一压力下加热至刚刚开始沸腾，即出现第一个小气泡时的温度。泡点温度也是该混合物在此压力下平衡汽化曲线的初馏点，即 0% 馏出温度。泡点压力是在恒温条件下逐步降低系统压力，当液体混合物开始汽化出现第一个气泡的压力。

处于泡点状态时的液体是饱和液体，而低于泡点温度的液体称为过冷液体。

55 什么是油品的露点和露点压力？

多组分气体混合物在某一压力下冷却至刚刚开始冷凝，即出现第一个小液滴时的温度即为露点温度。露点温度也是该混合物在此压力下平衡汽化曲线的终馏点，即 100% 馏出温度。露点压力是在恒温条件下压缩气体混合物，当气体混合

物开始冷凝出现第一个液滴时的压力。

处于露点状态时的气体是饱和气体，而高于露点温度的气体称为过热气体。

56 泡点方程和露点方程是什么？

石油精馏塔内侧线抽出温度则可近似看作为侧线产品在抽出塔板油气分压下的泡点温度。塔顶温度则可以近似看作塔顶产品在塔顶油气分压下的露点温度。

泡点方程是表征液体混合物组成与操作温度、压力条件关系的数学表达式，其算式如下：

$$\sum K_i x_i = 1$$

露点方程是代表气体混合物组成与操作温度、压力条件关系的数学表达式，其算式如下：

$$\sum y_i / K_i = 1$$

其中 x_i、y_i 分别代表 i 组分在液相或气相的摩尔分率，K_i 代表系统中的组分数目。

57 什么是拉乌尔定律和道尔顿定律？它们有何用途？

拉乌尔（Raoult）研究稀溶液的性质，归纳了很多实验的结果，于 1887 年发表了拉乌尔定律：在定温定压下的稀溶液中，溶剂在气相的蒸气压等于纯溶剂的蒸气压乘以溶剂在溶液中的摩尔分率。其数学表达式如下：

$$P_A = P_A^\circ \cdot x_A P_A = P_A^\circ x_A$$

式中　P_A——溶剂 A 在气相的蒸气压，Pa；

　　　P_A°——在定温条件下纯溶剂 A 的蒸气压力，Pa；

　　　x_A——溶液中 A 的摩尔分率。

经过后来大量的科学研究实践证明，拉乌尔定律不仅适用于稀溶液，而且也适用于化学结构相似、相对分子质量接近的不同组分所形成的理想溶液。

道尔顿（Dalton）根据大量试验结果，归纳为：系统的总压等于该系统中各组分分压之和。以上结论发表于 1801 年，通常称为道尔顿定律。

道尔顿定律有两种数学表达式：

$$P = P_1 + P_2 + \cdots + P_n$$

$$P_i = P \cdot y_i$$

式中　P_1、P_2、$\cdots$、P_n——代表下标组分的分压；

　　　y_i——任一组分 i 在气相中的摩尔分率。

经过后来的大量科学研究证明，道尔顿定律能准确地用于压力低于 0.3MPa 的气体混合物。

当我们把这两个定律进行联解时，很容易得到以下算式：

$$y_i = \frac{P_A^\circ}{P} x_i$$

根据此算式很容易由某一相的组成求取与其相平衡的另一相的组成。

58 气液两相达到平衡后是否能一直保持不变？为什么？

平衡是相对的，不平衡是绝对的；平衡是有条件的。任何平衡都遵循这一基本规律。因此，处于某一温度下的相平衡体系，如果温度再升高一些，液体就多汽化一些，而其中轻组分要汽化得多一些，此时又建立了新的气液相平衡。相反，如果温度降低，则蒸汽就冷凝，且重组分较轻组分要冷凝得多些，此时又建立了新的气液相平衡。

59 什么是一次汽化，什么叫一次冷凝？

液体混合物在加热后产生的蒸气和液体一直保持相平衡接触，待加热到一定温度直至达到要求的汽化率时，气液即一次分离。这种分离过程，称为一次汽化（或平衡汽化）。如果把混合蒸气进行部分冷凝所得的液体和剩余的蒸气保持相平衡接触状态，直到混合物冷却到一定温度时，才将冷凝液体与剩余气体分离，这种分离过程叫一次冷凝（或称平衡冷凝）。可以看出一次冷凝和一次汽化互为相反的过程。

60 什么是渐次汽化，什么叫渐次冷凝？

在汽化过程中，如果随时将汽化出的气体与液体分离，这种汽化过程叫渐次汽化。如油品馏程分析中的恩氏蒸馏就是渐次汽化。随着温度的升高，液体混合物中轻组分的浓度不断减小，重组分的浓度不断增大；相反，在冷凝过程中，如果随时将冷凝下来的液体与气体混合物分离，这种冷凝过程叫渐次冷凝。随着气体温度的下降，气体混合物中重组分的浓度会不断减小，轻组分的浓度就不断增大。可以看出渐次汽化是渐次冷凝的相反过程。

61 分馏的依据是什么？

利用混合溶液中组分之间的沸点或者饱和蒸气压的差别，即挥发度不同，在受热时低沸点组分优先汽化。在冷凝时高沸点组分优先冷凝，这就是分馏的根本依据。

62 精馏的原理是什么？精馏过程实质是什么？

在塔的第 n 层塔板上，由下层（第 $n+1$ 层）上升的蒸汽通过塔板上的小孔进入该层塔板，而上层（第 $n-1$ 层）的液体通过溢流管也进入该层塔板，气液两相在该层塔板上接触，两者温度不相等，浓度不同，气相向液相传热，液相中的轻组分汽化进入气相，气相中的重组分冷凝成液相，两相在该层塔板上发生传质和传热。两相完成传质和传热后，液相通过第 n 层塔板的溢流管进入下一层塔，而气相通过第 $n-1$ 层塔板的小孔进入上层塔板。在每层塔板上均进行上述传质传热过程，这就是精馏的原理。

精馏过程的实质：不平衡的气液两相经过热交换，气相多次部分冷凝与液相多次部分汽化相结合的过程，也可以认为是不平衡的气液两相在逆流多次接触中，多次交换轻质组分的过程。不平衡的气液两相，经热交换，气相多次部分冷凝与液相多次部分汽化相结合的过程。

63　实现精馏的必要条件是什么？

①分（精）馏过程主要依靠多次部分汽化及多次部分冷凝的方法，实现对液体混合物的分离，因此，液体混合物中组分的相对挥发度差异是实现精馏过程的首要条件。在挥发度十分接近难以分离的条件下，可以采用恒沸精馏或萃取的方法来进行分离。②塔顶加入轻组分浓度很高的回流液体，塔底用加热或汽提的方法产生热的蒸汽。③塔内要装设有塔板或填料，提供传热和传质场所。

64　分馏与精馏的区别是什么？

分馏和精馏都是以汽化、冷凝达到分离的目的。分馏采用部分汽化或部分冷凝的方法，使混合物得到一定纯度的分离；而精馏采用多次汽化多次冷凝的方法，使混合物得到较高纯度的分离。

65　分馏塔板或填料的作用是什么？

分馏塔板或填料塔板或填料在分馏过程中主要提供气、液良好的接触场所，以便于传热、传质过程的进行。在塔板上或填料表面自上而下流动的轻组分含量较多、温度较低的液体与自下而上流动的温度较高的蒸汽相接触。回流液体的温度升高，其中轻组分被蒸发到气相中去，高温的蒸汽被低温的液体所冷凝，其中重组分被冷却下来转到回流液体中去，从而使回流液体经过一块塔板重组分含量有所上升，而上升蒸汽每经过一块塔板轻组分含量也有所上升，这就是塔板或填料上传质过程也称提浓效应。液相的轻组分汽化需要热量——汽化热，这热量是由气相中重组分冷凝时放出的冷凝热量直接供给的。因此在蒸馏塔板上进行传质过程的同时也是进行着热量传递过程。

66　什么是理论塔板？

能使气液充分接触而达到相平衡的一种理想塔板的数目。计算板式塔的塔板数和填料塔的填料高度时，必须先求出预定分离条件下所需的理论塔板数，即假定气流充分接触达到相平衡，而其组分间的关系合乎平衡曲线所规定关系时的板数。实际板数总是比理论板数多。

67　分馏塔顶回流的作用是什么？塔顶温度与塔顶回流有何关系？

塔顶回流的作用：①提供塔板上液相回流，造成气液两相充分接触，达到传热、传质的目的；②取走进入塔内的多余热量，维持全塔热平衡，以利于控制产品质量。

塔顶温度用塔顶回流量控制，塔顶温度高，产品偏重，应加大回流量控制质量，但回流量不宜过大，以防止上部塔板及塔顶系统超负荷。

68　什么是回流比？它的大小对精馏操作有何影响？

回流比是指回流量 L_o 与塔顶产品 D 之比。即：

$$R = L_o/D$$

回流比的大小是根据各组分分离的难易程度（即相对挥发度的大小）以及对产品质量的要求而定。对于二元或多元物系它是由精馏过程的计算而定的。对于原油蒸馏过程，国内主要用经验或半经验的方法设计，回流比主要由全塔的热平衡确定。

在生产过程中精馏塔内的塔板数或理论塔板数是一定的，增加回流比会使塔顶轻组分浓度增加、质量变好，对于塔顶、塔底分别得到一个产品的简单塔，在增加回流比的同时要注意增加塔底重沸器的蒸发量，而对于有多侧线产品的复合原油蒸馏塔，在增加回流比的同时要注意调整各侧线的开度，以保持合理的物料平衡和侧线产品的质量。

69　什么是最小回流比？

一定理论塔板数的分馏塔要求一定的回流比来完成规定的分离度。在指定进料的情况下，如果分离要求不变，逐渐减小回流比，则所需理论塔板数也需要逐渐增加。当回流比减小到某一限度时，所需理论塔板数要增加无限多，这个回流比的最低限度称为最小回流比。最小回流比和全回流是分馏塔操作的两个极端条件。显然分馏塔的实际操作应在这两个极端条件之间进行，即采用的塔板数要适当地多于最少理论塔板数，回流比也要适当地大于最小回流比。

70　什么是内回流？

内回流是分馏塔精馏段内从塔顶逐层溢流下来的液体。各层溢流液即内回流与上升蒸气接触时，只吸取汽化潜热，故属于热回流。内回流量决定于外回流量，而且由上而下逐层减少（侧线抽出量也影响内回流量）；内回流温度则由上而下逐层升高，即逐层液相组成变重。

71 什么是回流热？

回流热又称全塔过剩热量，指需用回流取走热量。分馏过程中一般是在泡点温度或气液混相条件下进料，在较低温度下抽出产品。因此，在全塔进料和出料热平衡中必然出现热量过剩。除极少量热损失外，绝大部分过剩热量要用回流来取出。

72 什么是气相回流？

气相回流指分馏塔提馏段中上升的蒸气。可由塔底重沸器供热来形成，或从塔底引入过热蒸汽，促使较轻组分平衡汽化来形成。作用是利用气相回流与提馏段下降液体的接触，使液体提浓变重，称为合格产品从塔底抽出。

73 采用蒸汽汽提的原理是什么？

在一定的温度下，当被蒸馏的油品通入蒸汽时，油气形成的蒸气分压之和低于设备内部的总压时，油品即可沸腾，吹入水蒸气量越大，形成水蒸气的分压越大，相应需要的油气分压越小，油品沸腾所需的温度就越低。

74 什么是空塔气速？

空塔气速通常指在操作条件下通过塔器横截面的蒸气线速度（m/s）。由蒸气体积流量除以塔器横截面积而得，即等于塔器单位截面上通过的蒸气负荷，是衡量塔器负荷的一项重要数据。板式塔的允许空塔气速，要受过量雾沫夹带、塔板开孔率和适宜孔速度等的控制。一般以雾沫夹带作为控制因素来确定板式塔的最大允许空塔气速，此值应保持既不引起过量的雾沫夹带，又能使塔上有良好的气液接触。

75 什么是液相负荷？

液相负荷又称液体负荷，对有降液管的板式塔来说，是指横流经过塔板，溢流过堰板，落入降液管中的液体体积流量（m^3/h 或 m^3/s），也是上下塔板间的内回流量，是考察塔板流体力学状态和操作稳定性的基本参数之一。液相负荷过大，在塔板上因阻力大而形成进出塔板堰间液位落差大，造成鼓泡不匀及蒸气压降过大，在降液管内引起液泛，此时液相负荷再加大，即引起淹塔，塔板失去分馏效果。塔内的板面布置、液流长度、堰板尺寸、降液管型式、管内液体停留时间、流速、压降和清液高度等，都影响塔内稳定操作下的液相负荷。

76 什么是液面落差？

液面落差又称液面梯度。指液体横流过带溢流塔板时，为克服塔板上阻力所形成的液位差。液面落差过大，会导致上升蒸气分配不匀，液体不均衡泄漏或倾流现象，使气液接触不良，塔板效率降低，操作紊乱。泡罩塔板的液面落差最大，喷射型塔板最小，筛板和浮阀塔板液面落差只在塔径较大或液相负荷大时才增大。

77　什么是清液高度？

清液是指塔板上不充气的液体。清液高度是塔板上或降液管内不考虑存在泡沫时的液层高度。用以衡量和考核气液接触程度、塔板气相压降，并可用它的 2 ~ 2.5 倍作为液泛或过量雾沫夹带极限条件。塔板上的清液高度是出口堰高＋平均板上液面落差。降液管内清液高度是由管内外压力平衡所决定，包括板上清液压头、降液管阻力头及两板间气相压降头。

78　什么是冲塔、淹塔、泄漏和干板？

冲塔：由于气相负荷过大，使塔内重质组分携带到塔的顶部，从而造成产品不合格，这种现象称为冲塔。

淹塔：由于液体负荷过大，液体充满了整个降液管，而使上下塔板液体连成一体，分馏效果完全被破坏，这种现象称为淹塔。

泄漏（漏液）：当处理量太小时塔内的气速很低，大量液体由于重力作用，便从阀孔或舌孔漏下，这种情况称为泄漏。

干板：塔盘无液体存在时称干板，干板状态下塔盘无精馏状态。

79　什么是液泛？液泛是怎样产生的？

液泛又称淹塔，是带溢流塔板操作中的一种不正常现象，会严重降低塔板效率，使塔压波动，产品分割不好。表现为降液管内的液位上升和板上泡沫层提升致使塔板间液流相连。造成液泛的原因是液相负荷过大，气相负荷过小或降液管面积过小。为防止液泛现象发生，在设计和生产中必须进行一层塔板所需液层高度以及板上泡沫高度的计算来校核所选的板间距，并对液体在降液管内的停留时间及降液管容量进行核算。

液泛产生的主要原因：塔内蒸气速度超过了液泛速度所造成的，还有塔板降液管堵塞，使塔内液体不能回流到下层塔板造成淹塔。

80　什么是雾沫夹带？与哪些因素有关？

在板式分馏塔操作中，塔内上升蒸气穿过塔板上的液层鼓泡而出时，由于上升蒸气有着一定的动能，于是夹带一部分液体雾滴向上运动，当液体雾滴在重力作用下能克服气流动能时，则返回到塔板上，但当气流上升的动能大于液滴本身的重力时，则被带到上一层塔板，这种现象称为雾沫夹带。雾沫夹带的多少对分馏影响很大，雾沫夹带会使低挥发度液体进入挥发度较高的液体内，降低了塔板效率。一般规定雾沫夹带量为10%(0.1kg/kg蒸气)。按此来确定蒸气负荷上限，并确定所需塔径。影响雾沫夹带量的因素有蒸气垂直方向速度、塔板形式、板间距和液体表面张力等。

81 真空度、大气压、表压和绝对压力的关系是什么？

工质的真实压力称为"绝对压力"，以p表示。当地大气压力以p_b表示，绝对压力大于当地大气压力时，压力表指示的压力值称为表压力，用p_e表示。

$$p = p_b + p_e$$

绝对压力低于当地大气压力时，用真空表测得的数值，即绝对压力低于当地大气压力的数值，称"真空度"，用p_v表示。

$$p = p_b - p_v$$

工程上测量压力一般常采用弹簧管式压力表，当压力不高时也可用U形管压力计来测定。目前愈来愈多地采用电子技术的测压设备已进入工程领域。无论什么压力计，因为测压元件本身都处在当地大气压力的作用下，因此测得的压力值都是工质的真实压力与当地大气压力间的差。当地大气压力的值可用气压计测定，其数值随所在地的纬度、高度和气候等条件而有所不同。

82 减压塔为何在一定真空度下操作？

因为减压塔的作用是分离沸点较高的柴油及循环油，在常压的条件下，只有提高温度才会汽化，而过高的温度会引起组分裂解，降低产品质量。为避免此现象出现，减压塔设计在真空度600mmHg(1mmHg = 133.3224Pa)左右，温度为370℃的条件下操作。

第二节　加氢裂化反应基础

1 加氢裂化的定义是什么？

加氢裂化是重油深度加工的主要技术之一，即在催化剂存在的条件下，在高温及较高的氢分压下，使C—C键断裂的反应，可以使大分子烃类转化为小分子烃类，使油品变轻的一种加氢工艺。它加工原料范围广，包括直馏石脑油、粗柴油、减压蜡油、常压渣油、减压渣油以及其他二次加工得到的原料(如焦化柴油、焦化蜡油和脱沥青油等)，通常可以直接生产优质液化气、汽油、柴油、喷气燃料等清洁燃料和轻石脑油等优质石油化工原料。

在实际应用中，人们习惯将通过加氢反应使原料油中 10%～50% 的分子变小的那些加氢工艺称为缓和加氢裂化。通常所说的"常规（高压）加氢裂化"是指反应压力在 10.0MPa 以上的加氢裂化工艺；"中压加氢裂化"是指在 10.0MPa 以下的加氢裂化工艺。

加氢裂化反应中除了裂解是吸热反应，其他反应中大多数均为放热反应。总的热效应是强放热反应。

2　什么是多相催化剂作用？多相催化反应？什么状态下能使反应处于接近理想和高效状态？

在石油工业中广泛采用固态催化剂，而反应则往往是气态、液态和气液共存的状态，催化剂和反应均有明显的相界面，这种情况称为多相催化剂作用。在多相催化情况下发生的反应为多相催化反应，例如，加氢裂化反应催化剂为固态，原料为液态和气态，它所发生的催化反应为多相催化反应。

固定床多相催化反应，只有在接近活塞流的状态下进行，才能使化学反应过程处于接近理想和高效状态。只有当固定床反应器的物流近似于活塞流且径向温差又很小时，工业装置操作参数的变化对转化深度、产品分布和质量产生的影响，才具有典型性和规律性，才能较好地代表化学过程的真实情况。反之，如果存在着严重的返混、沟流、径向温差大等反应工程问题，则操作参数（如温度、压力、空速、氢油比等）对反应过程的影响将与理想情况相偏离。

3　加氢精制反应器内的主要反应有哪些？

加氢精制反应器内的主要反应包括杂原子烃中杂原子的脱除反应和不饱和烃的加氢饱和反应。杂原子脱除反应主要是加氢脱硫、加氢脱氮、加氢脱氧、加氢脱金属，不饱和烃的加氢饱和反应主要是烯烃和芳烃的加氢饱和。这些反应均需要消耗氢气并伴有放热，反应生成物包括不含杂质的烃类及金属、硫化氢（H_2S）、氨（NH_3）和水（H_2O），这些生成物一同进入加氢裂化反应器作为加氢裂化反应进料。

4　脱硫反应的特点是什么？

含硫化合物的 C—S 键是比较容易断的，其键能比 C—C 键或 C—N 键的键能小许多（C—S 键能为 272kJ/mol，C—C 键能为 348kJ/mol，C—N 键能为 305kJ/mol），因此在加氢过程中，一般含硫化合物的 C—S 键先行断裂而生成相应的烃类和硫化氢。

各种硫化物加氢脱硫反应活性与分子大小和结构有关。①分子大小相同，则脱硫活性：硫醇>二硫化物>硫醚>噻吩类。②类型相同，则相对分子质量大、结构复杂的硫化物<相对分子质量小、结构简单的硫化物。例如，噻吩<四氢噻吩≈硫醚<二硫化物<硫醇，噻吩类：噻吩>苯并噻吩>二苯并噻吩。③噻吩类衍生物：多取代基<少取代基<无取代基；取代基数量相同，则与硫原子位置远的>与硫原子位置近的(空间位阻)。

加氢脱硫热力学特点：加氢脱硫是放热反应，在工业操作条件下(不大于427℃)，反应基本不可逆，不存在热力学限制。但随着温度的升高，某些硫化物的反应受热力学影响，平衡常数变小，对反应不利，故较低的温度和较高的操作压力有利于加氢脱硫反应。

其他杂原子对加氢脱硫影响：其他杂原子与溶剂一样对加氢脱硫有阻滞效应，主要通过与硫化物对活性位竞争吸附，阻滞加氢脱硫反应，尤其是碱性氮化物。

影响深度脱硫的主要问题是噻吩类物质，这类物质平衡常数小，反应温度高(4，6-二甲基二苯并噻吩在420℃温度下脱硫率不足60%)。噻吩类硫化物的反应活性最低，而且随着其中环烷环数目和芳香环数目的增加，其加氢反应活性下降，二苯并噻吩最难。脱硫反应活性随温度上升速度加快，脱硫转化率提高(化学平衡常数在627℃以前均大于0)。对于噻吩脱硫反应，压力越低，温度的影响越明显；温度越高时，压力的影响也越显著。对于噻吩而言，若想达到深度脱硫的目的，反应压力应不低于4MPa，反应温度应不高于700K(约427℃)。噻吩硫化物脱硫有两条途径：①加氢饱和环上的双键，然后开环脱硫；②先开环脱硫生成二烯烃，然后二烯烃再加氢饱和，一般认为这两种反应均发生。噻吩的加氢脱硫反应是通过加氢和氢解两条平行途径进行的，由于硫化氢对C—S键氢解有强抑制作用，而对加氢影响不大，因此，加氢和氢解是在催化剂的不同活性中心上进行的。

5 脱氮反应特点是什么？

加氢脱氮的作用：①将原料中的氮脱到符合工艺要求的程度，以便充分发挥加氢裂化催化剂的功能；②生产符合规格要求的产品(油品安定性等使用性能与氮含量有关)。

碱性氮化物脱氮反应的速率常数差别不大(在一个数量级)，其中以喹啉脱氮速率最高，随着芳环的增加，速率有所降低。不同氮化物受空间位阻的影响大致相同，在脱氮反应时氮化物不是通过氮原子的端点吸附到催化剂表面的，而是通过芳环的π键吸附到催化剂上，在C—N键氢解前，先进行杂环的加氢饱和。因此，脱氮反应应该是先进行加氢饱和芳环，再进一步开环脱氮，所以加氢脱氮比加氢脱硫氢耗更高。

含氮化合物的加氢活性的特点：①单环氮化物加氢活性：吡啶>吡咯≈苯胺

>苯环；②多环氮化物：多环>双环>单环，杂环>芳环。

含氮化合物加氢反应在热力学上的特征：在加氢过程常用温度范围内，加氢反应平衡常数小，且杂环加氢反应是放热反应，温度升高对杂环的加氢饱和不利；但对杂环氮化物的氢解和脱氮反应在这一温度范围则属于热力学有利的。总之在较低反应温度下操作，平衡有利于环加氢反应，但此时氢解反应速率较低，总的加氢脱氮速率较低。随着反应温度上升，一方面氮解速率提高，有利于脱氮速率提高；另一方面则是加氢反应平衡常数下降，杂环加氢产物浓度减小，从而导致总的脱氮速率下降。因此温度升高，总的加氢脱氮速率会出现一个最大值，在此之前，反应受动力学控制，之后受热力学控制。在某些情况下杂环氮化物与其加氢产物的热力学平衡能够限制和影响总的加氢脱氮速率。以吡啶为例，随着反应温度的升高，吡啶加氢饱和后的中间产物哌啶氢解的反应速率常数增加，但是达到一定高的温度后，由于哌啶的平衡浓度下降造成的影响大于哌啶氢解反应速率常数增加的影响，因而总的加氢脱氮反应速率下降。达到最高转化率的温度与操作压力有关，压力越高达到最高转化率的温度也越高，这个特点与多环芳烃加氢的特点非常相似。只有在相当高的压力下，吡啶与哌啶之间的平衡限制才可以忽略。低温高压有利于杂环氮化物的脱氮反应。

其他杂原子的存在对加氢脱氮影响是由于氮化物在活性位的吸附平衡常数比其他杂原子大得多，其他杂原子对加氢脱氮反应的阻滞效应很小，相反噻吩、硫化氢的存在，在高温条件下还会促进 C—N 键的氢解反应。以噻吩对吡啶脱氮的影响为例，在低温下由于竞争吸附使吡啶的加氢反应受到中等程度的抑制；在高温下因 HDS 反应生成硫化氢促进了 C—N 键断裂速度，从而使总的 HDN 反应速率增加。但是氮化物之间的自阻滞和彼此阻滞效应要明显得多。

6 根据油品分子结构分析碱性氮化物和苯并硫化物脱除速度慢的原因是什么？

碱性氮化物和苯并硫化物脱除速度慢的主要原因在于分子结构空间位阻大，反应困难。其中苯并硫化物主要问题是噻吩类物质，平衡常数小，反应温度高，如 4，6-二甲基二苯并噻吩(4，6-DMBT)在 420℃温度下脱硫率不足 60%。在氢分压较低的情况下，反应受热力学平衡的限制，再提高反应温度对深度脱硫无帮助，反而会降低脱硫深度。

碱性氮化物和苯并硫化物的脱除一般采用"加氢饱和杂环–氢解脱氮（硫）"的反应途径，可大大提高脱除速度，故宜采用加氢活性高的 Ni-W 或 Ni-Mo 系催化剂。脱除过程首先是芳烃环进行饱和加氢，然后进行环的氢解反应，最后进行脱氮（硫）反应。

碱性氮化物和苯并硫化物脱除首先选用高加氢活性的催化剂；采用高的氢分压和氢油比对芳烃饱和有利；芳烃加氢反应是物质的量减少（耗氢）的放热反应，随着反应温度的提高，芳烃加氢转化率会出现一个最高点，此最高点对应的温度是最优加氢温度，低于这一温度为动力学控制区，高于这一温度为热力学控制区；在一定的压力下对芳烃饱和反应有一最佳的反应温度。

7　加氢裂化反应器内的主要反应有哪些？

主要包括：加氢反应、裂化反应、异构化反应、氢解反应和重合反应等。

（1）烷烃在加氢裂化条件下都是生成相对分子质量更小的烷烃，其通式为：

$$C_nH_{2n+2}+H_2 \longrightarrow C_mH_{2m+2}+C_{n-m}H_{2(n-m)+2}$$

正构烷烃裂化特点是随着正构烷烃的沸点的提高，裂化反应速度明显提高，这是因为：①较重组分在催化剂上的吸附强于轻组分，就使得重组分加氢裂化速度比轻组分快；②重组分与轻组分中的 C—C 键键能不同，越轻所需要活化能越大。

（2）烃类分解成相对分子质量较小的烷烃和烯烃，生成的烯烃又加氢饱和；烯烃还可以环化。

（3）烷烃和烯烃均会发生异构化反应，从而使加氢产物中异构烃与正构烃的比值较高。两环以上的环烷烃，发生开环裂解、异构，最终生成单环环烷烃及较小分子的烷烃。

（4）环烷烃在加氢裂化上发生的反应主要是：脱烷基、六元环异构和开环反应。

（5）多环芳烃发生的反应主要是：逐环加氢、开环（包括异构）和脱烷基等一系列平行、顺序反应，多环芳烃很快加氢生成多环环烷烃（苯环本身加氢较慢），环烷烃发生开环，继而发生异构化、断侧链（脱烷基）反应，生成苯类和小分子烷烃混合物。

（6）经过加氢精制过的少量含氧、氮、硫的有机物进一步发生氢解反应。

（7）加氢裂化还包括一些副反应，发生分解产物的缩合反应，以及稠环芳烃的进一步缩合反应，这些反应将导致焦炭在催化剂上的沉积。不过在较高的氢分压下，这类反应将受到一定程度的抑制。

8　加氢裂化的反应机理是什么？对产品流化催化裂化有何影响？

原料油中烃类分子的加氢裂化反应，与催化裂化（FCC）过程类同，其反应历程都遵循碳离子(正碳离子)反应机理和正碳离子 β 位处断链的原则。所不同的是加氢裂化过程自始至终伴有加氢反应。烃类裂化反应正碳离子机理：按 β 位断裂法则，生成的伯碳离子不稳定，发生氢转移反应而生成相对稳定的仲碳或叔碳离子或异构成叔碳离子，大的叔碳离子进一步在 β 位断裂生成一个异构烯烃和一个小的正碳离子，烯烃加氢后变成异构烷烃，小的正碳离子将氢离子还给催化剂后生成烯烃分子，烯烃分子加氢后生成烷烃分子。正碳离子的这种特征，是加氢裂化产品富含异构烷烃的内因。烷烃的加氢裂化在其正碳离子的 β 位处断链，很少生成 C_3 以下的低分子烃，加氢裂化的液体产品收率高；非烃化合物基本上完全转化，烯烃也基本加氢饱和，加氢裂化反应压力很高，芳烃加氢转化率非常高，加氢裂化的产品质量好。多环芳烃加氢裂化以逐环加氢/开环的方式进行，生成小分子的烷烃及环烷烃-芳烃；两环以上的环烷烃发生开环裂解、异构反应，最终生成单环环烷烃及较小分子的烷烃；单环芳烃、环烷烃比较稳定，不易加氢饱和、开环，主要是断侧链或侧链异构，并富集在石脑油中。环烷烃和链烷烃比较难以裂化，因此加氢裂化装置的尾油以环烷烃和带支链的烷烃为主。

9　加氢裂化的热力学特点是什么？

在加氢裂化反应中，有以下三个热力学特点：

① 烃类裂解和烯烃加氢等反应，由于化学平衡常数 k_p 值较大，不受热力学平衡常数的限制。

② 芳烃加氢反应热力学特征：芳烃加氢反应是物质的量减少（耗氢）的放热反应，随着反应温度升高和芳烃环数增加，芳烃加氢转化率会出现一个最高点，此最高点对应的温度是最优加氢温度，低于这一温度为动力学控制区，高于这一温度为热力学控制区；提高反应压力有利于芳烃加氢转化率的提高。

不同类型的芳烃热力学特征：苯同系物加氢平衡常数：多侧链<少侧链<无侧链，长侧链<短侧链；多环芳烃：第一环>第二环>……>最后一环。

③ 由于在加氢裂化过程中，形成的正碳离子异构化的平衡转化率随碳数的增加而增加，因此，在正碳离子分解，并达到稳定的过程中，所生成的烷烃异构化程度超过了热力学平衡，产物中异构烷烃与正构烷烃的比值也超过了热力学平衡值。

④ 加氢裂化反应中加氢反应是强放热反应，而裂化反应则是吸热反应。裂化反应的吸热效应常常被加氢反应的放热效应所抵消，最终结果为放热反应。

10　加氢裂化动力学特征是什么？

多相催化反应分外扩散、内扩散、吸附和反应四个阶段（反应速率由最慢的阶段控制），这四个阶段分为七个步骤：①反应物通过催化剂颗粒外表面的膜扩散到催化剂外表面；②反应物自催化剂外表面向内表面扩散；③反应物自催化剂表面上吸附；④反应物在催化剂内表面上反应生成产物；⑤产物在催化剂内表面上脱附；⑥产物自催化剂内表面扩散到催化剂外表面；⑦产物自催化剂外表面通过膜扩散到外部。

加氢裂化反应通常遵守一级反应动力学。尽管原料中不同组分的反应速度可以综合在一起，得到一个总体的反应速度，但是各个不同组分的反应速度是各不相同的。通常情况下，不同组分的相对反应速度取决于组分吸附到催化剂表面的难易程度，因此可以根据各组分的吸附难易，从易到难列出其反应速度大小的排序。

杂环芳烃	最容易
多环芳烃	
单芳烃	
多环环烷烃	↓
单环环烷烃	
链烷烃	最困难

芳烃加氢的动力学特征：①苯同系物加氢反应速率常数：二个取代基（侧链）>一个取代基>无取代基；②有缩聚环芳烃第一环加氢活性：蒽>萘>菲>苯。尽管芳烃较链烷烃和环烷烃易于发生裂化反应，但是芳烃的完全饱和则是不可能的，因为在高温下，芳烃的饱和受到热力学过程的限制。

此外，对于同一类型的反应物来说，分子结构较大的组分较分子结构小的组分反应速度大。这是因为：①较重组分在催化剂上的吸附强于轻组分，就使得重组分加氢裂化速度比轻组分快；②重组分与轻组分中的C—C键键能不同，越轻所需要活化能越大。这就是为什么将裂化装置的产品重新投入裂化反应器中，那么这些产品将基本上不会发生转化作用。

11 **为什么100%转化的加氢裂化工艺过程中，一般都控制单程转化率在60%~70%？**

由于二次裂解的加剧而增加了气体及轻组分的产率，从而降低了中间馏分油的收率，总液收率也有所降低，这种过度追求高的单程转化率是不经济的。当转化率高于60%时，不仅目的产品的收率减少，同时过程化学耗氢也将增加。所以100%转化的加氢裂化工艺过程中，一般都控制单程转化率在60%~70%，然后将未转化尾油进行循环裂解，以提高过程的选择性。

12 **原料油的特性因数和馏程对加氢裂化有何影响？**

随着原料油特性因数降低，产品中环烷烃（N）+芳烃（A）的含量增高。在一定的氢分压和空速下，原料油的特性因数高，反应温度较低，生成喷气燃料的选择性较高。此外，特性因素 K 值高，裂化温度较低，原料易裂化，对催化剂有利。

原料的馏程范围对裂化性能有重要影响。单纯靠馏程来预测原料裂化性能是不够的，因为在同一段沸点范围内，不同原料的化学组成可以相差很大。一般说来，沸点高的原料由于其相对分子质量大，容易被催化剂表面吸附，因而裂化反应速度较快。但沸点高到一定程度后，就会因扩散慢或催化剂表面积炭快或汽化不好等原因而出现相反的情况，所以加氢裂化通常会对原料的馏程进行限制。

13 压力对加氢裂化有何影响?

反应压力是加氢裂化工艺过程中的重要参数。反应压力越高对加氢裂化工艺过程化学反应越有利。当装置建成后，操作人员对于反应压力的改变是无能为力的，不过在加氢过程中，有主要意义的不是反应压力，而是氢分压。提高反应压力，在循环氢浓度不变情况下，即提高了氢分压。由于加氢裂化反应总体上是体积缩小的反应，提高压力对加氢热力学平衡有利。对受热力学平衡限制的芳烃加氢反应，压力的影响尤为明显。对于加氢脱硫和烯烃的加氢饱和反应，在压力不太高时就可以达到较高的转化深度。而对于馏分油的加氢脱氮，由于比加氢脱硫困难，因此需要提高压力。其中氢分压的增加对加氢脱氮速率常数的影响大于加氢脱硫速率常数，主要原因是加氢脱氮反应需要先进行氮杂环的加氢饱和所致，而提高压力可显著地提高芳烃的加氢饱和反应速度。对于气−液相加氢裂化反应来说，反应压力高，氢分压也高，使加氢裂化反应速度提高。虽然压力升高将使油的汽化率下降，油膜厚度增加，从而增加了氢向催化剂表面扩散的阻力。但是压力提高使氢通过液膜向催化剂表面扩散的推动力增加，扩散速度提高，总的转化率提高。一般来说原料越重，所需反应压力越高。此外，提高压力还有利于减少缩合和叠合反应的发生，并使碳平衡向有利于减少积炭方向进行，有助于抑制焦炭生成而减缓催化剂失活，延长装置运转周期。

从理论上讲，反应氢分压是影响产品质量的最重要因素，无论使用哪种工艺过程，重质原料在轻质化过程中都要进行脱硫、脱氮、烯烃和芳烃饱和等加氢反应，从而大大改变产品质量。采用沸石分子筛的裂解催化剂，工艺过程为有精制段的串联流程，一次通过操作。在转化深度接近的条件下，无论是重石脑油、喷气燃料组分还是柴油，产品的主要性质特别是芳烃含量与反应压力关系很大。在14.7MPa 的高压下，无论是石脑油，还是煤油组分，芳烃含量都很低，煤油烟点相当高。随着压力降低，油品中与芳香性有关的指标都变差。

压力对转化深度的影响。例如，选用鲁宁管输油 VGO 进行试验，原料硫含量在 0.34%，氮含量在 740mg/kg，裂化段进料氮含量控制在 15mg/kg 左右，在其他反应参数相对固定的情况下，将单程通过的转化率控制在 73% 的相同深度，比较压力与温度的变化。在 9.8MPa 氢分压下，所需的反应温度为 360℃，而在 6.37MPa 氢分压下，达到相同转化率所需的反应温度则需要提高到 375℃，相差约 15℃，说明压力对转化深度有正影响。

无论是单段、单段串联或两段工艺流程，还是全循环深度转化或高转化率的一次通过以及缓和加氢裂化，在同一转化率下比较，反应压力对产品分布均没有影响。原因是加氢裂化工艺过程的裂解功能，主要由无定形硅-铝或沸石分子筛的固体酸所提供，它遵循正碳离子反应和 β 键断裂的反应机理，而这一催化反应过程基本上与氢分压无关。

提高氢分压的办法是尽可能生产和补充高纯度的氢气，必要时应多补充新鲜氢气，同时排放低纯度循环氢气。

氢分压的降低，不一定都是由于补充的新鲜氢气纯度低导致的，有时在操作中由于反应器上部催化剂床层被机械杂质或金属有机化合物还原成的金属堵塞，产生较大的压力降，从而使整个反应器的压力下降，也会相应降低氢分压。另一种原因是催化剂装填不好，或反应器温度失控，催化剂局部过热损坏了催化剂，使反应器床层通路不畅。

总之，不管是为了保护裂化催化剂活性，加强原料油脱氮，或是为了避免裂化反应产物缩合生焦，提高氢分压是可以起到抑制催化剂失活作用的。氢分压可以用反应器入口或出口为准来计算。

14 温度对加氢裂化有何影响？

反应温度也是加氢过程的主要工艺参数之一。加氢裂化装置在操作压力、体积空速和氢油体积比确定之后，反应温度则是最灵活、有效的调控手段。反应温度对转化深度有较大的影响，两者之间具有良好的线性关系，如果要增加 10% 的转化率，只要将反应温度提高约 4℃ 就可以了，同时转化率的提高进而影响到目的产品的分布。随着转化率增加，C_5 ~204℃ 石脑油及 130~253℃ 喷气燃料的收率持续增加；而 253~367℃ 重柴油收率开始为缓慢增加，在转化率 60% 时达最大值，这时，继续提高转化率，石脑油的产率快速增加，柴油产率开始下降，这充分说明了在高的反应温度和转化率下烃类分子的二次裂解增加，减少了中间馏分油的产率。

加氢裂化的平均反应温度相对较高，精制段的加氢脱硫、加氢脱氮及芳烃加氢饱和及裂化段的加氢裂化，都是强放热反应。因此，有效控制床层温升是十分重要的。一般用反应器入口温度控制第一床层的温升，采用床层之间的急冷氢量调节下部床层的入口温度控制其床层温升，控制加氢裂化催化剂每段床层的温升不大于 10~20℃，并且尽量控制各床层的入口温度相同，使之达到预期的精制效果和裂化深度，并维持长期稳定运转，以有利于延长催化剂的使用寿命。在催化剂生焦积炭缓慢失活的情况下，通过循序渐进地提温，行之有效地控制操作。

15 什么是空速？空速对反应操作有何影响？

反应器中催化剂的装填数量的多少，取决于设计原料的数量和质量以及所要求达到的转化率，通常将催化剂数量和应处理原料数量进行关联的参数是液体的空速。空速是指单位时间内，单位体积（或质量）催化剂所通过原料油的体积（或质量）。液体体积空速（LHSV）可以定义如下：

$$LHSV(h^{-1}) = \frac{反应器入口的总进料(m^3/h)}{催化剂的总体积(m^3)}$$

对于一定量的催化剂，加大新原料的进料速度将增大空速，与此同时为确保恒定的转化率，就需要提高催化剂的温度。提高催化剂的温度将导致结焦速度加快，会缩短催化剂的运行周期。如果空速超出设计值很多，那么催化剂的失活速度将很快，变得不可接受；空速小，油品停留时间长，在温度和压力不变的情况下，则裂解反应加剧，选择性差，气体收率增大，而且油分子在催化剂床层中停留的时间延长，综合结焦的机会也随之增加。

16 如何控制反应温度？

通过调节进料加热炉出口温度，继而调节反应器入口温度；通过调节催化剂床层冷氢注入量，控制催化剂床层温升在合理的范围内。在操作过程中，必须严格遵守"先提量后提温和先降温后降量"的操作原则。加氢裂化系强放热反应，一般说来加氢裂化的反应热和反应物流从催化剂床层上所携带走的热量是平衡的，即在正常情况下，加氢裂化催化剂床层的温度是稳定的。如果由于某些原因导致反应物流从催化剂床层携带出的热量少于加氢裂化的反应热时，若发现不及时或处理不妥当，就可能发生温度升高→急剧放热→温度飞升的连锁反应，对人身、设备和催化剂构成严重的威胁。为满足这种特殊紧急情况的泄压要求，加氢裂化装置的反应系统设有 0.7MPa/min 和 2.1MPa/min 的紧急泄压系统。若启动 0.7MPa/min 紧急泄压系统，温度仍然无法控制，任何一个反应温度超过正常状态 28℃，或温度超过 427℃，装置必须立即按 2.1MPa/min 的速度降压放空，最后通过快速放空，带走大量热量并终止反应，达到降低温度的目的。

17 为什么工业应用实际上温度和空速的互补变动范围是有限的呢？

加氢裂化反应过程中，空速和反应温度在一定范围内是互补的，即当提高空速而要保持一定的转化深度时，可以用提高反应温度来进行补偿，反之亦然。但是，工业应用实际上温度和空速的互补变动范围是有限的。这主要决定于如下两个因素：第一，由于高压固定床加氢裂化装置的装置投资及操作费用都相当高，操作技术也相当复杂，因此要求其连续运转时间至少应在 18～24 个月或更长；否则频繁的再生和开停工在经济上不合理。这就要求工艺过程在保证运转周期的前提下选用能达到的最大空速，让开工时起始反应温度适当，以保证在整个运转周期有足够的提温区间。第二，如果选用的空速过高，导致起始反应温度较高，从而使过程的选择性变差，影响所需目的产品的收率，造成经济效益变差，这样同样是不可取的。这种情况有可能随着运转时间的向后推移，反应温度的提高而进一步恶化。

18 什么是氢油比？

在工业装置上通用的是氢油体积比，是指工作氢体积流率（标准状态）与原料油体积流率之比。氢气量为循环氢流量与循环氢中氢浓度的乘积。

精制反应器入口氢油比＝精制反应器入口循环氢流量×循环氢纯度/（新鲜进料体积流量＋循环油体积流量）；裂化反应器入口氢油比＝（精制反应器入口循环氢流量×循环氢纯度＋裂化反应器入口冷循环氢流量×冷氢纯度＋精制反应器冷氢流量×冷氢纯度－精制反应器消耗的氢气）/（新鲜进料体积流量＋循环油体积流量）

19 如何求循环氢平均相对分子质量？

例如，循环氢中：H_2 95%、CH_4 3%、C_2H_6 1.97%、H_2S 0.03%，那么循环氢的平均相对分子质量＝2×0.95＋16×0.03＋44×0.0197＋30×0.0003＝2.981。

20 对循环氢浓度有何要求？对反应操作有何影响？

循环氢纯度的高低，直接影响装置反应氢分压的高低，而加氢装置反应压力的选择一般是根据该工艺过程所需最低氢分压和该工艺的理论氢纯度（设计值）来确定的。因此，如果氢纯度低于设计值，则装置的反应氢分压将得不到保证，氢纯度偏离设计值较多时，将直接影响装置的加工能力、所能处理原料油的干点、催化剂的运转周期和产品质量等。加氢裂化装置设计的循环氢纯度一般为不小于85%（体积分数），因此，在实际操作中，装置一般不作循环氢纯度的调节，如果循环氢纯度低于85%，则从装置中排出部分废氢，同时补充一部分新氢来维持装置的氢纯度。当加氢裂化装置加工的原料油硫含量在1.5%以上时，建议增设循环氢脱硫设施，这样可保证循环氢纯度。另外控制好精制反应器流出物的氮含量、控制好高压分离器的温度、保证反应注水量等措施都对循环氢纯度的提高有好处。

原料中的硫、氮化合物在加氢裂化过程中大多转化为 H_2S 和 NH_3。H_2S 和 NH_3 在反应过程中部分溶解在油相中，另一部分有时通过尾气排放至装置以外，还有一部分 H_2S 与物流中的氨反应生成 $(NH_4)_2S$ 和 NH_4HS，经水洗后排出。H_2S 的存在具有有利的一面也有不利的一面。由于加氢裂化过程中绝大多数采用非贵重金属催化剂，必须在系统中保持一定的 H_2S 分压方能避免催化剂的硫脱除而维持原有活性。过高的 H_2S 分压对硫化型加氢裂化催化剂的加氢脱氮活性和裂化活性没有明显影响，但对催化剂的加氢脱硫活性和芳烃饱和能力有明显抑制作用，尤其贵金属催化剂在较高的 H_2S 分压下会变为硫化态导致活性降低。在加氢裂化产物离开裂化床层后，其所存在的极少量烯烃还会与 H_2S 反应生成硫醇使产品腐蚀增加。如果原料硫含量过高，除了会形成 NH_4HS 堵塞系统，设备的腐蚀速率还会增加，通常系统中 H_2S 达到 2% 以上，必须采取脱硫措施在高压系统中将 H_2S 脱除。

循环氢中 H_2S 浓度过低时，将造成催化剂的金属组分被还原，而降低催化剂加氢活性、加快催化剂的失活。在加工低硫高氮 VGO 时，就会发生循环氢中硫含量过低的情况，我国在加工大庆、辽河油时遇到了这种情况，循环氢中的 H_2S 浓度有时只有 $200mL/m^3$ 或更低。上述情况造成的结果是加氢脱硫活性降低，催化剂失活速度加快。当循环氢中 H_2S 浓度长时间低于 $300mL/m^3$ 时，要采取在原料油中补硫的措施，以维持 H_2S 浓度在 $300\sim500mL/m^3$。对低硫原料补硫的方法有两种：一种方法是如有条件加入部分高硫 VGO；另一种方法是直接在加工低硫油时，原料中加入 CS_2、单质硫、硫醚或二甲基二硫等硫化物。

加氢深度脱硫与催化剂失活的关系密切相关。脱硫的深度越深，所需要的温度越高。大家都知道，深度脱硫所去除的硫基本上应该是 4,6-二甲基二苯并噻吩及少量的 4-甲基二苯并噻吩和其他双甲基取代的二苯并噻吩化合物，这类硫化物因空间位阻的影响难以脱除。有研究结果表明，对于柴油生产，30mg/kg 和 500mg/kg 硫含量的产品，前者操作温度比后者高 30℃，催化剂失活速度快 7 倍。以 VGO 所做实验中，在恒定的进料性质、进料量、氢分压、空速下，脱硫率 95% 与脱硫率 65% 比较，催化剂失活速度大 5 倍。从研究数据可以看出，油品硫含量控制得越低，相应对催化剂的要求越高，操作条件越苛刻。因此在实际操作过程中，脱硫深度应控制在一定范围内，产品硫含量过高达不到环保要求，但硫含量过低会影响催化剂的使用寿命，缩短装置的运行周期。

23 什么是甲烷化反应？对反应操作有何危害？

CO 和 CO_2 在氢气的存在下，在催化剂表面的活性位置可以转化为甲烷和水，这就叫甲烷化反应。CO 和 CO_2 的这个甲烷化反应与普通烃类反应物的反应形成对催化剂竞争，因此如果放任 CO 和 CO_2 的积累，那么催化剂的温度就需要提高。在极端的情况下，若极短时间内有大量的 CO 和 CO_2 进入加氢裂化装置，因为甲烷化反应是高放热反应，因此在理论上来说就有可能发生飞温。在实际操作中，如果 $CO+CO_2$ 的含量超过最大设计允许值，催化剂的温度不允许提高以补偿由此造成的转化率的降低。催化剂的温度应给予维持或者降低，直至造成 $CO+CO_2$ 含量升高的问题得到解决为止。只有这样，催化剂的活性才不至于由于温度的升高而受到损害，同时也可避免由于甲烷化反应可能造成的飞温过程。

24 对于全循环流程，循环油量是如何确定的？

根据单程转化率来确定循环油量。设转化率为 n，进料 m_1，产品之和 m_2，循环油量 m_3。则 $(m_1+m_3) \times n = m_2$，另外可认为进料 m_1 与产品之和 m_2 在数量上是相等的。

$$循环油量 = 进料量/(转化率 - 进料量)$$

25 循环油中的稠环芳烃是如何形成的？全循环流程应如何操作？

虽然多核芳烃(PNA)的生成是我们所不希望的，但是生成多核芳烃的反应是裂化反应中的一个重要的副反应。多核芳烃是在金属催化剂的催化下进行环状结构的饱和加氢，然后在酸催化剂的催化下又进行缩聚反应以生成更大的芳环结构化合物。这种大芳环结构化合物紧接着还可以发生缩聚反应形成更大的多核芳烃，多核芳烃在催化剂的作用下还可生成重多核芳烃(HPNA)物质，其分子结构可以多达 11 个环，它会沉积在催化剂表面，形成结焦。催化剂上沉积的结焦会减小催化剂的活性，结焦还会脱落，流至下游装置，造成下游装置结垢堵塞。

部分循环流程操作的加氢裂化装置，由于经常排出尾油，不存在重多核芳烃的积聚问题。但以全循环流程操作的加氢裂化装置，在反应过程中会有大分子多环芳烃形成和积累，这种化合物在温度较高、浓度较低时，呈液态存在于反应物流中；当温度降低时，则以固态析出，它影响催化剂活性，还会在换热器中沉积，影响传热效率。

解决稠环芳烃的沉积问题，目前是采取外排部分循环油的措施和使用稠环芳烃吸附分离系统。UOP 公司开发的加氢裂化循环油中稠环芳烃活性炭吸附分离系统，1990 年 5 月首次在泰国是拉差炼油厂的加氢裂化装置上投入工业应用。从工艺上增设热分离器，间接循环，选择性吸附分离防止冷却器中结垢，减少结焦，延长寿命。

26 什么是流体的径向分布？什么是轴向分布？影响流体径向分布的因素有哪些？

径向分布是指反应器某截面上流体的分布均匀性；轴向分布指反应器轴向流体的分布均匀性，表示流体的轴向分散或返混程度。

影响因素：①流体的初始分布即反应器入口的流体分布；②催化剂床层装填的方式及催化剂的形状、粒度等因素，即床层空隙率分布的影响；③污垢堵塞床层，造成空隙率分布的不均匀。

27 流体分布性能为什么会影响床层温度的分布和产品的质量？

流体的分布性能直接影响反应物与催化剂接触时间的均衡性，影响催化剂内、外表面被液体润湿程度以及分布不均形成的沟流和短路等，从而会影响最终床层温度的分布和产品的质量。

28 为什么说流体的初始分布是影响流体径向分布的最关键因素？

流体经过入口扩散器和液体分配盘后分散进入催化剂床层，如果两者选择合适，液体能均匀喷洒到催化剂床层上。如果初始分布不均匀，会造成液体偏流，局部地方出现干床，催化剂不能发挥作用，而另一些地方空速过高造成转化率下降。这种流体初始分布不均匀造成的偏流要经过一定深度的催化剂后才能逐步缓解。流体初始分布不均匀同时影响到催化剂均匀湿润。

29 什么是（边）壁效应？催化剂径向空隙率分布有什么规律？如何降低边壁效应？

在反应器器壁床层催化剂空隙率最大，流体流量也最大，这就是壁效应。空隙率分布从器壁到中心呈周期性减幅振荡的规律，减少催化剂粒度，降低空隙率可以相应减少边壁效应。当 $D/d_p = 18 \sim 25$ 以上时（D 代表反应器直径，d_p 代表催化剂当量直径）可以忽略边壁效应。另外催化剂形状对边壁效应也有影响：异形<球形<圆柱形。

30 液体径向分布不均对反应有何影响？热点是如何形成的？

当径向局部流量过大时，该处空速偏大，反应接触时间短，造成转化率偏低，此时放热量小而物流携热能力强，造成床层温度偏低；相反，当局部流量过小，则造成该处转化率偏高，床层温度偏高。

当液体径向分布严重不均时，催化剂局部只与气相物流接触，若气相发生反应，则反应热难以及时导出，形成局部高温，由于热量积累使温度进一步增高并向周边扩散，最终形成热点。

第二章　加氢裂化原料和产品

第一节　加氢裂化原料

1　加氢裂化的原料主要有哪些?

加氢裂化过程可以加工的原料范围相当广泛。"二战"时期德国曾经利用褐煤作为原料生产优质发动机燃料,但因经济性较差,装置在战后停运。由于现代石油化工工业的发展,对化纤、乙烯原料以及轻质油品的需求,加氢裂化技术得到迅速发展,轻至石脑油,重至常压馏分油、减压馏分油、脱沥青油、减压渣油均可作为加氢裂化原料。二次加工产品如催化裂化循环油和焦化柴油、焦化蜡油、热裂化柴油、热裂化蜡油等也可以作为加氢裂化装置生产原料,目前国内加氢裂化装置使用量最多的是减压馏分油。

2　为什么要控制原料油中的氮含量?

氮化物按其氮原子在分子中是否有孤对电子而分为碱性氮化物和非碱性氮化物两大类。由于碱性氮化物中氮杂原子存在有自由的孤对电子,即一些胺类、二氢吲哚类和六元环杂环氮化合物,这些碱性氮化物更容易吸附在催化剂酸性活性中心,因此对催化剂的毒性更大。分子筛型催化剂比无定形催化剂更怕碱性氮化物,这是因为有机碱氮化物在催化剂上吸附与酸碱强度有关,分子筛酸性比无定形强,吸附更强劲,而脱附与温度有关,分子筛型催化剂反应温度相对低,脱附更困难。

氮化物不仅影响催化剂的活性,而且氮化物不稳定,易缩合生焦造成催化剂失活。碱性氮化物是生焦积炭的前驱物,芳烃及氮化物受催化剂吸附过强,集中在 B 酸中心时间过长发生缩聚反应生成积炭,覆盖活性表面,造成裂化催化剂活性下降。实验室数据也表明,Ni-Mo 系催化剂在相同转化率的条件下加工氮含量 2000mg/kg 和 0 两种原料,其所需反应温度相差可以达到 85℃,而对金属 Pd 催化剂来说,原料油氮含量的影响更大,其所需反应温度相差可以达到 110℃。因此,在原料油的各项指标中,首先要关注的就是原料油中的氮含量。与众多国外进口原油相比，我国多数国产原油的特点是含硫少、含氮高，因此加工我国国产原油时，对原料油中的氮含量应倍加关注。

直馏馏分油中的氮化物一般是以杂环氮化物形式存在的，其中有五元环和六元环。最常见的有吡啶、喹啉、吡咯、吲哚、咔唑及其衍生物。氮化物的分布与原料馏程有很大的相关性。当馏分变重时，一方面氮化物含量增加，另一方面杂环氮化物大量出现。杂环氮化物在催化剂表面的强烈吸附对加氢脱氮有自阻作用，其原因是原料油中的碱性氮化物和非碱性氮化物加氢脱氮反应的中间产物均具有较强的碱性，它们可与催化剂活性中心产生很强的吸附作用，且又难于脱附，因此会在一定程度上对催化剂反应活性产生抑制作用或暂时中毒。原料油的氮含量大幅度增高，往往意味着原料油变重、变劣，稠环化合物和芳烃含量相应增加，其他杂质含量也相应上升，需要提高反应温度以补偿催化剂活性的下降。氮化物的脱除一般先经过氮杂环的加氢饱和，因此深度脱氮总是需要大量耗氢。氮化物在催化表面上的吸附比含氧、含硫化合物和芳烃容易得多，因此可能出现这样的情况：催化剂表面上氮化物的覆盖率相当大，但并非所有被吸附的氮化物都能经历加氢、氢解而脱氮，这不仅对其他加氢反应有明显阻滞作用，而且也会造成对催化剂酸性中心吸附中毒，同时还可能导致催化剂表面生焦积炭，使催化剂由原来的可逆吸附中毒变成了永久失活。由于分子筛型裂化催化剂易被有机氮化物中毒，因此需要严格控制进入裂化反应器的精制油的氮含量。一般要求控制精制油氮含量在 10mg/kg 以下。当原料油氮含量增加时，应适当提高前置加氢精制反应器的反应温度。同时，原料油氮含量增加，还会引起裂化反应器中氨分压升高，这对裂化催化剂的裂化活性也有一定的抑制作用，从而导致裂化段反应温度需要相应提高，以维持适宜的单程转化率。

3　为什么要控制新氢和原料油中的氯含量？

原料中的氯加氢后产生的 HCl 会对工艺过程的操作带来问题，在高温条件下会与容器或管线材质中的 Fe、Ni 反应产生腐蚀。在有 Cl⁻ 存在时，18-8 型奥氏体不锈钢对点腐蚀特别敏感。点腐蚀在生产中是很危险的，它在一定区域内迅速发展，并往深处穿透，以致造成设备因局部破坏而损坏，或因个别地方穿孔而渗漏。同时 HCl 会与系统中的 NH$_3$ 反应形成 NH$_4$Cl，在低于350℃的条件下就会沉积出来堵塞系统（一般在 180~200℃ 开始大量析出）。有的炼油厂全用重整氢，在压缩机出口阀门内常发现有白色 NH$_4$Cl 结晶物堆积，这是因为重整氢中有微量氯存在，因此加氢裂化对原料油和氢中的氯要加以限制。

4 为什么要控制原料的干点？一般指标是多少？

原料干点提高使得一方面原料黏度增加，导致原料在催化剂内部扩散速度降低，降低反应速度；另一方面非烃化合物分子变大，结构更加复杂，增加了反应的空间位阻效应，使反应难以进行。原料氮含量、胶质、沥青质、重金属等杂质增加，也加大了加氢的难度，同时由于这些杂质不稳定，在催化剂表面竞争吸附，强烈地抑制其他化合物反应，加大了结焦倾向，使催化剂加速失活。由于干点增加原料中的稠环芳烃还会在裂化产品的流出物中析出固体晶体，造成系统压降增加。

对不同类型原料不同的反应分压，所要求的干点也不同。以催化裂化轻循环油（LCO）为原料时，干点达到385℃以上时应加以控制；以焦化蜡油（CGO）为原料时，干点达到510℃时应加以控制；以减压蜡油为原料时，达到540℃时应加以控制。不同原料控制不同的干点，这是由原料的性质、组成决定的，芳烃含量越高、结构越复杂，应控制较低的干点。

5 为什么要控制原料油中的残炭含量？

残炭是油样在不充足的空气中燃烧后剩余的物质，是用来衡量加氢原料生焦倾向的一种特性指标。残炭值的大小，反映了油品中多环芳烃、胶质、沥青质等易缩合物质的多少。原料油的残炭值（CCR）增加对加氢裂化产品收率影响较小，加氢裂化所得尾油的残炭值增加不多，但催化剂结焦速度加快，必须提高反应温度以弥补催化剂的活性下降，这将严重影响催化剂的运转周期，因此在装置设计时均限定了原料油的残炭值。

6 原料油中水含量为何要控制？控制在多少？

水对催化剂的活性和强度有影响，严重时影响催化剂寿命，另一方面水汽化要吸收较多热量，增加了加热炉的负荷。水汽化后增加了装置系统压力，引起压力波动，甚至超压，严重时则要降量直至停工。进反应器原料油的含水量最大值为500mg/kg，一般要求小于300mg/kg。

7 为何要控制原料油中的 Fe^{2+} 含量？一般控制指标是多少？

铁对于催化剂的活性影响不大，原料油铁离子含量超标会引起蜡油的颜色较黑，比色偏大，杂质含量高，导致原料油过滤器严重堵塞，从而使精制反应器床层堵塞，硫化铁在反应器顶部堆积，引起催化剂结块，造成反应物料短路、沟流、反应器个别点温度偏高；同时会使床层压降上升，循环氢压缩机动力消耗增大，出入口压差升高，迫使装置催化剂在活性尚未丧失之前就须停工处理。铁离子源于原料油中的环烷酸或硫化物在贮运或加工中生成的环烷酸铁或硫化铁。前者为可溶性铁，进入装置后难以除去，在高温状态下硫化氢反应生成硫化铁，会积聚在反应器顶部的催化剂中，所以要尽量防止可溶性铁的生成。原料油中铁离子含量控制在小于 1.0mg/kg。

8　为何要对原料油色度进行检测？

原料油的色度反映着原料油中胶质、沥青质的含量。如果色度超标，说明原料油中难裂化的胶质、沥青质含量较高，进入反应器后，不仅容易导致催化剂结焦失活速度加快，而且会使生成油因油水乳化而分离困难，导致分馏冲塔，进而导致产品不能正常分离。当色度超过 3 号后，即使原料油干点不高，也会使反应性能变差。一般控制原料油色度不大于 5 号。

9　设置原料罐的目的何在？为何设计氮封？

石油馏分接触空气时会有溶解氧，加热这些馏分时，氧就与某些烃反应生成聚合物的胶质。如果馏分在室温下与空气长期接触，也会形成聚合物。烯烃比饱和烃更易与氧反应。这些聚合物不仅在加氢裂化装置的换热器上沉积和结垢，大大降低传热效率。而且进入反应器这些胶质会沉积在催化剂床层上，增加床层压降，缩短装置运转周期，所以原料油要采取氮封隔绝空气的保护措施。

10　加氢裂化装置对补充氢有何要求？

从理论上说，补充氢的纯度越高越好。一般都要求氢纯度不小于 95%，其中 $CO+CO_2$ 含量一般小于 $20mL/m^3$。其中 CO 是最有害的杂质，因为 CO 在烃类和水中的溶解性很小，因此会在循环氢中积累。但是，对于 CO_2 来说，它的溶解性较大，因此很容易通过高压分离器的液体物流从系统中移出。新氢中的 CO、CO_2 含量过高，一方面降低了新氢纯度；另一方面会在反应器内发生氢解脱氧（甲烷化）反应，放出大量反应热，将会引起反应操作的波动，严重时会造成反应器床层超温。甲烷化反应产生的甲烷同样不容易溶解在油中，造成循环氢纯度下降。重整氢作为补充氢要特别监测 Cl^- 含量，尽量控制 $Cl^- < 1mL/m^3$。

11　原料变化时反应器床层温度有何变化？

原料硫含量高床层温度上升；原料氮含量高，床层温度上升；循环氢纯度提高，床层温度上升；新鲜进料量增大，床层温度下降；原料含水量增加，床层温度下降；原料变重，床层温度下降。

12 原料中哪些指标对裂化转化率影响大？针对变化如何调整？

（1）原料油的密度：密度越大，愈难加氢裂化，密度高一般需提高反应温度。

（2）原料油的族组成（或原料的品种来源）：烷烃较易裂解，而环烷基的原料难裂解需提高苛刻度。

（3）原料油的终馏点：原料油的终馏点高，原料油的氮含量将随之增加。原料油平均沸点愈高和相对分子质量愈大，则愈难转化，应增加反应的苛刻度。

（4）原料油的残炭和沥青质：残炭高和沥青质高的原料，短时间对反应影响不大，但长期操作将降低催化剂的活性与选择性，必须提高反应温度，弥补催化剂这一失活因素，并维持一定裂化转化率。

13 减压蜡油作为加氢裂化原料时有何要求？

加氢裂化装置对减压蜡油要求控制残炭、重金属含量、含水等指标，同时要观察颜色和密度，一般残炭要求在 0.3% 以下。如果蜡油残炭不高，而颜色深、密度大，说明减压分馏不好，需改进减压分馏的设备或操作。馏分过重（密度大）金属含量随之增加，在生产过程中易造成催化剂中毒失去活性。若蜡油含水量大于 $300\mu g/g$，易造成加氢裂化催化剂失活和降低催化剂的强度。

加氢裂化原料指标：

氮/（$\mu g/g$）	1000～2000
硫/%	0.3～3
干点/℃	<573
沥青质/%	<0.02
残炭/%	<0.3
金属/（$\mu g/g$）	<2
水/（$\mu g/g$）	<300

14 石蜡基原料对喷气燃料性质有何影响？

加氢裂化在制取不同目的产品时对原料组分的要求局限性不大，通过改变催化剂、调整工艺条件或流程可以大幅度改变产品的产率和性质，从而最大限度地获取目的产品。但是在相同的催化剂及转化深度时，产品的组成与原料族组成有密切关系。加氢裂化不具备环化功能，只具有开环、断链和较强的异构能力，因此原料中环状烃含量高者产品中的环烷烃含量也相应较高。在加工蜡含量较高的原料时，因为加氢裂化自身的特点，造成喷气燃料中的环烷烃和芳烃含量少、蜡含量高，使得喷气燃料的冰点上升，国内有炼油厂曾出现加工石蜡基原料造成喷气燃料冰点不合格的现象。因此，对于生产喷气燃料的装置，在加工蜡含量较高的时候，应注意喷气燃料冰点，一般将喷气燃料干点降低20℃左右即能满足要求。

15 原料中金属含量对加氢裂化的影响？

减压蜡油中金属主要包括铁、镍、钒、钠等，其中铁含量较高，其他金属含量在1mg/kg左右。金属化合物在加氢裂化过程中容易被脱除，脱除的金属沉积在催化剂上，造成催化剂的微孔堵塞而失去活性，形成不可逆的永久性失活，因此原料中金属含量要严格限制。

第二节　加氢裂化产品

1 加氢裂化产品的特点有哪些？

一是产品饱和度高，非烃含量较低，安定性好；二是正构烃含量低，低温流动性好；三是通过对催化剂和反应工艺的调整可大幅度改变产品产率和性质，具有非常好的生产灵活性；四是由于烷烃的加氢裂化在其正碳离子的β位处断链，很少生成C_3以下的低分子烃，所以加氢裂化的液体产品收率高，液体收率通常都在96%以上。

2 加氢裂化装置的产品较催化裂化装置、焦化装置在产品分布以及质量上有哪些优势？

加氢裂化装置液体产率高，C_5以上收率可以达到94%~95%以上，催化裂化装置仅有80%左右，延迟焦化只有65%~70%。

加氢裂化C_1~C_2收率仅为1%~2%，催化裂化和延迟焦化达到3%以上。

加氢裂化产品饱和度高，非烃含量很低，产品安定性好，柴油的十六烷值高，胶质低。

由于加氢裂化工艺异构性能强，产品有优异的性能，同时通过催化剂以及工艺的改变可大幅度调整加氢产品的产率分布（其产品收率范围20%~65%），而催化裂化和延迟焦化产率可调整的幅度很小。

加氢裂化与热裂化的产品主要不同点在于产品氢含量的差异。研究表明氢含量达到13%时方能满足喷气燃料以及车用柴油的使用性质要求。而催化裂化煤油、柴油组分氢含量仅为10%~13%，因此煤油的烟点低，柴油十六烷值较低，燃烧性能差。

3　影响液化气质量的因素有哪些？

对于脱丁烷塔流程，因反应转化率不稳，以及脱丁烷塔重沸炉出口温度波动、塔顶和塔底温度、塔内压力及液位波动，以及脱丁烷塔进料量、生成油及回流罐含水造成的脱丁烷塔操作不稳，分馏效果变差，造成液化气 C_5 含量过高。脱乙烷塔操作波动、进料带水、塔顶和塔底温度的变化以及塔压的波动都会造成 C_2 超标。

对于吸收稳定流程，影响液化气质量的是脱吸塔和稳定塔的操作。脱吸塔的中段回流流量、塔压、塔底温度的波动会影响 C_2 的分离，同时进料带水也不利于 C_2 的分离。稳定塔的塔底温度和塔压波动会影响液化气与石脑油的分离，造成液化气 C_5 超标。

无论是哪种流程，加强生产过程前部的脱水、控制稳定的操作参数是保证产品质量的关键。

4　加氢裂化轻石脑油与直馏轻石脑油比较有何特点？

加氢裂化轻石脑油主要含有 C_5，主要组分为链烷烃，环烷烃很少，因此其作为蒸汽裂解装置原料时，乙烯收率比采用直馏轻石脑油高，裂解焦油含量低。加氢裂化轻石脑油辛烷值比直馏轻石脑油高很多，一般在 80 以上，而且硫、氮含量很低，可以直接作为汽油的调和组分。

5　为什么要控制石脑油腐蚀？

产品轻石脑油甚至重石脑油的腐蚀不合格，一般是由于反应脱硫醇效果差和分馏分离效果不好，导致少量硫化氢携带所致。硫醇是一种氧化引发剂，在油品贮运过程中，极易与油品中的不饱和烃叠合生成胶状物质，从而使油品的安定性变差。当油品中硫醇含量大于 $60mL/m^3$ 时，就会有腐蚀性，在汽车衬铅的油箱中，产生严重的腐蚀现象，所以控制轻石脑油腐蚀合格具有重要的意义。

6　轻石脑油中的硫含量高的原因是什么？

轻石脑油硫含量偏高的主要原因：后精制反应脱硫醇效果差，造成馏分油中硫含量高；脱丁烷分馏效果差，导致含硫化氢较高的液化气溶解在塔底油中带入分馏塔，造成轻石脑油硫含量偏高；生成油带水进入分馏塔；回流罐气封瓦斯含硫高、污染轻石脑油产品等。

7　加氢裂化重石脑油性质有何特点？

重石脑油中环烷烃含量较高，饱和度好，硫、氮等非烃杂质少，因此可以作为催化重整原料直接使用，同时由于芳烃潜含量高（一般高于50%），其芳烃收率以及重整生成油的辛烷值也较高。

8 加氢裂化喷气燃料有何质量特点，为何要添加抗氧剂？

环烷烃、烷烃，尤其是异构烷烃是喷气燃料比较理想的组分，它具有较好的燃烧性能、润滑性能和热安定性。而在喷气燃料中单环芳香烃含量越小越好，尽可能除去双环芳香烃。加氢裂化工艺具有优异的芳烃饱和、选择性断环以及烃类异构化的性能，因此可以得到优质的喷气燃料组分，喷气燃料的颜色、热安定性、燃烧性能得到较大程度的提高。但是喷气燃料中保留适当的硫化物能够起到对镍合金的抗烧蚀作用，而且天然存在的硫化物与喷气燃料馏分的配伍性较好。在加氢裂化工艺中脱硫率很高，通过试验证明在油品贮存初期过氧化值增加很快，法国等国家研究认为喷气燃料中过氧化值应不大于$20mL/m^3$，超过此值会对燃料油系统的密封件产生浸蚀，导致漏油。因此加氢裂化喷气燃料需要在馏出口添加抗氧剂，以保证过氧化值不大于$20mL/m^3$。

9 抗氧化剂的作用是什么？

抗氧化剂又称防胶剂，它的作用是抑制燃料氧化变质（生成胶质），提高汽油的安定性。

10 喷气燃料腐蚀不合格的原因是什么？

由于加氢过程产生含有腐蚀性的硫化氢气体，如硫化氢未能从产品中脱除，产品中含有$1\sim2mL/m^3$硫化氢就可能导致产品腐蚀。同时在分馏过程中单质硫的产生，由于其无法采用分馏系统脱除而带入油中产生腐蚀不合格，国内炼油厂也曾经出现由于汽提蒸汽含氧，使单质硫生成，导致喷气燃料腐蚀问题。

通常银片腐蚀不合格的原因主要包括：

（1）设备内部沉积物的影响。经过一段时间的运转，系统中沉积大量硫化铁的杂质，遇到生产波动，会有部分硫化铁被喷气燃料夹带，影响腐蚀合格率。因此检修时应彻底清扫换热器分馏塔的杂质。

（2）汽提塔进料温度过低影响分馏效果，不利于硫化氢的脱除。

（3）原料硫含量高，反应系统未做脱除处理、分馏塔回流罐尾气排放不足，导致系统中硫化氢聚集，影响分馏效果，硫化氢脱除变差。

（4）回流罐温度以及原料油性质变化可能影响分馏塔效果，产生腐蚀现象。

（5）同时根据对喷气燃料腐蚀不合格样的不完全调查，其影响原因中：①含水（占55%～60%）。②含硫量高（占20%左右）。③缺少抗腐蚀组分（5%～7%）。④其他不明原因（10%～15%）。

11 为什么要控制喷气燃料的密度和发热值？

喷气燃料质量指标要求密度不小于 $775kg/m^3$。因为喷气式发动机的飞行高度较高，续航里程较远，飞行速度大，发动机效率高，需要足够的热能产生动力来带动机械工作，这就要求燃料有尽可能高的体积发热量和质量发热量，燃料的发热量高，可以相应减少油箱体积和质量，这对飞机制造来说是十分有利的。又因为燃料密度大，则体积发热量也大，用同样体积的油箱装油可以飞行更长时间和距离。这对民航飞机来说，可提高工作效率，降低载运货物的运输费用。

12 为什么要控制喷气燃料的馏程？

通过调整常压塔控制喷气燃料的恩氏蒸馏90%点和98%点温度，来调节它的密度和结晶点。馏程太窄时，结晶点合格而密度太小；馏程太宽时，密度合格而结晶点过高，所以90%点和98%点要调节适中，才能保证喷气燃料的结晶点和密度都符合规格要求。这必须根据原油的性质，选择适当的馏程。

结晶点和冰点都是喷气燃料的低温性能，它取决于燃料的化学成分和含水量。燃料中蜡含量多，当温度下降到一定程度时就会析出石蜡晶体；燃料中芳烃含量多，溶解水分增加，当温度降低时，水分便析出结成冰粒。冰点是关系到飞机供油系统在高空低温下的流动性，无论是蜡的结晶还是水的结冰，都将会堵塞燃油过滤器，使供油减少甚至中断，造成严重的飞行事故。所以要限制馏程切割范围，当馏程切割恰当时，不必脱蜡就能达到-60℃以下的结晶点。

13 什么是油品的抗氧化安定性？

油品在贮存和使用过程中抵抗氧化作用的能力，汽油的抗氧化安定性用诱导期或实际胶质等指标表示。润滑油则以在缓和氧化条件下生成的水溶性酸，或者在深度氧化条件下形成的沉淀和酸值来表示。油品的抗氧化安定性与其组成、环境温度、氧的浓度和催化剂的存在有关。氧化后生成中性氧化物和酸性氧化物，中性氧化物进一步缩合生成沥青质、胶质或炭化物，堵塞机件，使油变质，黏度增大，颜色变深，酸性氧化物则对金属有腐蚀作用。

14 什么是银片腐蚀试验？

银片腐蚀试验是检查喷气燃料有无对银腐蚀组分的定性试验。将一定规格的银片浸入试样，于(50±1)℃下保持4h，然后根据银片表面颜色的变化，分成0、1、2、3、4共五级来判断试样的腐蚀性。此试验可直接检查喷气燃料有无对银片腐蚀的活性组分，有利于提高喷气燃料的质量。

15 什么是铜片腐蚀试验？

铜片腐蚀试验是检查发动机燃料、喷气燃料或润滑油是否含有活性硫化物或游离硫的定性方法。按规定方法将铜片浸入试油，根据铜片表面颜色的变化判为试验合格或不合格。

16 对喷气燃料的主要性能要求有哪些？

根据发动机的工作情况，喷气燃料应有良好的燃烧性、低温性、润滑性、安定性、抗腐蚀性、安全性及洁净度等性能，它们的具体指标主要有：

燃烧性——主要指标有：芳烃含量、C/H 比和萘含量。

低温性——冰点（结晶点）。

腐蚀性——酸度、总硫、铜片腐蚀、银片腐蚀。

安定性——烯烃含量、碘值、实际胶质、铜离子含量。

安全性——闪点、电导率、爆炸性试验。

洁净度——水分离指数、水反应等。

17 喷气发动机燃料的使用要求有哪些？

喷气发动机燃料的使用要求主要有：良好的燃烧性能，适当的蒸发性能，较高的热值和密度，良好的安定性能，良好的低温性能，无腐蚀性能，良好的洁净性能，较小的起电性能，适当的润滑性能。

18 为什么要控制柴油的馏程？其馏程指标是多少？

柴油馏程是一个重要的质量指标。柴油机的速度越高，对燃料的馏程要求就越严，一般来说馏分轻的燃料启动性能好，蒸发和燃烧速度快。但是燃料馏分过轻，自燃点高，燃烧延缓期长，且蒸发程度大，在点火时几乎所有喷入气缸里的燃料会同时燃烧起来，结果造成缸内压力猛烈上升而引起爆震。燃料过重也不好，会使喷射雾化不良，蒸发慢，不完全燃烧的部分在高温下受热分解，生成炭渣而弄脏发动机零件，使排气中有黑烟，增加燃料的单位消耗量。主要控制馏程的 50% 和 90% 馏出温度，轻柴油质量指标要求 50% 馏出温度不高于 300℃，90% 馏出温度不高于 355℃，95% 馏出温度不高于 365℃。柴油的馏程和凝点、闪点也有密切的关系。

19 评定柴油低温流动性的指标是什么？

我国评定柴油低温流动性的指标是凝点。

凝点也是柴油的重要质量指标。在冬季或空气温度降低到一定程度时，柴油中的蜡结晶析出会使柴油失去流动性，给使用和贮运带来困难。对于高含蜡原油，在生产过程中往往需要脱蜡，才能得到凝点符合规格要求的柴油，通常柴油的馏程越轻，则凝点越低。

20 评定轻柴油安全性的指标是什么？

评定轻柴油安全性的指标是闪点，轻柴油的闪点是根据安全防火的要求而规定的一个重要指标。柴油的馏程越轻，其闪点越低。

21 评定柴油点火性能的指标是什么？

评定柴油点火性能的指标是十六烷值。

十六烷值是在规定试验条件下，用标准单缸试验机测定柴油的着火性能，并与一定组成的标准燃料(由十六烷值定为 100 的十六烷和十六烷值定为 0 的 α-甲基萘组成的混合物)的着火性能相比而得到的实测值。当试样的着火性能和在同一条件下用来作比较的标准燃料的着火性能相同时，则标准燃料中的十六烷所占的体积分数，即为试样的十六烷值。柴油中正构烷烃的含量越大，十六烷值也越高，燃烧性能和低温启动性也越好，但沸点、凝点将升高。十六烷值 = 442.8 $-462.9 d_4^{20}$。

22 柴油为何控制凝点？轻柴油的牌号是如何划分的？

凝点用以表示柴油的牌号，如 $0^{\#}$ 轻柴油的凝点要求不高于 0℃，它是柴油产品的重要指标，表示油品在低温下的流动性能。在冬季为保证柴油发动机正常运行，通常采用低凝点柴油(如 $-10^{\#}$、$-40^{\#}$ 柴油)。

轻柴油的牌号就是按其凝点而划分为：$10^{\#}$、$0^{\#}$、$-10^{\#}$、$-20^{\#}$、$-35^{\#}$、$-50^{\#}$ 六个品种。

23 什么是柴油的安定性？

柴油的安定性是指柴油的化学稳定性，即在贮存过程中抗氧化性能的大小。柴油中有不饱和烃，特别是二烯烃，发生氧化反应后颜色变深，气味难闻，产生一种胶状物质。

24 什么是柴油的十六烷值、十六烷指数和柴油指数？

柴油的十六烷值等于与油样相同抗爆性的正十六烷与 α-甲基萘混合物标准油样中的正十六烷体积分数。它是一个实际测量值，表示柴油的抗爆性能。测量基准是人为规定正十六烷的十六烷值为 100，α-甲基萘的十六烷值为 0。

十六烷指数为计算值，它是通过油样的苯胺点、密度或馏程参数关联公式计算出来的。

柴油指数＝（十六烷值−14）×3/2。

25 加氢裂化柴油质量有何特点？

加氢裂化柴油，异构烷烃/正构烷烃比值大，芳烃含量低于10%，没有烯烃组分，因此抗爆性能好，稳定性强，十六烷值高，可以满足欧Ⅲ指标要求，可以作为清洁柴油直接出厂。但是加氢裂化柴油由于脱硫率过高也带来一定的问题，因原料中的硫化物与馏分的配伍性较好，能够提供很好的润滑性，随着硫含量的降低，油品的润滑性能下降，抗磨指数上升，需要加入抗磨剂。

26 什么是实际胶质？它对油品质量有何影响？

实际胶质是指100mL油品在规定条件下，蒸发后残留的胶状物质的体积（mL）。实际胶质用以测定汽油、煤油和柴油在发动机中生成胶质的倾向，也是表示安定性好坏的一项指标。

27 单程转化率的变化对各产品收率和结构组成有什么影响？

转化率是根据最后一个产品的干点决定的，是小于该干点的所有馏分占总馏分的百分比。如本装置生产0#柴油时，柴油干点一般在360℃左右，则转化率确定为360℃之前的馏分所占百分比。转化率对产品的分布有重要影响，转化率变化时，气体、液化气、石脑油、煤油、柴油、尾油的收率均随着变化。转化率提高轻重石脑油收率增加，煤油收率在某一点转化率达到最高点，之后随转化率提高而降低。柴油收率随转化率提高而增加，达到某一点转化率时，柴油收率基本不随转化率变化。转化率的变化根据不同催化剂的性质对产品所产生的影响不尽相同，一般来说提高单程转化率会增加原料烃类的裂解深度，使液化气中 C_3、C_4 产率提高，C_1、C_2 的收率略有增加，对循环氢纯度有一定的影响。

重石脑油的芳烃含量与转化率呈直线关系，在转化率较低时，重石脑油的芳潜相当高，一般大于50%，随着转化率的增加而芳潜下降。这充分说明，在低转化率时过程的反应主要是原料中的多环芳烃优先选择性破坏形成高芳烃潜含量的石脑油，随着转化率深度增加，未转化油中的多环芳烃减少，导致未转化油中的烷烃进一步裂解，从而使重石脑油中的芳烃潜含量减少。随着重质芳烃向轻质馏分中转移及饱和为环烷烃，中间馏分及尾油中与芳香性有关的性质如烟点、十六烷值、BMCI 值都明显改善，且随着转化率增加持续改进。喷气燃料的芳烃含量与转化率呈直线关系，其中芳烃含量随着转化率增加而减少，相应烟点则随着转化率的增加而升高。柴油十六烷值与转化深度在转化率较低时基本呈直线关系，随着转化率的增加，柴油十六烷值逐渐增加，但当转化率大于60%，柴油十六烷值已不再增加。

28 裂化反应器最后一床层温度变化对产品质量有何影响?

在加氢裂化产物离开裂化床层后，其所存在的极少量烯烃还会与 H_2S 反应生成硫醇，使产品腐蚀增加，因此必须通过后精制段进行脱除。裂化反应后部温度过低，造成脱硫醇效果差，直接影响轻石脑、重石脑油等产品腐蚀不合格。

第三章 催 化 剂

1 什么是催化剂？催化剂作用的基本特征是什么？

催化剂是指能够参与并加快或降低化学反应速率，但化学反应前后其本身性质和数量不发生变化的物质。催化剂作用的基本特征是改变反应历程，改变反应的活化能和改变反应速率常数，但不改变反应的化学平衡。

加氢裂化催化剂属于双功能催化剂，即催化剂由具有加氢脱氢功能的金属组分和具有裂化功能的酸性载体两部分组成。

2 催化剂由哪几部分组成？有何作用？

工业催化剂大多不是单一的化合物，而是多种化合物组成的，按其在催化反应中所起的作用可分为加氢组分、助剂和载体三部分。

（1）加氢组分是催化剂中起主要催化作用的组分，加氢裂化催化剂的主活性组分主要是金属，是加氢活性的主要来源。

（2）助剂添加到催化剂中用来提高主活性组分的催化性能，提高催化剂的选择性或热稳定性。按其作用机理分为结构性助剂和调变性助剂。结构性助剂作用是增大比表面积，提高催化剂热稳定性及主活性组分的结构稳定性。

调变性助剂作用是改变主活性组分的电子结构、表面性质或晶型结构，从而提高主活性组分的活性和选择性。加氢裂化催化剂的助剂作用是调变载体的性质，减弱金属与载体之间、主金属与助金属之间强的相互作用，改善催化剂的表面结构，改善催化剂的裂化性能和耐氮性能。

（3）载体是负载活性组分并具有足够的机械强度的多孔性物质。其作用是：作为担载主活性组分的骨架，增大活性比表面积，改善催化剂的导热性能以及增加催化剂的抗毒性，有时载体与活性组分间发生相互作用生成固溶体和尖晶石等，改变结合形态或晶体结构，载体还可通过负载不同功能的活性组分制取多功能催化剂。加氢裂化催化剂的载体作用是将活性金属组分分散到载体上，不但能增加催化作用的表面，而且可以降低催化剂的成本，在很多情况下还能提高催化剂的稳定性，它是催化剂组成中一个重要部分，载体主要提供酸性，在其上发生裂解、异构化、歧化等反应，它的特性在很大程度上影响着催化剂的活性和选择性。

3　加氢裂化催化剂组成上有何特点？

加氢裂化催化剂是具有加氢活性和裂解活性的双功能催化剂，加氢活性由金属活性组分提供，裂解活性则由酸性载体提供。

按催化剂活性金属组分不同分为非贵金属和贵金属两大类。前者选自ⅥB族金属元素钼（Mo）、钨（W）和Ⅷ族金属元素钴（Co）、镍（Ni），其中Mo、W一般用作主催化金属；其可以是单组分、双组分或三组分，但大多为双组分，多采用W-Ni、Mo-Ni和Mo-Co等金属组合。后者以Ⅷ族金属元素铂（Pt）和钯（Pd）为主。非贵金属活性组分在使用前必须进行预硫化，并且在使用过程中必须维持反应系统具有一定的硫化氢分压，以免活性金属被还原。贵金属易被硫化中毒而失活，在使用前须还原。

按载体酸性组分不同分为无定形和晶型（亦称分子筛）两大类。前者的酸性组分通常选自无定形硅铝、无定形硅镁及改性氧化铝等；晶型催化剂的酸性组分是经过改性处理的分子筛再配以无定形硅铝、无定形硅镁及改性氧化铝组分，可用的分子筛种类很多，诸如Y型、β、ZSM系列、SAPO系列和Ω分子筛等，而使用最多的是各种改性的Y型和β分子筛。一般来说，分子筛可以比无定形载体提供更多的酸性中心和更强的酸性。

4　加氢裂化催化剂的作用是什么？

加氢裂化是在一定温度及氢压下把低品质大分子的原料油转化为洁净的小分子产品。大分子的原料油较之小分子的产品有较高的能位，为了使转化反应过程顺利进行，必须克服活化能（E_a）。催化剂的作用是可以减少或降低能障，加快反应速率。但催化剂不能改变反应和原料油与产品之间的平衡。

5　催化剂载体的作用有哪些？

单独存在的高度分散的催化剂活性组分，受降低表面自由能的热力学趋势的推动，存在着强烈的聚集倾向，很容易因温度的升高而产生烧结，使活性迅速降低。如果将活性组分载到载体上，由于载体本身具有好的热稳定性，而且对高度分散的活性组分颗粒的移动和彼此接近起到阻隔作用，会提高活性组分产生烧结的温度，从而提高了催化剂的热稳定性。不同的载体因表面性质不同，会不同程度地提高活性组分的烧结温度。此外活性组分分散到载体上后，增加了催化剂的体积和散热面积，从而改善了催化剂的散热性能，同时载体又增加了催化剂的热容，这些都能减小因反应放热所引起的催化剂床层的温度升高，特别是在强放热反应中，良好的导热性能有利于避免因反应热的积蓄使催化剂床层超温而引起催化剂活性组分烧结。

6 载体的酸性如何表示？

载体的酸性包括酸种类、酸强度和酸浓度三个因素。酸的种类是指属于质子酸（B 酸）还是非质子酸（L 酸），B 酸是指能够给出质子的物质，L 酸是指能够接受电子对的物质。酸强度是指给出质子或接受电子对的能力，通常可用 pK_a 值来表示。酸浓度又称酸度，是指单位表面积或单位质量上的酸量（酸中心个数）。对于固体酸来说，表面酸中心可以有不同的强度，而每个强度的酸的点数也不同，因此酸度对强度来说是一个分布。

7 加氢裂化催化剂的酸性功能与什么有关？

加氢裂化催化剂酸性功能是由所含有的分子筛提供的，一般是 Y 型分子筛。分子筛具有规整的孔道结构和表面酸性集团，酸性分子筛的酸强度、酸量比无定形硅铝和氧化铝大得多，在加氢裂化催化剂中引入分子筛组分表现了很多优点：高活性、好的抗氮性和耐硫性、高稳定性、低结焦性和易再生性。分子筛是一类具有骨架结构的微孔晶体材料，构成骨架的基本单元是 TO_4 四面体（T 一般是 Si、Al），通过 T—O—T 键构成的具有特殊孔道的三维结构。分子筛酸性的强弱，可以通过加入 SiO_2 进行调节，Si/Al>1.5 称为 Y 型分子筛，分子筛的酸性与 Si/Al 有着十分密切的关系。

分子筛中 Si 与 Al 的结构均以图 3-1 形式存在，Al 是一个酸性中心。在 1~9 位的 Al 数影响中心位 Al 的酸性。0 个 Al 即 9 个位均是 Si 时，Al 的酸性最强，因为 Si—Al 键受周围 9 个 Si 位的影响，最偏向 Si，导致 Al 的电负性最大。9 个位均是 Al 时，中心位 Al 的酸性最弱。最理想的一个分子筛晶包共有 192 个节点，24 个酸性位，此时酸性最强。晶包变小，Si 含量上升，酸性增加。

加入过量的 Si，将覆盖活性中心，使催化剂活性下降（见图 3-2）。多阶阳离子分子筛如 Ca^+ 受键力影响，偏向一个 Al，另一个 Al 显负极性，极化能力强。用稀土离子会更好，稀土离子电荷多，极化能力强，脱硫、脱氮能力强。

高温水热处理可以脱除分子筛中的 Al，使其酸性下降，因此原料中大量带水对催化剂的影响很大。当温度>350℃时，遇水开始脱 Al。温度>380℃时，遇水就会发生大量脱 Al。分子筛脱 Al 后，生成许多二次孔（原有 Al 位），对中间馏分油型加氢裂化催化剂十分重要。该类型催化剂要求酸性中心不宜过多，同时酸性中心不能过分集中，减少二次反应。

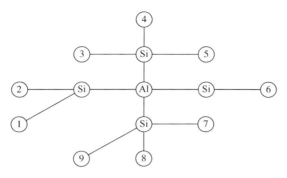

图 3-1　催化剂中 Si 与 Al 的结构图

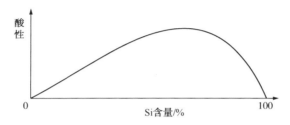

图 3-2　催化剂活性与硅含量的关系

分子筛催化剂再生时，晶包因脱 Al 后易脱塌，活性降低。

8　助剂的作用有哪些？

① 有利于金属分散(加入 Si、B)，使之更好地转化为 Ni-Mo-S(Co-Mo-S)活性相。②加入 P、Ti 可以抑制尖晶石的生成。③加入 F、Si 可以提高酸性。

9　催化剂制备方法有哪几种？优缺点各是什么？现今常用的是哪种？

催化剂制备方法一般有三种：浸渍法、共沉淀法和混捏法。

浸渍法优点：活性组分都分散在催化剂表面，因而在催化反应中活性组分的利用率最高；载体制备和催化剂的制备可以在各自最佳的条件下进行，从而获得催化剂的最好性能。缺点：催化剂上大量的活性组分受载体对浸渍液中所含活性组分的分子(或离子)的吸附能力、孔容大小以及浸渍液中活性组分的最大浓度的限制。

共沉淀法优点：催化剂活性组分与载体之间结合紧密，有强的化学作用，催化剂中活性组分的量原则上不受限制。缺点：催化剂表面上活性组分比例小，活性组分利用率低，需要经过多次洗涤和过滤。

混捏法优点：生产过程比较简单，而且容易生产含多种活性组分和活性组分含量高的催化剂。缺点：活性组分的分散程度和与载体结合的紧密及充分程度较低，活性组分利用率低，活性组分通常以盐的形态存在，会影响催化剂颗粒的机械强度。

目前常用的制备方法是浸渍法。

10 催化剂的典型制备步骤是什么？

主要包括：①沉淀：通过酸性和碱性溶液在特定条件下混合，形成水凝胶沉淀物即基质；②过滤：将基质与母液分离；③洗涤：用脱盐水除去沉积在基质微孔或颗粒间隙中的母液和表面杂质；④干燥：将孔隙及表面物理吸附的水除去；⑤成型：将基质制备成催化剂形状；⑥焙烧：使载体或催化剂得到固定结构和孔结构，具有良好的强度；⑦浸渍：将活性金属组分分散到载体上。

11 催化剂装填分为哪几种形式？有何区别？

催化剂装填分为普通装填（疏相装填、袋式装填）和密相装填两种。其区别在于装填过程中有无使用外界推动力来提高催化剂的装填量和装填密度。

普通装填方法因其多采用很长的帆布袋将催化剂从反应器顶部输送到床层料位而被称为布袋装填法，实际上。普通装填法中也有较多厂家不用帆布袋而改用金属舌片管来输送催化剂。由于普通装填法简单易行，操作人员几乎不需要特别的培训，设备不需要专利技术，因此被国内许多炼油企业所采用。密相装填法，可以将催化剂在反应器内沿半径方向呈放射性规整地排列，从而减少催化剂颗粒间的孔隙，提高催化剂的装填密度，通常可以比普通装填法多装 10% ~ 25%（质量分数）的催化剂。密相装填除了可以多装催化剂外，由于装填过程中催化剂颗粒在反应器横截面上规整排列，因此其沿反应器纵向、径向的装填密度也非常均匀。

总之，密相装填有如下优点：反应器内可以多装催化剂，使装置处理量增加；处理量相同时，密相装填的质量空速较小，可以使催化剂初期运转温度降低；处理量相同时，密相装填的催化剂运转周期延长；催化剂床层装填均匀，紧密一致，可以避免床层塌陷、沟流等现象发生，从而避免"热点"的产生；催化剂床层径向温度均匀，可以提高反应的选择性。

但是在实际应用中，不少装置出现过密相装填效果不理想，导致催化剂床层径向温差较大甚至高达十多度的情况，不但没有达到预期的效果，反而降低了催化剂的使用效率，影响了装置的处理量，甚至影响了装置的安稳长运行。因此作为炼油企业，必须慎重选择催化剂装填专业公司以及装填方案（设备），并且做好装填过程的监控工作。

12 如何根据原料性质选择催化剂装填方法和形状？

工业装置设计有最大压降限制，运转过程中压降会增加，为了避免压降过大而停工，因此需要限制运行初期的压降。根据压降与 V_p/S_p（颗粒体积/几何表面积）和 RVA（相对活性体积）与 V_p/S_p 关系，在相同压降下选择不同形状的催化剂，这又需要考虑三种不同的扩散控制（低扩散控制、中等扩散控制、高扩散控制）及密相、普通装填的差异以及催化剂颗粒形状。如原料处于低扩散控制操作条件下，减小粒度对提高活性影响不大，应以改善装填技术来提高活性，则密相装填较为有利；在中等扩散限制下，应在压降允许范围内，减小粒径比密相装填效果好；对高扩散控制，选择具有高表面积、粒度小的异形条普通装填方式效果好。

13 如何调整密相装填的速度？装填进度对催化剂密度有何影响？

调整催化剂装填装置的喷嘴间隙来调整装填速度，间隙大，装填速度快，反之装填速度慢。调整密相装填的速度来调整催化剂的密度，如密度过大，则加快装填速度，反之则减慢装填速度。

14 精制反应器第一层保护剂起什么作用？装填有何特点？

保护剂的作用在于改善加氢进料质量，抑制杂质对主催化剂孔道的堵塞，防止活性中心被覆盖，保护主催化剂活性和稳定性，延长催化剂运行周期。

在加氢裂化装置第一精制反应器催化剂床层顶部，装填不同粒度、形状、不同空隙率和反应活性低的催化剂，实行分级装填，克服顶部催化剂床层结焦，使沉积金属较均匀地分布在整个脱金属催化剂床层。目前，国内大型加氢裂化装置一般都放置具有较大空隙率和较低活性的大颗粒催化剂。由于保护剂捕获金属、藏垢和分散等能力不断提高，原料油过滤器采用自动反冲洗等型式，原料油中绝大部分 >25μm 氢裂颗粒被捕获，越来越多的装置取消结垢篮，增加保护剂的装填量。对于采用未转化油循环至裂化反应器操作方案的装置，裂化反应器第一层顶部也需要装填保护剂。

15 最底层催化剂装填时先装瓷球有何要求？反应器最上层瓷球装填有何要求？为什么？

催化剂底部瓷球要起到支撑催化剂床层，防止反应器中小颗粒的催化剂下漏，堵塞出口收集器网孔的作用，一般装填高度要比收集器顶部高出 200mm 左右。由于最底层瓷球尺寸通常较大（一般选择 φ13mm 左右），远大于主催化剂（一般选择 φ1~2mm），因此最底层瓷球与主催化剂之间需要装填 2~3 层粒度逐层增大的瓷球或者主催化剂粗条，每层装填 100mm 左右，以防止跑剂。

反应器最上层的瓷球应起到容纳杂质，防止或延缓运行中催化剂床层压力降的上升，同时，还可以防止高速物流冲刷，造成催化剂料面变化，避免沟流发生。由于精制反应器顶部需要装填保护剂，为了有效利用反应器空间，因此精制反应器最上层常用大粒度、低活性的保护剂来替代瓷球。

16 没有侧面卸料口的反应器，每床层中间设有卸料管，对卸料管内装填物有何要求？为什么？

装填催化剂前，应在卸料管内装满惰性瓷球，一般使用 $\phi 3mm$ 惰性瓷球。其理由一是 $\phi 3mm$ 惰性瓷球不会渗透入下一催化剂床层（卸料管设计插入下催化剂床层），引起上一床层塌陷，堵塞下一床层空隙；二是采用小直径瓷球尽可能增加卸料管内阻力降，不使物料走短路直接流到下一床层。卸料管内不能用催化剂或活性瓷球，以防止物料在卸料管内发生反应，造成催化剂结焦甚至结块，卸剂时无法畅通。

随着反应器的大型化，反应物料均匀分配的难度也越来越大，由于内置卸料管对下一层催化剂床层的物料分配有一定的影响，目前新设计的大型、多床层、加氢反应器均不设内置卸料管，而采用侧面卸料口。

17 催化剂装入量对生产和产品质量有何影响？

催化剂是促进反应的载体，它能有效地降低化学反应的活化能，使反应在较低的温度下进行。在加氢反应中，以反应氢分压、反应温度、空速和氢油比来表示反应条件。而其中的空速则间接表明需要催化剂的装量，空速有质量空速和体积空速之分。催化剂的装量计算如下：

$$V_c = V_1 / V_s$$

式中　V_c——催化剂质量，t，或体积，m^3；

　　　V_1——液体进料质量流率，t/h，或20℃下体积流率，m^3/h；

　　　V_s——空速，h^{-1}。

根据反应热的大小，决定注入冷氢量的多少和催化剂床层的数量。多设置催化剂床层可以保持较低的反应床层温差，但催化剂床层多，反应器容积利用率低，投资增加。单床层反应器容积利用率可大于90%，但反应器进出口温差过大，对维持催化剂稳定性及装置长周期运转不利。

18 什么是催化剂的比表面积？

单位质量催化剂所具有的表面积叫做比表面积，单位是 m^2/g。多相催化反应发生在催化剂表面上，所以催化剂的比表面积的大小会影响催化剂活性的高低。但是比表面积的大小一般并不与催化剂的活性直接成比例。因为：一是我们测得的比表面积是催化剂的总表面积，具有催化活性的面积只占其中的一部分，为此催化剂的活性还与活性组分在表面上的分散有关。二是催化剂的比表面积绝大部分是颗粒的内表面积，孔结构不同，传质的过程也不同，尤其是内扩散控制的反应，孔结构直接与表面积利用率有关，因此催化剂的活性还与表面积利用率有关。催化活性＝具有催化活性的比表面积×表面积利用率。

19　如何表示催化剂的密度？

催化剂密度可以表示为堆积密度、颗粒密度和真密度。

堆积密度是单位堆积体积的物质具有的质量：

$$\rho_\text{堆} = m/V_\text{堆} = m/(V_\text{隙} + V_\text{孔} + V_\text{真})$$

颗粒密度是单位颗粒体积的物质具有的质量：

$$\rho_\text{颗} = m/(V_\text{孔} + V_\text{真}) = m/(V_\text{堆} - V_\text{隙})$$

真密度是单位骨架体积的物质具有的质量：

$$\rho_\text{真} = m/V_\text{真}$$

在工业应用中，一般采用堆积密度即装填密度来表示催化剂的密度。

20　催化剂表征包括哪些内容？

①孔结构。由于反应是在催化剂固体表面上进行的，而且主要是内表面，所以孔结构是十分重要的因素。②表面积。因为催化反应是在催化剂表面上进行，表面积对分散催化剂活性组分起重要作用，它与催化剂活性密切相关。③孔径。用来表示催化剂平均孔径的大小。④孔体积。单位质量催化剂所有细孔体积的总和。⑤孔体积对孔径的分布。不同孔径的孔体积占催化剂总孔体积的比例。⑥酸性。酸性是加氢裂化催化剂的重要性质，它关系到催化剂的裂解活性，是决定催化剂反应温度的关键因素，还影响产品分布。⑦金属分散和活性相结构。使较少的金属发挥更高的活性，使催化剂上的金属组分尽量分散得好，促使多生成加氢活性相。⑧其他表征。对加氢裂化催化剂还要测定其他化学组成和杂质的含量，通常采用化学分析、X光衍射、X光荧光、原子吸收光谱等方法。

21　催化剂的孔分布、孔容对催化剂有什么影响？

单位质量催化剂颗粒内部所有孔体积的总和称为孔容，也称孔体积，单位是mL/g。

孔分布指孔容按孔径大小不同而分布的情况，由此来决定催化剂中所包含大孔、过渡孔和细孔的数量和分布。一般情况下，孔径大于200nm的孔称为大孔，孔径小于10nm的孔称为细孔，孔径为10~200nm的孔称为过渡孔。

对某一催化反应有相应最佳孔结构：

① 当反应为动力学控制时，具有小孔大比表面积的催化剂对活性有利。

② 当内扩散控制时，催化剂的最优孔径应等于反应物或生成物分子的平均自由程。常压下为 100nm 左右，300atm（1atm = 101.325Pa）下为 1nm 左右。

③ 对于较大的有机化合物分子，则根据反应物或生成物分子的大小决定催化剂的最优孔分布。

另外，孔结构也对催化剂的选择性及催化剂的强度有一定的影响。

22　什么是活化能？

从一般意义上讲，反应物分子有了较高的能量才能处于活化状态发生反应。这个能量一般远较分子的平均能量高，两者之间的差值就是活化能。在一定温度下，活化能越大反应越慢，活化能越小反应越快。催化过程之所以能够加快反应速率，一般来说，是由于催化剂降低了活化能。反应过程中，反应物分子与催化剂表面原子之间产生了化学吸附，形成吸附化学键，组成表面络合物。与原反应物相比，由于吸附键的强烈影响，某个或某几个键被削弱，而使反应活化能降低。催化反应中的活化能实质是实现上述化学吸附需要吸收的能量。对于特定的反应物和催化剂而言，反应物分子必须跨越相应的能量才能实现化学吸附，进而发生化学反应。简言之，在化学反应中使普通分子变成活化分子所须提供的最小能量就是活化能，其单位通常用 kJ/mol 表示。

23　什么是催化剂活性？活性表示方法有哪些？

衡量一种催化剂的催化效能采用催化活性来表示。催化活性是催化剂对反应速率影响的程度，是判断催化剂效能高低的标准。

对于固体催化剂的催化活性，多采用以下几种表示方法：

① 催化剂的比活性。催化剂比活性常用表面比活性或体积比活性表示，即用所测定的反应速率常数与催化剂表面积或催化剂体积之比来表示。

② 反应速率表示法。反应速率表示法即用单位时间内反应物或产物的量的摩尔数变化来表示。

③ 工业上常用转化率来表示催化剂活性。即在一定反应条件下，已转化掉反应物的量（n_A）占进料量（n_{AO}）的百分数。

④ 用每小时每升催化剂所得到的产物质量的数值，即空速时的量 Y_{V+T} 来表示活性。

上述③、④活性表示法，都是生产上常用的，除此之外，还有用在一定反应条件下反应后某一组分的残余量来表示催化剂活性。例如，烃类蒸汽转化反应中用出口气残余甲烷量表示。这些方法直观但不确切，因为它们不但和催化剂的化学组成、物理结构、制备的条件有关，而且也和操作条件有关。但由于直观简便，所以工业上经常采用。

24 催化剂活性与微孔孔径的关系是什么？

活性组分活性发挥的高低与催化剂载体内孔孔径有着直接的关系，取决于催化反应速率是由表面反应控制还是由内扩散控制。活性组分的活性越高、孔径越小，催化反应速率越容易被内扩散所控制；活性组分越低、孔径越大，表面反应越可能是控制步骤。当催化反应受内扩散控制时，催化剂表面利用率和活性降低，催化剂反应的表观动力学参数及催化剂的选择性多数情况下也会改变，也可能加快催化剂的失活。一般情况下，应尽量避免内扩散成为催化反应速率的控制步骤。如果活性组分的活性比较高，应选用比表面积小一些、孔径大一些的载体；当活性组分的活性比较低时，就可以选用比表面积大一些、孔径小一些的载体。反应物分子或产物分子的有效直径和相对分子质量越大，选用的载体的孔径应越大。特别是当反应物中存在容易在催化剂表面生成沉淀物、并造成内孔的孔道和孔口阻塞的大分子时，必须选择大孔的载体。如渣油加氢所用的脱金属催化剂和蜡油加氢所用保护剂(脱金属催化剂)。催化反应是复杂的反应体系，途径多，同时伴有不需要的副反应发生，在这种情况下，根据目的产品的要求选择合适的催化剂孔径，减少或抑制副反应的发生。

25 催化剂的外形有哪些？为什么选择异形催化剂？

催化剂外形有球形、圆柱形、三叶草形、四叶草形、五叶草形、碟形、齿球形等多种形状。制造异形催化剂的目的主要是为了增大空隙率，降低床层压降，延长装置的运行周期。同时异形催化剂对于加工重质原料更利于扩散的进行，加快了反应速率。

26 什么是催化剂的选择性？

当化学反应在热力学上可能有几个反应方向时，一种催化剂在一定条件下，只对其中一个反应起加速作用，这种专门对某一个化学反应起加速作用的性能，称为催化剂的选择性。

选择性＝目的产品收率/原料总量

催化剂的选择性主要取决于催化剂的组分、结构及催化反应过程中的工艺条件，如压力、温度、介质等。

27 催化剂的初期和末期选择性如何？

催化剂在使用过程中，会产生催化剂表面生焦积炭、催化剂上金属和灰分沉积、金属聚集及晶体大小和形态的变化等现象，因生焦积炭等因素其活性、选择性会逐步下降，为了达到预期的精制要求和裂解转化深度，必须通过逐步提高相应的操作温度来补偿其活性、选择性的下降。

28 催化剂的活性与选择性之间的关系是怎样的？

催化剂活性是催化剂的催化能力，在石油工业中常用一定反应条件下原料转化率来反映，催化剂的选择性是催化剂对主反应的催化能力。高选择性的催化剂能加快生成目的产品的反应速率，而抑制其他副反应的发生。所以催化剂的活性好，但选择性差就会使副反应增加，增加原料成本和产物与副产物分离的费用，也不可取，因此活性和选择性都好的催化剂对工艺最有利。如果两者不能同时满足，应根据生产过程的要求加以评选。

29 如何评价催化剂强度的好坏？

催化剂的强度用压碎强度和耐磨强度来表示，这一般指的是催化剂的机械强度。许多工业催化剂是以较稳定的氧化态形式出厂，在使用之前要进行还原或硫化处理，一般情况下，氧化态的催化剂强度较好，而经过还原或硫化之后或在高温、高压和高气流冲刷下长期使用，内部结构发生变化破坏了催化剂的强度。为此评价催化剂的强度的好坏，不能只看催化剂的初始机械强度，更重要的是考察催化剂在还原或硫化之后，在使用过程中的热态破碎强度和耐磨强度是否能够满足需要。催化剂在使用状态下具有较高的强度才能保证催化剂较长使用寿命。

30 对于催化剂应要求具备哪几种稳定性？

① 化学稳定性——保持稳定的化学组成和化合状态。

② 热稳定性——能在反应条件下，不因受热而破坏其物理-化学状态，同时在一定的温度变化范围能保持良好的稳定性。

③ 机械稳定性——具有足够的机械强度，保证反应器处于适宜的流体力学条件。

④ 活性稳定性——对于毒物有足够的抵抗力，有较长的使用周期。

31 加氢裂化催化剂如何分类？

按金属组分分，催化剂分为非贵金属和贵金属催化剂两类；按酸性载体组分不同，通常可分为无定形和晶型分子筛催化剂两类；按工艺过程分，可分为单段催化剂、一段串联催化剂和两段法之第二段催化剂；按目的产品分，可分为轻油型、中油型、高中油型和重油型催化剂。

32 中压加氢裂化与高压加氢裂化的催化剂有无不同？

中压加氢裂化装置与高压加氢裂化装置操作条件相比，其系统操作压力较低，因此氢分压偏低，对催化剂的产品转化率要求低一些，但对催化剂的耐氮、耐氧、容炭、芳烃饱和性能要求更高一些。

33 高中油型加氢裂化催化剂有何特点？

高中油型加氢裂化催化剂是以最大量生产中间馏分油产品为目的的，这就要求高中油型催化剂有尽可能多的加氢活性和适中的酸性。为了开发出活性稳定的、中间馏分油选择性好的高中油型催化剂，在设计上应从下面几方面考虑：①合适的载体和催化剂孔结构，减少反应物、生成物的扩散阻力，提高反应速率，并尽可能避免过度裂解；②合适的催化剂表面强酸中心密度，改善催化剂活性，并减少二次裂解的概率；③足够高的加氢金属浓度及加氢金属与载体的相互作用程度，改善加氢金属的分散，提高催化剂加氢活性。

34 催化反应的过程有哪几步？对于加氢裂化装置而言常规操作可调整的有哪些？

（1）催化反应的过程分为以下步骤：

①反应物通过催化剂颗粒外表面的膜扩散到催化剂的外表面；②反应物自催化剂外表面向内表面扩散；③反应物在催化剂表面上吸附；④反应物在催化剂内表面上反应生成产物；⑤产物在催化剂内表面上脱附；⑥产物自催化剂内表面扩散到催化剂外表面；⑦产物自催化剂外表面通过膜扩散到外部。

以上七个步骤可以归纳为外扩散、内扩散、吸附和反应四个阶段，如其中某一阶段比其他阶段速率慢，则整个反应速率取决于该阶段的速率，该阶段成为整个反应的控制步骤。

（2）常规操作的调整：

对于加氢裂化装置而言常规操作调整的手段有反应空速调整、反应温度调整、反应系统氢分压调整以及气（氢）油比调整等。调整反应空速、气（氢）油比是通过调整①和⑦，改变催化剂的润湿分率，改变油膜厚度，从而改变外扩散速度；调整反应温度、反应系统氢分压主要是通过调整④，对扩散也有一定的影响。

35 加氢催化剂活性金属有何特点？

加氢活性金属中，金属原子间或晶粒间距离 $0.27746 \sim 0.24916nm$，晶粒为六方或立方结构，与 C—N、C—C 等键长相近，容易吸附到活性金属中心上，也就是说加氢反应至少占有两个活性金属中心。

加氢催化剂中金属最佳比例：

$$\lambda = \frac{M_1(\mathrm{g},\ \text{Ⅷ})}{M_1(\mathrm{g},\ \text{Ⅷ}) + M_2(\mathrm{g},\ \text{ⅥB})} = 0.25 \sim 0.5$$

活性次序：Ni—W > Ni—Mo > Co—W

36 不同金属组合的催化剂加氢性能有什么特点及用途？

不同金属组合的加氢催化剂的活性和用途见表3-1。

表 3-1　不同金属组合的加氢催化剂的活性和用途

组合形式	特　点	用　途
Mo—Co	这一组合断C—S键活性高，也有断C—N键的活性，而断C—C键的活性较低。因此Mo—Co的脱硫活性高于Mo—Ni，脱氮活性远低于Mo—Ni；产品液收高、氢耗低和结焦慢	以脱硫为主的催化剂常用此组合，可用于轻油制氢原料脱硫、渣油加氢脱硫、加氢裂化
Mo—Ni	通常情况下Mo—Ni加氢脱硫活性不如Mo—Co组合，但如需要超深度脱硫，则优先采用Mo—Ni。这是因为Mo—Ni组合芳烃饱和性能较好，适用于脱除4,6-二甲基二苯并噻吩等必须将芳烃饱和后才能脱硫的情况。Mo—Ni的加氢脱氮活性比Mo—Co组合高2~2.5倍	此组合适用于加氢脱氮为主的催化剂以及柴油超深度加氢脱硫（脱硫率超过95%）催化剂。其性能受原料硫含量和循环氢中硫化氢含量影响小。广泛用于加氢裂化预精制、渣油加氢处理、轻油型加氢裂化、中间馏分油型加氢裂化、最大量生产汽油型加氢转化等催化剂
W—Ni	此组合的脱氮、脱芳烃性能均好。W—Ni能提供的活性表面远低于Mo—Ni，而且W原子受热后更容易流动，使其活性受到影响。但此组合的中间馏分油选择性和产品质量较好	适合于重质馏分油加氢裂化（载体为沸石加硅-铝），中间馏分油选择性好且质量好，催化剂寿命长
贵金属	加氢活性极强，但也极易中毒，具有独立电子对的分子或电子轨道充满程度较高的分子，如硫化物、氮化物、氨、汞、铅、砷等均是毒物 液体收率高、喷气燃料收率高、质量好，且再生性能好，再生后活性恢复几乎达到100%	贵金属用作加氢裂化催化剂的活性组分时，金属含量低，使用前应还原，反应温度也较低；要求进料的杂质含量应很低。所以用于无氨无硫的两段工艺的第二段

一般情况下在有硫存在下各组合活性顺序如下：

加氢脱硫　　　　　Mo—Co>Mo—Ni>W—Ni>W—Co

加氢脱氮　　　　　Mo—Ni>W—Ni>Mo—Co>W—Co

加氢脱氧　　　　　Mo—Ni>Mo—Co>W—Ni>W—Co

加氢	W—Ni>Mo—Ni>Mo—Co>W—Co
加氢异构化	W—Ni>Mo—Ni>Mo—Co>W—Co
加氢裂化/沸石	Mo—Ni>W—Ni>Mo—Co>W—Co

37 加氢催化剂(非贵金属)为什么需要硫化？硫化前对催化剂的操作温度有何要求？

初始装入反应器内的加氢催化剂(非贵金属)都以氧化态存在，不具有反应活性，只有以硫化物状态存在时才具有加氢活性、稳定性和选择性，所以对新鲜的或再生后的加氢催化剂在使用前都应进行硫化。湿法硫化的起始温度通常控制在150~160℃；一般国内装置根据硫化剂确定干法硫化的起始温度：二硫化碳注硫温度为160℃，DMDS注硫温度为180℃。

38 催化剂器外预硫化有什么好处？存在什么问题？

催化剂器外预硫化的优点：装置开工时间明显缩短；开工现场不需再准备硫化剂，开工阶段不用注硫泵等注硫设备。器外硫化剂受硫化方案影响较大，可能会携带有机硫等钝化剂，具体要结合硫化方案而定。

39 催化剂上硫率如何计算？

已知：催化剂装填量为239.56t，硫化注入二硫化碳量为28.281t，催化剂硫化过程系统泄漏硫量2130kg(二硫化碳相对分子质量76，硫的相对分子质量为32)，高分排酸性水中硫量7kg，残留在系统气相中的硫量425kg，求催化剂硫化上硫率？

上硫量=注入硫化剂量×硫化剂分子中的硫含量-硫损失-酸气和酸水中的硫量

$$=28.281S \times \frac{64}{76} - 2.130 - 0.007 - 0.425$$

$$=21.25t$$

$$上硫率 = \frac{催化剂上硫量}{催化剂装填量} \times 100\%$$

$$=\frac{21.25}{239.56} \times 100\%$$

$$=8.87\%$$

催化剂硫化上硫率为8.87%。

40 催化剂注氨钝化的目的何在？

含分子筛的加氢裂化催化剂干法硫化后，具有很高的活性，所以在进原料油之前，须采取相应的措施对催化剂进行钝化，以抑制其过高的初活性，防止和避免进油过程中可能出现的温度飞升现象，确保催化剂、设备及人身安全。注氨可使裂化催化剂钝化，氨分子可以被吸附在催化剂表面的酸性中心上，并在一段时间内占据部分酸性中心，使这部分酸性中心暂时无法与原料油品分子有效接触而起抑制裂化反应过度发生的作用。

湿法硫化技术在催化剂硫化过程中具有很高的裂化活性，需要在230℃恒温硫化结束后注入无水液氨，对催化剂进行钝化。

41　影响加氢裂化催化剂使用的因素是什么？

① 温度：温度是影响加氢裂化反应的重要因素，它对反应的影响程度遵循阿累尼乌斯公式。在其他反应参数不变及未达到热力学平衡的情况下，反应速率的提高意味着转化率的提高，加氢裂化为双功能多相催化反应，过程中的加氢、脱氢反应同样受到反应温度的影响，它与产品的饱和率、杂质脱除率直接相关，从而导致产品质量的变化。

② 空速：空速是影响加氢裂化过程的另一个重要参数，在其他条件不变时，空速决定了反应物流在催化剂床层的停留时间，加氢裂化工艺与其他多相催化反应过程一样，空速与反应温度在一定范围内是互补的，即当提高空速而要保持一定的转化深度时，可以用提高反应温度来进行补偿。

③ 氢油比：氢油比指单位体积的进料所需要通过的循环氢气的标准体积量，氢油比同样是影响加氢裂化工艺的重要参数，它影响加氢裂化的反应过程，影响催化剂的寿命，过高的氢油比将增加装置的操作费用及设备投资。

④ 氢分压：从理论上讲，氢分压是影响加氢裂化反应及产品质量的最重要因素，产品中的芳烃含量与反应氢分压有很大的关系，反应氢分压对催化剂的失活速率也有很大的影响，过低的压力将导致催化剂快速失活而不能长期运转。

42　水对催化剂有何危害？

少量游离水在进入反应系统中绝大部分汽化为气态蒸汽，浓度较低时对催化剂的活性、稳定性影响不大。当液态水或高浓度水蒸气与催化剂接触时，会造成催化剂上的金属聚结、晶体变形、孔结构变化及催化剂外形改变，从而破坏催化剂的机械强度及活性、稳定性。大量明水瞬间进入反应系统还会引起反应压力剧烈波动，有可能引发设备安全事故。

43　什么是催化剂的积炭失活？

由于裂化催化剂酸性中心的存在，在催化剂表面会逐渐形成积炭，积炭会使催化剂活性下降。其原因是易生炭化合物在酸性中心上发生强吸附，覆盖了活性中心，并且由于炭的积累，堵塞了孔道，使反应物不能接近活性中心，大大降低了催化剂表面的利用率。催化剂上的积炭主要由两部分构成：一类是油中固有的生炭物质，如胶质、沥青质等，它的数量不随床层深度变化；另一类是反应过程中生成的焦炭。由于工业装置采用的反应温度较高，氢分压沿床层向下逐渐减小，因此较易生炭，造成出口处积炭量高于入口的现象。国外研究表明，在焦炭中氮/炭比大大高于原料的氮/炭比，说明含氮化合物对生炭有很大影响。认为 Lewis 酸与碱性氮化合物相互作用是主要的生炭途径，Lewis 酸中心是焦炭层生成的起点。

实验发现，在反应初期积炭量开始是迅速增加的，催化剂的活性下降也很迅速。随着反应时间的延长，积炭量接近稳定值，催化剂的活性也进入稳定期。反应后期，由于过多的积炭堵塞了催化剂孔道，活性下降很快，要以较快的提温速度来补偿。由于二次原料油（如焦化气、LCGO）中包含大量的烯烃和多环芳烃，与直馏馏分油相比具有更高的反应活性，当二次原料油接触新硫化过的催化剂上的高活性位时，其中的不饱和组分就会较快地生焦积炭，这些焦炭易于沉积在催化剂表面、堵塞催化剂孔道和活性位，并将导致催化剂永久失活和催化剂寿命缩短。为了避免开工时直接进二次原料油带来的不利影响，催化剂供应商通常推荐在开工时至少 48h 内应使用直馏馏分油，由于直馏馏分油反应活性较低，催化剂表面将形成较少的焦炭，能逐渐降低催化剂活性。一旦催化剂活性稳定，二次原料油才被引入装置，这样避免了焦炭的过早形成。

44 双烯烃对催化剂的影响是怎样的？

在加氢过程中，双烯（炔）烃会发生聚合反应生成胶质，俗称绿油。它滞留在催化剂上，引起催化剂的孔道阻塞，使催化剂比表面积下降，导致催化剂活性降低，严重时甚至会阻塞催化剂床层，造成装置停工撇头，这种聚合反应是由载体的酸性功能所致。绿油的生成与氢和烯（炔）之比、反应温度有关。一般来说，提高温度有利于聚合物的生成，使 α-烯烃在烯烃中的含量增加；提高氢和烯（炔）之比可抑制聚合物的生成，高聚物中烯烃含量降低，α-烯烃在烯烃中的含量也成倍降低。另外，反应床层数的增加也会使得聚合物生成量增加，这是因为加氢过程中聚合物的生成并不只是炔烃的作用，乙烯在加氢过程中聚合也相当可观。

45 原料金属对催化剂有何影响？

原料中含有多种金属，包括铁、镍、钒、钠、锌、钙、砷、硅等，这些金属对催化剂都有一定的负面影响，下面分类说明。①对于铁、镍、钒三种金属来说，在临氢条件下，铁的沉积速度最快，钒次之，镍最慢。含钒化合物的扩散速度小于含镍化合物，因此铁、钒主要沉积在催化剂表面和孔口，镍则较为平均地分布到颗粒内部。钒还能在催化剂氧化时促进硫的氧化，造成在催化剂表面形成SO_4^{2-}。如果催化剂中含分子筛，钒还能使分子筛结构破坏。催化剂上沉积的铁主要是因腐蚀产生的铁锈及油中的有机铁如环烷酸铁。铁化合物的加氢分解速度比镍和钒都要快，所以它更容易沉积在催化剂孔口。生成的硫化亚铁主要沉积在催化剂之间或呈环状分布在催化剂表面，呈薄层状，深度不超过 100~200nm，并且不在催化剂表面移动，铁的沉积只增加沉积厚度而不渗透到催化剂内部。②钠、锌、钙等碱金属或碱土金属可以削弱催化剂的酸性，降低催化剂的裂解活性，同时碱还引起床层结垢堵塞，增大床层压降。在加氢过程中，这些金属的化合物很快发生氢解沉积在催化剂上，其沉积速度超过镍和钒等金属。③砷对重整催化剂的毒害最大，对加氢催化剂有一定的毒害，应尽可能减少其含量。④硅主要来自焦化汽油，一般加氢裂化原料含量很小。加氢催化剂容硅能力各厂说法不一，有人认为沉积量可达 20%以上，然后发生硅穿透。从加氢脱硫活性讲，催化剂上沉积 14%~25%的 SiO_2 时，对加氢脱硫活性就有重大影响。

46　正常生产如何保护好催化剂？

为了确保催化剂长周期运行，正常生产中应注意以下几点：①严防反应器床层超温（若温度超高到 870℃，催化剂会熔融）；②各床层温度应尽量分布均匀，以充分利用催化剂；③严格控制精制反应器出口氮含量，以防裂化催化剂中毒；④控制好 VGO 的质量指标（如干点、密度、比色等）和补充氢指标（如氢纯度、CO 和 CO_2 含量）；⑤保持适度的氢油比，以防催化剂积炭；⑥防止硫化完毕的催化剂与空气接触；⑦保持缓慢的升降温和升降压速度，以防催化剂粉碎。

47　反应最终温度定为 427℃是分子筛催化剂的要求，还是出于技术经济上的选择？

反应最终温度定为 427℃是由反应器的设计温度决定的。早期加氢反应器一般选用主材 2.25Cr1Mo，堆焊 TP309L+TP347L，设计温度 427℃；近年来加氢反应器一般选用主材 2.25Cr-1.0Mo-0.25V，堆焊 TP309L+TP347，设计温度 454℃。

48　催化剂空速如何计算？

已知加氢裂化反应器裂化催化剂装填总体积为 155.288m³，后精制催化剂体积为 14.271m³，当新鲜进料中 VGO 为 100t/h，HGO 为 60t/h 时，求这两种催化剂的空速。（VGO 密度为 0.9t/m³，HGO 密度为 0.82t/m³）

$$加氢裂化反应器原料油体积流量 = \frac{100}{0.9} + \frac{60}{0.82} = 184.3 m^3/h$$

$$裂化催化剂空速 = \frac{184.3}{155.288} = 1.18h^{-1}$$

$$后精制催化剂空速 = \frac{184.3}{14.271} = 12.91h^{-1}$$

49 后加氢精制催化剂的空速如何选取？

加氢裂化后精制（即脱硫醇）催化剂是用于裂化反应器底部，以防止系统内 H_2S 与反应过程中生成的烯烃结合生成硫醇，其具体作用一方面是使油品中的烯烃饱和，阻止烯烃与 H_2S 反应生成硫醇，另一方面还要使已形成的硫醇加氢生成烷烃与 H_2S，即加氢脱硫醇。在后精制催化剂的实际应用过程中，由于生产需要裂化床层底部的温度变化较大。因此，加氢裂化后精制催化剂必须有较宽的温度使用范围，且在各个温度范围内均有良好的加氢脱硫醇性能。后加氢精制催化剂的空速是根据中试的结果确定的。加氢裂化过程中生成的硫醇与所用裂化催化剂（分子筛型）型号无关，在中试条件下，空速 $16 \sim 20h^{-1}$ 可以将生成的硫醇几乎全部转化为 H_2S，考虑到工业装置要留有余地，故工业装置空速选用 $12 \sim 15h^{-1}$。

50 什么是催化剂中毒？分为几类？

具有高度活性的催化剂经过短时间工作后就丧失了催化剂能力，这种现象往往是由于在反应原料中存在着微量能使催化剂失掉活性的物质所引起的，这种物质称为催化毒物，这种现象叫做催化剂的中毒。

催化剂中毒分为可逆中毒、不可逆中毒和选择性中毒。

可逆中毒是毒物在活性中心上吸附或化合时，生成的键强度相对较弱，可以采取适当的方法去除，使催化剂活性恢复，而不影响催化剂的性质，如注氨钝化，氨使裂化催化剂暂时中毒活性受到抑制，随着氨的脱附，催化剂的活性恢复。不可逆中毒是毒物与催化剂活性组分相互形成很强的化学键，难于用一般方法将毒物去除，催化剂活性降低。一般认为碱性氮使裂化催化剂中毒就属于这一种。选择性中毒是一个催化剂中毒之后可能失去对某一反应的催化能力，但对别的反应仍具有催化活性。选择中毒有可以利用的一面，如在串联反应中，如果毒物仅使催化后继反应的活性中心中毒，可以使反应停留在中间产物上，获得所希望的高产率中间产物。

51 什么是催化剂结焦？如何防止？

催化剂使用过程中，反应系统中某些组分的分子经脱氢聚合形成高聚物，进而脱氢形成氢含量很低的焦类物质沉积在催化剂表面，减少了可利用的表面积，同时由于孔口堵塞，降低了内表面利用率，引起活性衰退，这种现象称为结焦，结焦是催化剂失活最普遍的形式，可以再生，因此是一个可逆过程。

防止催化剂结焦应从以下几方面做工作：①控制好原料的密度、干点、比色等，防止胶质、沥青质的大量带入。②保持在较高的氢油比下操作，抑制结焦反应。③严防催化剂超温。

52 催化剂初期和末期相比较有什么变化？为什么？

催化剂在使用过程中，随着催化剂表面生焦积炭、催化剂上金属和灰分沉积、金属聚集及晶体大小和形态的变化等，其活性、选择性会逐步下降，为了达到预期的精制要求和裂解转化深度，必须通过逐步提高相应的操作温度来补偿其活性、选择性的下降。

53 失活过程各个阶段有什么特点？

失活过程通常分三个阶段：①初期失活。这一阶段为期数天。在这一阶段，由于催化剂酸性活性较强，生焦积炭激烈，活性下降快速，最后达到结焦的动态平衡，活性稳定。初期失活需提高温度来补偿活性损失。②中间失活。这一阶段金属和灰分沉积以及生焦积炭，活性下降缓慢。③末期失活。运行末期操作温度高，加剧生焦积炭，催化剂迅速失活。

54 导致催化剂失活的因素有哪些？

主要因素：催化剂表面生焦积炭，催化剂上金属和灰分沉积，金属聚集及晶体大小和形态的变化。

① 在加氢过程中，原料油中烃类的裂解和不稳定化合物的缩合，都会在催化剂的表面生焦积炭，导致其金属活性中心被覆盖和微孔被堵塞封闭，是催化剂失活的重要原因。

② 原料油中的金属特别是 Fe、Ni、V、Ca 等，以可溶性有机金属化合物的形式存在，它们在加氢过程中分解后会沉积在催化剂表面，堵塞催化剂微孔；As、Pb、Na 等与催化剂活性中心反应，导致沸石结构破坏。另外，石墨、氧化铝、硫酸铝、硅凝胶等灰分物质，它们堵塞催化剂孔口，覆盖活性中心，并且当再生温度过高时与载体发生固相反应，这些属于永久失活。

③ 非贵金属的加氢催化剂，在长期的运转过程中存在金属聚集、晶体长大、形态变化及沸石结构破坏等问题。

以上三种失活机理中，只有因生焦积炭引起的催化剂失活，才能通过含氧气体进行烧焦的方法来恢复其活性。

55 催化剂为什么要再生？

催化剂经过一定时间的使用，由于结焦积炭、金属灰分沉积或活性组分状态的变化，催化剂的活性将逐步降低，以致于不能再符合生产的要求。为充分利用催化剂，必须对失活的催化剂实施再生，使其基本恢复活性，再继续使用。催化剂的生焦(或结炭)，是一种氢含量少，碳氢比很高的固体缩合物覆盖在催化剂的表面上，它可以通过含氧气体对其进行氧化燃烧，生成二氧化碳和水；由于绝大多数的加氢催化剂，都是在硫化态下使用，因此失活催化剂再生烧焦的同时，金属硫化物也发生燃烧，生成二氧化硫和金属氧化物。由于烧焦和烧硫都是放热反应，因此催化剂再生过程需控制好烧焦温度和氧含量，以免因超温而影响催化剂活性恢复。

56 催化剂再生的方式有哪两种？对比优缺点，现使用哪种方式？

工业上使用的催化剂再生方法有两种，一种为器内再生，即催化剂不卸出，直接采用含氧气体介质再生。另一种是器外再生，它是将催化剂从反应器中卸出，运送到专门的再生工厂进行再生。

器内再生缺点较多，如装置停工时间长、再生条件难以控制、催化剂活性恢复不理想、腐蚀设备、污染环境。

与器内再生相比，器外再生则具有如下优点：①装置停工时间短；②可以准确控制再生条件，对催化剂的损伤最小化；③再生前经过过筛分离，粉末、瓷球等杂质除净，催化剂活性恢复较好；④再生质量有保证，分析、评价准确，对催化剂的再次应用有足够的认识；⑤催化剂活性恢复程度高，可达到新剂的 90%~98%；⑥再生过程安全性大、污染少。使用器外再生的催化剂使床层压降与生产周期较好匹配，节省了时间，免除催化剂床层上部结块，粉尘堵塞，减少设备腐蚀，技术经济效益好，质量有保证等。目前工业装置均采用器外再生的方法。

57 为什么催化剂再生后活性不能完全恢复？

催化剂再生后，由于金属聚集、活性中心数减少，沸石结晶度下降或结构发生改变，造成酸度下降，催化剂活性有不同程度的下降。一般认为加氢裂化预处理催化剂(精制段)再生后活性基本恢复，可达到新催化剂活性的 90%~98%；裂化剂活性只能达到新催化剂的 80% 左右，中间馏分油的收率与使用新催化剂的收率基本相当，因此，加氢裂化工业装置使用再生催化剂，反应温度需适当提升，以满足转化深度要求。

58 催化剂器外再生工艺流程是怎么样？如何控制？

催化剂器外再生工艺分脱油、再生、冷却。①脱油：待生催化剂过筛后进入网带，与高速通过的惰性气体充分接触，在180~200℃条件下，将催化剂表面和孔结构内的游离烃吹扫气提脱除。脱油的目的是减少再生放热，有利于再生温度控制。②再生：分四个隔离带，控制再生温度和氧含量，第一段烧硫（300~350℃），第二段烧炭（400~450℃），第三段烧炭（恒温450℃），第四段烧炭（450~500℃烧残炭）。③冷却：催化剂冷却，去除大粒和粉尘。再生温度控制不超过500℃。

59 在外观上如何判别催化剂再生质量的好坏？

①粒度要保持完整，破碎少。②再生催化剂的颜色要好。再生剂颜色发黑，说明催化剂再生不完全，焦炭烧得不彻底；颜色发白，说明再生温度过高，可能影响催化剂的使用性能；颜色发红，说明催化剂有铁的氧化物覆盖；催化剂发蓝，说明催化剂再生后包装密封不好，催化剂吸水；催化剂五颜六色，说明再生温度不均匀。再生质量好的催化剂颜色呈灰白色。

60 催化剂再生后应做哪些分析和评价工作？

① 分析表征参数，测定金属和杂质含量，其中表征参数包括残硫、残炭、强度、孔容、比表面积等。如果这些数据与新鲜催化剂差别较大，表面再生催化剂的使用性能可能与新鲜催化剂差别较大。

② XRD（X光粉末衍射）晶相分析。通过新旧催化剂XRD谱图的衍射峰对比，可以了解两种催化剂载体的高活性相、低活性相和非活性相的变化和金属相态的变化情况。

③ 使用性能评价。如催化剂的活性、选择性和失活速率评价。

第四章　加氢裂化的加工方案和工艺过程

1　什么是一次加工过程？

一次加工指原油的常压蒸馏或常减压蒸馏过程，所得的轻、重产品称直馏产品。一次加工原油装置的能力代表炼油厂的生产规模。

2　什么是二次加工过程？

二次加工用直馏产品为原料，是以提高轻油收率或产品质量，增加油品品种为目的的加工过程，如热裂化、焦化、催化重整、催化裂化、加氢裂化等。

3　加氢裂化的技术特点

加氢裂化工艺有以下技术特点：①重质馏分油深度加工的重要工艺之一，不仅是炼油工业生产轻质油品的重要手段，而且也成为石油化工企业的关键技术，发挥着不可代替的作用；②具有产品灵活的特点，采用不同的催化剂和操作方案，用不同原料可以有选择地生产液化气、石脑油、喷气燃料、轻柴油以及润滑油基础油等优质石油产品，其尾油可作为生产乙烯裂解原料或作为低硫的催化裂化原料；③可以最大量生产优质中间馏分油并作为调整产品结构的重要手段；④原料范围宽，操作方案多，炼油厂可以应用加氢裂化组合出不同的加工流程，提高全厂的产品质量，改变产品结构，从而提高全厂的经济效益；⑤唯一能在重油轻质化同时制取低硫、低芳烃的清洁燃料的工艺，它不需要原料预处理，可以直接加工含硫 VGO；⑥可以最大量生产高芳潜含量的优质重整原料，比直馏石脑油芳潜含量高 20%～30%；⑦采用不同的催化剂匹配及组合时，它又是生产符合 API 标准的 Ⅱ/Ⅲ 类高档润滑油基础油的关键技术。

4　加氢技术分类

加氢技术分为两类：一类是加氢处理，是指通过加氢反应原料的分子大小没有变化，或≤10%的分子变小的加氢工艺；另一类是加氢裂化，是指加氢反应原料中有≥10%以上的分子变小的加氢工艺。

5　加氢裂化工艺流程如何分类?

固定床加氢裂化的流程总体上分为三类:两段加氢裂化工艺、单段加氢裂化工艺和一段串联加氢裂化工艺。诸如一段串联两段(未转化油单独)加氢裂化以及其他流程都是从这三种流程的基础上演化而来的。

(1)两段法加氢裂化工艺。两段法加氢裂化采用两个反应器,20世纪初开始用于煤及其衍生物的加氢裂化。原料油先在第一段反应器进行加氢精制(HDS、HDN、HDO、烯烃饱和HDA并伴有部分转化),然后进入高压分离器进行气/液分离;高分顶部分离出的富氢气体在第一段循环使用,高分底部的流出物进入分馏塔,切割分离成石脑油、喷气燃料及柴油等产品;塔底的未转化油进入第二段反应器进行加氢裂化;第二段的反应流出物进入第二段的高分,进行气/液分离,其顶部导出的富氢气体在第二段循环使用;第二段高分底部的流出物与第一段高分底部流出物,进入同一分馏塔进行产品切割。

两段法加氢裂化有如下特点:

① 第一段和第二段的反应器、高分和循环氢(含循环压缩机)自成体系;

② 补充氢增压机、产品分馏塔两段公用;

③ 工艺流程较复杂,投资及能耗相对较高;

④ 对原料油的适应性强,生产灵活性大,操作运转周期长。

两段法加氢裂化工艺流程如图4-1所示。

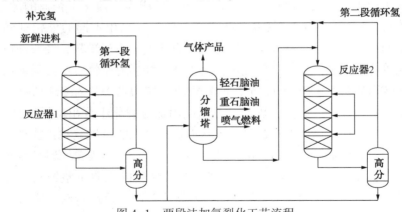

图4-1　两段法加氢裂化工艺流程

(2)单段加氢裂化工艺。单段法加氢裂化采用一个反应器,既进行原料油脱硫(HDS)、脱氮(HDN)、脱氧(HDO)、烯烃饱和、芳烃加氢饱和(HDA),又进行加氢裂化反应。采用一次通过或未转化油循环裂化的方式操作均可。

特点:①工艺流程简单,体积空速相对较高;②催化剂应具有较强的耐硫、氢、氧等化合物的性能；③原料油的氮含量不宜过高，馏分不宜过重；④反应温度相对较高，运转周期相对较短。

单段加氢裂化工艺流程如图 4-2 所示。

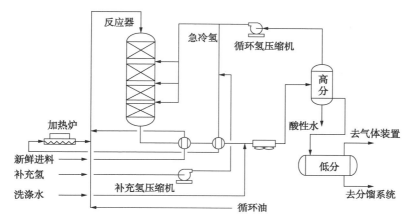

图 4-2　单段加氢裂化工艺流程

（3）一段串联加氢裂化工艺。一段串联加氢裂化采用两个反应器串联操作，原料油在第一反应器（精制段）经过深度加氢脱氮后，其反应物流直接进入第二反应器（裂化段）进行加氢裂化。裂化段出口的物流经换热、空冷/水冷后，进入高、低压分离器进行气/液分离，高分顶部分离出的富氢气体循环使用，其液体馏出物到低分进一步进行气/液分离。低分的液体流出物到分馏系统进行产品切割分馏，其塔底的未转化油返回（或部分返回）裂化段循环裂化，或出装置作为下游装置的原料，见图 4-3。

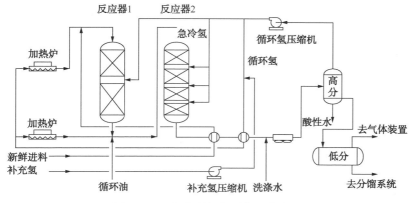

图 4-3　一段串联加氢裂化工艺流程

一段串联加氢裂化的特点：①精制段催化剂应具有较高的加氢活性(尤其是HDN活性)；②裂化段催化剂应具有耐 H_2S 和 NH_3 的能力；③产品质量好，生产灵活性大，一次运转周期长；④与一段法加氢裂化相比，其原料油适应性较强，体积空速、反应温度相对较低；⑤与两段法加氢裂化相比，其投资和能耗相对较低。

（4）一段串联两段(未转化油单独)加氢裂化。采用一个精制反应器、两个裂化反应器，精制油在第一裂化反应器加氢裂化，其未转化油在第二裂化反应器内加氢裂化，是一段串联的特殊形式。一段串联的一段或两段裂化主要取决于：装置规模、反应器的制造及运输条件。如果炼油厂地处沿海，反应器的大小不受其相关运输条件的限制，采用单列的两个大反应器串联更为经济。若受港口码头、道路、桥梁、涵洞等运输条件的制约，采用三个反应器的两段裂化比采用双系列并联(共 4 个反应器)可节省投资 5%~10%，见图 4-4。

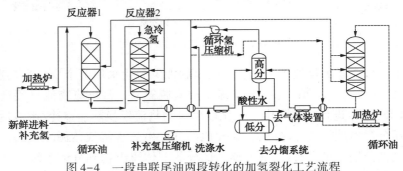

图 4-4 一段串联尾油两段转化的加氢裂化工艺流程

6 国内外加氢裂化典型工艺的特点是什么？

随着加氢裂化在重质含硫(高硫)原油加工、生产清洁燃料和实现清洁生产以及增产化工原料等方面的作用越来越重要，其新技术的开发、应用和推广明显加快。围绕提高装置转化率和目的产品选择性、降低氢气消耗、提高装置效益等方面，UOP 公司、Chevron 公司以及中国石化 FRIPP、RIPP 等近几年均推出了一些新的工艺技术，比较典型的有 UOP 公司的 HyCycle 加氢裂化工艺和先进部分转化加氢裂化(APCU)工艺、Chevron 公司的分别进料(Split feed injection)工艺和ISOFLEX 工艺等。

（1）HyCycle Unicracking 工艺。高效热分离器/后处理器除用于裂化产物的分离和精制外，还可与煤油、轻焦化蜡油、缓和加氢处理过的柴油等二次加工油或直馏油混合精制。催化轻循环油等难裂解物料可以直接作为原料油加工，即只有一套装置既可以加工重质原料油又可以加工劣质二次加工馏分油，得到最大量的优质柴油，如图 4-5 所示。

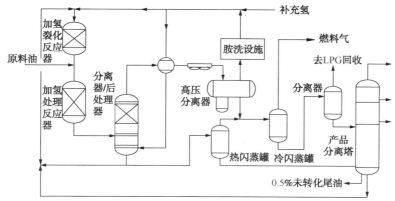

图 4-5　HyCycle Unicracking 加氢裂化工艺流程

（2）先进部分转化加氢裂化（APCU）工艺。为了使低转化率的加氢裂化与催化裂化装置组合，直接生产超低硫汽油和柴油，UOP 公司在 HyCycle Unicracking 工艺的基础上，推出了先进部分转化加氢裂化（APCU）工艺，如图 4-6 所示。高硫催化裂化原料油 VGO 和重焦化蜡油 HCGO 与经过预热的富氢循环气混合，依次进入加氢处理和加氢裂化催化剂床层，脱除难转化的硫、氮化合物，使稠环芳烃饱和，并使部分原料油转化为超低硫柴油。通过 APCU 工艺对催化裂化原料进行加氢预处理，可以控制柴油和汽油比例，并保证加氢裂化和催化裂化产品的硫含量都很低，同时使催化裂化烟气中的 SO_x 排放量降至很低。

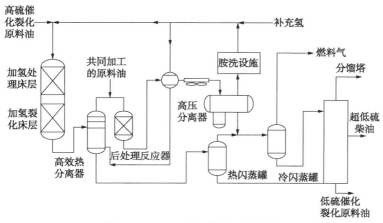

图 4-6　APCU 加氢裂化工艺流程

（3）加氢裂化-加氢处理组合工艺。针对加拿大 Northern Lights 公司加工沥青基重质原油的需要，UOP 公司在 2007 年推出一种分步进料加工 DAO、VGO 和 AGO、生产清洁油品的加氢裂化-加氢处理组合工艺，其原则工艺流程如图 4-7 所示。采用该组合工艺技术，可以在一套加氢装置上同时加工 DAO、VGO 和

AGO 进料。由于设备台数减少、氢气和反应热等得到充分合理应用，装置建设费用和操作费用可明显降低。

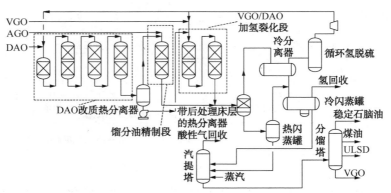

图 4-7　用于重质原油改质的加氢裂化-加氢处理组合工艺流程

（4）分别进料（Split feed injection）工艺。Chevron 公司和 ABB Lummus Global 公司共同组建的加氢技术公司 Chevron Lummus Global（简称 CLG）开发了分别进料工艺，流程如图 4-8 所示。该工艺是将 FCC 原料预处理与 FCC 产物后处理相结合的技术，即将 FCC 进料的预处理和 FCC 产品（LCO）的后处理过程在同一装置中完成。新鲜原料进入第一台加氢处理/加氢裂化反应器，柴油馏分和轻循环油与第一反应器产物混合进入第二台加氢处理反应器。由于加氢处理过程发生在加氢裂化催化剂床层的下游，因而可以避免理想馏程范围内的馏分产生裂解。加氢裂化反应器流出物可以为加氢处理反应提供富氢气，同时也作为加氢处理过程产生热量的"热阱"，使加氢处理反应器所需急冷氢大为减少。另外，由于省去了单建加氢处理装置所需的配套设备，投资可节省 20%~40%。

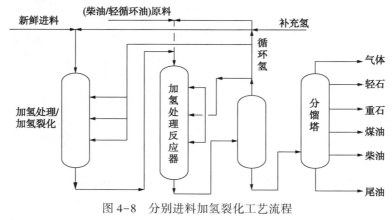

图 4-8　分别进料加氢裂化工艺流程

（5）ISOFLEX 加氢裂化工艺。2005 年推出的 ISOFLEX 加氢裂化工艺，如图

4-9 所示。其技术核心是：在反应段最好地利用催化剂处理每一类原料油；将反应段的产品及时导出，防止再次裂化为不需要的轻质产品；再充分利用第二段的清洁环境实现高转化率；用最少的设备实现高转化率，同时保持目的产品的高转化率；减少质量过剩和轻馏分的产生，使氢气消耗减至最少；装置在最低压力下操作；能加工柴油和 VGO 流程范围内的多种原料；使每台反应段的氢分压最大，使气体循环最小，必要时可选用逆流流程。

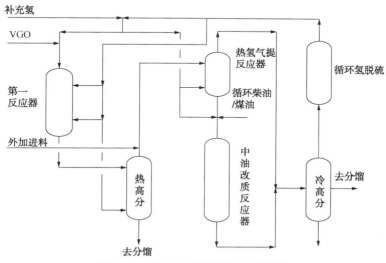

图 4-9　ISOFLEX 加氢裂化工艺流程

7　加氢裂化工艺对炼油行业有哪些作用？

加氢裂化工艺对炼油行业的作用：①加氢裂化可以最大量地生产优质中间馏分油（喷气燃料和柴油等），是调整油品结构的一个重要手段；②加氢裂化采取循环操作时，可以最大量生产富含芳烃潜含量的重石脑油作为催化重整的进料，以生产高辛烷值汽油组分或者为聚酯等化纤装置提供 BTX 芳烃；③加氢裂化采取一次通过的操作可以最大量地生产尾油。尾油的 *BMCI* 值低，是蒸汽裂解制乙烯的优质原料，对于既有炼油装置又有化工装置的企业特别适用；④加氢裂化可以直接加工含硫 VGO，不需要进行原料预处理；⑤加氢裂化可以提高润滑油基础油的质量，生产符合 API 标准的Ⅱ／Ⅲ类基础油；⑥渣油加氢裂化是转化高硫、高金属含量渣油的最有效手段，与渣油催化裂化等工艺结合，可以最大量地生产轻质产品。

8　热高分与冷高分流程特点是什么？

对于 VGO 及更重原料的加氢精制装置和加氢裂化装置，一般采用热高分流程，以防止冷高分在操作过程中，特别是在开停工过程中产生的乳化，并可以降低能耗。是否选择该流程应根据反应操作压力、新氢的纯度、能耗、氢耗大小、循环氢纯度等综合比较后确定。热高分的应用应特别注意溶解氢的回收及对经济性的影响。

采用热高分的优点：①大量反应产物直接从热高分排出，经过热低分油气分离后，直接送至分馏系统，换热量大大减少，减少了高压换热器面积，节省投资；②生成油不经过高压空冷冷却，大大减少了高压空冷面积，节省换热器和空冷器的投资，冷却负荷减少；③可减少生成油分馏换热和加热炉负荷；④在全循环流程时，可以防止稠环芳烃积聚后堵塞高压空冷，因为，高度缩合的稠环芳烃约在200℃时就开始析出；⑤可以避免冷高分乳化，特别是在开工过程中乳化；⑥热量回收利用率高，降低装置能耗。

采用热高分流程的缺点：①降低了循环氢纯度；②增加一个热高压分离系统，使流程复杂；③设计不好时投资可能会略高；④最大的缺点是热高分油溶解带走的氢气量较大，如果不回收经济损失较大。从新建装置来看，设计单位更为趋向于热高分流程，为解决氢气损失问题，一般都设置低分气脱硫系统，脱硫之后的低分气送至氢提纯单元回收氢气。经计算比较，一般热高分进料温度控制在240~260℃。

9 反应进料加热炉炉前、炉后混氢各自的特点是什么？

加氢进料加热炉是装置内的关键设备，其炉管内工艺介质为高温、高压的氢气和油气混合物，操作条件十分苛刻。加氢裂化反应加热炉混氢分为炉前混氢和炉后混氢，两种混氢方式有各自的特点。

（1）炉后混氢的关键是要有足够的氢气循环量(氢油比)携带热量，而不会使氢气加热炉出口温度过高。一般加氢裂化氢油比均大于800，因此循环氢量能够满足要求。炉后混氢的特点：①加热炉只走氢气，避免炉管结焦和偏流现象，加热炉的设计简单；②油、氢气单独与反应流出物换热，传热系数小，换热流程复杂；③炉管只走氢气，介质出口温度高，炉管表面温度也高。

（2）炉前混氢的最大难题是大处理量的装置炉管内介质存在气液两相流分配的问题，装置负荷越大，这种问题越突出。因此在设计炉前混氢时要充分核算，取得最优化的结果，一般反应加热炉均采用水平管双面辐射炉炉型。炉前混氢的特点：①克服了炉后混氢的缺点，换热流程及换热器设计简单，传热系数高，换热面积小，在事故状态下，加热炉不易断流；②容易产生偏流，炉管容易结焦，如何解决两相流分配和防止炉管结焦称为该项技术的关键。目前国内设计的多为4管程，国外设计可以达到6管程。对于大型加氢裂化装置，由于两相流分配以及炉管过粗、投资费用过大等问题，一般采用炉后混氢。

10 加氢裂化单程转化率如何计算？转化率的高低对生产的影响是什么？

分馏塔底未转化油可以循环与新鲜进料混合进入反应器继续转化，以使所有原料全部转化至低于进料初馏点的轻质产品，这种操作方式统称为全循环操作。分馏塔底未转化油部分循环与新鲜进料混合进入反应器继续转化，另一部分作为尾油出装置，这种操作方式统称为部分循环操作。新鲜进料经反应转化到一定深度，经反应后的未转化油不再返回反应系统，而是将其作为制乙烯裂解原料、催化裂化原料和润滑油料等，这种工艺过程称为一次通过操作。全循环和一次通过加氢裂化的单程转化率分别表示如下：

（1）全循环加氢裂化的单程转化率：

单程转化率/％ =［1-循环油/（新鲜进料+循环油）］×100％

部分循环加氢裂化的单程转化率：

单程转化率/％ =［1-（尾油+循环油）/（新鲜进料+循环油）］×100％

单程一次通过加氢裂化的单程转化率：

单程转化率/％ =［1-（未转化油/新鲜进料）］×100％

（2）加氢裂化循环油（或未转化油）的切割点（RCP，℃）：

循环油切割点的温度指的是实沸点温度，循环油切割点确定的依据是产品方案：石脑油方案177℃、石脑油/喷气燃料方案260/280℃、中间馏分油（喷气燃料+柴油）方案343/350/371/383/385℃（季节不同出产柴油的凝点不同，造成柴油干点变化）。循环油切割点温度的高低，是加氢裂化转化深度的表征。加氢裂化的转化深度，随循环油切割点温度的提高而降低。

全循环加氢裂化工艺过程中，一般都控制单程转化率在60％～70％。然后将未转化尾油进行循环裂解，以提高过程的选择性。一次通过的单程转化率一般应控制在70％～80％比较合适，其产品分布、中间油品收率、氢耗等指标均较为合理。如果尾油无下游用户，单程转化率可控制在90％，当然这与催化剂的性能有关。一般来说单程转化率增加时，由于二次裂解的加剧增加了气体及轻组分的产率，柴油收率减少，而喷气燃料收率基本不变或略有下降，总液收率也有所降低，同时过程化学耗氢也将增加，这种过度地追求高的单程转化率是不经济的。所以转化率控制多少较为合适与分馏系统的脱丁烷塔及主分馏塔顶部负荷均有一定的关系。控制较高的转化率会使反应温度升高、氢耗增加、催化剂的失活速率增大，长期这样操作必将会缩短催化剂的使用寿命。因此，控制转化率高或低，要根据产品的市场需求和上下游平衡进行综合考虑，以获取最大的经济效益。

采取单程一次通过，进料在裂化反应器的空速变小，停留时间增加，为二次裂化及生焦提供了条件。因此，从这一方面考虑应增加氢油比，即转化率增高，氢油比应相应增高。一般需在裂化反应器入口增加部分循环氢流量，以保持总循环氢量与全循环操作相比不发生变化。

11　BMCI 值与乙烯收率有何关系？

乙烯收率与原料的 BMCI 值有很大关系，BMCI 值越高，乙烯收率越低。因此加氢裂化尾油作为乙烯裂解原料对 BMCI 值有一定要求，一般 BMCI 值≤15。

BMCI 值顺序：正构烷<异构烷<环烷<芳烃；烷基侧链芳烃<不带烷基侧链芳烃。

提高尾油质量的化学途径：尽可能保留直链烷烃，减少其裂化反应；尽量减少烷烃异构化反应；芳烃饱和，然后开环，尽量减少侧链断裂；环烷烃选择性开环，保留烷基侧链。催化剂开发思路：开发新型精制段催化剂，强化其脱氮（HDN）性能和芳烃加氢饱和（HDA）性能；开发新型裂化催化剂，强化其开环选择性和加氢功能，抑制其异构化性能；优化催化剂配伍，优化分馏切割方案；应能适应不同压力等级的已建和在建加氢裂化装置，以能服务于更多的炼化企业。

12　加氢裂化尾油作为乙烯裂解原料的考核指标是什么？

加氢裂化尾油作为乙烯裂解的原料，BMCI 值的大小通常作为衡量其质量的重要指标，一般 BMCI 值越小，乙烯收率越高。从本质上说，BMCI 值的大小取决于其烃类组成：烷烃 BMCI 值最小，其次环烷烃，芳烃最大，其中正构的链烷烃要低于异构的链烷烃。因此，要得到 BMCI 值低的加氢裂化尾油，在加氢裂化过程中，希望发生的反应是芳烃饱和，然后开环，尽量保留烷基侧链；环烷烃选择性开环，保留侧链；对于链烷烃，尽量减少裂化反应，尽量减少异构化反应。在开发提高尾油质量的加氢裂化技术时，遵循如下基本思路：①能适应不同压力等级的已建和在建的加氢裂化装置，能切实缓解化工原料短缺的矛盾；②开发新型精制催化剂，强化其脱氮和芳烃饱和性能，能在一定程度上改善尾油质量，同时适当降低反应温度，降低能耗；③开发新型裂化催化剂，强化其开环选择性和加氢功能，抑制其异构化性能，降低加氢裂化过程中小分子气体的产生，并与精制催化剂在反应温度上更好地匹配；④优化催化剂的配伍，以最大限度地发挥精制催化剂和裂化催化剂的各自优势，实现同步失活，延长操作周期，降低能耗；⑤优化分馏切割方案，在兼顾生产柴油的同时，尽可能多地生产优质尾油产品。

13　加氢裂化尾油作为乙烯裂解原料有什么特点？

随着石化产品快速增长，乙烯裂解原料短缺、轻烃资源匮乏；石脑油是主体，但资源不足；加氢裂化尾油逐步受到重视。加氢裂化尾油用作乙烯裂解料时，相当的 *BMCI* 值，乙烯收率与对应的直馏石脑油相当，乙烯收率高于后者（见表4-1）。通过对蒸汽裂解制乙烯不同原料的经济性分析，加氢裂化尾油的利润仅次于轻烃，高于石脑油和其他油品，说明加氢裂化尾油适于作乙烯裂解原料（见图4-10）。

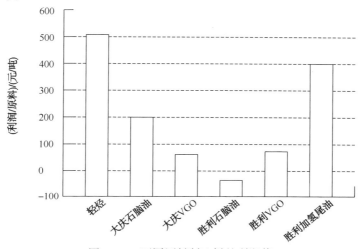

图 4-10   不同原料制乙烯的利润值

表 4-1   石脑油与加氢裂化尾油乙烯收率的比较

原料油	沙轻石脑油	加氢裂化尾油
馏分范围/℃	41~159	247~520
BMCI 值	9.6	8.6
裂解炉型	S-W-16	尾油炉
裂解温度/℃	830	820
水油比	0.60	0.75
乙烯收率/%	29.96	31.44
丙烯收率/%	15.02	17.16
丁二烯收率/%	4.80	6.21
总三烯收率/%	49.78	54.81

14   加氢裂化技术快速发展的动力何在？

在重油转化要求不断提高和原料硫含量不断增加的压力下，加氢裂化技术得到快速发展，已经成为主要的关键加工技术之一，为炼油行业提供了多种可选的方案：①采用最大量生产重整原料方案。通过选择合适的催化剂，可以得到69%的高芳潜的重整原料和23%的辛烷值高达84~87的无硫、无芳烃、无烯烃的汽油调和组分。②采用最大量生产中间馏分油方案。通过选择合适的工艺和催化剂可以得到 70%~80% 的煤油、柴油等优质调和组分。③采用最大量生产化工原料方案。通过选择合适的工艺和催化剂，可以得到约 95% 的重整和乙烯裂解原料。④采用异构加氢裂化技术可以在不进行尾油循环的条件下，将 LVGO 全部转化为轻质汽、煤、柴等产品，由 VGO 最大量生产出各种牌号的低凝点柴油和化工助剂。⑤采用灵活加氢裂化技术可以使原有装置加工能力和操作弹性大幅度提高。

15 加氢裂化装置如何最大化生产化工原料？

采用加氢裂化工艺生产化工原料时，目的产品的收率和产品质量相互制约，通过选用高选择性的加氢裂化催化剂及合适的加工方案，可以缓解以上矛盾。生产优质催化重整原料重石脑油时，要求芳烃和环烷烃含量越多越好。而生产乙烯裂解原料时，尾油中的链烷烃越多越好。生产催化重整原料和乙烯原料是矛盾的，这就要求同时生产这两种化工原料时，首先要选择对原料油中的多环重质芳烃加氢转化活性高的催化剂，在较高的转化深度下，将重组分中的芳烃和环烷烃尽可能加氢饱和开环，提高尾油的链烷烃含量，降低其 *BMCI* 值；其次，要求在较低温度下，将加氢裂化生成的中间馏分全部转化为石脑油，裂化温度低，可以减少二次裂解生成轻石脑油和气态烃的反应，这样既可以提高重石脑油芳烃潜含量，又可以提高石脑油产率。

16 生成油的汽提流程有哪几种？

生产油的汽提流程有三种方案：①脱丁烷塔方案。脱丁烷塔将生成油分离为塔顶气体、液化气和塔底稳定化油后，得到稳定液化气，塔底稳定化油进常压分离塔。②脱戊烷塔方案。脱戊烷塔将生成油分离为塔顶气体，包含丙烷、丁烷、戊烷组分的塔顶烃液和由己烷以上组分组成的塔底稳定化油。对塔顶烃液，需要增设液化气组分与轻石脑油组分的分离塔。③生成油在一定温度压力下进行蒸汽汽提，以除去硫化氢和轻烃，塔底稳定化油去分馏塔进行产品分离，塔顶轻烃也需要增设液化气组分与轻石脑油组分的分离塔。

脱丁烷塔流程与后两种流程相比，优点是流程简单、投资少，缺点是 C_3、C_4 回收率低，脱硫化氢效果相对较差，且有较多的 C_4、C_5 组分带到常压塔，导致塔压较高，影响分馏效果。汽提塔流程与脱戊烷塔相比，减少了塔底重沸炉和塔底循环泵，降低了运行风险，且能耗略低。

17 加工原料不同，加氢反应器内油气相态有何不同？

在加氢处理工艺中，原料油不同、其状态也不同。汽油馏分轻，在氢分压 2.5~3.0MPa 和正常加氢温度下，一般都处于气相状态，反应条件的变化通常不会引起相态的变化。柴油馏分的馏程一般在 200~350℃，早期建设的柴油加氢装置的氢分压一般在 3.0~4.0MPa，在反应条件下它可能处于气相状态，也可能处于气液混相状态，反应条件的变化有可能是因为液相的出现造成的。近年来建设的柴油加氢装置的氢分压一般>8.0MPa，一般都处于气液混相状态。减压馏分油是大于350℃的重馏分，在加氢处理时，一般都处于气液混相状态，提高汽化率的措施都有利于加氢反应的进行。

18　加氢裂化原料与化工原料有什么关系？

加氢裂化所加工的原料油，其芳烃及环烷烃含量的多少直接影响加氢裂化生产的化工原料的质量。依据芳烃加氢裂化的原理，可以寻找到对生产优质化工原料有利的方法。芳烃加氢反应是可逆反应，在一定的反应压力下，提高反应温度，芳烃加氢和脱氢速度均加快，但总的反应方向是向正方向"加氢"进行。反应温度提高到一定值时，芳烃加氢反应出现转折，总的反应向"脱氢"进行。在提温过程中，芳烃加氢反应由低温区的动力学控制，超过转折温度后，逐渐转为高温区的热力学控制，反应压力越高，芳烃加氢反应的转折温度就越高。

19　分馏塔的回流方式有几种？

回流的方式有多种，常用的有冷回流和循环回流两种。冷回流一般指用于塔顶的过冷液回流。如果塔的热量不多，则一般只设塔顶回流。对于全塔热量较多的塔(如常压塔)，则除采用冷回流以控制塔顶温度外，还必须采用循环回流，即自塔的某一层塔板抽出一部分液相部分，经换热冷却后重新打入塔内原油抽出层上几块板的位置。这是因为如果全部采用塔顶冷回流，一方面冷回流量必然很大，全塔的气相负荷也存在严重不均衡，使塔径加大。另一方面是由于塔顶温度低，这些低温位回流热大部分难以充分利用，而只能用空气或冷却水冷却，因而造成热量的严重浪费。循环回流取走的热量大小以不影响产品的分离要求为前提。

还有一种回流为热回流，是在塔顶装有部分冷凝器，将塔顶蒸气部分冷凝为液体作为回流，回流温度与塔顶温度相同(为塔顶产品的露点)，它只吸收汽化热，所以取走同样多的热量，所需回流量大。热回流也能有效地控制塔顶温度，但只适用于小型精馏塔。

20　循环回流的设置原则是什么？

根据塔的抽出侧线数，循环回流可以设一个或多个。目前很多常减压装置采用顶循环回流，其目的是减少塔顶的冷回流，以利于回收热量。中段回流的数目根据侧线数一般有两个，其位置放在紧靠上侧线抽出层的下面。

由于侧线产品之间只有精馏段而没有提馏段，产品中必然会含有相当数量的轻馏分，这样不仅影响本侧线产品的质量，如喷气燃料或柴油的闪点低等，而且降低了轻馏分的产率。汽提塔的目的是对侧线产品用蒸汽汽提或热虹吸重沸器的办法，以除去侧线产品中的低沸点组分，使产品的闪点和馏程符合质量要求。

最常用的汽提方法是采用温度比侧线抽出温度高的水蒸气进行直接汽提，汽提蒸汽的用量一般为产品质量的 2%~4%，汽提后的产品温度约比抽出温度低5~10℃，汽提塔顶的气体则返回到侧线抽出层的气相部位。由于喷气燃料的水含量有严格限制，通常可采用热虹吸重沸器进行间接汽提。这样做可以避免水蒸气混入产品，同时还可避免由于水蒸气的加入，增大常压塔和塔顶冷凝器的负荷及污水量，因此应尽量采用间接汽提。

在常压塔中，反应生成物经过蒸馏可被分割为轻石脑油、重石脑油、喷气燃料、柴油和尾油等多种产品，根据多元精馏原理，每个系统都需要 $n-1$ 个(n 为产品个数)精馏塔才能把这些产品分离出来。由于常压塔所加工的原料为复杂混合物，而且产品也是复杂混合物，并不要求很高的分离精度，两种产品间需要的塔板数并不多，因此，这些塔都是比较矮的。为了简化流程，节省占地和投资，可将这 $n-1$ 个精馏塔合成为一个复合塔，这种复合塔实际上是由若干个精馏塔重叠而成的。例如，一个常压蒸馏塔，当需要生产重整原料、喷气燃料、轻柴油、重柴油则可在塔的不同高度通过三条侧线抽出，即侧线数应等于 $n-2$ 个。另外，根据精馏原理，为使产品合格，需要一个完整的精馏塔来完成精馏过程，但由于常压塔是复合塔，只有精馏塔而无提馏段，因此每一个侧线产品一般还需设一个汽提塔作为提馏段，以保证产品质量。

循环回流可以分为塔顶循环回流和中段循环回流。

（1）塔顶循环回流的工艺流程如图 4-11 所示。循环回流从塔内抽出经冷却至某个温度再送回塔中，物流在整个过程中都是处于液相，而且在塔内流动时一般也不发生相变化，它只是在塔里塔外循环流动，借助于换热器取走热量。循环回流返塔的温度低于该塔段的塔板上温度，为了保证塔内精馏过程的正常进行，在采用循环回流时必须在循环回流的出入口之间增设 2~3 块换热塔板(或一段换

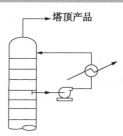

图 4-11　塔顶循环回流的工艺流程

热填料），以保证其在流入下一层塔板时能达到相应温度。

塔顶回流主要用于以下几种情况：①塔顶回流热量较大，考虑回收这部分热量以降低装置能耗。塔顶循环回流的热量的温位（或者称能级）较塔顶冷回流高，便于回收；②塔顶馏出物中含有较多的不凝气（例如催化裂化主分馏塔），使塔顶冷凝冷却器的传热系数降低，采用塔顶回流可大大减少塔顶冷凝冷却器的传热负荷，避免使用庞大的塔顶冷凝冷却器群。③要求尽量降低塔顶馏出线及冷凝冷却系统的压降，以保证塔顶压力不致过高（如催化裂化主分馏塔），或者保证塔内有尽可能高的真空度（例如减压精馏塔）。

（2）循环回流如果设在精馏塔的中部，就称为中段循环回流。石油精馏塔采用中段循环回流主要是出于以下两点考虑：①塔内的气液相负荷沿塔高分布是不均匀的，当只有塔顶冷回流时，气液相负荷在塔顶第一、第二板之间达到最高峰。在设计精馏塔时，总是根据最大的气、液负荷来确定塔径。对于塔的其余部位并不要求有这样大的塔径，造成气、液相负荷这样分布的根本原因在于精馏塔内独特的传热方式，即回流热由下而上逐板传递并逐板有所增加，最后全部回流热由塔顶回流取走。如果在塔的中部取走一部分回流热，则其上部回流量可以减少，第一、第二板之间的负荷也会相应减小，第一、第二板之间的负荷也会相应减少，从而使全塔沿塔高的气、液相负荷分布比较均匀。这样在设计时就可以采用较小的塔径，或者对某个生产中的精馏塔，采用中段回流后可以提高塔的生产能力。②石油精馏塔的回流热量很大，如何合理回收利用是一个节约能量的重要问题。石油精馏塔沿塔高的温度梯度较大，从塔的中部取走的回流热的温位显然要比从塔顶取走的回流热的温位高出许多，因而是价值更高的可利用能源。

由于以上两点考虑，大、中型石油精馏塔几乎都采用中段循环回流。当然，采用中段循环回流带来一些不利之处：中段循环回流上方塔板上的回流比相应降低，塔板效率有所下降；中段循环回流的出入口之间要增设换热塔板或填料，使塔高增大；相应地增设泵和换热器，工艺流程变得复杂些等。上述的不利影响应予以注意并采取一定的措施。例如，中段回流上部回流比减小的问题，可以对中段回流的取热量适当限制以保证塔上部的分馏精度能够满足要求。

（3）设置中段循环回流时，还须考虑以下几个具体问题：

① 中段循环回流的数目。理论上中段循环回流的数目越多，塔内气、液相负荷越平衡，但流程也越复杂，设备投资也相应增高。对于有三、四个侧线的原油蒸馏塔，一般采用两个中段循环回流，采用第三个中段循环回流的价值不大。

② 中段循环回流进出口的温差。温差愈大在塔内需要增设的换热塔板数也

愈多，而且温位降低过多也不好利用，一般控制在80~120℃。

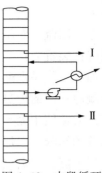

图4-12　中段循环回流的进出口位置

③ 中段循环回流的进出口位置。中段回流的进塔口一般设在抽出口的上部，在两个侧线之间。抽出口太靠近下一个侧线不好，因为上方的塔板上的回流大减，上面几层塔板的分馏效果降低很多。进塔口紧挨着上一侧线的抽出口也不好，因此公有部分循环回流混入该侧线，使其干点升高。因此最常见的方案是使中段循环回流的返塔口与上一层侧线的抽出板隔一层塔板，如图4-12所示。

第五章 加氢裂化操作调整

第一节 反应系统调整

1 **如何判断新氢纯度降低？如何处理？**

新氢一般含有氢气、惰性气体和轻烃，其组成主要取决于生产方法。新氢纯度不但对氢分压有直接影响，而且对循环氢纯度和氢耗量有很大影响。新氢纯度的下降意味着新氢中的惰性气体和轻烃组分增加。由于惰性气体(如氮气)在油中的溶解度很低，气液平衡常数小，这些组分会在高分气相中积累。只有当这些组分在气相中的浓度足够高时，才会使高分生成油中溶解的量与新氢带入的量达到平衡，随着高分生成油排出高压系统。因此新氢中带有惰性气体组分时将显著降低循环氢纯度，系统氢分压下降。新氢中的轻烃尤其是甲烷，其溶解度接近惰性气体，这些轻烃随新氢进入装置并在循环氢中积累，使得循环氢纯度降低。无论是制氢来的新氢，还是重整来的新氢，其烃类组分中甲烷的浓度均为最高，其溶解度又最低，因此循环氢中甲烷含量最高。新氢纯度降低后，新氢密度变化较大，孔板流量计显示流量大大增加，循环氢在线氢纯度仪指示逐步降低，一段时间后循环氢总量增加，低分气排气量增加。一般重整氢纯度降低只会导致循环氢氢纯度降低，而对于制氢氢气纯度降低应考虑供氢中烃类及一氧化碳、二氧化碳含量的升高(一般要求一氧化碳与二氧化碳之和小于 $30mL/m^3$)，及时调整防止床层温度上升，防止超温事故的发生。制氢装置所用氧气中的惰性组分(如氮气、氩气)含量对循环氢纯度有明显影响，某企业重油制氢装置所用氧气中的氩气含量明显高于煤焦制氢装置，因此使用重油制氢装置所产氢气时加氢装置需要排放废氢以保证循环氢纯度，而使用煤焦制氢装置所产氢气时加氢装置无需排放废氢。

新氢纯度下降处理：①联系生产管理部门和供氢单位，查明原因，及时调整；②若制氢波动，视情况降低反应器入口及各床层入口温度，以控制床层温度的上升，马上联系制氢装置调整，如短时间内不能恢复，床层温度无法控制，则应请示切断新氢及进料，维持压力和氢气循环；③供氢纯度恢复后，提量提温应谨慎进行；④如出现超温则按超温处理。

2 影响系统压力的因素有哪些？如何调整？

影响因素：①反应温度升高，导致裂化温度深度大，耗 H_2 量增加，压力下降。②新氢量波动或新氢机故障，导致压力波动。③原料含水量增加，压力上升。④反应产物与循环氢换热的换热器及高低压换热器内漏，压力降低。⑤冷高分压控失灵。开工进油过程中，随着开工油逐步引入反应系统，气体压缩，压力上升。

在正常操作期间，装置的压力是由新氢机压力递推自平衡控制系统控制，一般不需要改变高压分离器压力调节器的给定值。系统的压力通过新氢补入系统量来调节，必要时也可通过高分顶排放量来达到目的。装在高分顶上的压力调节器驱动返回线的调节阀，如果氢耗增加、压力降低，则返回线上的调节阀就会逐渐关小，直到压力恢复为止；氢耗减少、压力升高，则返回量增加。系统压力波动如果是因为操作不当引起的波动应立即稳定操作，对床层温度严格控制，同时注意冷氢量要稳定。检查操作的同时检查原料带水情况，若有明水马上通知生产管理部门，油品换合格罐。对新氢系统及循环氢压力控制系统进行确认，有问题及时切换、处理。若上述几项措施均不能解决问题时，应结合其他迹象判断是否高压换热器内漏。

在整个操作期间都必须保持整个反应系统的压力恒定在指标范围内。如果系统压力降低，通过新氢压缩机进行补氢，调节系统压力在恒定值；如果系统压力升高，通过系统泄压，调节系统压力稳定。开工进油前，适当降低反应压力。

3 影响循环氢量的因素有哪些？如何调整？

影响循环氢量的因素较多，主要有下面几个：循环机自身排量的变化；新氢机排出量的变化；循环氢压力递推自平衡控制的变化；换热器内漏；反应系统压力变化；循环氢纯度降低；反应系统压差上升，循环氢量降低；反应深度波动。

调节方法：查明原因，调节循环机的出口流量和循环氢防喘振阀开度，如果需要调节转速增加循环氢总量，可以适当提高循环氢压缩机的转速(一般不用，因循环氢流量在整个运转周期内应保持恒定，并且经常改变压缩机的操作条件是不允许的。但为了防止主汽门长时间不动出现结垢，应定期活动)，并检查影响效率的原因，及时上报处理。控制好系统压力在设计指标内，适当排放高分尾气，保证循环氢纯度。如果发现高压换热器已内漏，应及时上报处理。

循环氢流量在整个系统生产运行中，要尽可能保持恒定，没有特殊原因尽可能不要改变循环氢压缩机的操作。

4 影响循环氢纯度的因素有哪些？如何调整？循环氢纯度低有何危害？

引起循环氢纯度变化的因素：①精制、裂化反应温度上升，纯度下降；②新氢流量降低，纯度下降；③原料氮含量升高，纯度下降；④新氢纯度变化；⑤换热器内漏；⑥高分温度变化；⑦反应注水量的变化；⑧循环氢脱硫效果。

提高循环氢纯度手段：①控制好精制反应器流出物的氮含量；②调节补充新氢；③控制好高压分离器的温度；④保证反应注水量；⑤装置一般不作循环氢纯度的调节，如果循环氢纯度低于85%，则从装置中排出部分废氢。⑥调整循环氢脱硫操作，将硫化氢浓度控制在合适范围内，建议500~1000mL/m³。

循环氢的纯度低会导致系统的氢分压下降，使得加氢反应困难而脱氢反应容易，结果是催化剂结炭速度增加，应及时地排尾气，补充新氢，同时分析造成循环氢纯度下降的原因，并针对原因做相应的处理。

5 加工硫含量低的原料时，循环氢中硫化氢浓度有何指标？低于指标如何处理？

正常操作时，反应系统循环氢中硫化氢浓度控制不小于300mL/m³。这是因为加氢装置所用催化剂的活性金属组分在硫化态时活性最高，因此催化剂在正常使用时是以硫化态形式存在的。使用过程中催化剂上形成硫化物的硫元素与循环氢中的硫化氢达到平衡，保证了催化剂上高价位金属硫化物形态。当循环氢中硫化氢含量过低(小于300mL/m³)时，这种平衡被打破，氢将催化剂上的金属硫化物还原成低价位金属，甚至还原成单质金属，催化剂活性丧失。为了避免金属硫化氢被氢还原，故而要求反应系统循环氢中硫化氢浓度控制不小于300mL/m³。

在加工低硫高氮原料油时，加氢裂化装置循环氢中硫化氢浓度通常低于300mL/m³。此时，为了维持催化剂性能稳定，通常需要向反应系统补硫。常用的硫化剂有：二甲基二硫化物(DMDS)、二硫化碳、二丁基连多硫化物(DBPS，如SulfrZol 54®)、液体硫黄等。

6 循环氢脱硫控制指标是多少？影响因素有哪些？如何调节？

为保护催化剂要求脱硫后循环氢中硫化氢含量最低不能不小于300mL/m³，设置循环氢脱硫的目的是加工高含硫油后，脱硫后循环氢中的硫化氢浓度一般都超过了2%(一般循环氢中硫化氢含量超过2%，建议设循环氢脱硫)，降低了氢分压，对脱硫反应和芳烃饱和反应有一定抑制作用，同时对设备的腐蚀加剧。因此，加工高含硫油的加氢裂化装置一般都设有循环氢脱硫系统。经过脱硫后，一般要求脱硫后循环氢中硫化氢的浓度在500~1000mL/m³，但在实际操作中并不容易实现，脱硫后循环氢中基本已无硫化氢。不过加工高含硫油的装置循环氢中可以允许没有硫化氢存在，含硫的原料可以提供足够的硫化氢，对催化剂没有负面影响。

影响因素：①胺液循环量变化；②塔压、温度变化；③塔内实际液面的变化；④循环氢进料流量变化；⑤胺液再生效果变差。

调节方法：①调整胺液循环量；②调整脱硫塔温度、压力；③调节塔液面；④稳定进料量；⑤改善再生效果。

7 影响循环氢脱硫塔液位的因素有哪些？如何调整？

影响因素：①胺液循环量变化；②压力变化；③循环氢脱硫塔底富液排量变化；④循环氢量变化；⑤脱硫塔内烃类积累，高分温度波动导致冲塔。

调节方法：①稳定胺液循环量；②稳定塔压；③调节循环氢脱硫塔富液排量；④稳定反应操作，避免循环氢量大幅波动；⑤控制贫胺液温度比循环氢温度高3℃左右，及时撇油排烃、稳定高分温度。

8 循环氢采样目的是什么？有什么项目？

为保证加氢和裂化反应的进行，需要一定的氢分压和硫化氢浓度，因此需要对循环氢进行定时分析。氢分压低于85%时要求排废氢来提高氢纯度，若硫化氢浓度低还需要进行补硫。对循环氢来说，组分包括氢气、硫化氢、甲烷、乙烷、一氧化碳和二氧化碳等，我们只需要高的氢气纯度和一定量的硫化氢（不小于$300mL/m^3$），其他组分要求尽可能少，尤其一氧化碳和二氧化碳（一氧化碳、二氧化碳含量之和小于$30mL/m^3$）在催化剂床层会发生甲烷化反应，浓度高时，会造成超温事故，因此循环氢主要分析氢纯度，硫化氢、一氧化碳和二氧化碳的含量。

9 循环氢带液如何处理？

循环氢带液导致循环氢压缩机流量波动，严重时会导致循环机振动加剧及故障停机，系统压力升高。循环氢带液会出现如下现象：①循环氢压缩机入口分液罐液面太高，循环氢带液时，循环氢压缩机流量波动，严重时会导致循环氢压缩机震动及故障停机。②系统压力晃动。

原因：冷高分液面太高、破沫网失效、温度太高，导致循环氢带油；对于有循环氢脱硫系统的装置，引起带液的原因是脱硫塔液位过高或循环氢带烃导致胺液发泡造成带液。

处理：①把从循氢机入口缓冲罐排液阀开大，迅速将入口分液罐液面调节至正常。②必要时暂停循环氢脱硫塔胺液循环。检查冷高分温度和液位是否正常，循环氢压缩机进口管线的伴热蒸汽是否投用。上述因素排除后，循环氢仍然带液，应考虑破沫网失效问题，情况紧急可停工处理。

10 如何计算系统的氢分压？

循环氢中含有多种组分，包括氢气、甲烷、乙烷、硫化氢及其他烃类，除氢气外，其他组分的存在降低了氢气的压力，不利于加氢反应的进行，因此应尽可能提高系统中的氢气压力，这个氢气压力就是系统的氢分压。一般要求氢分压占系统操作压力的比例应大于85%，即所说的氢纯度应大于85%。

氢分压＝系统总压力×氢纯度（%）（体积分数）

氢耗包括化学氢耗、溶解氢耗、泄漏损耗和排放废氢。

加氢过程中大部分氢气消耗在化学反应上，即消耗在脱硫、氮、氧以及烯烃和芳烃饱和反应、加氢裂化和开环反应中。不同的反应过程、不同的进料化学组成和对产品质量的不同要求而导致的不同苛刻度，是影响化学氢耗量的主要因素。对于加氢精制，在加氢深度相同时，加工直馏柴油、催化裂化柴油和焦化柴油其氢耗量有很大区别。催化裂化和焦化柴油中含有大量烯烃需要加氢饱和，而且油品也较重，硫、氮、芳烃含量高，从而加大了氢耗量。对于加氢裂化，在装置规模和目的产品相同的情况下，加工直馏蜡油、催化裂化循环油或焦化蜡油时，又或采取不同加工流程时，由于原料性质和加工苛刻度不同，其化学氢耗有很大不同。各种加氢过程的一般氢耗见表5-1。

表5-1 各种加氢过程的一般氢耗

序号	加 氢 过 程	化学氢耗(对进料，质量分数)/%
1	减压瓦斯油一段加氢裂化一次通过尾油循环	2.0 2.5~3.0
2	减压瓦斯油两段加氢裂化	2.4~4.1
3	直馏柴油加氢处理	0.5~0.6
4	催化裂化(或)焦化柴油加氢处理	0.8~1.0
5	焦化汽柴油加氢处理	1.2
6	重整原料预加氢处理	0.05~0.1
7	催化裂化柴油深度脱硫、芳烃饱和 (产品硫≤0.0003%，芳烃≤0.25%) (产品硫≤0.0003%，芳烃≤0.15%)	2.0 3.2
8	催化汽油加氢处理	0.8~1.2

溶解氢是指在高压下溶于加氢生成油中的氢气，在加氢生成油从高压分离器减压流入低压分离器时随油排出而造成的损失。这部分的损失与高压分离器的操作压力、温度和生成油的性质及气体(含氢气)的溶解度有关。高压分离器操作压力越高或操作温度越高时，氢气的溶解损失越大；生成油越轻时，氢在油中的溶解度越大，见表5-2。

表5-2 不同加氢过程的氢溶解度

序号	加氢过程	溶解损失/[Nm³/m³(油)]
1	石脑油加氢处理	6.4~10.9
2	馏分油加氢处理	4.1~7.7
3	减压瓦斯油加氢处理	3.4~6.6

也有资料推荐，在分离器温度为40℃时，氢溶解损失按0.071Nm³/[m³(油)·氢分压]进行估算。

泄漏氢气损耗是指管道或高压设备的法兰连接处及压缩机密封点等部位的泄漏损失，该泄漏量大小与设备制造和安装质量有关。主要的漏损出自新氢压缩机的运动部位，一般在开车前均经过试漏检查，因此泄漏量很小，一般设备漏损量取值为总循环氢量体积的1.0%~1.5%。

加氢裂化只在氢气纯度低于85%时会排放废氢，这与新氢纯度、是否热高分流程、冷高分温度以及转化深度等有关，一般近似取值为5~10Nm³/m³(油)。

总之，改进催化剂性能、减少反应生成轻烃特别是甲烷，有利于提高氢纯度，而提高补充氢纯度则是降低加氢反应器的操作压力、减少排放废氢损失及降低补充氢耗量的关键。为了减少氢耗，一般尽量不考虑排放废氢。

12 原料带水的危害是什么？系统有何现象？如何调整？

加氢原料在进装置前要脱除明水，原料中含水有下面几个危害：①引起加热炉操作波动，炉出口温度不稳，反应温度随之波动，燃料耗量增加，产品质量受到影响；②原料中大量水汽化引起系统压力变化，恶化各控制回路的运行；③对催化剂造成危害，高温操作的催化剂如果长时间接触水分，容易引起催化剂表面活性金属组分聚集、分子筛骨架脱铝、载体孔结构破坏，导致催化剂活性下降，强度下降，甚至发生催化剂粉化现象，堵塞反应器。

原料大量带水会出现如下现象：①加热炉负荷增大；②系统压力上升且波动；③高压分离器界面上升；④原料换热温度降低。

出现原料带水后的调整：①联系厂生产管理部门立即切换油罐，加强脱水工作；②注意加强原料罐脱水，并控制好界液位；③平稳反应压力、温度，尽量减小原料带水造成的影响；④如果原料含水大于300mg/kg(以分析为准)，再检查另一个试样，原料含水确实大于300mg/kg，而且操作上波动厉害，有危及装置安全的危险，则紧急降温降量直至切断进料，按"新鲜进料中断"方案处理。

13 影响反应产物氮含量的因素有哪些？如何调节？

影响因素：①原料含氮量的变化；②原料组成变化；③精制反应器床层温度、压力的变化；④循环氢流量及纯度的变化；⑤催化剂活性的变化；⑥进料量变化。

调节方法：①根据原料组成和含氮量的变化，调节精制反应器床层温度，当氮含量上升较大时，应及时联系采样分析精制油氮含量；②要精心操作，避免精制反应器床层温度的大起大落；③合理控制循环氢中H_2S含量，H_2S含量过低时，会影响脱氮效果；④因催化剂活性太低，满足不了要求时应及时更换；⑤调整循环氢纯度，提高氢分压。

14 为什么原料油需要隔离空气？

从原料罐区送来的原料，不论是直馏的还是二次加工的，在贮罐中均需要保护，保护的作用是防止接触空气中的氧。研究表明，在存贮时原料油中的芳香硫醇氧化产生的硫黄可与吡咯发生缩合反应产生沉渣；烯烃与氧可以发生反应形成氧化产物，氧化产物又可以与含硫、氮、氧的活性杂原子化合物发生聚合反应而形成沉渣。沉渣是结焦的前驱物，它们容易在下游设备中较高温部位，如生成油/原料油换热器及反应反应器顶部，进一步缩合结焦，造成反应器和系统压降升高，换热器换热效果下降。因此，防止原料油与氧气接触，是避免和减少换热器和催化剂床层顶部结焦的十分必要的措施。原料油保护的方法主要有惰性气体保护和内浮顶贮罐保护。惰性气体保护是用不含氧的气体充满油面以上，使原料油与氧气隔离。一般用氮气做保护气，也可以用炼油厂的瓦斯气作保护气。装置运行期间应对原料油保护气进行定期采样分析氧含量。为达到良好的保护效果，惰性气体中的氧含量应低于 $5mL/m^3$。推荐直馏原料油热直供，既避免了原料油与空气接触，又节约了能耗，还避免了原料油切换贮罐带来的油性大幅波动。

15 系统中的一氧化碳、二氧化碳来源有哪些？有何危害？

加氢装置循环氢中的一氧化碳和二氧化碳主要有下面几个来源：①制氢氢气携带进入反应系统；②原料中的水和催化剂表面的积炭反应生成一氧化碳和二氧化碳(当原料水含量很小时基本不发生该反应)；③原料罐保护气含有的一氧化碳和二氧化碳，溶解在油中进入反应系统；④原料油中掺炼焦化蜡油，焦化过程产生的一氧化碳、二氧化碳溶解在焦化蜡油中，随焦化蜡油一起进入反应系统。

一氧化碳和二氧化碳对系统有下面几点影响：①二氧化碳加氢转化为一氧化碳。该反应为吸热反应，在加氢条件下有利于正方向进行，从而造成循环氢中一氧化碳浓度比二氧化碳浓度高。②在含镍或钴催化剂的作用下，一氧化碳和二氧化碳与氢气在 $200\sim350℃$ 条件下反应生成甲烷，同时放出大量热量。甲烷化反应产生的热使反应器内催化剂床层温升过高，温度分布不匀，恶化装置操作。③一氧化碳、二氧化碳和氢气在催化剂活性中心发生竞争吸附，影响加氢活性中心的利用。一氧化碳可能与催化剂上的金属组分形成有毒的、易挥发的羰基化合物而造成催化剂的腐蚀，降低了催化剂活性。

$$4CO+Ni \xrightarrow{50℃} Ni(CO)_4 \xrightarrow{230℃} Ni+4CO$$

由于上述反应在低温下较易发生，因而当循环氢中存在一氧化碳时，每次开工都会使催化剂活性受到损失。因为低温下一氧化碳和催化剂上的镍组分反应生成羰基镍，升温后羰基镍挥发升华，使得催化剂表面裸露出金属镍，金属镍氢解活性非常高，极易引起结焦失活。

16 原料族组成变化对反应操作有何影响？

稠环芳烃加氢裂化是通过逐环加氢裂化，生成较小的芳烃及环烷烃。双环以上环烷烃在加氢裂化条件下，发生异构、裂环反应，生成较小的环烷烃，随着转化深度增加，最终生成单环环烷烃。单环芳烃和环烷烃比较稳定，不易裂开，主要是侧链断裂或生成异构体。原料中芳烃以及环烷烃过高会影响喷气燃料以及柴油质量，影响加氢尾油的热裂解性能。稠环芳烃过高会污染换热器管束，沉积在催化剂床层上，并导致生焦量和压力降的增加，还可能产生泡沫，严重时影响催化剂的活性和选择性。

烷烃异构化与裂化同时进行，反应产物中异构烃含量一般超过热力学平衡值。烷烃裂化在正碳离子的 β 位置断裂，所以加氢裂化很少生成 C_3 以下的小分子烃。烷烃含量较高有利于产品性质的提高。

加氢裂化反应中非烃物质基本上完全转化，烯烃也基本全部饱和。但是烯烃以及非烃物质含量增加会导致床层温升增加，不利于催化剂活性的综合利用。

在实际生产中，加氢裂化原料的各项指标并不是孤立的，而是相互影响的。对于同一种原料，通常是沸点越高，原料密度越大，就是我们所说的原料变重了，需要提高精制和裂化反应器的反应温度。对于不同产地、不同族组成的原料，仅仅从馏程上并不能全面解释它的性质。加工相同馏程的环烷基、中间基和石蜡基的原料，加氢精制和裂化需要的条件有所不同，这主要是三种原料的芳烃、环烷烃和直链烷烃的不同含量决定的。相同相对分子质量的芳烃、环烷烃和直链烷烃在加氢裂化时的转化速度：芳烃<环烷烃<直链烷烃；耗氢量：芳烃>环烷烃>直链烷烃。当加工的原料变化时，表现最直接的是加氢精制反应器，第一层催化剂床层温度有非常明显的变化，床层温升变化很大。根据精制床层温度的变化，及时调整裂化床层温度。如从石蜡基原料换为环烷基原料时，加氢精制反应器第一层催化剂床层温度有非常明显的升高，床层温升变大，裂化反应器需要提温操作，不然裂化床层温度会逐渐下降，温升降低。对于热加工产品中的芳烃含量大大高于 VGO，精制反应器的温升会更高，裂化床层反应温度也会有较大幅度的提高。

17 残炭、沥青质对反应操作有何影响？

残炭是指石油产品蒸发和热解后所形成的炭质残余物。它不全是炭，而是会进一步热解变化的焦炭。残炭值的大小，反映了油品中多环芳烃、胶质、沥青质等易缩合物质的多少。原料油的残炭值（CCR）增加对产品收率影响较小，加氢所得尾油的残炭值增加不多。但催化剂结焦速度加快，必须提高反应温度以弥补催化剂的活性下降，这将严重影响到催化剂的运转周期，因此在装置设计时均限定了原料油的残炭值。

沥青质是高沸点的多环分子，是加氢处理过程中一种主要的结焦前驱物，即使微小增加沥青质含量，也会使催化剂失活速度大幅度增加，缩短运转周期。而且沥青质中常包括一些重金属，会使催化剂永久失活，因此必须严格控制原料油中的沥青质含量。沥青质对产品的收率影响较小，但会影响加氢尾油的颜色，严重时会变黑，一般要求沥青质（C_7 不溶物）含量低于 100mg/kg。为了方便检测和表征，炼厂一般通过控制原料油的比色来控制沥青质含量，控制原料油比色≤5。

18　原料馏程对反应操作有何影响？裂化反应床层有何变化？如何调整？

馏程对原料油性质影响很大，一般原料油馏程越重，杂质含量越高，硫、氮、金属等的含量也越高，多环芳烃含量及其芳环数增加，加氢脱硫、脱氮和加氢裂化反应越难。提高原料干点将引起脱硫率、脱氮率及裂化转化率的下降。必须提高反应温度以抵消原料油变重的影响，当原料变重幅度较大时，必须提高反应压力等级才能达到所需的反应深度。

对于同一种原料，馏程变重，需要的反应温度相应提高。如果进料馏程增大而保持裂化反应器入口温度不动时，因达不到需要的反应温度，反应变缓和，放热量减少，床层平均温度会下降，最终温升降低，转化率下降。因此，为保持转化率稳定，馏程增大时，应适当提高床层反应温度；馏程降低则相应降低反应温度。

19　原料硫、氮含量增加，精制和裂化反应器应如何操作？

芳烃加氢的反应热小于烯烃和二烯烃，含硫化合物的氢解反应热与芳烃加氢反应热大致相等。氮化物因先加氢饱和杂环，所以总的放热量应大于硫化物。如果精制反应器每床层催化剂装填量相同的话，一床层的温升最高，二床层次之，末床层温升最低。这是因为烯烃、硫化物（二苯并噻吩类除外）、多环芳烃或杂环氮化物的最外层芳环基本在第一床层反应放出大量反应热，使得床层温升最高。因此当原料的硫、氮或族组成变化较大时，精制反应器第一床层温升会有明显变化。加工的原料硫、氮含量增加，精制反应器床层操作温度上升。操作过程中如果精制床层间的冷氢不变或减少，精制反应器出口温度上升（温升看原料氮含量和精制油氮含量），裂化入口温度基本不变或因循环氢中氨含量增加略有提高，裂化反应器入口冷氢量增加，如果精制出口温升过高的话，急冷氢用量过大，对裂化床层的安全操作十分不利。因此，原料的硫、氮和芳烃含量大幅度增加时，应注意控制精制反应器出口温度，及时在精制反应器最后一床催化剂入口打入冷氢，控制住反应温度。

20 影响精制反应器床层温度的因素有哪些？

影响精制反应器床层温度的因素：①精制反应器入口温度高，反应器床层温度上升。②冷氢增大，需要提高床层温度。③原料性质变化。原料硫含量增加，床层温度上升；原料氮含量增加，需要提高床层温度；循环氢纯度提高，床层温度上升；新鲜进料量增大，需要提高床层温度；原料带水量增加，床层温度晃动；原料族组成变化，芳烃含量变化；加热炉进料温度升高，床层温度上升；循环氢总量增加，温度降低。④循环氢流量增大，床层温度降低。⑤催化剂活性提高，床层温度上升。⑥原料换热器出口温度升高，床层温度上升。⑦进料中焦化蜡油比例大，床层温度上升。

21 影响裂化反应器床层平均温度的因素有哪些？

影响裂化反应器床层平均温度的因素：①裂化反应器入口温度升高，床层温度上升；②床层冷氢量增大，床层温度下降；③精制反应器产品含氮量升高，需要提高床层温度；④循环氢纯度提高，床层温度上升；⑤循环氢量增大，床层温度降低；⑥循环油变轻，床层温度上升；⑦精制反应器出口温度高，床层温度上升；⑧焦化蜡油比例增大，床层温度上升；⑨循环油量变化；⑩循环油温度变化。

22 裂化反应器床层温度如何调节？

催化剂床层入口温度是根据各床层的测量信号来调节注入床层的冷氢量，带走该层的反应热，达到控制床层入口温度的目的。而影响裂化反应器床层温度的因素较多，可通过下面手段进行调节：①调节裂化反应炉出口（裂化反应器入口）温度；②调节床层冷氢量，控制各床层入口温度；③控制精制反应器床层及出口温度；④调节循环氢纯度及循环氢总量；⑤调控好循环油量、循环油温度及循环油性质。

23 如何控制循环油返回裂化反应器进口温度？

裂化反应器的进口温度由位于靠近反应器入口转油线上的温度调节器调节，调节裂化反应炉燃料气量来维持恒定，即调节裂化反应炉循环氢出口温度来控制裂化反应器的进口温度，必要时（如温度高）也可利用裂化反应器入口急冷氢来调节。加氢精制反应器、加氢裂化反应器入口温度均为串级调节，两反应器入口温度测量信号送给各自的入口温度调节器，该调节器的输出信号分别送给各加热炉的燃料气压力（或流量）控制器，压力（或流量）控制器输出信号送给各自调节阀，以控制燃料气流量，从而实现反应器入口温度调节。

24 从反应操作中如何判断反应转化率的高低？

判断反应转化率的高低的途径很多，无论热高分流程还是冷高分流程，可以主要从下面几点综合去判断。①床层温升。温升高代表放热量大，转化率高，但是在进料量或反应器入口温度波动时不适用。②床层单点温度。与温升比较起来，单点温度最直接，而且不存在假象。单点温度下降表明转化率降低，反之提高。③氢耗量。吨油氢耗增加转化率提高，反之降低。但此法不适用换油阶段。④低分气。低分气量增加转化率提高，反之转化率低。新氢纯度波动时不适用。⑤冷高分减油量。冷高分减油量大，转化率高，反之则低。

25 冷氢的作用是什么？影响冷氢量的因素有哪些？如何调节？

反应温升主要通过调节原料换热器出口温度、反应加热炉出口温度和催化剂床层间冷氢量进行控制的。加氢过程是强放热反应，随着反应的深入，释放的热量越来越大。因此在工业加氢装置上，沿反应器轴向存在催化剂床层温升。当反应温升过高而控制不当时，可能导致如下结果：①反应器内形成高温反应区。反应物流在高温区内激烈反应，大分子持续断裂，放出更多的热量，使温度更高，如此恶性循环导致飞温事故。②随着运转时间的延长，催化剂逐渐失活，当提高反应温度加以弥补时，将使得靠近反应器下部的一部分高温区催化剂过早达到最高设计温度，而被迫停工。而此时反应器顶部低温区催化剂尽管仍有较高活性，但却没有得到充分利用，使装置效益降低。③对产品质量和选择性不利。在加氢处理反应中，加氢脱氮和芳烃饱和反应受热力学平衡制约，当反应温度提高到一定数值后，平衡转化率下降，使脱氮、芳烃饱和率下降，产品质量下降。在加氢裂化反应中，高的反应温度会加速二次反应，导致中馏分油选择性下降，气体产率增加。

但是为了降低加热炉负荷，我们需要反应器出口温度越高越好，而且反应器高温升可以降低床层间冷氢量，降低循环氢压缩机负荷，降低能耗。为了上述两个原因，就需要控制反应器总温升和每个床层的温升在一个合适的范围内，经过摸索和实际工业装置的应用，反应器温升控制在 25~35℃ 经济效益最好。因此，在设计装置时，应根据反应放热情况设置催化剂床层高度，一般控制加氢裂化每个床层温升不大于 10~15℃（分子筛催化剂要求不大于 10℃）。

冷氢是控制床层温度的重要手段，冷氢量应根据床层温度的变化而相应改变。影响冷氢量大小的因素：①床层温升的变化；②循环氢总流量的变化及循环氢压缩机负荷情况；③新氢流量的变化；④精制反应器和裂化反应器入口流量的变化；⑤某点冷氢量的变化。

开始运转时，为了平均利用催化剂活性的有效温度，延长使用寿命，就要注入一定的冷氢量，并实现自动调节。以后则根据床层温升情况，再作一定的调整。在使用某点冷氢时，要考虑对其他冷氢点的影响，正常的操作应保持各床层冷氢阀在>10%和<50%开度状态，以备应急。当床层温度急升时首先用冷氢迎面截住，并适当调整炉温，降低反应器入口温度，必要时提高循环氢压缩机转速以提高冷氢量和循环氢总量。

26 为什么要尽可能控制加氢裂化反应器各床层入口温度相等？

这样可以使得床层的催化剂负荷相近，失活速率也相近，可以最大限度地发挥所有催化剂的效能。同时催化剂床层入口温度相等对产品分布有一定好处。反应温度越高二次反应的机会越大，因此尽可能控制加氢裂化反应器各床层入口温度相等，可以降低床层的最高点温度，大大减少二次反应的发生，降低气体产品和液化气组分，提高装置液化气收率。

27 如何计算反应器加权平均床层温度？

为了监测加氢反应器催化剂床层内的温度，在各床层内设置了多组热偶，每一组检测的温度值不同，为了得到反应的平均温度，通常用反应器加权平均床层温度（Weighted Average Bed Temperature，WABT）来表示整个反应器内催化剂床层的平均温度：

加权平均床层温度（WABT）= $\sum$（测温点权重因子×测温点显示温度）

当同一层测温点有多支热偶时，以所有热偶显示温度的算术平均值作为该测温点显示温度。权重因子的定义：假定床层温升按直线分布，各测温点所能代表的催化剂质量作为各测温点的权重因子。具体描述如下：①从催化剂床层进口到第一层测温点的催化剂重量由第一层测温点代表；②相邻两层测温点之间的催化剂重量，一半由上层测温点代表，另一半由下层测温点代表；③从催化剂床层最低一层测温点到催化剂床层出口的催化剂重量由最低一层测温点代表；④每层测温点存在多支热偶时，以该层所有热偶测温值的算术平均值作为本层测温点代表。

28 径向温差对反应操作有何影响？

催化剂床层内除了沿反应器轴向存在温差外，床层的某一横截面不同位置的温度也有可能不一样，同一截面上最高点温度与最低点温度之差称为催化剂床层的径向温差。在催化剂床层入口分配器设计不好、催化剂装填质量不好、催化剂部分床层塌陷、床层支撑结构损坏等情况下，将直接引发催化剂床层径向温差。在反应器入口分配盘上不均匀积垢、床层顶部"结盖"、催化剂经过长时间运转、装置紧急停工后重新投运、有大的工艺条件变动（如进油量、循环气量大幅度变化)等情况下，催化剂床层也可能出现径向温差。径向温差的大小反映了反应物流在催化剂床层里分布均匀的好坏。一旦催化剂床层出现较大的径向温差，其对催化剂的影响几乎与轴向温升相同，而对质量、选择性方面造成的影响远大于轴向温升。可接受的催化剂床层径向温差取决于反应器直径的大小和反应器类型。反应器直径越大，容许的径向温差也越大，加氢裂化工艺容许的径向温差比加氢处理工艺的小。通常在加氢裂化工艺中，当催化剂床层径向温差超过 11℃ 时已经认为物流分配不好，当超过 17℃ 时就应该考虑停工处理。一般要求催化剂装填开工后，以装置 100% 负荷为基准，反应器内各床层径向最大温差均≤5.0℃。

29　如何发现床层催化剂发生沟流？有何危害？

由于催化剂装填的缺陷，导致床层的某一区域装填密度低，催化剂呈疏松"架桥"状，当油气混合物通过床层时走"短路"，这就是"沟流"。催化剂床层发生沟流时，最明显的标志就是床层温度径向温差大，同时存在热点温度，反应温度越高，该热点温度越高，短时间打冷氢对热点温度影响不大，只有整个反应器床层温度降下来后，热点温度才可能逐渐降低。催化剂床层发生沟流有如下危害：①导致催化剂局部过度反应，床层温度分布不均；②导致催化剂整体活性利用不充分；③部分催化剂失活加剧；④导致催化剂局部结焦严重。

30　催化剂床层形成热点的原因是什么？

反应器内催化剂径向装填的均匀性不好，将会导致反应物料在催化剂床层内"沟流""贴壁"等走"短路"现象的发生，也会导致部分床层的塌陷。大部分加氢处理工艺的反应器为滴流床反应器，而加氢操作通常又采用较大氢油比，反应器中气相物料的流速远大于液相物料的流速，这种气、液物料流速上的差别导致相的分离。一旦催化剂床层径向疏密不匀，也就是说床层内存在不同阻力的通道时，以循环氢为主体的气相物流更倾向于占据阻力小、易于通过的通道，而以原料油为主体的液体物流则被迫流经装填更加紧密的催化剂床层，从而造成气、液相分离，使气液间的传质速率降低，反应效果变差。另外，由于在此状态下循环氢带热效果差，易造成床层高温"热点"的出现。"热点"一旦出现，将会造成"热点"区的催化剂结焦速度加快，使得该区域的床层压力降增大，又反过来使得流经该"热点"床层去的气相物料流量更少，反应热量不能及时带走，使得该点温度更高，形成恶性循环。这样一来，一方面影响装置的操作安全，另一方面由于高温点的存在而缩短装置的操作周期。

31　催化剂床层温升代表的实际意义是什么？

催化剂床层总温升决定于原料油的性质、原料加工量、循环氢量及加氢深度等。原料油中含有加氢反应放热量大的组分如硫化物、氮化物、烯烃和芳烃等越多，反应温升越大；原料油流率增加，总的放热量增加，催化剂床层总温升增加；表征加氢深度的脱硫率、脱氮率、芳烃饱和率、加氢裂化转化率等也在一定程度上影响催化剂床层总温升。由于不同的原料性质和不同的反应深度有不同的化学氢耗，因此化学氢耗量与催化剂床层总温升有较好的相关性。

32　反应热的计算

催化剂加氢反应过程会产生大量反应热，所释放的反应热必须加以有效利用，这是降低装置能耗的一个举足轻重的途径。反应热的大小关系到工艺设计时换热流程的安排，同时也与反应器取热内构件设计有关。因此，可以说反应热是工艺设计时的必需数据。关于石油馏分加氢反应热的求取可采取下面几种方法解决。

方法一：通过小型装置或大型装置的热平衡求取，即

$$原料油+H_2 \longrightarrow 生成油+生成气+H_2+Q_R$$

或

$$Q_R = (Q_2 - Q_1 - Q_L)/W$$

式中　Q_R——反应热，kJ/kg；

Q_2——生成油、生成气、循环氢和急冷氢自反应器带出热量，kJ/h；

Q_1——原料油、补充氢、循环氢和急冷氢带入反应器的热量，kJ/h；

Q_L——反应器热损失，kJ/h；

W——原料油流率，kg/h。

采用这种方法测定的反应热存在缺点。小型装置测定物料平衡不易准确，由于氢的燃烧热远大于烃的燃烧，进行物料平衡时氢耗稍有偏差，就会造成计算反应热的大误差。在大型生产装置反应器热平衡测算的误差会小些，但测定时使用的原料油往往难与设计处理的原料油吻合，所以不能按此法来获取所需要的数据。而且操作处于高压下，难以准确计算热焓等物性数据。

方法二：用参与反应的物料生成热求取反应热 Q_R，即

$$Q_R = 生成物生成热 - 反应物生成热$$

方法三：利用反应物和生成物的燃烧热计算反应热 Q_R，即

$$Q_R = 反应物燃烧热 - 生成物燃烧热$$

以上方法二、方法三的式中的反应物是指原料油和氢气；生成物是指加氢生成油和生成气。

方法四：方法二或方法三的计算方法，由于缺少计算生成热所需的原料油和加氢生成油组成数据，可改变为按原料油和加氢生成油的元素分析和燃烧热的经验公式计算反应热。根据原料油、加氢生成油、生成气的生成热即可求得加氢反应热。

$$Q_F = (78.29 \times w_C + 338.85 \times m_H + 22.2 \times m_S - 42.7 \times m_O) - Q_C$$

式中　　　　　Q_F——生成热，kJ/kg；

m_C、m_S、m_H、m_O——碳、硫、氢、氧元素分析质量分数，%；

Q_C——高热值燃烧热，kJ/kg。

$$Q_C = 81 \times m_C + 300 \times m_H - 26 \times (m_O - m_S)$$

方法五：当缺少计算所需要的原始数据时，可以利用经验数据估算反应热。加氢过程反应热的大小与反应深度有关，反应深度高，化学氢耗量大，释放反应热也大；反应深度低，化学氢耗量小，反应热也小。不同加氢反应过程单位耗氢反应热见表5-3，通过计算每一个过程的化学氢耗从而计算出反应热。

表 5-3　不同加氢反应过程的反应热

序号	加氢反应过程	反　应　热	
		kcal/Nm³（H_2）	kJ/Nm³（H_2）
1	加氢脱硫	565	2365
2	加氢脱氮	630~705	2638~2952
3	加氢脱氧	565	2365
4	烯烃饱和	1320	5526
5	芳烃饱和	375~750	1570~3140
6	加氢裂化	560~610	2345~2554

33 提高反应温度对系统中稠环芳烃的含量有什么影响？为什么？

芳烃加氢由热力学可知，芳烃加氢反应平衡常数（K_p）均很小，不易进行，升温平衡常数减小，但反应速度（k）加快，当温度提高到一定程度后，受热力学平衡限制，芳烃加氢饱和转化率降低，6.4MPa时转折点温度是370℃，随着氢分压的提高转折点温度也逐渐提高。芳烃加氢是分子数减小反应，增大氢分压，可以使平衡常数增大，加快反应速度，提高反应转化率，这也是高压加氢裂化比中压裂化和加氢精制芳烃含量低的原因。随取代基C键长度的增加，平衡常数减小，反应速度降低，取代基的数目增加也导致平衡常数降低，反应速度降低，随着环数的增加，平衡常数降低，提高反应温度不利于芳烃饱和而使芳烃缩合反应加剧，这是循环加氢裂化装置尾油中BMCI值增高，高压空冷易被稠环芳烃结垢的原因。增加循环油，就会使空速增加，反应温度提高，而且局部二次裂化反应增加，耗氢加大，氢分压降低，既不利于芳烃饱和，也不利于BMCI值降低。

对于加氢裂化产品来说，提高氢分压，芳烃饱和能力提高，提高了喷气燃料的烟点和柴油的十六烷值，降低了尾油的BMCI值，减缓催化剂的结焦速度。提高反应温度，提高了反应深度，降低了硫含量，降低了重石脑油芳烃潜含量，提高了喷气燃料烟点和柴油十六烷值，降低BMCI值。不利是选择性变差，产品朝轻烃方向转移，液体收率降低，过高的反应温度将降低芳烃的饱和能力，并且促使稠环芳烃缩合生焦。提高氢油比可以轻微增加装置液收，减少氢耗。当然产品质量还受原料本身性质决定，如石脑油芳烃潜含量随原料变化：环烷基原油>环烷中间基>中间基>石蜡基；喷气燃料烟点、柴油十六烷值随原料变化：石蜡基>中间基>环烷中间基>环烷基原油；BMCI 值随原料变化：环烷基原油>环烷中间基>中间基>石蜡基。提高反应温度对产品分布有一定影响，会使重石脑油的收率明显增加，尾油的产率大幅度降低。

34 导致反应器床层压降上升的原因有哪些？采取哪些措施？

反应器压降可通过反应器出入口压力的差值变化观察到，最直接的方法是从床层压差测量表得到。当反应器床层压降上升后，也会使循环氢压缩机出入口的压差有所增大，新氢压缩机出口压力提高。影响床层压降的因素较多，可归结为反应器顶部结垢、催化剂结焦、床层局部塌陷三类，其中反应器顶部结垢导致压降上升是最常见的一种。

引起精制反应器第一床层压降升高的原因：①上游装置来的原料油性质不稳定，如含有二烯烃等不稳定物质，在炉管、高换内等高温区快速缩合结焦，形成碳粉颗粒沉积到催化剂床层表面；②原料油贮罐没有隔离氧，在氧气的作用下，一些含硫、氮、烯烃等化合物聚合形成胶质，进入反应系统后受高温影响，进一步缩合结焦生成炭粉沉积在床层表面；③原料中含有铁离子，铁离子随原料油进入反应器后，在硫化氢的作用下快速生成硫化亚铁，沉积在催化剂床层表面，并形成一层硬壳，阻碍反应物通过，同时硫化铁还会促使重质的部分(如干点高、残炭高)生焦，焦堆积在催化剂的孔隙中；④原料中含有硅、钠、钙等金属杂质及无机盐，沉积在催化剂表面，堵塞催化剂孔道，并使得催化剂颗粒粘连，形成结盖；⑤原料油从上游装置带入较多的机械杂质，过滤器过滤不完全或走副线等，进入反应器后沉积在催化剂颗粒之间；⑥原料油或新氢中含氯，一是对设备腐蚀产生大量铁离子，进而导致床层压降上升，二是氯离子在高温作用下与原料中的某些化合物在炉管、高换等高温部位缩合结焦，生成炭粉颗粒，沉积在催化剂床层顶部。随着第一床层顶部保护剂级配，原料油贮罐氮封保护，原料油直供装置以及原料油自动反冲洗过滤器等措施正常投用，精制反应器压降得到有效控制，能够做到一个生产周期内不撇头。

对于全循环工艺，循环油直接进入裂化反应器也会引起裂化反应器第一床层压降上升，因为：①开工中或生产中后部分馏系统的杂质或腐蚀产物铁离子等被循环油带入裂化反应器；②精制催化剂粉碎，使细粉带入裂化反应器。如果分馏系统腐蚀未有效控制、循环油中铁离子含量高，会导致尾油循环工艺的裂化反应器第一床层压降上升较快，1~2 年需要撇头一次。

催化剂的结焦速度与原料油性质、催化剂性能、反应苛刻度、工艺条件有关。

引起床层局部塌陷的常见原因：①进料中含有大量明水，带入反应器后，由于水的汽化、凝结等过程使得催化剂颗粒粉化；②催化剂装填效果不好，床层疏密不均，在长期运转后原本较为疏松的床层堆积逐渐紧密，床层空隙率下降，导致局部塌陷；③挤条催化剂的长度均匀性不好，长条催化剂在经历多次升降压操作、循环氢急停急开后断裂成短条，引起床层空隙率变化甚至部分床层塌陷；④催化剂压碎强度低，在经历多次升降压操作、循环氢急停急开和/或事故处理紧急泄压后破碎；⑤催化剂床层下部支撑物装填不合理，造成催化剂颗粒向下迁移，甚至漏到冷氢箱等内构件内，造成床层塌陷；⑥催化剂床层支撑盘出现问题，如支撑盘上的筛网破裂，筛网与反应器器壁、卸料管等之间有较大缝隙和漏洞、支撑梁断裂等造成催化剂颗粒下流到冷氢箱和分配盘等内构件内。

催化剂沟流结块对床层压降也有一定影响。

为了延缓床层压降的上升，通常采取如下措施：①原料油隔绝氧气、脱水、过滤；②采用低温脱双烯保护反应器；③反应器顶部采用分级装填技术，在主催化剂床层上部加装诸如脱铁、脱硅、脱钙等专门的保护剂，并按一定颗粒度过渡到主催化剂，相邻上下两层的粒径比以小于 2 为宜；④利用反应器上封头空间增设内置集垢器，通过过滤截留随原料油带进反应器的微量机械杂质和硫化亚铁粉末；⑤催化剂在装入反应器前进行分筛；⑥采用密相装填方法装填催化剂；⑦严格按照设计要求安装催化剂床层下部的支撑盘和防漏筛网、床层顶部的集垢篮和分配盘以及床层之间的冷氢箱等；⑧应用抗垢剂，使用专用抗垢剂，增加硫化铁颗粒间的吸引力，使它们聚集形成球体，破坏其连续的沉积层，再现床层空隙；⑨催化剂撇头，撇除床层顶部结垢堵塞的催化剂，撇除深度到粉尘含量小于1%为止。

35 监测反应器压降有何意义？如何监测？

监测反应器的压降可以及时地了解反应器内催化剂床层的堵塞情况，为装置停工检修提供依据。加氢裂化装置虽严格地控制了原料的过滤及反应器的温度，但随着运转周期的延长，催化剂床层也会有结焦、结垢及杂质堵塞的现象，为了随时知道床层内的结焦、结垢及堵塞的程度，需要监测反应器床层的进出口及上下床层的压差。这样可以合理地分析原因，采取措施及掌握装置的开工周期。日常工作中，应建立相应每床层催化剂压降的数据台账，一个月保证有一次完整的床层压降数据。每次测量时应确认引压管通畅，保证监测值准确无误。

36 反应器压降的构成是什么？

反应器压降由反应器内构件压降和催化剂床层压降构成。其中内构件包括反应器入口预分配器、积垢篮、每个床层上部的分配盘、催化剂床层支撑盘、冷氢箱、反应器出口收集器等。内构件的压力降随其结构和数量的不同而有差异，一般在 0.02~0.03MPa。反应器压降的最主要构成是催化剂床层压降。床层压降主要由以下几种力的作用引起：①床层中流体的加速、减速以及局部区域的气液湍动引起的惯性力的作用；②气-液、液-固及气-固界面的流体流动的黏滞力的作用；③界面力(毛细管力)的作用，对发泡液体尤为显著；④液体受静压力的作用。在相互强作用区内，气-液相的惯性力起主要作用，在相互弱作用区内，主要是黏滞力及界面力产生较大的影响。因此，床层压降与气液相质量流速、流体物性、床层空隙率等因素有关。在加氢处理工艺中，单相流的催化剂床层压降可以根据 Ergun 方程计算得到；对于大部分情况下存在两相流的滴流床反应器，其催化剂床层压降可用 Larkins 方法计算得到。

在工业实践中，床层压降由两部分组成，一是开工初期的床层压降，可称作为床层净压力降。二是随运转周期产生的压力降增量，它表示为时间的函数。因此整个床层压降随运转周期延长而逐渐提高。

37 正常操作时，仅改变空速(提降量)对反应深度有何影响？为什么？

正常操作时，提量时空速提高，反应深度降低，降量时空速降低，反应深度提高。当空速过大时，催化剂活性数量不足，导致反应主要受动力学(吸附、反应、脱附)影响；当空速低时催化剂活性中心数量足，反应速度主要受扩散影响。现有装置的催化剂和空速，反应速度一般主要受扩散影响。催化反应过程分为外扩散、内扩散、吸附、反应、脱附和产物内扩散、产物外扩散。空速降低催化剂颗粒表面油膜变薄，甚至消失，外扩散速度加快，导致反应速度加快，一是外部气固两相反应增加；二是气固液三相反应速度增加，二次反应机会增加，反应深度提高。若空速增大，催化剂颗粒油膜变厚，使得扩散速度变慢，反应深度降低。

38 影响反应速度的因素有哪些？

影响反应速度的因素有外扩散、内扩散、吸附、脱附、产物分子内扩散、产物分子外扩散；影响外扩散的因素有氢分压、油膜厚度、湍流度等；影响内扩散的因素有催化剂颗粒大小、孔径等；影响吸附的因素有原料相对分子质量、结构、类型、空间结构、催化剂有效表面积等。

改变下列因素有利于加快反应速度：

① 增加氢分压、有利于加氢、氢解、芳烃饱和但能耗增加；② 减小空速，

油膜变薄，利于 H_2 分子扩散穿透，但装置加工负荷降低；③ 改变湍流度，即改变循环氢的流速，适当增加流速增大了湍流度，利于 H_2 等向催化剂微孔中扩散，但过高的流速会阻碍油品向微孔扩散，增大流速能耗增加；④ 减小催化剂颗粒直径增大了内部扩散速度，但床层压降上升；因此采用异型条（如三叶草型）的方式增大孔隙率降低压降；⑤ 增大催化剂孔径，利于内部扩散，但大分子易进入积炭；⑥ 催化剂表面有效面积越大，吸附越快；⑦ 空间结构，平面吸附势能最低，最易吸附；⑧ 有独对电子的油品易于吸附，有大 π 键易吸附；⑨ 相对分子质量越大越易；⑩ 极性越强，越易吸附。

39　为什么要控制合适的氢油比？过高和过低有什么危害？

加氢裂化反应是强放热反应，需要足够的循环氢将热量携带出反应器，循环氢的需求量一般用氢油比来表征。氢油比对加氢过程有如下几方面影响：① 对反应器内有效氢分压的影响。氢油比加大，反应器内氢分压上升，参与反应的氢气分子数增加，有利于提高反应深度。由于加氢反应中有硫化氢、氨、少量烃类气体生成，而氢气被消耗，所以越接近反应器出口，反应器内有效氢分压就越低。为了保持反应器底部仍有足够的有效氢分压，应使反应器入口氢油比高于一定值。此值可以用氢气利用率（反应器入口氢油比/每单位体积原料的体积化学氢耗量）表示。对于直馏馏分油的加氢处理，氢气利用率最小为 3，对于二次加工馏分油，比较适宜的氢气利用率为 5~6。② 对催化剂结焦速度的影响。氢油比增加，反应器内氢气分子数增加，有助于抑制结焦前驱物的脱氢缩合反应，使催化剂表面积积炭量下降，既可以维持催化剂的高活性，又可以延长催化剂的使用周期。可以用氢气利用率来解释：按照反应机理，当一个杂原子化合物或别的烃分子化学吸附在催化剂活性中心上后，会形成一个非常活泼的中间态。如果氢气利用率低，在这个活泼的中间体周边很可能缺少可以化合反应的氢，那么这个中间态物质极易与相邻近的其他活泼中间态物质聚合或缩合，并沉积在催化剂活性中心上，形成焦炭。因此，低的氢油比可以导致催化剂结焦速度加快，从而缩短开工周期。③ 对反应物停留时间的影响。氢油比大，单位时间内通过催化剂床层的气体量增加，流速加快，反应物在催化剂床层里的停留时间缩短，反应时间减少，不利于加氢反应的进行。④ 对催化剂床层温度的影响。在原料流率一定的情况下，氢油比上升意味着循环氢量相对增加，可带走更多的反应热。循环氢有较高的比热系数。每千克氢气温度上升 1℃ 时所吸收的热量相当于 8.5kg 烷烃气体温度下降 1℃ 时释放的热量。因此，大的氢油比可以使催化剂床层温升减小，催化剂床层平均温度下降。⑤ 对反应器液体分布的影响。氢油比提高，循环氢流量增加，可改善氢气对原料油的雾化效果，提高原料油汽化率，改善油与氢气的混合；在原料油较重，大部分呈液相滴流状态流过催化剂床层的情况下，循环氢流量增加后，反应器压降增加，可使物流在反应器内的分布更均匀，从而改善进料与催化剂间的接触效率，提高反应效果。

从动力学上讲，催化剂颗粒大小、孔径大小、氢油比、空速、压力（氢分压）、H_2S 浓度等均影响反应速度。从扩散速度公式可以看出，滞流层（油膜）内外及催化剂微孔中，反应物浓度降低，对于加氢裂化提高 P_{H_2}、H/O、减小空速、提温均有利于加快速度。因此提高 H/O 对加氢反应是有利的。但是过高的 H/O 导致循氢机负荷增加，能耗升高，过高的 H/O 导致反应物与催化剂表面接触的机会减少，也会降低反应速度。H/O 过低，不仅降低反应速度，不利于加氢反应的进行，而且使得催化剂积炭加剧，影响催化剂的使用寿命，同时热量不能及时带出，安全得不到保证。为了方便表征和控制，生产装置一般使用精制反应器入口气油比来替代氢油比，新建加氢裂化装置的气油比基本在 650~800 之间。

催化剂床层中扩散速度：

$$\nu = 2.2 \cdot \beta \frac{u^{0.6}}{\rho_g \cdot \varepsilon \cdot d^{1.4}} \cdot C_h$$

式中，β 为气体特征常数（与湍流、状态、氢油比、循环气量等有关）；u 为反应物气体线速度（与体积空速/床层截面积有关）；ε 为床层空隙度（与催化剂外观形状和装填形式有关）；d 为催化剂颗粒直径；C_h 为滞流层外反应物浓度。

40　影响高压进料泵入口缓冲罐液位的因素有哪些？如何调整？

影响因素：①高压进料泵流量变化或泵故障；②进罐流量的变化；③反冲洗过滤器故障；④仪表失灵；⑤原料罐压力波动。

查清原因分别处理：①联系原料罐区，调节入罐流量；②仪表失灵立即改手动，控制好正常液面，并通知仪表工处理；③稳定原料罐压力；④稳定进料泵出口流量，同时检查高压泵运行情况，有问题联系相关人员处理。

41　如何调节反应进料量？

调整反应进料应严格按"先提量后提温，先降温后降量"的要求进行。当进料量增加时，应适当提高精制入口温度，一般提量后应等待一段时间再提量、提温，至少前一股物料经过一个床层后，才可以继续。这主要是经过一个催化剂床层后，反应热量已经均匀释放，可以通过下一床层入口冷氢加以控制，避免超温事故的发生。

42　进料过低有什么危害？

进料过低的不利因素：①在相同的温度下，空速低，停留时间长，加氢反应激烈，容易导致床层温度不易控制；②空速过低，会增加缩合反应的可能，导致在催化剂表面结焦；③空速过低，会使生成物中轻组分含量多，特别是气体量增多；④

空速过低会造成反应床层沟流；⑤当进料过低时，分馏系统操作难度增加。

43 反应提降量的原则是什么？为什么遵循该原则？

反应提降量原则：先提量后提温，先降温后降量。

加氢裂化是强放热反应，大量的反应热是靠远大于反应所需要的氢气循环携带出反应器的，一旦热量没有被携带出反应器，反应会十分激烈，催化剂床层可能会出现超温甚至飞温事故。因此，调整加氢裂化反应温度的幅度很小，一般在提降量时按 $0.2 \sim 0.3 ℃/t$ 原料操作。如果提量时先提温、后提量，提高温度就会促使反应加剧，放热量增加，控制不当，容易造成床层超温事故，降温时也是这个道理。

44 反冲洗过滤器有何作用？

因原料中含有各种杂质，进到装置后一方面会使换热器或其他设备结垢或堵塞，增加设备的压力降及降低换热器的换热效果。更重要的是会污染催化剂或使催化剂结垢、结焦，降低活性（床层压力降增大），缩短运转周期等。所以原料在进装置前必须过滤，采用能够除去 $25\mu m$ 固体颗粒的过滤器。基本完全过滤掉原料油中的机械杂质和锈焊渣等杂质，同时也可以过滤掉一部分大相对分子质量的胶质、沥青质及焦炭等物质进入反应器，起到保护催化剂的作用。

45 反应系统为什么设三个注水点？

反应系统设置注水的目的是清洗掉反应产物中析出的铵盐，这些铵盐既影响了换热效果，又阻塞了管路，造成系统压降上升，不利于装置的安全运行。反应产物所析出的铵盐包括两种类型，一是 NH_4Cl 结晶，温度是 $180 \sim 200℃$ ，另一个是 NH_4HS 结晶，温度 $150℃$ 。因为结晶温度不同，使得在系统中析出的部位不同。 NH_4Cl 一般在最后两台换热器处析出，而 NH_4HS 一般在高压空冷析出。为此，针对铵盐析出的不同部位设置注水的位置、数量，一般在高压空冷入口及最后两台高压换热器管程入口设置注水点。此外，开停工阶段由于反应系统温度低于正常运行温度，因此需要根据实际温度和反应进料情况调整注水点和注水量。

46 反应注水量应保证多少？注入点有何要求？

反应注水量的多少与所加工的原料有很大关系，注水应保证蜡油及更重馏分的加氢装置高分酸性水中 NH_4HS 浓度 $\not> 3\%$ ，其它加氢高分酸性水中 NH_4HS 浓度 $\not> 4\%$ ，同时保证总注水量至少 25% 在注水部位为液态。水的注入采用一组垂直方向的管线进行，以使水和热蒸汽更易于混合，同时也能溶解部分 H_2S 提高循环气中氢气的纯度。

注水点的设置原则上是考虑低温铵盐结晶而导致铵盐析出的温度点。针对不同铵盐结晶析出温度不同，一般情况下设计两到三个注水点：一是高压空冷器入口，二是空冷前一台高换反应产物一侧的入口；三是空冷入口前倒数第二台高换反应产物一侧的入口。高压空冷入口设注水点是为了清洗除去低于150℃而析出的硫氢化铵；最后一台换热器入口设注水点是为了除去低于200℃而析出的氯化铵；倒数第二台换热器入口注水点一般不用，除非装置开工初期或处理量较低，反应温度较低，反应产物经过多次换热后，倒数第二台换热器出口温度低于200℃，会有部分氯化铵在换热器内结晶析出，造成系统压降上升，需要注水清洗除去，保证装置安全生产。

反应注水的质量要求中，最严格的是氧含量，因为水中所溶解的氧会氧化反应器流出物的硫化物，生成单质硫而引起堵塞、腐蚀和无法从产品中分离等方面的问题。具体要求主要是固化物含量、氯离子含量、氨含量、硫化氢含量和 pH 值等方面的要求。有些炼油厂为了节约用水，可以用临氢净化水（临氢装置酸性水经污水汽提装置处理后）作为加氢装置的高压系统注水。但比例最好不要超过总注水量的50%。这种情况下反应注水至少有50%是以下的几种来源提供：洁净的冷凝水、锅炉给水、无盐水。

反应注水水质要求：①固体悬浮物含量<0.2μg/g；②氯离子含量<5μg/g；③氧含量<15μg/g；④氨含量<100μg/g；⑤硫化氢含量<45μg/g；⑥pH 值：7~9。

47　如何改变高压注水点的操作？

首先应改通目的注水点流程，再关闭原有注水点流程，过程中防止憋泵。改变注水点后，高压空冷入口温度会有较大变化，应及时调整，避免波动。对于高压空冷逐个分支注水的装置，应注意检查每个分支注水量是否均匀，注水不匀会导致偏流的发生，注水少的分支腐蚀加剧。

48　反应停注水后，操作条件不变，反应深度会如何变化？为什么？

反应停注水后，即使操作条件不变，反应深度也会下降。

原因：加氢裂化催化剂是双功能催化剂，既有加氢功能又有裂化功能，而实现裂化功能的是催化剂上的酸性中心，这些酸性中心很容易吸附显碱性的 NH_3，反应停注水后，循环氢中的氨含量大幅度增加，大量的 NH_3 吸附到催化剂酸性中心上，这样与油品反应的有效酸性中心数量降低，使得催化剂整体活性有所降低，如果不提高催化剂床层温度，反应的深度会降低。同时氨的存在抑制了二次反应的发生，减少了气体产品的生成。

49　如何判断高压原料换热器内漏？原因是什么？

对于炉后混氢+冷高分流程，高压原料换热器内漏严重时，运行操作现象比较明显，换热器原料油一侧出口终温和反应加热炉出口温度都会升高，低分生成油颜色加深，有的时候还会引起生成油乳化，使高分和低分脱水困难，分馏进料带水严重。如果内漏并不严重，在操作上不易观察。此时，可以定时对精制油和低分生成油中的氮含量进行分析比较，如果低分生成油氮含量明显高于精制油的氮含量，就可以判断原料油与反应产物换热器有内漏现象。

50 如何判断循环氢与反应产物换热器内漏？

所谓循环氢与反应产物换热器内漏，就是一部分循环氢不经过反应器，而通过换热器管壳层密封间隙，直接流入反应流出物中，如果内漏严重时，那是容易判断的。首先反应加热炉循环氢量有波动，而且通过加热炉循环氢量明显小于循氢机出口总循环量，另外，循氢机出口循环氢量会增加，且作锯齿状周期性变化。

51 操作正常，反应高压空冷器出口温度偏高，增开风机温度无法降低，原因是什么？

原因：①高压空冷出口温度调节器的给定值偏高；②高压空冷管束大面积堵塞或结垢；③高压换热器操作不正常，致使反应流出物空冷器入口温度过高。

52 为防止高压空冷走偏流，日常维护和操作应注意什么？

日常操作中应做到如下几点：①保证高压空冷器入口注水量稳定、足量。对于每台空冷器入口单独注水的装置，更应做到每路注水与支流流量均衡；②注意高压空冷入口温度控制，一般应在 $150\sim160℃$ 范围内，太低有铵盐结晶的可能，太高对回收热量不利；③注意检查空冷风机启动的均匀和对称性，注意散热的均衡性；④注意每路出口温度的均匀，可用红外测温枪探测、手摸等手段（注意烫伤）检查，如果出现偏流可通过调整风机分布、百叶窗开度或变频器频率、入口温度等解决。

53 高压空冷入口温度有何要求？为什么？

高压空冷入口温度应在 $150\sim160℃$ 之间，有利于注水的汽化及分配，提高溶 NH_4^+ 效果。一般情况下，尽量调整高压空冷前面的换热流程，保证空冷入口温度。过低的温度会导致铵盐的结晶析出，阻塞空冷前部高换管路，经常改变注水点冲洗换热器，影响操作的同时，对换热器腐蚀加剧。过高的入口温度使得前部换热量减少，增加反应加热炉燃料消耗的同时，增加空冷负荷，对于安全生产有一定影响。

54 如何投用反应高压空冷器？应注意什么？

首先检查电机是否送电，如遇装置开工，还要检查反应流出物空冷器停运按钮是否复位，在启动电机前还应先盘车，检查其转动是否正常。投用高压空冷后，应检查各路分支温度是否一致，若出现偏流现象应及时处理。运行的空冷风机应尽可能保持均匀分布。通过调整百叶窗开度、变频器频率等调整每路出口温度均匀。对于单台空冷检修后投用，应尽快投用注水，防止铵盐析出影响冷却效果和流通量，避免加剧设备的腐蚀。

一般易发生腐蚀部位是形成湍流区弯头等处，若有 Cl^- 及氧气的存在，会加速腐蚀。腐蚀的速度与介质的流速也有关系，速度过慢，腐蚀介质易集存加剧腐蚀；流速过快，冲刷与 NH_4HS 共同作用腐蚀也会加剧。因此要选择合适的流速而且一定要避免偏流，在投用时就应注意。碳钢内介质流速为 $3\sim6m/s$。

加氢装置用硫化氢和氨的摩尔百分比乘积 K_p 来表征 NH_4HS 的腐蚀程度（$K_p=[H_2S]\times[NH_3]$）。K_p 值越大，即 NH_4HS 浓度越高，发生腐蚀风险越严重。高压空冷选用碳钢设备时，应控制 K_p 在 0.3 以下。

对于在高温部位注除氧水或临氢净化水（用量 $\not>$ 注水量的 50%），在保证注水量足够的前提下要保证总注水量的 25%在该部位为液态，同时保证蜡油及更重馏分的加氢装置高分酸性水中 NH4HS 浓度 $\not>$ 3%，其它加氢高分酸性水中 NH4HS 浓度 $\not>$ 4%。保证总注水量的 25%在注水部位为液态是。这是为了避免所有的水都被汽化而使环境变成酸性，或者防止当第一滴水开始冷凝时盐的局部浓度过高，结晶析出。

目前新建加氢装置高压空冷一般选用 16MnR（HIC）或 NS1402（Incoloy825），不再选用碳钢。

55　为什么控制反应高压空冷出口温度？

空冷出口温度越低，高分内气体的线速度越小，越不易带液；出口温度越高则反之。控制空冷出口温度过低，能耗增加；高压空冷器出口温度越高，也就是加热炉的入口温度高，可以降低加热炉热负荷，降低能耗。但并不是高压空冷出口温度越高越好，过高温度造成线速度增加，带液量增加，不利于循环氢压缩机的安全运行。控制高压空冷器出口温度 ≤50℃（设计）的目的是防止高分的气体线速度过大而夹带液体破坏循环。对于设计循环氢脱硫的装置，高压空冷出口温度过高，使得循环氢中携带烃类导致胺液发泡，脱硫效果变差，严重时出现循环氢带液，影响循氢机的安全运行。

56　影响热高分、热低分液位的因素是什么？如何调整？

影响低压分离器液位变化因素：①高分液面变化；②高分压力变化；③热低分压力变化；④脱气塔压力变化；⑤仪表失灵或调节阀故障。

调节低压分离器液位的方法：①控制好热高分液面和压力稳定；②控制热低

分压力稳定；③控制脱气塔压力稳定；④仪表失灵立即改手动，控制液面正常，并通知仪表处理。

影响热高分液位的因素：①反应条件变化；②进料量变化；③热高分至热低分的流量变化；④仪表失灵；⑤原料与反应产物换热器内漏；⑥高分压力变化；⑦循环氢流量大幅度变化。

调节热高分液位方法：①稳定反应条件，保持液面平稳；②进料量保持恒定，保持液面平稳；③利用分程控制，保持热高分至热低分的流量稳定；④仪表失灵立即改手动，控制液面正常，并通知仪表处理；⑤换热器内漏需停工处理；⑥平稳热高分压力和循环氢流量。

57 影响冷高分、冷低分液位的因素是什么？如何调整？

影响冷高分液位变化的因素：①反应深度的变化；②高分去低分流量的变化；③高压换热器内漏；④界面控制的变化；⑤高分压力的变化，循环氢量的大幅改动；⑥高压空冷出口器温度变化；⑦仪表失灵；⑧反应器进料量变化。

调节冷高分液位的方法：①根据反应温度、低分气排放量及分馏参数等判断转化率是否合适，调整转化率至正常；②调节高分至低分的流量；③平稳循环氢流量，稳定系统压力；④稳定高分界位至正常值；⑤如果确认换热器内漏，则停工修理；⑥仪表失灵，立即改手动，控制在正常液面，并通知仪表工处理；⑦密切注意原料油，并做相应处理。

影响冷低分液位的因素：①冷高分液面变化；②冷低分压力的变化；③冷低分界面变化；④脱气塔塔压力的变化；⑤仪表失灵或调节阀的故障；⑥热高分温度、压力变化。

调节冷低分液位的方法：①稳定冷高分的排出量；②控制好冷低分压力和界面；③稳定热高分温度和压力；④联系脱气塔的操作，以维持背压稳定；⑤仪表失灵，立即改手动，控制在正常液面，并通知仪表工处理。

58 低压分离器的作用是什么？冷低分与热低分操作有何不同？

将高压分离器来的油在较低压力下进行二次分离，使溶解在油中的气体组分充分逸出，同时油中带来的水分亦可在此进一步沉降分离，以保证分馏正常操作。

热低压分离器操作温度一般在240~260℃，与热高分操作温度相同。在热低分中只进行气液两相分离，反应过程中生成的水随热低分气排出。一般热低分气冷却后与冷低分气一起送至脱硫系统进行脱硫。在热低分气空冷或水冷前设注水措施，防止氯化铵和硫氢化铵结晶阻塞，造成热低分超压(热低分以前设计一般无安全阀，现在部分新建或改造后的装置已增加)，因此日常巡检应对热低分压力有足够的重视。热低分油直接送至分馏系统。因为热低分操作温度较高，一般材质使用 15CrMoR（H）+0Cr18Ni10Ti。

冷低压分离器操作温度一般在 40~50℃，与冷高分操作温度相同。在冷低分中进行油、气、水三相分离。分离出的低分气送至脱硫系统，分离出的酸性水则送至污水汽提处理单元，冷低分油经过换热送至分馏系统。为防止超压，冷低分顶设有至少两组安全阀。冷低分操作温度较低，目前一般选用材质为 Q345R（R-HIC）。

59 高压分离器的作用是什么？冷高分与热高分操作有何不同？

高压分离器主要作用是把反应物进行气液两相分离和油水分离，充分利用氢气资源循环使用。

热高分操作温度一般在 240~260℃，该操作温度有三个目的，一是降低高压空冷负荷，充分利用能量将高温热油直接送到分馏系统，降低能量损失；二是避免重稠环芳烃在高压空冷中析出，降低冷却效果；三是该操作温度应高于氯化铵的结晶温度，避免氯化铵阻塞管路等。四是该操作温度应高于氯化铵的结晶温度，避免氯化铵阻塞管路；五、避免生成油在高压分离器中产生乳化现象等。热高分顶一般不设安全阀，顶部高温气体经过换热、冷却送至冷高分。一般在热高分气第一台换热器和高压空冷前设注水点，防止铵盐结晶阻塞管路，影响循环氢压缩机的正常运行。热高分油送到热低分进行进一步分离，因为热高分的操作温度较高，操作压力又与反应器基本相同目前一般选用材质为 $2\frac{1}{4}Cr-1Mo-\frac{1}{4}V$ 锻+堆焊 EQ309L+EQ347L 或 12 Cr2Mo1R（H）。

冷高分操作温度一般在 40~50℃，操作温度过高不利于循环氢脱硫，携带烃类导致胺液发泡，严重时出现循环氢带液，影响循环氢压缩机的安全运行。冷高分内进行气、油、水三相分离，冷高分气经过脱硫后送至循环氢压缩机入口循环使用，冷高分顶一般设至少两台安全阀。冷高分酸性水与冷低分分离出的酸性水一起送到污水处理单元，冷高分油送到冷低分进一步分离。冷高分操作温度较低，一般选用材质为 Q345R（R-HIC）。

60 高压分离器液位指示一般有几台？为什么？

高压分离器的安全运行是加氢裂化装置安全运行的重要环节之一，热高分、冷高分液位控制一旦失灵，可能造成高压气体窜至低压系统，导致恶性事故的发生。为提高测量仪表的可靠性，一般冷高压分离器液位指示一般有三台液位指示：两台高分沉筒液位指示（或其中一台为较大测量范围的差压液面计）和一台现场玻璃板或磁浮子，三台仪表相互对照操作。热高分一般是两台沉筒液位指示，一旦其中一套变送器发生故障时，可凭借另一台继续实现控制操作。新建装置热高分再设一台现场高温磁浮子液位计。

高分液位指示准确至关重要，准确的高分液位可以为避免高压串低压提供保证，因此设计时选择两到三台仪表。为避免高压串低压和循环氢带液，还设有高分液位高液位联锁和低液位联锁，设计有两台液位开关与一台液位指示组成三取二逻辑系统，并将信号传送至 DCS 报警系统和 ESD 装置联锁系统，当液位过低启动低液位开关后，联锁启动快速关闭高分底部抽出阀，避免串压事故的发生。目前装置一般设有循环氢脱硫系统，因此冷高分不再设液位高联锁。

61 高分液控与常规液面控制有什么不同？应注意什么问题？（有液力透平的装置）

高分液位调节阀均选用气开式（FC），有液力透平的设置三组控制阀，无液力透平的设置两组控制阀，这两组不经过透平的控制阀选用规格完全相同的类型，相互备用，在 DCS 内实现控制切换。高分液控有以下特点：①该液位控制为分程控制，AB 阀编号为 OP 值 50%~100%，C 阀 OP 信号为 0%~50%；②AB阀在现场互为副线，备用，在现场切换；③C 阀在控制液位的同时，控制着液力透平的入口流量，使液力透平功率有变化，影响高压泵的运行，控制流量必须无波动或小波动；④AB 阀为高差压控制，一旦液体通过阀芯而变为气体介质，则气体流量很大，极易串压。

液力透平运行时，要保持副线高压角阀 A（B）有一定的开度，目的是当出现事故停液力透平时，副线高压角阀 A（B）可以及时地开启。并且液力透平满负荷时效率最高，设计时已考虑正常运行时保证满负荷状况，过低的负荷液力透平最好不要运行。

62 高分液位控制阀有何特点？

高分液位控制阀均为高压角型阀，应具有 TSO 严密关闭功能，泄漏等级不低于 ANSI/FCI70-2 CLASS V 级。一般来说，对于高压差液体、容易产生汽蚀的场合，角型阀一般采用侧进底出安装形式，可以减少闪蒸汽化作用对调节阀阀座、阀芯的损坏且泄漏量小，但小开度时容易出现振荡，允许压降小。对于高压差气体介质场合，为减少噪声，提高稳定性，角型阀一般采用底进侧出的安装形式，允许压降大，调节性好，但不宜用于可能出现有闪蒸的场合。液位及界位变送器选用分离式指示表头，分离式表头置于相应调节阀上，当调节阀故障时，可以一边观察液位或界位读数，一边用手轮控制调节阀。热高分、冷高分液位调节阀均应带有手轮，可以现场开关。由于加氢裂化、加氢处理的催化剂、瓷球可能出现破碎，颗粒或粉尘被带至高分，易阻塞控制阀，因此，高分液界位控制阀阀芯不宜采用迷宫式结构，避免堵塞。

63 **高分油为什么会产生"乳化"现象？**

对于冷高分流程的加氢裂化装置，反应器中残存下来的沥青质等，随生成油进入到高压分离器中，由于同一个沥青分子具有亲水和疏水性质，从而使生成油在高压分离器中产生乳化，或者萘酸与洗涤水中的铵生成强表面活性的萘酸铵盐而产生泡沫。热高分流程的加氢裂化装置不存在此问题。

64 **为什么加热炉点火或熄灭火嘴时，瓦斯压控阀（或流控阀）要切至手动状态？**

当加热炉点火或熄火嘴时，调节阀后压力会发生变化，如调节器处于自动或串级状态，由于给定值的作用，将会使阀后压力自动调回原值造成操作波动。

65 **对于炉后混氢流程，如何判断氢气加热炉炉管内有油？应如何处理？**

如果加热炉各路出口温度不均匀且温度低的一路炉管壁温上升快，则说明该路炉管内有油。应在油被顶出前维持炉膛温度 $150 \sim 250\,^{\circ}\text{C}$，待压力上升，循环量增大后，循环氢通过该加热炉把油顶出，再开始升温，可以防止炉管结焦。

66 **装置工艺炉出现不完全燃烧现象时，对余热锅炉系统有何影响？如何处理？**

当部分工艺炉出现不完全燃烧现象时，其烟气中将有 CO_2、H_2、CH_4 等可燃烧气体，这些气体进入联合烟道后，由于 O_2 的增加，高温下发生二次燃烧，造成余热锅炉内烟气温度波动，引起发汽量增大，随之造成汽包除氧器等各容器液面进出水量的波动，严重时，余热炉会超温而烧坏设备。

处理方法：在调整流量、压力、温度、液面等各参数的同时，迅速通知反应、分馏岗位，调整加热炉的燃烧，保证各加热炉的完全燃烧。

67 **焦炭的前身物是什么？生焦反应是怎样发生的？**

焦炭前身物是一种稠环芳烃类物质。通常它是由苯环和二烯烃缩聚生成：

戊二烯　　　　　　　　　　　多环芳烃

在较高的反应温度下，焦炭前身物是很容易形成的。在苛刻的条件下，这些焦炭前身物进一步缩合，氢含量进一步减少，便形成了焦炭。

118

68 高压泵冲洗氢作用是什么？能否关闭循氢机出口的冲洗氢总阀？

冲洗氢主要是为了贯通吹扫高压进料泵出口管线用的，对于低温的高压进料泵停进料后应马上投用冲洗氢，防止蜡油冷凝堵塞管道；而对于高温循环油泵应等温度降至200℃以下才可以投用冲洗氢，避免高温投用冲洗氢造成法兰泄漏。

在重新启动进料泵前，应先隔离冲洗氢。此时，应关闭泵出口处的隔断阀（双阀）。因为高压泵出口压力高于循环氢压缩机出口压力，若重新启泵前未隔离冲洗氢，蜡油就会进入冲洗氢管线，而冲洗氢管线通常不设保温，因此蜡油进入冲洗氢管线会造成管线堵塞，影响使用。

69 如何并中压蒸汽，应注意什么？

自产3.5MPa蒸汽并入外部3.5MPa蒸汽管网时，首先从并汽阀前稍开排凝脱水，脱水见汽后，关排凝并开大放空至消音器（注意蒸汽带水喷出伤人），从消音器处大量放空2～3h进行暖管。暖管期间会有法兰泄漏，一般温度升高至操作温度时泄漏点会被排除。并汽时，装置内汽包操作压力要稍高于管网压力，并汽结束后关闭放空。

70 为什么要注入阻垢剂？

随着生产周期的延长，原料油/反应产物换热器管束内壁易生成一层结垢物，主要成分是稠环芳烃，而且难溶于水、油、酸、碱等溶液，影响了长周期运行。为了解决这个问题，生产上在换热器前注入一种阻垢剂，它能在换热器管束内壁形成一层保护膜，通常把它注到反应进料泵泵入口，从而防止结垢，实践证明通过注阻垢剂，换热效果能保持在较好的水平。目前原料油质量控制和装置平稳运行水平大幅提升，一般不注原料油阻垢剂。

71 生成油分析项目有哪些？目的何在？

生成油的分析项目包括350℃馏出含量、密度，并不定期分析氮含量，根据350℃馏出含量、密度判断裂化反应转化率的高低，从而指导操作调整。不定期分析氮含量是为了更好掌握高压原料换热器运行情况，起到监测高压换热器是否内漏的目的。

第二节　分馏系统的调整

1 不同类型的塔板，它们气、液相传质的原理有何区别？

塔板是板式塔的核心部件，它的主要作用是造成较大的气、液相接触的表面积，以利于在两相之间进行传质和传热过程。

塔板上气液接触的情况随气速的变换而有所不同，大致可以分为以下四种类型：

① 鼓泡接触：当塔内气速较低的情况下，气体以一个个气泡的形态穿过液层上升。塔板上所有气泡外表面积之和即该塔板上气、液传质的面积。

② 蜂窝状接触：随着气速的提高，单位时间内通过液层气体数量增加，使液层变为蜂窝状况。它的传质面积要比鼓泡接触大。

③ 泡沫接触：气体速度进一步加大时，穿过液层的气泡直径变小，呈现泡沫状态的接触形式。

④ 喷射接触：气体高速穿过塔板，将板上的液体都粉碎成为液滴，此时传质和传热过程则是在气体和液滴的外表面之间进行。

前三种情况在塔板上的液体是连续的，气体是以分散相进行气、液接触传热和传质过程的，喷射接触在塔板上气体处在连续相，液体变成了分散相。

在小型低速的分馏塔内才会出现鼓泡和蜂窝状的接触情况。原料蒸馏过程中气速一般都比较大，常压蒸馏采用浮阀或筛孔塔板，以泡沫接触为主的方式进行传热、传质。减压蒸馏的气体流速特别高，通常采用网孔或浮喷塔板，以喷射接触的方式进行传热和传质。经高速气流冲击所形成液滴的流速也很大，为避免大量雾沫夹带影响传质效果，塔板上均设有挡沫板。

2　板式塔的溢流有哪些不同的形式？分别适用于什么场合？

板式塔溢流设施的形式有多种，以适应塔内气液相负荷变化及传热、传质方式的不同，以及塔径大小不同等因素，确保提供最佳的分离效果。对于液体在塔板上呈连续相、气体呈分散相的情况下，液体从进口堰往出口堰方向流动。为保证流动顺利进行，塔板上必然存在着液面的落差，即进口堰附近的液面比出口堰附近的液面高。液面落差的大小与液体流量、塔径以及液体黏度等因素有关。如果液流量大、液体黏度大，或在塔板上液体流程增大，都会相应导致落差的加大。液面落差太大时会使进口堰附近的气体流量急剧减少、漏液严重，大量气体在出口堰一侧穿过液层，流速加大会导致雾沫夹带增加，这些因素都使塔板的分离效率下降。为了合理地进行塔板结构的设计，有四种不同的溢流方式提供选择：

① U 形流：对直径在 0.6~1.8m 的小型蒸馏塔，而且塔内液体流量很小，在 5~12m³/h 以下，塔板上的进、出口堰在同侧相邻布置，液体在板上从入口经 U 形流动到出口溢流。

② 单溢流：适用于液体量在 120m³/h 以下，塔径<2.4m 的蒸馏塔，进口堰

和出口堰对称地设置在塔的两侧。液体沿直径方向一次流过塔板。

③ 双溢流：对于液流量较大，在 90～280mm³/h 之间，塔径在 1.8～6.4m 的条件下，为了避免在塔板上液面落差过大而采用双溢流的塔板结构形式。对于双溢流的蒸馏塔，它是由两种结构形式依次交替组合起来的。一种是进口堰在塔的两侧、出口堰在塔的中部，液体由两侧向中间流动经过出口堰流往下一层塔板。另一种是进口堰在塔的中部出口堰在塔的两侧，流体从塔板当中往两侧流动。

④ 阶梯式流：对于液流量在 200～440m³/h，塔径在 3.0～6.4m 的情况下，为避免液面落差过大，板面设计成阶梯式，自进口往出口方向逐渐降低，每一阶梯上都有相应的出口堰，以保证每一小块塔面上液层厚度大致相同，从而使各部分的气流比较均匀。

炼油厂常减压蒸馏装置中绝大多数塔采用的是单液流和双溢流两种溢流方式。

对于喷射接触、板上液体呈分散相的网孔、浮喷塔板，由于板上没有液层存在，故而不存在液面落差的问题。这样的塔在直径高达 6.4m，采用单溢流的塔板结构仍然可以得到较好的分离效果。

塔板上液体流动的各种方式如图 5-1 所示。

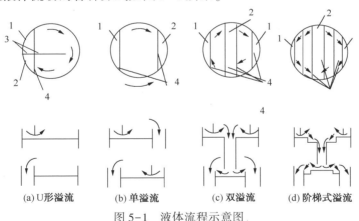

(a) U形溢流　　(b) 单溢流　　(c) 双溢流　　(d) 阶梯式溢流

图 5-1　液体流程示意图

1—进口降液管；2—出口降液管；3—挡板；4—堰

3　**什么是塔板效率？如何计算？受哪些因素影响？**

如果气液两相充分接触，且在离开塔板时两相达到平衡，这样的塔板被称为理论塔板或理想塔板。但实际塔板不可能达到理论塔板的分离效果。这是因为在实际生产中塔内由于受传质时间的限制以及存在机械制造和安装质量等方面的问题，气液两相不能达到气液平衡的状态，即塔板上气相中所含的低沸点组分的浓度总是低于平衡时气相中所含的低沸点组分的浓度。故此，在实际生产中，为了达到必要的分离效果，必须用几块、几十块甚至上百块塔板，而且实际使用的塔板数总是大于理论塔板数。理论塔板数和实际塔板数之比值，就称为塔板效率，其数值小于1。塔板效率是描述塔板传质效果的重要指标，通常可写成：

$$\eta = n_{实} / n_{理}$$

塔板效率高低，与被分离介质的性质和操作条件都有关系，但最主要的是与塔板的结构有关。

影响塔板效率的因素：①气相和液相中质量交换的快慢；②塔板上液气的混合程度；③蒸气夹带液体雾滴进入上层塔板的多少。

以上三个方面的因素，又受塔板的设计、布置(如塔板尺寸塔板间距、溢流堰高度、开孔率、升气孔的排列等)和操作条件(如蒸气线速度，塔板上液体停留时间，温度和压力等)的影响，还受处理物料的物理性能(包括相对挥发度、黏度、重度、扩散系数和表面张力)的影响。

4　塔的安装对精馏操作有何影响？

对于新建和改建的塔希望能满足分离能力高、生产能力大、操作稳定等要求。为此对于安装质量要求做到：

① 塔身：塔身要求垂直，倾斜度不得超过千分之一，否则会在塔板上造成死区，使塔的精馏效果降低。

② 塔板：塔板要求水平，水平度不能超过±2mm，塔板水平度若达不到要求，则会造成板面上的液层高度不均匀，使塔内上升的气相易从液层高度小的区域穿过，使气液两相在塔板上不能达到预期的传热和传质要求，使塔板效率降低。筛板塔尤要注意塔板的水平要求。对于舌形塔板、浮动喷射塔板、斜孔塔板等还需注意塔板的安装位置，保持开口方向与该层塔板上的液体流动方向一致。

③ 溢流口：溢流口与下层塔板的距离应根据生产能力和下层塔板溢流堰的高度而定，但必须满足溢流堰板能插入下层受液盘的液体之中，以保持上层液相下流时有足够的通道和封住下层上升的蒸气必需的液封，避免气相走短路。另外，泪孔是否畅通，受液槽、集油箱、升气管等部件的安装、检修情况都是需要注意的。

对于各种不同的塔板有不同的安装要求，只有按要求才能保证塔的生产效率。

5　蒸汽喷射抽空器的工作原理是什么？

蒸汽喷射抽空器工作原理：工作蒸气通过喷嘴形成高速度，蒸汽压力能转变为速度能，与吸入的气体在混合室混合后进入扩压室。在扩压室中，速度逐渐降低，速度能又转变为压力能，从而使抽空器排出的混合气体压力显著高于吸入室的压力。

每一级喷射器所能达到的压缩比，即排出压力（绝压）与吸入压力（绝压）之比，具有一定的操作限度。如果需要的压缩比较大，为单级喷射器不能达到时，则可采用两级或多级喷射器串联操作，串联的多级喷射器和级间冷凝器组成蒸汽喷射器抽空器组。单级喷射器的压缩比通常不大于10。对"湿式"减压蒸馏塔顶压力不小于2.67kPa（绝）（20mmHg）的一般工况，大多采用两级喷射器和一级冷凝器组成的喷射抽空器组。

喷射器的最适宜工作介质为水蒸气，因为它提供的能量大而且可以在级间冷凝器中冷凝为水排走，不会增加后一级喷射器的吸入量，工作蒸汽的压力随工厂系统的条件而异，一般采用0.784~1.079MPa（绝），国内炼油厂实际使用的最低工作蒸汽压力为0.392MPa（绝）。工作蒸汽的温度应超过相应压力下的蒸汽饱和温度30℃，并要在工作蒸汽管线上靠近喷射抽空器设置蒸汽分水器，确保进入喷嘴的蒸汽不携带水滴，以避免湿蒸汽在高速下对喷射抽空器严重侵蚀。

6 **蒸馏塔内气液相负荷分布有何特点？**

了解蒸馏塔内气液相负荷分布的特点，对于设计和生产部门都有重要的意义。典型的常压塔气、液相负荷的分布图见图5-2。

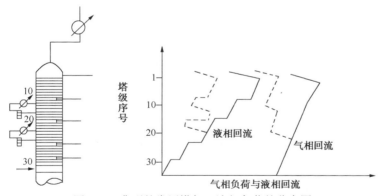

图5-2　典型的常压塔气、液相负荷的分布图

在同一精馏段内自下而上温度逐渐降低，从热量平衡的角度来看产品带出热量以及内回流必然会有所增加。内回流经过抽出侧线时，一部分回流液作为侧线产品抽出，侧线下方的内回流数量必然有所减少，减少的数量近似等于侧线产品抽出量。塔顶的冷回流与塔顶温差较大，塔内板间温差较小，因而塔顶的冷回流数量远远低于塔内顶板向下溢流的内回流量。

在塔内设置有中段回流时，中段循环回流输入塔内的物料处于过冷状态，与上升的蒸气接触、大量的内回流蒸气被循环回流所冷凝，因而循环回流下方的内回流量远比循环回流上方大。

7 如何确定板式塔的适宜操作区以及操作弹性？随着气液相负荷的变动，操作会出现哪些不正常的现象？

了解蒸馏塔塔板的流体力学特性对于提高塔的处理能力、改善产品分割具有重要的意义。随着塔内气液相负荷的变化，操作会出现以下不正常的现象：

① 雾沫夹带：雾沫夹带是指塔板上的液体被上升的气流以雾滴携带到上一层塔板，从而降低了塔板的效率，影响产品的分割。塔板间距增大，液滴沉降时间增加，雾沫夹带量可相应减少，与现场生产操作有关的是气体流速变化的影响，气体流速越大，阀孔速度（或网孔气速）、空塔气速均相应上升，会使雾沫夹带的数量增加。除此之外雾沫夹带量还与液体流量，气液相黏度、密度、界面张力等物性有关。

② 淹塔：淹塔是在塔内由于气液相流量上升造成塔板压降随之升高，由于下层塔板上方压力提高，如果要正常地溢流，入口溢流管内液层高度也必然升高。当液层高度升到与上层塔出口持平时，液体无法下流造成淹塔的现象。淹塔一般是在塔下部出现，也就是最低的一条抽出侧线油品颜色变黑。它与处理量过高、原油带水、汽提蒸汽量过大等因素有关。

③ 漏液：塔板漏液的情况是在塔内气速过低的条件下产生的。浮阀、筛孔、网孔、浮喷等塔板，当塔内气速过低，板上液体就会通过升气孔向下一层塔板泄漏，导致塔板分离效率降低。漏液现象往往是在开停工低处理量操作时出现，有时也与塔板设计参数选择不当有关。

④ 降液管超负荷及液层吹开：液体负荷太大而降液管面积太小，液体无法顺利地向下一层塔板溢流会造成淹塔。液体流量太小，容易造成板上液层被吹开，气体短路影响分离效果。这些现象生产操作时极少发生。

通过计算很容易确定允许雾沫夹带量（0.1kg液体/1kg气体），允许泄漏量（该塔板液体流量的10%），淹塔、降液管超负荷、液层吹开等与气液相流量的对应关系曲线，这些曲线所形成的闭合区域就是这块塔板的适宜操作区。塔的适宜操作区如图5-3所示。每块塔板由于其操作条件、气液相的物质互不相同，绘制出它们的适宜操作区的图形亦不相同，对每一块塔板均有其不同的操作上限、操作下限以及操作弹性。操作上限是指雾沫夹带达到最大允许的数量或产生淹塔的最小空塔气速（即操作线 OA、OA′ 与雾沫夹带线交点 C 或与淹塔线交点 C′）。操作线与泄漏线的交点与气速为塔的操作下限气速，上下限之比则是该塔板的操作弹性。

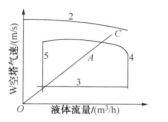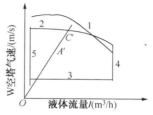

图 5-3　塔的适宜操作区域

1—雾沫夹带线；2—淹塔线；3—泄漏线；4—降液管负荷线；5—液层吹开线

对一座蒸馏塔的不同截面的气液相负荷变化很大，为表征全塔的操作弹性，应从不同截面的上限操作裕量(指上限气速与设计气速之比)进行比较，其中最小者为全塔上限操作裕量。不同截面下限系数(下限气速与设计气速之比)最高者为全塔的下限系数。全塔上限操作裕量与全塔下限操作系数之比则为该塔的全塔操作弹性。

8　精馏塔的操作中应掌握哪三个平衡？

精馏塔的操作应掌握物料平衡、气液相平衡和热量平衡。

物料平衡指的是单位时间内进塔的物料量应等于离开塔的诸物料量之和。物料平衡体现了塔的生产能力，它主要是靠进料量和塔顶、塔底出料量来调节的。操作中物料平衡的变化具体反应在塔顶液面上。当塔的操作不符合总的物料平衡式时，可以从塔压差的变化上反映出来。例如，进得多出得少，则塔压差上升。对于一个固定的精馏塔来讲，塔压差应在一定的范围内。塔压差过大，塔内上升蒸气的速度过大，雾沫夹带严重，甚至发生液泛而破坏正常的操作；塔压差过小，塔内上升蒸气的速度过小，塔板上气液两相传质效果降低，甚至发生漏液而大大降低塔板效率。物料平衡掌握不好，会使整个塔的操作处于混乱状态，掌握物料平衡是塔操作中的一个关键。如果正常的物料平衡受到破坏，它将影响另两个平衡，即气液相平衡达不到预期的效果，热平衡也被破坏而需重新调整。

气液相平衡主要表现了产品的质量及损失情况。它是靠调节塔的操作条件(温度、压力)及塔板上气液接触的情况来达到的。只有在温度、压力固定时，才有确定的气液相平衡组成。当温度、压力发生变化时，气液相平衡所决定的组成就发生变化，产品的质量和损失情况随之发生变化。气液相平衡与物料平衡密切相关，物料平衡掌握好了，塔内上升蒸汽速度合适，气液接触良好，则传热传质效率高，塔板效率亦高。当然温度、压力也会随着物料平衡的变化而改变。

热量平衡是指进塔热量和出塔热量的平衡，具体反应在塔顶温度上。热量平衡是物料平衡和气液相平衡得以实现的基础，反过来又依附于它们。没有热的气相和冷的回流，整个精馏过程就无法实现；而塔的操作压力、温度的改变（即气液相平衡组成改变），则每块塔板上气相冷凝的放热量和液体气化的吸热量也会随之改变，体现在进料供热和塔顶取热发生变化上。

掌握好物料平衡、气液相平衡和热量平衡是精馏操作的关键所在，三个平衡之间相互影响，相互制约。在操作中通常是以控制物料平衡为主，相应调节热量平衡，最终达到气液相平衡的目的。

要保持稳定的塔底液面的平衡，必需稳定：①进料量和进料温度；②顶回流、循环回流各中段量及温度；③塔顶压力；④汽提蒸汽量；⑤原料及回流不带水。只要密切注意塔顶温度、塔底液面，分析波动原因，及时加以调节，就能掌握塔的三个平衡，保证塔的正常操作。

9 精馏塔进料负荷与组成变化时对塔的操作有何影响？

通常精馏塔进料负荷由装置的物料平衡所决定，不宜变动过多。若进料量增大，将增加塔内气、液相负荷，在一定范围内，可以改进传热传质效应，提高分离效果。如果负荷过大，超过了塔设计允许范围，会造成雾沫夹带，使产品纯度下降；如果负荷过小，由于气相速度低，可能造成漏液，使塔底产品不合格，此时一般要加大塔顶回流量，使气速增加，塔的操作尚可维持，但加热量增加，公用工程消耗将增加。

总之，塔的进料负荷变化时，要适当调整加热量，使回流量或进料量比值保持在适宜范围，确保产品质量合格。如负荷过低，可适当加大回流量或进料量比值，虽然能耗增加，但产品尚可合格。

如果进料组分突然变轻，此时加热量与回流量不变，塔中的轻组分由于进料轻组分增加而增加，整个塔的各部温度会下降，塔顶和塔底产品中轻组分含量都会增加；如进料中重组分含量增加，情况则与上述相反。

10 在生产操作中，如何取中段回流流量比较合适？

中段回流与塔顶回流及顶循环回流，共同取走常压塔的剩余热量，塔顶回流无论采取冷回流或热回流都是控制分馏塔顶温度的重要手段，因此顶回流量不能任意调节，顶循环回流和中段回流量则可以根据分馏塔气液相负荷分布均匀情况，利用分馏塔热量情况进行调节。随着对装置节能工作的日趋重视，无论在新设计装置或老装置改造中，都设法提高下部中段回流取走热量比例以利于换热回收热量，使塔顶冷凝冷却负荷随之降低。但是对中段回流入口处的塔板而言，中段回流是过冷液体，在循环回流的换热板上，主要起换热作用以及部分气相冷凝进入液相的单向传质作用，分馏效果比较差。换热板的分馏效率只有普通塔板的

30%～50%。中段回流上部塔板回流比相应降低，上部分离效果下降。

因此在生产操作中，对一个塔原则上适当增大高温位中段回流流量，具体增大多少，要以塔顶产品、侧线产品质量合格为前提，在调节塔顶温度时，比较灵敏而又稳定，可认为中段回流取走热与塔顶回流取热比例较为合适。

循环回流取热量小，塔顶回流流量大，塔顶分馏效果好，塔的热量利用率低；顶循环回流流量大，对塔上部分馏效果有利，但不如多取下部高温位中段回流能更好利用热量。一中段回流流量大，对常压塔顶轻石脑油、重石脑油影响较大，产品容易变轻，收率降低；二中段回流流量大，影响喷气燃料、柴油（有柴油侧线的装置）的分馏效果。

11 在生产操作中，使用塔底吹汽要注意哪些问题？

在生产中常压塔塔底和湿式减压塔底，都吹入一定量过热蒸汽，目的是降低分馏塔内油气分压，提高油品气化率。为了防止蒸汽冷凝水进入塔内，所以吹入的蒸汽经加热炉加热成为过热蒸汽，温度约 380～450℃。

过热蒸气压力一般控制 0.3MPa 以下，因该压力比常压塔操作压力略高，两者压差小，汽提流量容易调节。

启用汽提蒸汽前，应放尽冷凝存水，开蒸汽阀时要缓慢，并要注意塔内压力变化和塔底液位变化。减压塔在确定吹入蒸汽量时，一方面考虑到有利于油品汽化。另一方面要考虑吹汽量过大影响到真空度下降，反而降低了油品气化率时，就不能再增大吹入的蒸汽量了。有时因其他原因引起真空度下降，且无法恢复，塔底吹汽量又较大时，还可采用适当关小塔底吹汽量来维持较高真空度。

要控制好过热蒸气压力平稳，波动范围小于 0.015MPa。

12 如何合理地选择汽提蒸汽用量？

侧线产品汽提主要是为了蒸出轻组分，提高产品的闪点、初馏点和 10%点。常压塔底汽提主要是为了降低塔底重油中 350℃以前馏分的含量，提高轻质油品的收率，并减轻减压塔的负荷。对减压塔来说，塔底汽提的目的主要用于降低汽化段的油气分压，在所能允许的温度和真空度条件下尽量提高进料的汽化分率。

汽提蒸汽用量与需要提留出来的轻馏分含量有关，国内一般采用汽提蒸汽量为被汽提油品量的 2%～4%，侧线产品汽提馏出量约为油品的 3%～4.5%，塔底重沸残油的汽提馏出量约为 1%～2%。如果需要提留出的数量多达 6%～10%以上的话，则应该由调整蒸馏塔的操作条件来解决。过多的汽提蒸汽将会增加精馏塔的气相负荷，并且增加用于生产过热水蒸气以及塔顶冷凝的能耗。

炼油厂采用的汽提蒸汽是压力在 0.3～0.4MPa、温度为 400～450℃的过热水蒸气。

13 如何确定蒸馏塔侧线的抽出温度？

严格地说，侧线抽出温度应该是未经汽提产品在该处油气分压下的泡点温度，而绝大多数侧线都设置汽提塔，由于原油评价得到的数据以及现场采样的数据相当于汽提以后的数据，因此求取侧线抽出温度不得不采用一些半经验的方法。它是选取自塔底至抽出侧线上方作为隔离体，通过热量平衡求得抽出板上方的内回流量。以内回流在油气、水蒸气混合物中的分压，再根据该侧线产品平衡汽化数据求得该分压下的0%点即侧线的抽出温度。实际上除内回流蒸汽可液化参加该板的气液平衡之外，上一侧线由于沸程差别不太大也可能有一部分液化而参加该板的气液平衡，也就是以内回流计算所得油气分压低于实际的油气分压，用汽提后较高的泡点温度代替汽提前较低的泡点温度，误差相抵。用这样的方法计算的结果与生产现场的数据比较接近。

对于不设汽提塔的抽出侧线，产品平衡汽化数据是准确的，考虑到以内回流在混合气体中的分压作为油气分压其数据偏低，为接近实际情况，在求取内回流蒸汽在气相中摩尔分率时，气体的物质的量将相邻上一侧线忽略，内回流计算出来的分压比较接近塔内的油气分压，所求得之泡点温度与现场侧线抽出温度比较接近。

14 如何确定蒸馏塔的塔顶温度？

塔顶温度应该是塔顶产品在其本身油气分压下的露点温度。塔顶馏出物包括塔顶产品、塔顶回流油气、不凝气和水蒸气。如果能准确知道不凝气数量，在塔顶压力一定的条件下很容易求得塔顶产品及回流总和的油气分压，进一步求得塔顶温度，当塔顶不凝气很少时，可忽略不计。忽略不凝气以后求得的塔顶温度较实际塔顶温度高出约3%，可将计算所得塔顶温度乘以系数0.97，作为采用的塔顶温度。

在确定塔顶温度时，应同时检验塔顶水蒸气是否会冷凝。若水蒸气分压高于塔顶温度下水的饱和蒸气压，则水蒸气就会冷凝，造成塔顶、顶部塔板和塔顶挥发线的露点腐蚀，并且容易产生上部塔板上的水暴沸，造成冲塔、液泛。此时应考虑减少汽提水蒸气量或降低塔的操作压力。

15 控制分馏塔底温度对分馏操作有何意义？

塔底温度是衡量物料在该塔蒸发量大小的主要依据。温度高，蒸发量大；温度过高甚至造成携带现象，使侧线产品干点偏高，颜色变深，但塔底温度低时，合理组分蒸发不了，产品质量轻，也影响了各侧线产品的质量和塔底设备负荷。

16 压力对分馏操作有何影响？

压力对整个塔中各组分的沸点有直接影响，塔中的压力升高沸点也就升高。组分的分离变得更加困难，如果塔中的压力降低，有利于分离，但塔温将下降，输送流体到下游装置的推动力将降低，排出的气体流率将增加，从而增加了塔盘的负荷，如压力太低会造成重组分携带。因此在操作中不应迅速改变塔压的给定值，以利于塔的平稳操作。

17 压力对液体的沸点有何影响？为何要采取减压蒸馏？

根据安托因方程很容易看出蒸气压随温度降低而降低，或者说沸点随系统压力降低而降低，可以用表5-4常压沸点为500℃的烃类为例说明。

表5-4 压力与烃类沸点的关系

压力/kPa	101.325	13.33	2.67	0.4
沸点/℃	500	407	353	300

加氢裂化反应生成油是沸程范围很宽的复杂混合物，包括了石脑油、喷气燃料、柴油和润滑油基础油以及尾油。油品在加热条件下容易受热分解而使颜色变深、胶质增加，一般加热温度不宜太高。在常压蒸馏过程中，为保证产品质量，生产喷气燃料时炉出口温度一般不高于365℃，生产柴油时炉出口温度一般不高于370℃(常减压数据，裂化不饱和烃少温度稍高些)。因此，在常压塔分离出全部产品有些困难，即使塔底给汽提蒸汽也无法完全分离出柴油组分，同时有些企业还要求进一步提取润滑油基础油，在常压条件下就更加难以实现。根据油品的沸点与压力的特性，在常压蒸馏之后都配备减压蒸馏过程，进一步分离需要的产品。

18 回流量对塔操作有何影响？

回流的作用是促使气化的油品冷凝，在多次汽化、冷凝过程中达到传热传质的目的，带走塔内多余热量，保持全塔的热量平衡。

为了使混合组分达到某种程度的分离，需要有一定的顶回流，回流比越大，分离程度越好。调节回流比的大小，主要是调整塔顶温度的分布，因而，回流比不宜太小。但过大的回流比也没有必要，对于一定的板效率和要求的分离精度，回流比再增大对分离影响不大，同时回流比过大，又加大了加热炉的负荷。

19 分馏塔回流泵抽空有何现象？怎样调节？

现象：①塔顶温度升高；②回流流量减少或回零；③塔顶回流罐液面上升；④塔顶压力上升；⑤回流泵出口压力下降或回零，电流突降，响声不正常。

原因：①塔顶回流罐液面过低；②回流带水；③回流油温度过高，轻油汽化；④回流油太轻，汽化量大；⑤泵入口阀开度过小；⑥泵入口管线堵或阀芯脱落，或过滤器堵塞；⑦泵自身故障。

处理：①在找原因、对症处理同时，迅速启动备用泵，尽快建立回流，在没有回流的情况下，若顶温超高，可先降低重沸炉出口温度；②情况严重时，可请示主管人员降低处理量（并联系反应岗位）；③有侧线的塔可降低侧线抽出量；④开备用泵，如泵是过滤器堵，应清洗干净、恢复备用。

20 分馏塔塔顶回流带水有什么现象？

塔顶回流油由塔顶回流罐抽出，如果回流罐油水界位控制不好或失灵，水界位高过正常范围，超过回流汽油抽出管水平面位置时，回流油将含水被送至塔顶；或者塔顶水冷却器管束腐蚀穿孔，大量冷却水漏进回流罐来不及脱水，也可造成回流油带水。进料含水高，也可能造成脱丁烷塔（或硫化氢汽提塔）顶回流油罐水太多，脱水不及时也造成回流油带水。带水的回流油进入塔顶部，由于相同质量的水汽化后体积比油品蒸气体积大 10 倍，因此造成塔顶压力上升塔顶温度下降，随后常压塔一线温度下降，塔上部过冷，侧线发生泵抽空现象，或一线油带水，处理不及时，塔顶压力会积聚上升冲塔，安全阀可能会跳开。

当发现塔顶温度明显降低，常一线馏出温度下降，一线泵抽空时可初步断定回流油带水，应迅速检查回流油罐水界位控制是否过高，在仪表控制阀下面打开放空阀直接观察回流油是否含水就可以准确判断。

回流油罐水界位过高，造成回流油带水，应采取如下处理办法：

① 排除仪表控制故障，开大脱水阀门或副线阀门加大切水流量，使水界位迅速降低。

② 如是冷却器管束泄漏，停止使用及时检修。

③ 适当提高塔顶温度，加速塔内水的蒸发。

④ 塔顶压力上升可启动空冷风机，关小塔底吹汽阀门降低塔内吹气流量。

如进料含水过大进入脱丁烷塔（或硫化氢汽提塔），造成脱丁烷塔（或硫化氢汽提塔）顶回流带水，应加强冷高分、冷低分脱水，适当降低冷低分界位。遇到回流油带水时，首先要及早判断迅速处理，把油中水脱除，就能很快恢复正常操作，发现迟、处理慢对安全生产带来严重威胁。

21 用塔顶回流流量调节塔顶温度，有时为何不能起到很好的调节作用？

正常操作情况下，塔顶温度是由塔顶回流流量大小来调节，但在塔顶负荷过大时，塔顶回流将不能很好地起到调节塔顶温度的作用。

塔顶负荷过大可由下列原因引起：

① 进料性质变轻，尤其石脑油组分增高或进料含水量大。

② 进料加工量大，分馏塔在上限负荷操作，中段回流量偏小，进料含水量过大。

由上述原因引起塔顶超负荷时，会出现塔顶温度升高，提高回流流量，降低塔顶温度只能起到短时间作用，不久塔顶温度会再次出现升高，继续增大回流流量时，不仅塔顶温度不能降低，还会导致塔顶回流罐中汽油的液位突然增高，如不及时采取增加轻石脑油抽出量的措施，降低罐中液位，会使回流罐装满轻石脑油，产生憋压。

上述现象发生原因是塔顶回流进入塔内汽化后，又增大了塔顶负荷，形成恶性循环，回流不能很好起到调节塔顶温度作用。遇到上述情况，应该设法减少塔顶负荷，降低回流温度，增加中段回流流量，减少塔底汽提蒸汽流量。如果是进料量过大，或是进料中轻组分过多，可降低进料量，进料含水过高要搞好冷高分、冷低分脱水工作。

22 如何确定填料塔的填料层高度？

塔的填料层高度严格来讲应该保证传质和传热两个方面的要求。从传质的角度来看要完成一定的分离任务、塔内就应该保证具有一定理论塔板数的分离能力，对于某一型号的填料当量理论板高度也是一定的，相应地可以确定其填料层高度。但是国内炼油设计目前没有开展求取各段理论塔板数的工作，因此很难从传质角度来确定填料层高度。在塔的设计时每一个填料段都要进行严格地热量衡算，从而确定通过填料表面积的传热量。选取一定的传热系数，再依据该段气液相的平均温差，很容易确定提供传热应用的填料表面积和填料总体积。塔径是参照泛点气速确定的，塔径一定的前提下每段填料层高度相应也可以定下来了。

为了防止填料层过高，液体在塔内分布不均匀，影响传热、传质的效果，大型蒸馏塔每段填料层高度一般不超过 5.5m。如果需要的填料层高太大时，可分为若干段在中间加设液体再分布器。

23 填料塔内气液相负荷过低或过高会产生哪些问题？

在填料塔内随着气相流速的增加，床层的阻力降增加、填料层中的持液量也相应增大。当气相流速增加到某一特定数值时，液体难以下流、产生液泛的现象，塔的操作完全被破坏，此时的气速称为泛点气速。填料塔适宜的操作气速一般为泛点气速的 60% ~ 80%。填料塔泛点气速的高低主要和气、液相介质的物性、密度、黏度、两相的流量以及填料层的空隙率等因素有关。

液相流量太小则可能使部分填料的表面没有被充分地润湿，填料塔内气、液相的传热和传质过程主要是通过被液体浸湿的填料表面来进行的，如果部分填料没有被润湿，也就意味着传热、传质的表面积相应减小，必然会使分离的效果降低。填料塔内的液相流量太低时应设法增加该段循环回流的流量。

24 如何判断玻璃板液位计指示是否正确？

玻璃板液位计是利用流体 U 形管原理，两个管子中液位保持同一水平面，因此塔内的液位与玻璃板指示的液位一致。玻璃板液位计指示错误，对分馏塔或容器的操作带来麻烦。正确使用玻璃板液位计，关键是玻璃板上下两端与塔容器联接口应保持畅通，有一端联接口堵塞，都将影响玻璃板液位计正常指示，重质油品冬季温度低，保温不佳会引起液位计指示失灵，造成假象。使用玻璃板液位计，要与仪表控制的液位相对照，发现玻璃板液位计指示的液位有异常，要进行检查伴热是否良好，指示是否灵敏，可将液位或界位提高或降低以考察玻璃板液位指示是否真实。

首先关闭液位计上、下引线阀，排空液位计（对于热油要注意防止烫伤和自燃），然后分别开上、下引线（让其中一引线关闭）如均有介质流入玻璃液位计内，则说明两引线畅通，就可确认玻璃液位计指示准确。

25 分馏塔的液面控制对操作有什么影响？

分馏塔的液面控制是本系统物料平衡操作的集中表现。塔底液面的高低不同程度地影响到产品的质量、收率及操作平衡，液面过高还会造成携带甚至冲塔等现象，液面过低造成塔底泵易抽空以及毁坏设备，另外由于液面控制过低，油品在塔中的停留时间缩短，该蒸发的组分没有完全蒸发，轻组分带到下游塔中，增加了下游塔、设备的负荷，本塔的收率降低。

26 原料性质变化对蒸馏装置操作有什么影响？如何处理？

原料性质变化，通常指所加工的原料组成发生变轻、变重。原料性质变轻时，分馏塔塔顶压力上升，塔顶不凝气量增加，塔顶冷却负荷增加，冷后温度升高，分馏塔液面下降，塔顶石脑油产量增加。原料性质变重时，分馏塔塔顶压力下降，冷后温度降低，分馏塔塔底液位上升，石脑油产量减少。

原料性质变化，平稳操作时，变化最明显的为分馏塔顶压力和塔底液面的变化。原料性质变轻时，由于油气分压上升所适当提高塔顶温度，变重时适当降低塔顶温度。原料变轻后，要加大火嘴的供油量，增大加热炉负荷，保证较轻部分油品汽化。原料变重，加热炉负荷减少。原料变轻后汽化率增大，增大了分馏塔汽化段以上热量和油气分压，此时侧线产品的馏出温度也会随之升高，为此应该增大产品抽出量，同时增大中段回流流量，减少塔底吹汽量，以降低塔顶的负荷，侧线汽提塔吹汽量不能降低，以免影响产品闪点。必要时可降低原料处理量和降低加热炉出口温度措施，来保证平稳操作和安全生产。原料变重后，进塔汽化率减少，侧线馏出口温度随之降低，此时应该减少产品抽出量，保证产品质量合格。

27 分馏塔进料带水有何现象？原因有哪些？如何调节？

随着分馏塔进料含水量增大，水汽化要吸收的热量也增大，因此含水量大的进料换热或加热后，预热温度必然降低，这将增加加热炉热负荷。如果是进入脱丁烷塔（或硫化氢汽提塔）进料含水增大，判断时主要观察脱丁烷塔（或硫化氢汽提塔）进料段温度，脱丁烷塔（或硫化氢汽提塔）底是否较正常时温度低，以及脱丁烷塔（或硫化氢汽提塔）液位是否降低，脱丁烷塔（或硫化氢汽提塔）顶压力是否有所上升，脱丁烷塔（或硫化氢汽提塔）顶油水分离罐脱水量增大。上述的各处变化幅度大小可以判断进料含水多少。进料含水经换热器预热，温度逐渐升高，当水汽化时体积变大，形成很大阻力，造成进料流量下降，换热器系统压力增大，严重时会造成换热器憋漏。预热后的水分已变成蒸汽，相同质量的水蒸气体积比油气体积大10倍左右，水蒸气进入分馏塔会使气相负荷大幅度增加，塔顶压力上升增加冷却器负荷。进入塔内的进料大量汽化，塔底液面降低，塔顶产品变重，严重时会造成冲塔，塔顶产品变黑，塔顶安全阀启跳，产品罐液面上升，塔底泵抽空等。

原因：可能是生成油带水，当高分水界位控制过高或水位仪表失灵，大量水带入低分，低分没有及时脱除带入分馏系统；高压换热器内漏，原料油串入生成油内乳化，致使在高分和低分无法脱除，带入分馏系统。也可能加氢裂化反应器中残存下来的沥青质等，随生成油进入到高压分离器中，由于同一个沥青分子具有亲水和疏水性质，从而使生成油在高压分离器中产生乳化，或者萘酸与洗涤水中的铵生成强表面活性的萘酸铵盐而产生泡沫。造成生成油中带水。排除上述因素应考虑分馏系统是否存在泄漏现象。

现象：①塔顶压控不稳，出现晃动，排气量忽大忽小；②塔顶温度大幅度波动，塔顶产品量亦大幅度波动；③塔底温度波动且不易控稳；④进料量及进料温度出现波动；⑤塔顶回流罐水量明显增多。

调节：①联系反应岗位加强高分、低分脱水，控好水位；②若反应高压换热器内漏原料油串入生成油带水，联系检修进行热紧，效果不大，则请示停工处理；③加强分馏各回流罐脱水，切换回流泵或置换回流罐液体，控好塔顶压力及炉出口温度或稍控低些炉出口温度及塔压；④适当减少各产品抽出量，产品不合格，则联系改罐；⑤严重时联系反应岗位降低反应深度或处理量；⑥对硫化氢汽提塔，含水量增大时，塔底应关小或暂停吹汽。

28 过汽化量的不同对产品质量及能耗有何影响？

为了保证蒸馏塔的拔出率和各线产品的收率，进料在汽化段必需有足够的汽化分率。为了使最低一个侧线以下几层塔板有一定量的液相回流，常压塔进料进塔后的汽化率应该比塔上部各种产品的收率略高一些。高出的部分称为过汽化量，过汽化量占进料量的百分数称为过汽化度。过汽化度过高是不适宜的，这是因为在原料性质和转化率一定的条件下，进料的总汽化率相对比较稳定。因此，如果选择了过高的过汽化度，势必意味着最低一个侧线收率和总拔出率都要降低。如果在条件允许时可以适当增高炉出口温度来提高进料的总汽化率，但必然会导致生产能耗的上升。过汽化度太低时，随同上部产品蒸发上去的过重的馏分有可能因为最低一个抽出侧线下方内回流不够，而带到最低的一个侧线中去，导致最低侧线产品的馏分变宽，影响到产品的质量。

29 降低塔的过汽化率的主要措施是什么？

过汽化率是过汽化油量与进料量之比。所谓过汽化油量是分馏塔内从进料段上方第一块塔盘流到塔底的内回流油量。维持适当的过汽化油量是保证进料段上方最下侧线油品质量所必须的。过汽化油量太少，则最下侧线抽出口下方各塔板的液气比太小，甚至成为干板，失去分馏能力，使最下侧线的油品质量变重不合格。过汽化油量太多，则不必要地提高了塔进料段温度，增加了炉子负荷，浪费能源。在进料段上方设集油箱，把过汽化油引出塔外，测量它的流量后即可计算出过汽化率，或根据塔的物料平衡和热量平衡，计算出实际过汽化率，根据过汽化率及时调整炉出口温度，实现节能。

30 从分馏操作中，如何判断反应深度的大小？

从分馏操作判断反应深度：低分干气量大；脱丁烷塔顶温度高（回流不变），排干气量增大，液态烃产量大；轻石脑油量增大，各侧线产品偏轻；分馏加热炉出入口温差变大；各塔液位低，循环油罐液位低说明反应深度大，反之说明反应深度小。从反应操作判断反应深度：反应器平均温度上升，耗氢量增大，系统压力下降；低分尾气量增大，生成油350℃馏出量大，密度小等说明反应深度大，反之说明反应深度小。

31 反应转化率过高对分馏有何危害？

反应深度过大，说明生成油转化率过高，过轻的生成油进入分馏后，脱丁烷塔顶温度高，回流量大，液化气量大；常压塔顶温高，轻石脑油、重石脑油、喷气燃料、柴油产品变轻；各塔底液位、循环油缓冲罐液位下降，分馏塔、循环油罐液位保不住，严重时会造成塔底泵、循环油泵抽空，损坏设备。正常生产中，要根据分馏操作及时联系反应岗位控制适当的反应深度，以利于分馏的平稳操作。

32 反应生成油裂化深度大，分馏岗位如何操作？

分馏岗位根据反应的变化进行调整：首先联系反应岗位降低裂化反应器温度，控制合适转化率；其次卡好各炉出口温度及塔底液位，适当加大侧线抽出量，确保产品合格；根据各塔液位停止外排未转化油。

33 生产柴油有几种方案？原理是什么？

生产柴油的方案有两种：一种是常压汽提法；另一种是减压蒸馏法，这两种方案应用都很广泛。常压汽提法塔底不设重沸炉，一般用 1.0MPa 过热蒸汽作为汽提蒸汽，并在常压塔增加柴油侧线，通过汽提蒸汽量控制产品的拔出量，它的原理是利用注入大量的蒸汽降低油品的分压，达到拔出柴油的目的；减压蒸馏法有单独的减压塔和减压炉及抽真空系统，通过制造一定真空度的环境，降低油品的蒸气压，通过较低的温度拔出较重的油品。比较而言，减压操作灵活性大一些，但投资大；常压汽提法投资小，但对柴油的生产或进一步切割尾油产品的手段较小。

34 为什么要控制脱丁烷塔（或 H_2S 汽提塔）的进料温度？

在一定的操作压力下，原料油进料温度变化影响汽化率的变化。通常分馏塔应在泡点温度下进料。因为在泡点状态下进入塔中，才能更好地与进料板中的饱和液体相混合，与下部上升的饱和油气相接触，达到最好的分馏效果。塔的进料温度有一个最佳值，如果温度太高，将使进料口以上几块塔板的气相负荷增大，严重时造成雾沫夹带。同时进料大量地蒸发，使得进料板以上的塔盘各组分不合理地分离，造成塔的效率降低，如塔的进料温度太低，加大了加热炉的负荷，严重时塔底温度达不到要求，使得组分分离不完全，影响下游装置的操作。

油品的泡点温度是与油品组成密切相关的，因此，当原料油组成发生变化时，就要根据泡点分析结果及时调整进料加热器，以确保进料温度保持在泡点温度。当然原料变化后，为了保证塔底油的质量指标，塔顶、塔底的温度都应做相应的调整。

35 影响脱 H_2S 汽提塔压力、温度的因素有哪些？如何调整？

影响温度的因素：①进料量不稳；②进料温度波动；③进料性质变化；④回

流量不稳；⑤回流温度波动；⑥回流带水；⑦塔压波动；⑧重沸炉出口温度波动；⑨进料带水；⑩仪表故障。

为稳定温度做如下调整：①控稳塔顶系统的冷后温度；②控稳塔顶回流罐液位，稳定进料；③搞好塔操作；④稳定回流量；⑤加强塔顶回流罐水界面脱水；⑥查明原因，稳定塔顶温度；⑦压力控制表不好用，联系修理或改手动。

影响压力的因素：①进料量不稳；②进料温度波动；③回流量不稳；④回流温度波动；⑤回流带水；⑥塔压变化；⑦炉温波动；⑧进料带水；⑨仪表故障。

引起压力不稳的主要原因：①进料过轻即深度太大或者进料量大幅度波动；②进料或回流带水；③炉出口温度及塔液面大幅度波动；④回流温度过高或回流量太大，回流量不稳；⑤塔顶压控阀失灵。

稳定压力的操作调整：①控好低分液面，稳定进料；②稳定塔进料换热器的换热温度；③联系反应岗位控好生成油的质量；④当压力、温度下降时可适当减少回流量；⑤加强低分及回流罐的脱水，稳住水界面；⑥稳定塔底汽提蒸汽量；⑦查明原因，调稳塔顶温度；⑧压力控制表不好，联系修理或改手动。

36 脱丁烷塔塔底温度为什么不能过高或过低？如何控制？

脱丁烷塔塔底温度是一个重要的控制参数，主要用重沸炉的负荷来调节。过低的塔底温度会使 C_4 带入后部常压塔，造成常压塔精馏困难，塔压难于控制同时也会将过量硫化氢带到常压塔，造成塔顶气、液相硫化氢过高，加剧塔顶系统腐蚀同时造成轻石脑油铜片腐蚀超标；过高的塔底温度会使脱丁烷塔塔负荷增大，影响脱丁烷塔的操作，同时塔底温度为常压塔的进料温度，该温度最佳控制点为塔底轻关键组分的泡点温度。为控制好该温度，开工初期可从高往低逐渐摸索，并且随产品方案不同而有所变化。当转化率高时，该温度应提高；反之，则相应降低。

37 脱丁烷塔冲塔的原因有哪些？有何现象？如何处理？

脱丁烷塔冲塔原因：反应生成油转化率过大；生成油带水；塔底或进料温度过高；回流泵抽空。

现象：塔底油温度与液面不稳；塔顶温度升高；脱丁烷塔回流罐液面急剧上升；塔压不稳；液态烃带 C_5 严重等。

处理：加强进料(低分)脱水，若高压螺纹锁紧环换热器内漏(原料油串至生成油)严重，联系维修工热紧螺纹锁紧环换热器内圈螺栓。联系反应岗位控合适的反应深度；暂降低脱丁烷塔底重沸炉出口温度，降低回流量，重新升温，建立内回流；加强回流罐脱水及稳定回流量等。

38 脱丁烷塔回流量过大对常压塔操作有何影响？

脱丁烷塔回流量过大对分馏操作的影响：液化气不能充分从脱丁烷塔拔除，带入常压塔。液化气进入常压塔后常压塔压力升高，影响分馏效果，容易造成轻石脑油腐蚀不合格。所以在正常生产中要适当控制回流量，保证液化气在脱丁烷塔脱除，防止进入常压塔。

39 脱丁烷塔的进料量大幅度变化，该塔应如何调节？

脱丁烷塔的进料量大幅度变化时，必须按比例增加或减少塔顶回流量和重沸炉的循环量，监视脱丁烷塔的各点温度和压力，以维持塔顶和塔底产物的质量稳定，避免重组分进入塔顶产品的同时，特别注意不要让轻组分进入后面的常压塔，防止常压塔的操作紊乱。

40 常压蒸馏时压力的高低对蒸馏过程有何影响？如何正确地选择适宜的操作压力？

常压蒸馏塔顶产品通常是石脑油。当用水作为冷却介质，产品冷至40℃左右，回流罐在0.11~0.30MPa压力下操作时，油品基本全部冷凝。因此原油蒸馏一般在稍高于常压的压力条件下操作，常压塔的名称由此而来。

对于常压塔进料中不凝气含量较多时，提高压力可以减少石脑油随气体排放时损失的数量。适当升高塔压可以提高塔的处理能力，当塔的操作压力从0.11MPa提高到0.30MPa时，塔的生产能力可增长70%。塔的压力提高以后，整个塔的操作温度也上升，有利于侧线分馏以及中段循环回流的换热。不利的因素是随着压力的提高，相对挥发度降低，分离困难，为达到相同的分离精度则必须加大塔顶的回流比，增加了塔顶冷凝器的负荷。此外由于炉出口温度不能任意提高，当压力上升以后常压拔出率会有所下降。为保证常压拔出率和轻油收率通常都选择了较低的操作压力。当>260℃全循环时，采用较高的塔压是可取的。

41 如何确定常压蒸馏塔的进料温度？

常压蒸馏塔进料段（汽化段）的操作压力是一定的，根据该塔的总拔出量，选定的过汽化量很容易确定进料油品的汽化分率，在一定的塔底汽提蒸汽用量的条件下很容易求取进料段的油气分压，根据进料的常压平衡汽化数据、焦点温度、焦点压力等性质数据，借助于平衡汽化坐标纸在进料段油气分压、进料汽化分率一定的前提下，很容易求得进料段的温度。

如果忽略自炉出口到进料段转油线的热损失，可以把它看成一个绝热闪蒸过程，炉出口油的热焓应和进料油热焓值相等，可利用等焓过程计算的方法，求得炉出口温度。如果炉出口温度太高，则可适当增加塔底汽提蒸汽用量，使进料温度降低，这样就可以使炉出口温度降下来。

42　影响常压塔塔顶温度的因素有哪些？

影响常压塔塔顶温度的因素：①塔顶回流量的多少；②回流温度波动与否；③回流是否带水；④进料温度变化；⑤进料量稳定与否；⑥进料的性质变化；⑦冷却器出口温度稳定与否；⑧进料是否带水；⑨塔压变化与否；⑩仪表好用与否。

43　常压塔顶温度波动应如何调整？

根据实际情况从下面几个方面着手处理：稳定回流量；控制好塔顶系统的冷后温度；稳定各侧线抽出量；控制好脱丁烷塔（或硫化氢汽提塔）液位，稳定进料量；稳定进料温度；稳定脱丁烷塔（或硫化氢汽提塔）的操作，避免轻烃进入常压塔；稳定常压塔底重沸炉（或进料加热炉）的出口温度；联系维修工修理仪表或改手动。

44　影响常压塔压力的因素是什么？

影响常压塔压力的主要因素：①稳定重沸炉（或进料加热炉）出口温度；②稳定塔底液面，稳定进料量；③天气变化，人为压低顶温，保持塔及各侧线抽出量不变，待天气正常后，恢复原来的操作；④塔顶温度波动，查明原因加以调节；⑤回流冷却效果，查明原因加以控制；⑥回流流控表或压控阀不好用，联系维修工修理。

45　常压塔顶压力变化对产品质量有什么影响？

塔顶压力升高，油品气化量降低，塔顶及其各侧线产品变轻，塔顶压力降低时，塔顶及其各侧线产品变重。塔顶压力变化调节手段不多，可以用塔顶温度来调节，例如，塔顶压力升高，可适当减少塔顶回流，提高塔顶温度及各侧线的馏出温度，改善塔顶冷却条件可使塔顶压力下降。

在塔顶温度不变条件下，压力升高各侧线收率将有所下降。

46　常压塔回流罐采用全开-全关型分程压控是如何作用的？

常压塔回流罐采用气关-气开型分程调节系统，A 阀为进罐气体量控制阀，B 阀为排出气体量控制阀，当罐的压力逐步升高时，该罐压力调节输出信号经电气转换后由 0.02MPa 逐步增大到 0.06MPa，则 A 调节阀开度由开（100%）逐步关小，直至全关(0%)，进罐气源减少，控制了压力的上升。此时若罐的压力还高于给定值时，调节器输出信号经电气转换后由 0.06MPa 逐步增大到 0.1MPa，A 调节阀保持全关状态，而 B 调节阀开度由全关状态(0%)直到全开(100%)，多余气源由 B 阀排出，使压力下降。当罐控制压力处于稳定(0.0147MPa 控制指标)状态时，则该调节器输出为 0.06MPa，A 阀和 B 阀均全关状态。A 阀和 B 阀均选用故障关闭型(F.C)，即仪表风中断等故障时，A 阀和 B 阀均全关状态，处于保压状态。

47 常压塔冲塔的原因有哪些？如何处理？

分馏塔正常操作中，气、液相负荷相对稳定。当气、液相负荷都过大时，气体通过塔板压降和 $\Delta P_板$ 增大，会使降液管中液面高度 $h_液$ 增加；液相负荷增加时，出口堰上液面高度增加。当液体充满整个降液管时，上下塔板液体连成一片，分馏完全被破坏，即出现冲塔。

形成塔内气、液相负荷过大的诸因素，都可引起冲塔，塔底液面失灵造成液面过高；操作不当，轻油过多压至塔底造成突沸；塔顶回流中断；重沸炉出口温度表失灵，造成炉出口温度过高；处理量大，塔内负荷大或塔盘吹翻，油走短路；塔底泵抽空时间长，备泵启动不了，造成塔底液面超高；塔压波动大；回流量过大，或回流大量带水；塔底吹汽量过大。在塔内塔盘堵塞或降液管堵塞时，气、液相负荷不均匀也会造成产品不合格。

发生冲塔时因塔内分馏效果变坏，破坏正常的传质传热，致使塔顶温度、压力、侧线馏出口温度、回流温度均上升，塔底液位突然下降，馏出油颜色变深。

处理冲塔的原则是降低气液负荷，分馏出现冲塔应如下操作调整：①凡因塔底液面超高而引起冲塔的，应减少进料，想办法启用备用泵多抽塔底油，把塔底液面拉下来；②如因处理量过大，塔盘及重沸器故障，则请示降量或停工处理；③加强回流罐脱水，控好分馏塔操作；④冲塔时，不合格产品改进不合格罐；⑤若进料带水，应加强冷高分、冷低分脱水，减小进料中含水量；⑥分馏塔在满负荷的情况下操作，要注意塔底吹汽量不可过大，塔顶回流流量应适当。

油品质量无法保证时，应立即发现并及时改送不合格油罐，防止影响合格油品罐的质量。发生冲塔时，产品罐顶瓦斯应立即停止做加热炉燃料，防止石脑油随同瓦斯带进加热炉燃烧，影响加热炉正常燃烧或发生火嘴漏油造成火灾。

48 常压塔底泵抽空的原因有哪些？应如何操作？

塔底泵抽空现象：泵出口压力下降，电流下降，响声不正常，送出量下降或回零；塔底液面上升；

塔底泵抽空的原因：①塔底液面过低，产生汽蚀，或者有气体窜入；②油轻，温度过高；③塔底油带水；④进口线故障(如阀芯脱落过滤网堵等)；⑤泵本身的机械故障；⑥串蒸汽。

塔底泵抽空分馏操作：①关小泵出口阀，尽量保持低流量运转；②切换备用泵后，将原泵停下，清洗泵入口过滤网；③处理中要平衡各塔液位，特别减压塔底泵抽空后，要注意循环油罐液位或通知反应岗位降低循环油量；④若常压塔底泵抽空时要注意侧线产品质量，如不合格要联系改罐处理。

49 减压塔真空度高低对操作条件有何影响?

减压塔的正常平稳操作必须在稳定的真空度下进行，真空度的高低对全塔气、液相负荷大小、平稳操作影响很大。

在减压炉出口油温度、进料油流量、塔底汽提流量及回流量均不变的条件下，如果真空度降低，就改变了塔内油品压力与温度平衡关系，提高了油品的饱和蒸气压，相应油品分压增高，使油品沸点升高，从而降低了进料的汽化率、收率降低。在操作上，由于汽化率下降塔内回流减少，各馏出口温度上升，因此在把握馏出口操作条件时，真空度变化除调节好产品收率，也要相应调节好馏出口温度，当真空度高时馏出口温度可适当降低，真空度低时馏出口温度要适当提高。

50 减压塔真空度下降的主要原因有哪些? 如何调节?

减压塔操作中，维持真空度的稳定，对平稳操作、产品质量合格、产品收率稳定起着决定性作用。真空度下降时，仪表真空度指示下降，塔底液位升高，有可能发生中段回流泵抽空，侧线汽提塔液位下降，侧线泵抽空等现象。影响真空度下降的主要原因：

① 蒸汽喷射器使用的蒸气压力不足，影响喷射器的抽力，这是常见的影响真空度下降的主要原因之一。应及时调整蒸气压力，通常蒸气压力为 0.8 ~ 1.1MPa，节能型喷射器使用低压蒸汽抽真空的，也要稳定压力。

② 塔顶冷凝器和各级冷凝冷却器冷却水温度高或水压低，造成各级喷射器入口压力升高，影响真空度下降，设置空冷器的各级冷凝冷却器，外界气温升高或空冷风机电气系统跳闸，都会引起各级喷射器入口压力升高使真空度下降。应设法降低水温提高水压，提高冷却效果，也可采用工业风定期吹扫，防止水结垢，提高冷却效率，降低各级喷射器入口压力。

③ 减压塔顶温度控制过高，使气相负荷增大，进入冷凝冷却器油气量增加，增大了冷凝冷却器负荷，冷后温度升高，使真空度下降，处理时可增大中段回流或顶循环回流流量，尽量降低塔顶温度。

④ 减压炉出口温度升高或减压塔进料组成变化，轻组分油过多，都形成汽

化量增大，使塔顶气相负荷增加，塔顶冷凝冷却器因负荷大而难以冷却或冷后温度升高，使真空度下降。应检查引起减压炉出口油温度变化的原因，稳定在操作指标范围内，检查常压系统操作条件产品质量控制是否有异常，防止过多轻组分油带到减压系统。

⑤ 塔底汽提蒸汽量过大，吹汽量大虽然有利重质馏分油汽化，有利于提高拔出率，但由于水蒸气量增大，增加了塔顶冷凝冷却器负荷，使冷后温度上升，增大喷射器入口气相负荷，影响真空度提高，因此对塔内吹入的蒸汽量应控制不能过大。

⑥ 减压塔底液位过高，进塔物料大于出塔物料时会使真空度下降，在塔底液面控制失灵时会出现此现象，应迅速降低塔底液位。

⑦ 减压塔顶油水分离罐油装满，塔顶不凝气管线堵塞不畅通，造成喷射器背压升高，使真空度下降，处理时应检查油水分离罐中油液位是否在正常位上，不凝气放空或去加热炉低压瓦斯管线是否畅通。

⑧ 蒸汽喷射器本身故障，如喷嘴堵塞、脱落影响正常工作，应与减压系统隔断或停工检查。

⑨ 减压塔顶油水分离罐水封破坏，或减压系统设备管线有泄漏，使空气进入减压系统，使喷射器入口增大了空气量，增大了喷射器的负荷可使真空度下降。在开工试压或气密试验时应做好设备密封检查，防止出现空气漏进减压系统。

⑩ 回流量太小或回流温度过高，又或柴油抽出量过小，造成塔顶温度升高，影响真空度。及时根据调整各个流量，稳定塔顶温度。

51 减压塔顶温高的原因有哪些？如何调整？

减压塔顶温度是减压塔控制热平衡的一个重要手段，减压塔顶温高的原因：

① 减压炉油出口温度高，油汽化量增大，塔顶温度升高，应将减压炉出口温度控制在指标范围之内。

② 塔顶回流量、各中段回流流量小，取热量少，塔顶温度升高，应依据加工量、转化率调整塔顶回流流量和各中段回流流量，以利于减压塔热量利用，稳定塔顶温度。塔顶回流量、各中段回流温度高，冷却量不足，造成顶温高。检查水温及各冷却器供水量，水温高联系生产管理部门降循环水温度，供水量不足，开大供水量，调好塔顶系统的冷后温度和中段回流温度。

③ 塔底汽提蒸汽吹汽量过大，真空度下降，顶温上升，根据情况适当减少汽提蒸汽量。

④ 减压塔进料流量减少、性质变重，侧线馏出量没有降低拔的较重时，内

回流流量减少，顶温上升。应稳定进料流量，通知反应岗位稳定转化率，柴油等侧线抽出量随进料流量、性质的变化及时进行调整。

⑤ 某一个减压侧线油泵抽空较长时间没有处理好，减压塔顶的热负荷加大，使减压塔顶温度上升。应及时检查各侧线油泵，防止抽空，及时切换、处理故障泵。

⑥ 常压塔操作不稳，轻组分携带至减压塔或塔底温度高，造成减压塔进料温度高或造成减顶温度高。稳定常压塔塔底温度，合理分配常压塔各侧线抽出量，将轻组分尽量分离干净。

⑦ 真空度降低，造成顶温高，查明引起真空度降低的原因，及时排除。

⑧ 因仪表故障造成各流量、温度波动，应改走副线稳定操作并及时联系仪表工处理。

⑨ 塔顶填料设施损坏，如安置好的填料被吹乱，回流油分配嘴堵塞。填料型减压塔中部没有洗涤和喷淋段，该段的喷淋器喷嘴堵塞或各自过滤器堵塞，会导致塔内该冷凝的气相未冷下来而上升至塔顶，造成塔顶温度高。发现问题应及时处理，处理不及时将影响开工周期。

52 减压塔液位计如何设置？

减压塔底油温高，且处于负压，对液位计要求高。目前一般设置两套远传液位计（双法兰液位计和浮球液位计）和一套玻璃板液位计，一般双法兰液位计用于控制，浮球液位计用于比对、防止双法兰液位计突然失灵。

53 影响分馏塔侧线抽出温度的因素有哪些？如何调整？

影响分馏侧线抽出温度因素：侧线抽出量不稳；各侧线抽量不均；炉出口温度及塔底温度不稳；塔顶温度变化；进料温度不稳；仪表不好用；进料性质变化；塔压不稳；塔内分馏不正常；汽提塔液面不稳等。

侧线抽出温度波动做如下调整：稳定汽提塔液面，控稳侧线抽出量；控好各线质量，搞好物料平衡；控稳炉的出口温度；查明原因控稳塔顶温度；控稳塔底温度；塔压不稳，查明原因作相应调节；塔内分馏不正常，检查不正常原因，采取相应措施；仪表不好用，联系修理或改手动。

侧线抽出温度与侧线抽出量成正比关系。操作上侧线拿量不合理或不稳定，将影响到整个分馏塔的操作，应视产品的质量情况，稳定抽出量，调节不能太频繁，幅度变化不要太大。

54 重石脑油、喷气燃料侧线塔的作用是什么？控制什么指标？

重石脑油汽提塔，其作用为将常压塔中的重石脑油汽提，分离出轻组分，以保证对产品的要求。控制重石脑油初馏点和干点，硫化氢和有机硫含量小于0.5mg/kg，为催化重整提供原料。

喷气燃料汽提塔，其作用为将常压塔中的喷气燃料汽提，分离出轻组分，以保证喷气燃料闪点合格。控制喷气燃料的干点、闪点、冰点。

55 侧线产品闪点低是什么原因造成的？如何调节？

侧线产品闪点由其轻组分含量决定的，闪点低表明油品中易挥发的轻组分含量较高，即馏程中初馏点及10%点温度偏低，通常说馏程头部轻。调节方法：① 若有侧线汽提塔吹入过热蒸汽的装置，可以略开大吹汽量，使油品的轻组分挥发出来，提高了闪点；若侧线汽提塔采用热虹吸式再沸器，可以开大再沸器热路温控阀开度；②提高该侧线馏出温度，使油品中的轻组分向上一侧线挥发，提高馏出温度时也会使干点即尾部变重，因此采取这种调节手段必须在保证干点合格的前提下进行；③适当提高塔顶温度，可以使产品闪点有所提高。

56 如何调节喷气燃料产品质量？

喷气燃料使用在飞机上，对其质量规格有严格要求。不同情况的调节方法如下：

① 喷气燃料的馏程98%点、冰点均高。其原因是常压塔顶温度高压力低，脱丁烷塔(或硫化氢汽提塔)顶产品干点高，喷气燃料出装置流量大，喷气燃料馏出温度高，调节时应降低喷气燃料出装置流量，降低常压塔顶温度和喷气燃料馏出温度，稳定脱丁烷塔(或硫化氢汽提塔)和常压塔压力。

② 喷气燃料初馏点高，90%或干点、冰点低(所谓头重尾轻)。其原因是喷气燃料出装置流量小，常压塔压力高，常压塔顶温度高。调节时应提高喷气燃料油出装置流量，降低常压塔顶温度，稳定常压塔压力。

③ 喷气燃料初馏点低，90%或干点高，冰点高(所谓头轻尾重)，其原因是喷气燃料油出装置流量大，常压塔顶温度低，常压塔压力低。常压塔顶温度低，调节时应降低喷气燃料出装置流量，提高常压塔顶温度。

④ 喷气燃料密度、冰点与馏程互有矛盾。例如密度低，冰点低，干点高时，不能采用提高常压塔顶温度和增大喷气燃料出装置流量的做法，这样虽可提高密度和冰点，但干点会更高不合格。同样密度低、冰点高、干点低时，也不宜采用提高塔顶温度和减少喷气燃料出装置流量做法。这样有可能造成闪点不合格及收率低。遇有上述情况，应从设法提高塔的分馏效率入手，如适当降低一中段回流流量，增大塔顶回流流量，塔负荷不大情况下，增加塔底吹汽流量，吹汽如过大防止气速过高携带重组分也可减小吹汽量，检查柴油侧线抽出装置流量是否过

大，或柴油汽提塔吹汽量过大。

⑤ 搞好喷气燃料汽提，生产喷气燃料时，不允许直接吹进蒸汽，大都设热虹吸的再沸器，搞好热虹吸再沸器的操作，增大进出口温差，可以提高喷气燃料初馏点、闪点，有利于产品质量的控制。

57　影响重石脑油干点的因素有哪些？如何调整？

重石脑油干点波动主要是分馏塔操作不稳造成分馏效果变差。重石脑油抽出量不合理；塔顶拨出量过高或过低；重沸炉出口温度波动；重沸器管束泄漏；塔底液面波动；塔压力波动；反应转化率变化造成进料性质变轻或变重均导致重石脑油干点波动。

58　塔顶石脑油干点变化是什么原因？如何调节？

石脑油干点受塔顶温度、压力、进塔原料温度、进塔原料轻重变化、中段回流流量温度变化、侧线产品流量变化、塔底吹汽压力及流量、塔顶回流油是否带水及塔板堵塞情况的影响。塔顶回流量过少，内回流不足，分馏效果变差，会使石脑油干点发生变化。

塔顶温度是调节石脑油干点的主要手段，当塔顶压力降低时，要适当降低塔顶温度；压力升高时，要适当提高塔顶温度。

进塔原料变轻时，石脑油干点会降低，应当提高塔顶温度。中段回流流量突然下降，回流油温度升高，使塔中部热量上移，石脑油干点升高，应平稳中段回流流量。常一线馏出量过大，内回流油减少分馏效果不好，可引起石脑油干点升高，应稳定常一线馏出量，塔底吹汽压力高或吹汽阀门开度大吹汽量大，蒸汽速度高，塔底液位高，会使重组分携带引起各侧线变重，塔顶石脑油干点会变重。回流油带水可引起塔顶石脑油干点升高，要切实做好回流油罐脱水工作。塔板压降增大堵塞，应洗掉堵塞物，提高分馏效果。塔顶回流量过少，内回流不足，可使塔顶石脑油干点升高，应适当降低一二中段回流量，增大顶回流或循环回流流量，改善塔顶的分馏效果，使塔顶石脑油干点合格。

进料含水量增加时，虽然塔顶压力增大，但由于大量水蒸气存在降低了油气分压，塔顶石脑油干点也会提高，应切实搞好反应脱水工作。

59　如何调整柴油干点？

对于分馏系统适当调节柴油抽出量；稳定主分馏塔操作；控制好主分馏塔液面；控制好主分馏塔底重沸炉、稳定进料温度；联系反应岗位控好生成油转化率。

对于有减压系统装置还要控制好塔真空度和减压塔重沸炉出口温度。

在上述措施不奏效的情况下应考虑是否为塔内分馏效果不好，需要降量或停工检修。

60 产品干点高怎样调节？

产品干点是由油品中重组分含量决定的，干点高表明油品中重组分含量增加，即馏程中90%点及干点温度偏高，通常说尾部重。

塔顶产品干点高，可采用降低塔顶温度或提高塔顶压力使塔顶产品干点降低。

侧线产品干点高，可采用降低该侧线馏出量，使产品变轻、干点下降，也可采用降低该侧线馏出口温度来降低产品干点，也可通过降低该侧线上一侧线（或塔顶）馏出温度或馏出量来影响该侧线的馏出口温度，进而影响产品干点。

61 尾油空冷器偏流导致堵凝，如何处理？

对于尾油后路去低温罐的装置，由于尾油凝点高，送出装置要求在70~80℃，随着加工量的变化，外送尾油量也跟随变化，调整不及时，会造成尾油空冷器偏流导致堵凝，出现堵凝后应如下处理：①开大伴热蒸汽，并保证未转化油空冷器伴热蒸汽疏水畅通；②停堵凝一侧风机；③关闭百叶窗；④管线畅通后正常投用未转化油空冷器。对于尾油后路去高温罐的装置，正常运行时尾油走空冷旁路，尾油空冷器用柴油置换后，用柴油充满备用。

62 引燃料气如何操作？

引燃料气应按下面步骤进行：①检查燃料气管线，打开压力表、流量计等仪表引出阀，打通流程、打开相关调节阀、紧急切断阀和手阀，关闭各炉前手阀，打开低点排凝阀确认无明水后，关闭有关放空阀、排凝阀；②引氮气吹扫总燃料气管线，间断打开放空阀、排凝阀，确保置换彻底、管线不带明水，同时确认仪表指示正常；③采样分析，总管的含氧气量≮0.5%为合格；④引氮气气密，气密合格后泄压至常压；⑤联系有关单位，倒通边界盲板并气密相关法兰后，缓缓打开界区阀门，让集合管充满燃料气，然后引至炉前排火炬线进行置换，合格后准备点炉，一般先点炉外"小火炬"。

63 分馏加热炉点火步骤是什么？

目前加热炉一般烧燃料气（高压瓦斯），分馏加热炉点火步骤：①瓦斯引至炉前；②炉膛吹入蒸汽，待烟囱见汽3~5min停汽，联系化验对炉膛内可燃气体进行分析，化验分析合格。③打开烟道挡板，使炉膛为-30~-10Pa；④用点火棒逐个将长明灯点燃，注意点火棒需升至与长明灯相同高度，再缓慢打开瓦斯阀；⑤调节好风门和烟道挡板，逐渐打开火嘴瓦斯手阀，点燃火嘴；⑥调节风门、挡板、燃料油及雾化蒸汽，使火焰正常燃烧；⑦用同样的方法根据需要点燃其他火嘴。

注意：①加热炉在点火前必须首先把工艺流程打通，保证炉管和对流管内有介质流动，以防烧坏炉管。②若燃料阀打开 10s 还未被点着，则认为点火失败，必须用蒸汽重新吹扫炉膛，待采样分析合格后方可再次点火。③在低温小火苗控制时，烟道挡板和二次风门开度要尽量小些，以防将火抽灭。④点火过程中必须控制烟气的升温速度≤100℃/h。

64 加热炉熄火的原因有哪些？

塔底泵故障，仪表故障或流控阀阀芯脱落，塔底泵切换操作不当，均会造成炉管内冷流介质流量过低，联锁停炉；系统来或装置自产瓦斯波动，仪表故障或压控阀阀芯脱落，瓦斯过滤器或阻火器堵塞，以及增点或熄灭部分火嘴时操作不当，均会造成瓦斯压力过低或过高，联锁停炉；配风不足导致燃烧不充分、未点或熄火的火嘴泄漏瓦斯、瓦斯带油等原因导致二次燃烧，炉管破损导致可燃介质外漏燃烧，均会造成炉膛(辐射室顶部)温度过高，联锁停炉；烟道挡板故障关闭或误关、二次燃烧、介质外漏燃烧等均会造成炉膛(辐射室顶部)压力过高，联锁停炉；火焰检测器故障或火焰发飘，检测不到火焰，联锁停炉；系统来或装置自产瓦斯突发大量带液，未按要求做好日常脱液工作，均会造成燃料气分液罐液位过高，联锁停炉；炉管内冷流介质流量大幅波动，高负荷卡边操作时调整不及时，均会造成炉出口炉管内冷流介质温度过高，联锁停炉；炉烟道挡板开得过大，炉膛负压过高抽灭。

65 气体燃料炉过剩空气系数应控制在多少比较合适？

燃料炉辐射室空气系数在 1.10~1.25 较合适，在烟道中过剩空气系数 1.20~1.40 较合适。如果加热炉的过剩空气系数太大，热效率就会降低，炉膛内压力增高，火焰就会熄灭。烟气氧含量大，入炉的空气量增加，降低了炉膛温度，影响传热效果，同时烟气量增加，带走的热量增加，加热炉效率下降；烟气氧含量小会导致燃料燃烧不完全，燃料消耗量增加，加热炉效率降低。近年来逐步推广低氧燃烧技术，该技术通过在线实时检测烟气中的 CO 含量，用来控制加热炉的燃烧供风量(控制鼓风机变频、风道蝶阀开度、烟道挡板开度等)，来控制炉膛氧含量(或者辐射室过剩空气系数)。

66 加热炉为什么要保证一定负压？负压过大或过小有何危害？造成压力增高的原因有哪些？如何调节？

因为燃料燃烧时是需要一定的空气量的，而我们的炉子燃烧时所需空气是靠炉膛内有一定的负压自然吸进去的，如果负压很小，则吸入的空气就少，炉内燃料燃烧不完全，热效率低，冒黑烟，炉膛不明亮，甚至往外喷火，会打乱系统的操作。

危害：加热炉炉膛负压太小或出现正压会导致炉膛的火焰经看火孔、点火孔等部位外喷，容易造成伤人或火灾、爆炸事故。

造成加热炉炉膛内压力增高的原因：调风门开得过大过量空气太多；烟道挡板调节不当；余热锅炉引风机故障等。可以通过调节加热炉烟道挡板或烟道气引风机入口档板的开度来调整炉膛负压。

67 导致分馏加热炉出口温度波动的主要原因是什么？如何预防？

影响加热炉出口温度的原因：重沸炉循环量波动，燃料油压力或组成变化；燃料气带液；仪表控制失灵；炉膛温度变化；外界气候变化。

为了避免加热炉出口温度波动，在操作中应做到下面三点：①根据反应转化率和加工的油种对加热炉做适当调整；②稳定瓦斯和燃料油压力，燃料油伴热应经常检查，瓦斯应及时脱液，同时要求供瓦斯单位保持稳定的瓦斯压力和组成；③仪表故障应及时处理，处理期间外操应监视炉膛，并随时调节。

68 对于重沸炉，当塔底热量不足或太大时如何调节？

当输入塔的热量不足时，应升高重沸炉的回流温度，如果温度升到了极限，为了限制油过热裂化，必须加大重沸炉的循环量，维持在设计温度内。当输入系统的热量太大时，必须降低重沸炉的循环量或降低重沸炉的循环温度。

69 若重沸炉出口温度已达到限制值，热量仍然不足，应如何调整？

若分馏塔底重沸炉出口油温升到了限制值，热量供给仍不足时，应逐渐增加重沸炉的循环量，以防止油过热裂化，并控制在设计温度内。设计规定对分馏循环油加热温度不高于399℃，避免油品过热裂解而结焦。

70 如何正确拆装清洗火嘴？

以燃料气火嘴为例，拆装清洗火嘴的步骤：①关闭燃料气（瓦斯）阀门，熄火嘴，关闭相应的风门；②瓦斯管线上接临时氮气皮管，小流量置换；③拔出火嘴，用工具拆清火嘴；④拆清结束后，用蒸汽或氮气贯通吹扫；⑤将火嘴装上炉子，更换垫片；⑥瓦斯管线接临时氮气皮管小流量置换后，准备点火嘴。

71 加热炉炉管内结焦的原因是什么？有何措施？

造成炉管结焦的原因：①进料量不足或各路不均，炉管内油流速小；②火焰直扑炉管，造成局部过热；③仪表失灵，不能及时准确反映各点温度，造成管壁温度超高。为避免炉管结焦，每一路分支进料设有流量报警及联锁，每路分支出口管路上设有监测热偶，一旦出现流量不匀或分支温差过大可以及时调整。分馏炉设置每路低流量报警及联锁，可防止炉管流量不均匀时产生局部过热，严重时炉管变形；防止流量低时油在炉管内裂解，从而缩合生焦；防止炉进料中断时操作滞后导致事故，同时要求各路分支出口温差应≤6℃。

72　烟囱冒黑烟的原因及处理方法是什么？

原因：①炉管烧穿；②仪表失灵，燃料油控制阀全开；③瓦斯带油；④雾化蒸气压力突然下降；⑤烟道挡板、一二次风门及蝶阀开度不当，造成缺氧，使燃料燃烧不完全。

处理：①炉管烧穿，如果不严重，则按正常停工处理；如果严重烧穿，则按紧急停工处理；②仪表控制失灵，应立即改为手动控制；③如果瓦斯带油，应立即与有关单位联系处理；④在雾化蒸气压力下降后，应调整燃料油压力，使油达到良好的雾化；⑤根据燃烧情况，调节烟道挡板、风门及蝶阀开度。

73　加热炉加强管理的节能措施有哪些？

加热炉加强运行管理的节能措施有以下几个方面：防止空气漏入加热炉；控制过剩空气量；管理好燃烧系统；清理炉管表面积灰；加强保温，使用陶纤炉衬，减少炉体散热损失。

防止空气漏入加热炉。加热炉炉膛均为负压操作，因而空气会从任一缝隙处（如炉门、看火孔、弯头箱、闲置不用的燃烧器等）漏入炉内，一部分热量白白地用来加热漏入的冷空气，而使加热炉效率降低。空气漏入量与炉内负压和漏点的大小多少有关。

控制过剩空气量。过剩空气量的控制，对于自然送风的加热炉就是调节风门和炉内负压的控制。对于强制送风的加热炉是靠进风风道挡板的调节和炉内负压的控制。通过烟道挡板的调节，维持正常燃烧的情况下，将炉内负压控制到最小以减少进入炉内的空气量。减少过剩空气系数有以下效果：节约燃料用量、减少烟气流量、减少烟气流动压降、降低排烟温度（由于燃料用量减少）因而提高炉效率。但过剩空气量减少过低，会导致燃烧不完全，烟气中尘灰急增，使对流室积灰严重，增加烟气流动阻力，同时会使炉管表面受热强度不均匀。因此对于不同的燃烧（或油气）应控制适当的过剩空气系数。

管理好燃烧系统。燃烧不好会影响热效率，燃烧不好的原因很多，诸如所有燃料及其压力、温度、黏度、灰分硫含量，所用雾化蒸汽的压力、温度以及是否含有水分；所用燃烧器的容量，喷头大小；燃料与蒸汽是否充分混合。燃烧空气是否足够，是否与燃料充分混合；燃烧管路是否处于良好状态等。为了有效燃烧，燃料油以合适的温度、黏度和压力送往燃烧器。喷头前油温及其黏度会影响雾化质量、雾化蒸汽消耗量及焰型。油压会影响空气/燃料比，而空气/燃料比又直接影响消耗。压力过高，则燃料流量增加，在炉内及烟囱就会冒黑烟。

污垢往往穿过过滤器小孔进入燃料器将喷头堵塞而影响雾化效果，因此要定期清扫喷嘴。

清理炉管表面积灰。炉管表面积灰影响传热效率，因此在燃烧过程中应使用吹灰器经常吹灰，也可在停工期间使用蒸汽、压缩空气或热水吹洗炉管表面。表5-5 可以看出炉管清灰(人工刷拭和鼓风吹扫)后热效率提高数据。

表 5-5　炉管清扫效果

项　　目	设　计	清扫前	清扫后
负荷/%	100	100	100
排烟温度/℃	240	330~350	230~250
热效率/%	87	82	86~87

及时修补炉衬，减少炉体散热损失。炉墙表面温度应定期测定。根据测定的结果，停工检修时安排炉衬局部修补或更换，以减少表面散热损失。近年来加热炉辐射段一般选用陶纤衬里或复合结构衬里，对流段一般采用浇注料，但为减少散热损失和弥补浇注料裂纹对壁板影响，一般要求采用陶纤制品+防水纸作为背衬。

第三节　脱硫及溶剂再生操作

1　硫化氢的化学性质是什么？

硫化氢有如下性质：①H_2S 在空气中燃烧时，带有淡蓝色火焰，供氧量不同，生成物也不同。在常温下也可在空气中被氧化，因此 H_2S 是强还原剂；②H_2S 的水溶液叫氢硫酸，呈弱酸性，且不稳定，易因被水中溶解的氧氧化而析出硫，使溶液混浊；③H_2S 易与金属反应生成硫化物，特别是在加热或水蒸气的作用下，能和许多氧化物反应生成硫化物；④硫化氢的爆炸极限是 4.3% ~ 45.5%，爆炸范围比较宽，泄漏后容易出现爆炸事故。

2　目前脱硫溶剂的品种有哪些？

目前脱硫溶剂主要为 N-甲基二乙醇胺(MDEA)为主体的复合型脱硫剂。复合型脱硫剂一般是在 MDEA 的基础上加入少量的添加剂：如阻泡剂、防腐剂、抗氧化剂、活化剂等。

3 脱硫装置使用的高效复合脱硫剂有哪些主要特性？使用过程中怎样维护？有哪些指标？

特征：①脱硫剂有较低的凝点（-21℃），与水互溶，有利于配制溶液；②沸点较高（247℃），不易在脱硫过程中蒸发散失和夹带；③具有良好的选择性，能选择吸收 H_2S 和 CO_2 气体，而对其他气体吸收甚少；④具有良好的化学稳定性，使用中不易变质、发泡，不影响脱硫效果。

维护：①保证操作平稳，防止系统中易与胺液反应的气体带入，使胺液变质；②贫富液过滤器械的清洗维护，防止原料带入杂质，影响胺液的稳定性；③防止胺液中混入工业用水中的钙、镁（Ca^{2+}、Mg^{2+}）离子形成的 Ca^{2+}、Mg^{2+} 碳酸盐；活性炭过滤器正常运行，防止胺液中铁离子过高，影响胺液的稳定性。

国内复合型 MDEA 质量指标项目主要是外观、纯度、沸点、密度、冰点、折光率。

4 脱硫溶剂的选用依据有哪些？

脱硫溶剂的选用依据：①化学稳定性好；②腐蚀性小；③挥发性低；④解析热低；⑤溶液酸气负荷大等。在工业装置上选用气体净化溶剂时，除具备上述特点外还要考虑气体产品的需求，如选择性气体净化及有机硫的脱除要求，或释放气能否满足下游处理装置的原料标准。

5 醇胺类脱硫剂的特点有哪些？

醇胺中的羟基降低化合物的蒸气压，增加了在水中的溶解度，氨基则在水溶液中提供了所需碱性。醇胺中 MEA 碱性最强、DEA、MDEA 次之。MEA 、DEA 对酸性组分的吸收是没有选择性的即对 CO_2 和 H_2S 同时脱除，并能达到优质的净化效果。在通常的胺法脱硫过程中一般要首先考虑 MEA ，这主要是从气体的净化度方面着想。MEA 可以认为是吸收 H_2S 、CO_2 的一种较好溶剂，如果考虑其选吸性或反应热及降低设备腐蚀等方面，则可选择其他醇胺类。

6 脱硫剂中有机物污染物的主要来源有哪些？解决溶液污染的可能途径有哪些？

根据几种污染物的分析结果，溶液污染物中既有有机物，也有无机物。

有机物可能的来源：①原料气带入的凝析油和注入气井中的缓蚀剂；②脱硫溶剂不纯带入的有机杂质；③脱硫溶剂的降解产物。

无机物可能的来源：①原料气带入的污水和无机盐；②原料气集输设施的腐蚀产物（以硫化铁为主）；③脱硫装置内部的腐蚀产物；④溶液、清洗装置等不慎带入的无机盐。

解决途径：①原料气脱水，干气输送相应的标准、规范和措施。②加强溶液管理，包括：入厂溶剂质量检验，配制溶液必须使用去离子水，溶液用惰性气体保护，变质溶液复活处理等。③改进原料气过滤分离系统，选择高效的过滤器和分离器，将原料气带入的液、固态杂质分离去除干净确保干净原料气进入脱硫系统。④开展工艺操作条件和设备材质研究，将装置腐蚀降低到最低限度。开展溶液过滤工艺和设备研究，强化过滤操作管理，保持溶液清洁。

7 复合型甲基二乙醇胺（MDEA）溶剂与传统的其他醇胺脱硫剂（MEA、DEA、DIPA）相比其主要特点是什么？

复合型甲基二乙醇胺主要特点：①对 H_2S 有较高的选择吸收性能，溶剂再生后酸性气中 H_2S 浓度可以达到 70%（体积分数）以上。②溶剂损失量小，其蒸气压在几种醇胺中最低，而且化学性质稳定，溶剂降解物少。③碱性在几种醇胺中最低，故腐蚀性最轻。④装置能耗低，与 H_2S、CO_2 的反应热最小，同时使用浓度可达 35%~45%，溶剂循环量低，故再生需要的蒸汽量减少。⑤节省投资。因其对 H_2S 选择性吸收高，溶剂循环量降低且使用浓度高，故减小了设备尺寸，节省投资。

8 配制胺液浓度的计算公式是什么？

$$胺液浓度 = \frac{溶质}{溶液} \times 100\% = \frac{纯胺液}{纯胺液 + 除盐水} \times 100\%$$

9 胺液配制有哪些步骤？

①根据贫液贮罐需要达到的液位高度和需要达到的胺液浓度，计算需要加入的新鲜胺液量和除盐水量；②向溶剂配制罐加入新鲜胺液，当溶剂配制罐液位达到 60%~70% 时，启动溶剂配制泵向贫液贮罐内输送胺液，也可直接用气动隔膜泵将新鲜胺液打到贫液贮罐；③向贫液贮罐注除盐水，在保证各脱硫塔贫液流量的提前下，开大贫液泵返罐流量，促进胺液浓度混合均匀，分析胺液浓度，控制在 30% 左右。

10 MDEA 溶剂脱硫的反应机理是什么？

胺分子中至少有一个羟基团和一个氨基团。一般情况下，可以认为羟基团的作用是降低蒸气压和提高水溶性，氨基团的作用是使水溶液达到必要的碱性度，促使酸性气的吸收。正是因为胺具有弱碱性，因此在温度较低时可以与硫化氢、二氧化碳等酸性物质起中和反应生成胺盐，另外该反应是可逆反应，在较高温度时胺盐分解析出酸性气，使胺液得到再生。

11 胺发生物理损失有哪些途径？

①系统泄漏、飞溅和维修，这是胺损失的主要原因。②净化气中夹带的胺液到塔顶带出系统，当气速过高或气体通道的尺寸不当时，这种现象常会发生在吸收塔、再生塔或闪蒸罐出的洗涤罐内。③吸收塔或再生塔内难以控制的发泡会将胺夹带从塔顶带出系统。④留在报废滤芯、活性炭上和现场复活操作过程中会损失胺。⑤胺液黏度、沉降区的液体流速和沉降时间都会影响胺液处理器的夹带。⑥所选胺的溶解性会影响溶解在净化后液体产品中的胺的损失。⑦温度越高，所选胺的蒸气压越大，吸收塔或解吸塔的蒸发损失越大。

12 胺发生化学损失有哪些途径？

①处于温度极高的重沸器和热复活釜内的胺会发生热降解。胺处于高温条件下的时间越长，降解程度越大。②MEA 和 DEA 分别与 CO_2 形成降解产物。③MEA 和 COS 形成降解产物。④由于形成热稳定性盐，虽然系统实际上并没有损失胺，但从效果看，却从再生循环中损失了胺。⑤氧气不同程度地使胺降解。

13 溶剂再生溶剂起泡的现象是什么？

现象：①液面波动剧烈；②塔内压力波动大；③在液面计内可见大量的泡沫；④放出的溶剂有大量的泡沫。

14 降低胺液发泡损失的措施有哪些？

在操作过程中胺液会发泡，为了减轻发泡现象，可采取以下措施：①富液进入再生塔前全量过滤，贫液部分(建议控制 10~15%)经过过滤和活性炭吸附。②控制贫液入塔的温度高于气体入塔的温度 4~7℃，以防止重质烃的冷凝；可在干气入塔前设置水冷却器，使冷却后的干气分出冷凝的烃后再进入吸收塔。

15 为了减少溶剂损失，溶剂再生装置设计中采用哪些措施？

为了减少溶剂损失，溶剂再生装置设计中一般采用如下措施：①再生塔底重沸器热源采用低压蒸汽(0.35MPa)，以防止重沸器管束壁温过高，造成溶剂的热降解。由于脱硫剂沸点为 171℃，如果采用温度 250℃的 1.0MPa 蒸汽作为热源，一是脱硫剂汽化，无法进行硫化氢的解吸再生；二是脱硫剂极易分解和老化，尤其是在靠换热器管壁处；三是大于 138℃后脱硫剂酸性大增，设备腐蚀加剧，而采用 150℃的 0.3MPa 蒸汽既能满足工艺要求又能防止和避免以上弊病，是脱硫剂再生的理想热源。②溶剂配制及溶剂系统补水均采用除盐水，溶剂缓冲罐设有氮气保护系统避免溶剂氧化变质。③贫富液设置过滤和活性炭系统以除去溶剂中的降解物质，避免溶剂发泡。

16 溶剂吸收和解吸的条件有什么不同？

对吸收(气体脱硫)有利的条件是低温高压，而对解析(溶剂再生)有利的条件是高温低压。

17 脱硫设备的腐蚀形式有哪些？脱硫设备腐蚀的主要部位有哪些？

脱硫设备的腐蚀形式主要有：坑蚀、冲蚀、氢脆、电化学腐蚀等。脱硫设备腐蚀的主要部位有：循环氢富液管线(特别是节流、变径、弯头等部位)、贫液空冷、溶液再生塔顶部、塔顶酸性水分液罐、塔底重沸器、脱硫吸收塔顶扑沫网支梁、塔板、富溶液换热器等。

18 贫液为什么要进行过滤？

富液及部分贫液均设过滤设施，以防止溶剂发泡。一般情况下加氢与焦化脱硫富液再生系统分开单独设立，这是因为加氢含硫气和液化气硫含量虽然很高，但杂质含量非常少，有些装置对加氢胺液再生系统不设过滤器，即使设置过滤器，运行的周期也非常长，一般不需要清洗；焦化含硫气和液化气不仅硫含量高，而且所携带的杂质含量非常多，容易使溶剂发泡，影响脱硫效果，非常不利于装置的平稳运行，一般设置反冲洗过滤器。

19 贫液储罐液位升高的原因有那些？

①脱硫系统各塔、罐的液位过低；②干气、液态烃带水、带油严重；③冷却器、重沸器有内漏的现象；④与贫液相连接的水线、干气的洗塔线、蒸气线阀门有内漏的现象；⑤胺液起泡。

20 溶剂储罐水封的主要作用是什么？

将汽化出来的氨及硫化氢溶于水，避免有毒气体的外溢造成人员伤害及环境的污染。

21 在胺储罐顶通入氮气形成氮封保护的目的是什么？

为防止胺贮罐内胺液氧化变质。

22 为什么设富液闪蒸罐？富液闪蒸罐顶对罐顶闪蒸出的气体如何处理？

设置富液闪蒸罐的目的是除去气态烃和轻浮油，这些物质是导致胺液发泡的因素之一，并使再生效果变差。因此，在进入溶剂再生系统之前，应充分分离出这些杂物。

富液闪蒸罐顶排出的气体硫化氢含量也非常高，如果不经过处理直接排放到火炬或管网，将对后部系统造成很大腐蚀。为此，在富液闪蒸罐顶排放线上设置了一套贫溶剂回流系统，主要是用再生后的贫液注入富液闪蒸罐顶管线中，对排放的烃类进行脱硫处理，吸收了硫化氢的胺液回流到富液闪蒸罐内。经过贫液回流的处理使排放的烃类基本不含有硫化氢。

23 影响溶剂再生塔再生效果的主要因素有哪些？

影响溶剂再生塔再生效果的主要因素：①再生温度低，H_2S 不能很好地解吸；②酸性气外排背压高或者再生塔顶空冷、水冷管束堵塞，造成再生压力高，H_2S 不能很好地解吸；③装置胺溶液循环量小，造成溶液单位载荷过大；④再生塔塔盘故障，解吸效果差；⑤再生塔塔底重沸器内漏；⑥贫富液换热器内漏。

24 再生塔重沸器的温度控制对装置生产有何影响？

再生塔的作用是汽提出胺液中吸收的 H_2S 和 CO_2，所需的热量由再生塔重沸器提供。进入重沸器的蒸汽流量与重废器出口胺液蒸汽的温度进行串级调节。热量不足时，蒸汽流量增加；胺液蒸汽温度高时，蒸汽流量减少。一方面胺液蒸汽温度低将导致再生效果变差，溶解的 H_2S 和 CO_2 无法完全释放，造成贫溶剂的吸收能力降低；另一方面，蒸汽过量使得胺液蒸汽温度过高，造成胺的热分解，浓度降低，造成损失。过量的蒸汽还导致能耗增加，浪费能源。大约 $1m^3/h$ MDEA 溶液需 120kg/h 蒸汽。

25 分析压力对再生塔操作有何影响？

压力低有利于 H_2S 的解吸，以有利于再生塔的操作，但由于再生需要一定的温度，而在此温度下溶液有一定的饱和蒸气压，所以压力和温度有一对应关系，同时还要考虑酸性气出装置的输送问题等。

26 溶剂再生塔底温度的主要影响因素是什么？有何影响？

影响溶剂再生塔底温度的主要因素：①蒸汽压力及温度变化；②液面控失灵造成液面不稳；③富液进塔流量变化；④塔顶压力的变化和塔的压差变化；⑤塔回流量的变化。

再生塔底温度由调节塔底重沸器加热蒸汽量来控制，自动控制仪表阀。温度控制太低，胺液的解吸效果显著下降，再生效果差，贫液中 H_2S 含水量高，影响脱硫、尾气净化的效果；温度控制太高，将使塔顶温度较难控制，同时增加装置能耗，胺液高温组成易发生变化。

27 **再生塔顶温度如何控制？塔顶温度高低有何影响？**

再生塔顶温度主要由顶回流控制。温度控制太低，胺液的解吸效果显著下降，贫液质量变差，另一方面尾气吸收部分，半贫液中 CO_2 的吸收效果差，它存在于胺液中，将对干气脱硫，还原气的净化都有较大的影响；温度控制太高，加大了再生塔顶冷却器的负荷，同时回流量增加，易造成酸性气带水严重。

28 **再生塔顶回流量过大的原因是什么？**

回流量过大的原因：①塔底重沸器给的蒸汽量太大，出口温度给定太高；②塔底重沸器内部蒸汽泄漏；③顶回流水冷器内部泄漏；④操作指标不合理；⑤塔顶压力太低。

29 **再生后贫液中 H_2S 含量超高的原因是什么？**

再生后贫液中 H_2S 含量超高主要有如下原因：①再生温度低，H_2S 在该温度下不能很好地解吸。②胺液循环量太小，造成胺液负荷过大。③贫富液换热器漏，富液窜入贫液中。④顶回流太大，塔顶温度太低。

处理方法：①提高再生塔底温度。②提高胺液循环量，使胺液循环量与干气、液化气量相匹配。③查明内漏原因，请示停工检修。④查明顶回流太大的原因，恢复正常。

30 **脱后液化气中 H_2S 含量超标的原因有哪些？如何调节？**

原因：①原料气中酸性气量增加；②原料气量增大或流量不稳；③胺液循环量不足，贫液中酸性气含量高或胺液浓度低；④溶剂冷后温度高或压力波动导致吸收、抽提效果差；⑤酸性气负荷过大；⑥实际液面过低；⑦溶剂发泡、跑胺冲塔；⑧塔结垢堵塞或再生不正常，胺液脏等造成吸收、抽提效果差。

处理：①适当增大胺液循环量；②根据进料或富液－贫液的情况，及时调节胺液循环量，调整好再生操作；③增大贫液冷却器冷却水量，或适当降胺液循环量，控好塔的压力；④维持设计负荷或适当提高胺液浓度或溶剂循环量；⑤控制好塔液面至正常位置；⑥原料气暂时改出装置，溶剂进行再生处理；⑦适当置换胺液，控制稳定再生塔操作。

31 **再生塔发生胺液冲塔的原因是什么？**

①再生塔重沸器加热蒸汽量过大，导致温度超高，气相过大；②再生塔

液面波动大；③压控失灵，波动过大；④再生塔顶回流量过大后中断或回流泵故障。

32 在胺液浓度正常范围内，胺液循环量与浓度存在哪些关系？

胺液循环量与浓度对脱硫效果的好坏有直接影响，在胺液浓度稳定的情况下，增加胺液循环量，将有利于脱硫，但不能太大，造成浪费；胺液浓度较高时，可适当降低循环量，胺液浓度较低时，可提高循环量。

33 温度对干气脱硫塔有何影响？

干气脱硫塔是气液吸收塔。温度低时，一是 MDEA 碱性强，有利于化学吸收反应，二是使贫液中的酸性气平衡分压降低，有利于气体吸收；但如果温度过低，可能会导致进料气的一部分烃类在吸收塔内冷凝，导致 MDEA 溶液发泡而影响吸收效果。所以该塔顶温度控制在 38℃ 左右，而贫 MDEA 溶液温度一般要比这稍高 5~6℃，塔底为了防止溶液发泡则通过干气脱硫塔来的富液控制在 50℃ 左右。

34 压力对干气脱硫塔操作有何影响？

对干气脱硫塔，较高的压力有利于提高气-液的溶解吸收效果，但过高的压力，会导致部分烃类气体的冷凝，所以还须控制在一定的范围。

35 影响干气脱硫塔液面的因素有哪些？应做哪些相应调节？

影响液位因素：①干气脱硫塔贫液泵停运；②干气脱硫塔贫液流量控制阀失控；③脱硫塔内部塔盘堵塞，或浮阀卡；④脱硫塔液位控制阀失控；⑤贫液、富液过滤器堵塞；⑥干气带胺；⑦干气压力波动。

调整：①启用贫液备用泵，查明原因，修复停运的泵；②联系仪表工处理流量控制阀，现场改副线操作；③向车间汇报，请示停工处理；④联系仪表工处理，液控改现场副线操作；⑤过滤器改副线，用新鲜水反复冲洗过滤器，如仍不通，打开过滤器清理；⑥降低塔液面，提高塔压力；⑦联系反应、分馏岗位调整。

36 低温对液化气脱硫塔操作有何影响？

液化气脱硫塔是液-液抽提塔。它的基本条件是液相操作，温度高时，一是会汽化导致压力波动打乱操作，二是高沸点化合物在溶液中的积累速度增大，而直接影响吸收效果，所以低温时对液化气脱硫塔的操作有利。

37 干气、液化气脱硫效果差的原因是什么？采取哪些处理办法？

原因：①胺液浓度低；②相对干气量来说，含 H_2S 浓度太高，胺液循环量太小；③贫液中的 H_2S 太高；④干气带液，胺液中烃含量太高而起泡；⑤贫液入塔温度太高；⑥胺液使用时间长，太脏、降解物太多。

处理措施：①及时补充胺液调节浓度，同时查明浓度降低的原因及时处理；②适当提高胺液循环量，但不能太大，防止淹塔。③查明贫液中硫化氢浓度高的原因，如果是再生不好，提高再生塔底温度，贫富液换热器内漏，要停工检修。④加强干气脱液，同时联系反应、分馏岗位调整操作。⑤调整贫液冷却器操作，降低贫液出口温度。⑥加强胺液各过滤器的冲洗，发现胺液起泡，加阻泡剂，同时分析胺液的浓度。

38 干气脱硫塔、液化气脱硫塔串再生塔的原因有哪些？

①干气脱硫塔或液化气脱硫塔液面失灵或过低。②压力波动大，导致液面的大幅波动而压空。③干气脱硫贫液泵、液化气脱硫贫液泵故障及调节阀失灵造成胺液循环中断，滞后造成液面压空。

39 气体夹带造成胺液损失的主要原因有哪些？

①气体吸收塔直径偏小；②塔板操作处在设计压力以下；③塔板操作处在液泛点；④塔板堵塞；⑤分布器尺寸偏小或堵；⑥破沫网损坏。较高的夹带损失常常是气速高于设计值或压力低于设计值引起的，为了控制夹带损失，应保持较低的气速。

40 液化气带胺如何调节？

①联系前部岗位平稳操作。②为避免脱硫塔超负荷运行，需将部分原料气改出或调整负荷。③降低胺液循环量。④溶剂进行再生处理。⑤控制贫液冷后温度或降低原料气入塔温度。平稳各塔压力、液面。

41 以裂化干气脱硫系统为例简述冷胺循环的步骤，如何进行热胺循环？

冷胺循环：①联系生产管理部门引氮气对系统进行充压。②引氮气对裂化干气系统、胺液再生系统进行充压。③充压过程中应适当置换系统内的空气。④充压时再生系统压力不超过 0.1MPa，裂化干气系统压力 0.7MPa。⑤打开溶剂贮罐贫液出口阀，变通冷胺循环流程。⑥启动贫液泵和富液泵向裂化干气脱硫塔、闪蒸罐、再生塔内注胺，塔底液位到达 50% 液控投自动。⑦当再生塔液位达到 50%，投再生塔液控，待换热器内充满胺液后冷胺循环。

热胺循环：①在冷胺循环正常后，向再生塔重沸器注入蒸汽，以 10℃/h 的速度给再生塔塔底升温；②在胺液升温过程中，给上贫液冷却器和塔顶冷凝器循环水；③升温中投上塔顶分液罐液控，当塔顶分液罐液位至 50% 时，向再生塔建立顶回流；④检查各点温度、流量、液位是否正常，过滤器是否畅通；⑤当再生塔顶、底温度及胺液循环量正常后，热胺循环完毕，随时可准备对脱硫塔进行投料运行。

42 溶剂再生装置停工吹扫时应注意什么问题？

停工吹扫时应注意下面几个问题：①首先安装临时管线充分回收设备和管道里的胺液，再用适量的脱盐水进行冲洗并回收冲洗液，以上均回收到贫液贮罐里；②冲洗结束后再用蒸汽密闭吹扫，此时蒸汽凝液不能就地排放至含油污水系统，必须密闭回收，防止含胺高 COD 废水冲击污水处理场；③待凝液里没有明显胺液后，再安排专业厂家进行除臭操作，以减少除臭废水 COD；④密闭收集、转运除臭废液后，再进行蒸汽密闭吹扫，初期的蒸汽凝液不能就地排放至含油污水系统，必须密闭回收；⑤安全环保采样分析合格后，停止密闭吹扫，开始敞口吹扫，吹扫 8 小时后，安排专业厂家进行钝化操作；⑥钝化操作结束后，不再安排水洗或蒸汽吹扫，防止钝化层被破坏。

43 脱硫系统开工步骤有哪些？如何进行正常停工？

开工步骤：①按照各塔和容器的吹扫流程进行吹扫贯通；②贫液贮罐内的胺液是否满足生产需要，如需配胺，按胺液配制步骤进行配胺操作；③试压查漏，如有泄漏及时处理；④按各塔的操作参数进行充压；⑤按冷胺循环步骤进行冷胺循环；⑥按热胺循环步骤进行热胺循环，并达到规定温度；⑦待热胺循环完毕后向各塔引料，缓慢开启阀门，防止冲塔；⑧调整操作，各塔的温度、液位、流量控制在规定的范围，待产品合格后转入正常生产。

正常停工：①联系生产管理部门及上游岗位及其他装置，切断各塔进料；②用塔顶压控阀分别控制脱硫塔系统压力；③向液化气脱硫塔内注胺把液化气顶出脱硫塔，当液化气脱硫塔顶压控放空处见胺液时，停止胺液顶液化气；④胺液系统按正常操作循环，严格控制再生塔塔顶和塔底温度，4h 后联系化验，分析胺液中 H_2S 含量，当 H_2S 含量<0.1g/L 时，胺液再生操作完毕；⑤逐渐减少再生塔重沸器的加热蒸汽，再生塔塔底以 20℃/h 降温，降至 100℃以下时，停脱硫贫液泵，胺液系统停止循环，自然冷却；⑥胺液冷却启动富液泵，把脱硫塔内的胺液全部打入再生塔，汇同再生塔内胺液退至贫液贮罐；⑦启动再生塔顶回流泵把塔顶分液罐内液体全部打入再生塔后（或送至污水汽提装置），再退至贫液贮罐，打开各容器的放空点，使各容器内的胺液从退胺线回至溶剂配制罐，再打入贫液贮罐内；⑧停贫液冷却器和再生塔顶冷凝器循环水，并放净管壳内的水，按水洗和吹扫流程方案做好各部位的水洗吹扫工作。

44 溶剂再生装置开工转入正常生产后，需检查和确保哪些参数的正常以保证正常生产？

主要调整的参数：①调整再生塔的 MDEA 溶液的流量在设计的 30%～100%，调整贫液温度及 MDEA 浓度；②调整再生塔顶的压力；③调整至再生塔重沸器的蒸汽流量；④调整胺液过滤器的操作。

第四节　PSA 操作

1 什么是吸附？分为几种类型？

吸附是分离混合物的一种方式，它是利用多孔性固体吸附剂处理流体混合物，利用混合物中各组分在吸附剂中的被吸附力的不同，使其中一种或数种物质吸附于固体表面上达到分离的目的。

根据吸附表面和被吸附物质之间的作用力的不同，可分为物理吸附和化学吸附两种类型。

2 吸附有哪些步骤？

从动力学的角度看，吸附可分为以下几个步骤：①外扩散；②内扩散；③吸附；④脱附；⑤反内扩散；⑥反外扩散。

3 什么是变压吸附？

变压吸附（Pressure Swing Adsorption，PSA），是一种对气体混合物进行提纯的过程，以物理吸附原理为基础，利用两个压力上吸附剂对不同物质吸附能力的不同将杂质与提纯物质分离。变压吸附工艺是在两种压力状态之间工作的，杂质的吸附在高压下进行，在低压下解吸使吸附剂再生，而产品在两种压力状态下均只有少量吸附或不吸附，不断循环这种过程。

4 变压吸附气体分离技术有哪些优点？

① 产品纯度高：特别是对氢和氦等组分几乎能够把所有杂质除去；

② 工艺简单：原料中几种杂质组分可以一步除去不需预先处理；

③ 操作简单，能耗低：一般都在常温和不高的压力下操作，设备简单，吸附床再生不需外加热源；

④ 吸附剂寿命长：吸附剂使用期限为半永久性，停工检修期间只需少量补充，正常操作下吸附剂一般使用十年以上。

5　常用的吸附剂有哪几种?

常用的吸附剂主要有以下几种:硅胶、活性氧化铝、活性炭、沸石分子筛、碳分子筛等。

6　什么是吸附剂的孔容?

吸附剂中微孔的容积称为孔容,通常以单位质量吸附剂中微孔的容积来表示,单位是 cm^3/g。

7　什么是吸附剂的比表面积?

比表面积即单位质量吸附剂所具有的面积,单位为 m^2/g,吸附剂的表面积主要是微孔孔壁的表面积。

8　在吸附过程中,吸附塔分为哪几个区段?

附塔可分为三个区段:①为吸附饱和区,在此区吸附剂不再只吸附,达到动态平衡状态;②为吸附传质区,传质区愈短,表示传质阻力愈小(即传质系数大),床层中吸附剂的利用率越高;③为吸附床的尚未吸附区。

9　什么是吸附前沿(或传质前沿)?

在实际的吸附床,由于吸附剂传质阻力的存在,吸附质流体以一定的速率进入吸附床时,总是先在吸附床入口处形成一个浓度梯度,以此绘成的曲线便称为吸附前沿(或传质前沿),随着吸附质流体的不断流入,使曲线沿吸附床高度方向推进。

10　什么是吸附床流出曲线?

在吸附床中,随着气体混合物不断流入,吸附前沿不断向床的出口端推进,经过一段时间,吸附质出现在吸附塔出口处,以出口浓度-时间绘成的曲线叫做吸附塔流出曲线。

11　什么是穿透浓度和穿透时间?

在吸附塔流出曲线中,随着气体混合物不断流入,经过一段时间(t_c)后,流出气体中杂质浓度达到一定值(C_c)出现揭点,开始突然上升,这时的杂质浓度(C_0)称为穿透浓度,所对应的时间(t_c)称为穿透时间。

12　吸附剂的再生有哪些方法?

变温再生:高温下再生,低温下吸附。

变压再生：利用降压、抽真空、冲洗、置换等方法使吸附剂所吸附的杂质析出。

13 吸附剂的选择应遵循哪些原则？

①吸附剂对杂质良好的吸附性；②吸附剂对各组间的分离系数尽可能大；③吸附剂的吸附和再生之间矛盾的解决；④吸附剂应有足够的强度，以减少破碎和磨损率。

14 什么是氢气回收率？

回收率是变压吸附装置主要考核指标之一，它的定义是从高压吸附装置获得的产品中氢气组分绝对量占进入变压吸附装置原料气中氢气绝对量的百分比。

15 在变压吸附循环过程中分哪些基本步骤？

① 压力下吸附：吸附塔在过程的最高压力下通入气体混合物，其中杂质被吸附，需提纯物质从吸附塔另一端流出；

② 减压解吸：根据被吸附组分的性能，选用降压、抽真空、冲洗和置换等几种方法使吸附剂再生；

③ 升压：吸附剂再生完毕后，用产品气体对吸附塔进行充压，直至吸附压力为止。

16 什么是循环周期？

对一台吸附塔来说，一个循环周期就是指该吸附塔从吸附杂质开始，经过泄压再生以后，又到新的一次吸附杂质开始，完成这样大的工艺过程叫做循环周期。

17 什么是循环程序？

将吸附塔的循环工艺步骤周密合理地关联起来，实现 PSA 工艺得以循环进行的自动工艺阀门程序化的动作程序。

18 什么是步位？

步位是循环周期的程序基本单位，n 塔运行时，一个循环周期由 n 个分周期组成，而一个分周期由两个步位组成，每一步位的时间由步位定时器或吸附时间规定。

19 什么是吸附时间？

吸附时间指一个吸附塔在吸附步骤所经历的时间，其长短可以反映该吸附塔处理进料气的总量。在运转过程中，吸附时间是一个主要操作参数，分为能力和局部控制方式。

20 什么是分周期时间?

分周期时间指一个分周期所经历的时间,或者说是两个步位所经历的时间,分周期时间长短由吸附时间大小决定。

21 什么是保持?

在循环程序中,在某个工艺步骤结束而下一个工艺步骤开始之前,该吸附塔处于全封闭状态下,没有压力变化和物料流动,这种状态叫保持,它是循环过程中协调各吸附塔的步骤的一种过度状态。

22 影响 PSA 过程的主要因素有哪些?

影响 PSA 过程的因素有以下几点:

①进料带液:进料带液进入塔层后严重影响吸附剂对气体杂质的吸附性能,且再生困难,所以必须对进料气体进行严格的脱液。

② 进料组成:当氢气含量低于设计值(杂质增加)应相应缩短吸附时间,使产氢量下降,氢收率下降,若进料组成的规格不在设计范围内,还对吸附剂造成损害,影响其合作寿命。

③ 进料流速:流速低,应延长吸附时间以获得较高氢收率,流速高,应相应缩短吸附时间,保证产品纯度,PSA 的操作弹性较大,可在设计能力的 12% ~ 30%的任何流率下操作,并保证产品氢纯度。

④ 吸附压力:PSA 操作压力并非越高越好,在一定压力范围内,杂质吸附量增加而氢回收率提高,但在较高压力下,氢气的吸附量也相应增加,反而使回收率下降。

⑤ 进料温度:进料温度太低或太高都使氢收率降低,温度过高不利吸附,影响吸附剂寿命,温度太低再生困难,还有带液的可能,同样不利吸附剂。

23 吸附步骤结束后,吸附塔内是否充满杂质,上部存氢有何用途?

吸附结束后,吸附塔内只有部分装载杂质,吸附塔上部仍有未吸附杂质的吸附剂,同时存有纯净的氢气。上部存氢主要用于其他吸附塔再生之后的升压和对被吹扫塔提供纯氢气。

24 在不抽空而采用低压吹扫的过程中,为什么要控制氢气量先小后大的吹扫方式?

从工艺要求来讲,吹扫开始时被吹扫塔内杂质含量多,为了保持均衡的废气流量，需供吹扫气的流量小一些，到吹扫末期，被吹扫塔内杂质含量少，需供吹扫气流量高一些，保证吹扫效果。

25 什么是吸附时间最佳控制？

吸附时间的最佳控制既能保证高的氢气纯度，又能保证高的氢气回收率，同时吸附剂性能稳定，使用寿命长，通常高的进料流率应在较短时间下操作。

26 吸附时间的控制有哪些方式？

吸附时间(t_A)控制有能力和局部控制两种，局部方式控制时，t_A由操作员利用操作控制台键盘手动输入，这时吸附时间的控制通过新的吸附时间来实现，即根据改变的进料流量大小，输入与之相应的t_A；能力方式控制时，t_A作为进料流量的一个函数自动计算，因此t_A随进料量的变化及时自动调整，若进料量 不变要想调整t_A，可通过改变调谐系数A实现，A值可在80%～120%的范围内变化，增大A值，t_A增大，减小A值，t_A减小。

27 吸附时间的两种控制方式分别在哪些情况下应用？

吸附时间(t_A)是调整PSA操作中的重要因素，能力控制时，t_A随进料量变化及时自动调整，并在保证产品纯度条件下，使氢回收率保持在一个高水平上，因此，在正常生产中，能力控制方式是优先选用的操作方式，而局部控制方式一般应用于开停工或者进料组成急剧变化，或怀疑进料流量计有故障等异常情况下操作员根据进料大小输入合适的t_A，以便尽快得到合格产品，防止杂质超载的发生。

28 什么是和谐调整？什么是不和谐调整？

和谐调整是根据进料流率的大小调节t_A，使产品的平均纯度满足产品规格要求，同时保证氢收率，获得PSA装置最大效能。不和谐调整就是t_A处于局部方式，PSA采用一个较短的t_A进行循环，这种情况下产品纯度比规格要求好，而氢气回收率较低。

29 PSA 运转方式有哪些？各有什么特点？

PSA 运转方式有两种：自动步进和手动步进。

运转方式设定为自动时，屏幕状态、区域里步位号之后显示"AUTO"，循环程序由微机控制自动前进，即PSA装置接受来自压力和定位器信号的控制，自动按程序前行，所有对压力敏感的工艺步骤，如吸附、均压、排放、抽空等都被检查完成情况，若要求的工艺参数未被满足，程序将停滞在该步上，直到条件满足或改变运转方式人为使程序前进。

运转方式设定在手动方式时，循环程序立即停滞在此时的步位上，所有计时器都停止计时，程序前进由操作员手动控制，按下一次步进键，程序将前进一个步位，而不管工艺条件如何。

30 什么情况下应用自动或手动步进方式？

自动步进方式是装置运转方式，而手动步进方式一般用于装置停运或开工过程中，以及因故障自动程序停滞的情况下，如开工时可利用手动步进方式调整装置所处步位与开工步位一致，在首次开工中利用手动步进方式进行功能调试。

31 使用手动步进时，应注意哪些问题？使用不当会造成什么危害？

① 使用手动步进时，吸附塔的压力状况应与正被选定的前进步位相一致，若不一致，使用手动步进易造成吸附塔压力的快速变化，使吸附剂塔层压力突变，对吸附剂造成损害，甚至损坏阀门，堵塞仪表管线，导致操作性能变坏以至停车。

② 不应使装置停在手动步进的周期超长，否则易造成杂质超载，损坏吸附剂，使产品质量下降，并影响装置对压力变化的控制功能。

32 程控阀门的两种方式各有什么特点？

自动阀门操作是装置正常运转的阀门操作方式，阀门开关将设计的顺序通过控制单元自动地程序化控制。

手动阀门方式只适用于停运吸附塔，若装置8塔循环，手动阀门方式对操作不起作用，若设定了手动阀门方式，则停运吸附塔的阀门都通过手动打开或关闭，当阀门操作返回自动方式时，所有手动打开的阀门都将关闭。

33 阀门(程控)发生故障如何处理？

发生阀门故障是由于阀门不能按程序要求正常开关，因此导致工艺过程的混乱，并伴随出现排放，抽空或升压步骤的异常报警，所以一旦发生阀门故障报警，应及时根据各塔层的压力状况及报警内容，正确判断故障原因，请求切换或停车处理。

34 采用8-2-4工艺的PSA装置有哪些工艺过程可以进行切换？

以8-2-3工艺为例：8-2-3、7-2-2、6-2-2、5-1-2、4-1-1。以下切床相关条例均以8-2-3工艺为例。

35 PSA装置各工艺过程的切换方式有几种？各有什么特点？

各工艺过程的切换方式有自动切换方式和手动切换方式两种。

自动切换方式时，装置控制系统自动检查装置的运行情况，当阀门故障或模件故障时，控制系统能自动诊断并发生报警，必要时装置应从主工艺切换到替换工艺。

若切换方式设定在手动方式，需切换时必须由操作员从控制键盘发出切换指令，选择并输入需要的工艺过程代码，输入代码的 10s 内必须按过程启动键，以实现切换，控制系统将检查出目前步位中是否允许切换，若条件未满足，则装置继续按原工艺循环，直到达到条件，切换才能发生。

36 工艺切换时吸附时间如何控制？

PSA 在切换过程中，吸附时间由控制单元临时控制，系统从任何一种循环工艺切换到另一种循环工艺，切换一旦发生，给定的吸附时间将是正常能力控制时间的 80%，而在完成一个循环后，如装置已处在能力控制方式中，则吸附时间将自动回复到正常的能力控制吸附时间。如处于局部控制方式，则连续按计算的时间运转，直到吸附时间按手动改变，即输入一个新的吸附时间，如切换中输入新的吸附时间，控制系统将不接受这个时间。

37 什么原因可能导致切塔？

① 某个吸附塔控制阀的外部零件如电磁阀出现故障。
② 某个吸附塔的控制阀的阀门执行机构失灵。
③ 某个吸附塔的电磁阀输出模件发生故障。
④ 某个吸附塔的压力变送器内部故障。

38 切换完成后，是否需要调整吸附时间？为什么？

切换完成后应根据氢的收率大小，适当调整吸附时间，因为切换过程中，吸附时间由控制系统临时给定，是正常能力控制吸附时间的 80%，切换完成后，若吸附时间处于能力控制方式，则 t_A 自动恢复到正常的能力控制，但这时也有可能氢收率不高，若吸附时间处于局部控制方式，则将连续按计算的吸附时间运转，如不适当地调整 t_A，则吸附剂得不到充分利用，氢收率低，所以在切换完成后，在保证氢纯度前提下，适当调整 t_A，以获得高回收率。

39 何谓切换的最佳步位？

所谓最佳步位是指手动切换时选择的切换步位，切换前后的压力状况接近或相符，工艺步骤互相衔接，因此在最佳步位进行切换时整个系统的影响和改变最小，可以避免产生较大的工艺波动。

8-2-3/V 工艺过程步骤如下：

步序	1	2	3	4	5	6	7	8	9	10	11	12	13	14	15	16
T2023A	A	A	A	A	E1D/	E2D	E3D	D	V	V	V	V	E3R	E2R	E1R/FR	FR
T2023E	E1R/FR	FR	A	A	A	A	E1D/	E2D	E3D	D	V	V	V	V	E3R	E2R
T2023B	E3R	E2R	E1R/FR	FR	A	A	A	A	E1D/	E2D	E3D	D	V	V	V	V
T2023F	V	V	E3R	E2R	E1R/FR	FR	A	A	A	A	E1D/	E2D	E3D	D	V	V
T2023C	V	V	V	V	E3R	E2R	E1R/FR	FR	A	A	A	A	E1D/	E2D	E3D	D
T2023G	E3D	D	V	V	V	V	E3R	E2R	E1R/FR	FR	A	A	A	A	E1D/	E2D
T2023D	E1D/	E2D	E3D	D	V	V	V	V	E3R	E2R	E1R/FR	FR	A	A	A	A
T2023H	A	A	E1D/	E2D	E3D	D	V	V	V	V	E3R	E2R	E1R/FR	FR	A	A

注：A 吸附，E1D 一均降压，E2D 二均降压，E3D 三均降压，D 逆放，V 抽真空，E3R 三均升压，E2R 二均升压，E1R 一均升压，FR 产品气升压。

7-2-2/V 工艺过程步骤如下：

步序	1	2	3	4	5	6	7	8	9	10	11	12	13	14
T2023A	A	A	A	A	E1D/	E2D	D	V	V	V	V	E2R	E1R/FR	FR
T2023E	E1R/FR	FR	A	A	A	A	E1D/	E2D	D	V	V	V	V	E2R
T2023B	V	E2R	E1R/FR	FR	A	A	A	A	E1D/	E2D	D	V	V	V
T2023F	V	V	V	E2R	E1R/FR	FR	A	A	A	A	E1D/	E2D	D	V
T2023C	D	V	V	V	V	E2R	E1R/FR	FR	A	A	A	A	E1D/	E2D
T2023G	E1D/	E2D	D	V	V	V	V	E2R	E1R/FR	FR	A	A	A	A
T2023D	A	A	E1D/	E2D	D	V	V	V	V	E2R	E1R/FR	FR	A	A

6-2-2/V 工艺过程步骤如下：

步序	1	2	3	4	5	6	7	8	9	10	11	12
T2023A	A	A	A	A	E1D/	E2D	D	V	V	E2R	E1R/FR	FR
T2023E	E1R/FR	FR	A	A	A	A	E1D/	E2D	D	V	V	E2R
T2023B	V	E2R	E1R/FR	FR	A	A	A	A	E1D/	E2D	D	V
T2023F	D	V	V	E2R	E1R/FR	FR	A	A	A	A	E1D/	E2D
T2023C	E1D/	E2D	D	V	V	E2R	E1R/FR	FR	A	A	A	A
T2023G	A	A	E1D/	E2D	D	V	V	E2R	E1R/FR	FR	A	A

5-1-2/V 工艺过程步骤如下：

步序	1	2	3	4	5	6	7	8	9	10
T2023A	A	A	E1D/	E2D	D	V	V	E2R	E1R/FR	FR
T2023E	E1R/FR	FR	A	A	E1D/	E2D	D	V	V	E2R
T2023B	V	E2R	E1R/FR	FR	A	A	E1D/	E2D	D	V
T2023F	D	V	V	E2R	E1R/FR	FR	A	A	E1D/	E2D
T2023C	E1D/	E2D	D	V	V	E2R	E1R/FR	FR	A	A

4-1-1/V 工艺过程步骤如下：

步序	1	2	3	4	5	6	7	8
T2023A	A	A	E1D	D	V	V	E1R	FR
T2023B	E1R	FR	A	A	E1D	D	V	V
T2023C	V	V	E1R	FR	A	A	E1D	D
T2023D	E1D	D	V	V	E1R	FR	A	A
T2023E	A	A	E1D	D	V	V	E1R	FR
T2023F	E1R	FR	A	A	E1D	D	V	V
T2023G	V	V	E1R	FR	A	A	E1D	D
T2023H	E1D	D	V	V	E1R	FR	A	A

45 PSA 装置在什么情况下由 8 床切入 4 床？

① 奇数或偶数系列吸附塔的分用系统故障，例如阀门故障，压力变送器输入模件故障，电/气转换器输入模件故障，电/气转换器故障。

② 同系列两个以上吸附塔的工艺阀门故障。

③ 同系列两个以上吸附塔的压力变送器内部故障。

46 PSA 装置由 8 床或 6 床切入 4 床时，进料流量如何控制？为什么？

不论是手动或自动切换到 4 床操作时，PSA 控制系统将提供减少后的进料流量给定值，同时 4 床操作时，产品流量也将减少，因 4 床运转时任一时刻只有一台吸附塔处于吸附步骤，所以其处理能力相对 8 床和 6 床都小，如不及时降进料量给定值，易造成杂质超载现象，对产品纯度和操作性能造成不良影响，并损害吸附剂。

47 PSA 装置当 PSA 按 4 床操作时，为什么要关死停运吸附塔相关的隔离阀？

当 PSA 按 4 床运行时，要将停止运行的吸附塔上的出入口隔离阀以及与运行塔有联系的所有隔离阀门关闭，以便与停运吸附塔有关的单个工艺阀门在检修故障期间可以进行单独操作，而不影响其他的 4 床操作，不会使停运吸附塔压力波动，同时可以方便置换、吹扫和检修。

48 由 4 床或 6 床切回 8 床的意义？

由于 4 床、6 床运行时排入解吸气中的氢气要比 8 床运行时多，所以产氢量和氢气回收率都比 8 床运行时低，所以当停运吸附器故障或与之相关的故障排除后，应尽快切回 8 床运行，以实现装置的最高效能。

49 7 床切回 8 床有哪些操作步骤？

① 对停运吸附器进行升压，使之与吸附压力差在 0.05MPa 之内。
② 将停运吸附器上隔离阀打开，自控阀门方式设定为自动。
③ 操作 DCS 系统实现切换。
④ 调整解吸气压缩机、氢气压缩机返回量。

50 PSA 装置由 4 床切回 8 床有哪些操作步骤？

① 根据停运吸附塔原有压力状况，特别是具有吸附压力的吸附塔来选定合适的切换步位，并通过手动操作调整停运吸附塔的压力使之与所选的切换步位相一致。
② 打开吸附塔及管线上隔离阀。
③ 操作 DCS 控制实现切换，切换请示发出后，控制系统将自动检查每个可能的切换步位的压力，若 4 个停运吸附塔的压力与适当的切回 8 床的步位相一致时，控制系统将自动地切换至 8 床运行。

51 对停运吸附塔升压应如何操作？

① 关闭吸附塔出口端隔离阀，以免吸附塔被迅速升压，引起吸附剂的损坏。
② 在 DCS 操作画面上打开欲升压吸附塔上的产品气出口阀 A~H 阀。
③ 打开系列产品管线上的隔离阀，引入氢气。
④ 缓慢打开吸附塔上端隔离阀，使吸附塔压力缓慢上升至希望值，升压速

率不大于 0.35MPa/min。

⑤ 升压完毕后，关闭产品气出口阀 A~H 阀。

⑥ 全开吸附塔出口端隔离阀，以备吸附塔投运。将程控阀方式返回自动方式。

52 对停运吸附塔泄压如何操作？

① 关闭吸附塔进出口端隔离阀，以免泄压过快。

② 打开系列解吸气管线上隔离阀。

③ 打开降压吸附塔解析气阀门，缓慢降压。

④ 逐渐打开吸附塔进口端隔离阀，使吸附塔压力降至希望值，降压速度不大于 0.35MPa/min。

53 炼厂 PSA 装置原料气一般有哪些？

常见的有重整装置粗氢、制氢装置粗氢、加氢(裂化)装置低分气、其他 PSA 装置解吸气，此外还有歧化装置尾气、裂解汽油加氢装置尾气、气体膜分离装置尾气、加氢(裂化)装置干气、催化装置干气、焦化装置干气、渣油加氢装置循环氢等。

54 PSA 操作条件及产品情况怎样？

以某套以加氢(裂化)装置低分气为主要原料的 PSA 装置为例：

设计处理量：50000Nm³/h，原料气压力 1.3MPa；

产品氢气量：20000Nm³/h；氢气纯度≥99.9%(mol)；

产品氢气压力：1.25MPa，温度 40℃。

55 PSA 装置每台吸附器上配有几个程控阀？说明它们的作用。

PSA 装置每台吸附器上配有 7 个程控阀，编号分别为 XV1A~H、XV2A~H、XV3A~H、XV4A~H、XV5A~H、XV6A~H、XV7 各作用如下：

XV1A~H：原料气进口阀；

XV2A~H：产品气出口阀；

XV3A~H：产品气升压、一均阀；

XV4A~H：二均、三均阀；

XV5A~H：逆放阀；

XV6A~H：真空阀；

XV7：产品气升压公共阀；

A~H：吸附塔编号。

56 列表说明 PSA 装置吸附器压力变化情况。

列表说明：

序号	步序	操作压力/MPa	温度
1	吸附（A）	0.5	常温
3	一均降压（E1D）	0.5→0.35	常温
4	二均降压（E2D）	0.35→0.20	常温
5	三均降压（E3D）	0.20→0.05	常温
6	逆放（D）	0.05→0.01	常温
7	抽真空（V）	0.01→-0.08	常温
8	三均升压（E3R）	-0.08→0.05	常温
9	二均升压（E2R）	0.05→0.20	常温
10	一均升压（E1R）	0.20→0.35	常温
11	产品气升压（FR）	0.35→0.5	常温

57 吸附塔在循环过程中排放和抽空的目的是什么？三次均压的目的是什么？

吸附塔在循环过程中，排放和抽空的目的是排除吸附塔内的杂质，通过不断降低杂质分压，使绝大部分杂质解析出来，并排放到解吸气中去，使吸附剂实现再生，继续循环下去。三次均压的目的是对再生后的吸附塔进行升压，使其达到吸附压力，同时三次均压回收利用了泄压塔内的存氢气，使装置保持较高的氢收率。

58 每台吸附塔从吸附到产品氢升压结束，其吸附塔杂质量如何变化？

吸附步骤从开始到结束，吸附塔内杂质逐渐增加，吸附步骤后的降压(E1D、E2D、E3D)过程吸附塔内杂质总量没有增加，在排放和抽空过程中，吸附塔内杂质逐渐减少，抽空结束后，吸附塔内杂质量降低到最低限。在升压过程即E3R、E2R、E1R 吸附塔内杂质量无变化。

59 为什么顺流泄压过程中吸附塔内杂质界面上移？

因为压力下降时，被吸附的杂质可以脱附，这是物理吸附的主要特征，所以当吸附塔在顺流泄压时，随压力的不断降低，有一部分杂质脱附并随物流上移，同时又被吸附塔上部尚未吸附的吸附剂重新吸附下来，所以杂质界面上移。

60 如何使低的产品纯度恢复正常？

要使低产品纯度恢复正常，通常采用缩短吸附时间的操作来实现，如果吸附时间缩短到最小，产品纯度仍未恢复时，则须降低进料量，等产品纯度恢复正常后，应缓慢增加吸附时间提高产氢回收率，并调整进料量。

61 8床运转时，产品氢气升压步骤如何控制？

8床运转时，已均升完毕欲升压的吸附器上的 XV2353A 工艺阀通过转换器接受来自 DCS 的控制信号，使 XV2353A 不要关闭；同时，通过控制 XVC2357 和 HV2351 的开启速度来控制产品氢气的最终升压，以保持进料和产品氢气流量基本上恒定不变；随着升压与产品压力差的减少，XV2357 和 HV2351 工艺阀门逐渐开大；当规定的升压时间结束，进料与升压吸附器压差≤0.5kgf/cm² 时，升压完成，XV2357 和 HV2351 阀门关闭，XV2353A 阀门关闭，准备进入吸附步骤。

62 8塔运转时，排放步骤如何控制？

8塔运转时，排放步骤从步位 11~步位 12 结束。排放步骤是吸附器降压完毕后逆向泄压的过程。当步位 11 开始时，排放床的 XV2355A 工艺阀门接受打开信号，而本系列上的废气阀门 XV2356A 接受来自相转换器的信号，先后打开，将废气排放至逆放解吸气缓冲罐（V2024）和解吸气混合罐（V2025）中。在排放过程中，通过控制解吸气工艺阀门的开度，使排放床内的压力逐渐在设定的时间内降至 0.01MPa。

63 采用8-2-4工艺的PSA装置8塔运转中，废气（解吸气）系统运行有何规律？

PSA 在运转过程中，解吸气来自于排放和抽真空两个步骤，8塔运转时，任何时刻都有两个或两个以上吸附塔处于废气循环之中：

① 一个吸附塔逆放而另一个吸附塔在抽空。

② 两个吸附塔处于抽空过程。

③ 两个吸附塔处在抽空过程，一个吸附塔处于逆放过程。

64 PSA装置原料总进料如何控制？

PSA 进料量调节控制器，其给定值与 PSA 在线床数、吸附压力变化、运转中吸附床离线等有关，最终通过 DCS 实现 PSA 总进料在上限（120%）和下限（30%）的范围内选定给定值，由 PSA 自动调整吸附时间。

65 产品氢气压力如何控制？

PSA 产品氢气工艺压力是由压力调节控制器进行控制，其测量信号来自于压力变送器，给定值由操作员设定在适当工艺压力，测量值与给定值通过调节器经过 PID 作用，输出调节信号至压控 A 阀定位器，控制压控 A 阀处于适当开度，以调节产品氢气压力。

66　产品氢气压力异常，如何调节？

产品氢气压力主要由压力控制器控制。在产品氢气压力异常时，压力变送器也就将信号传送给产品氢气放火炬线压控 B 阀，由压控 A/B 阀共同动作保证产品氢气压力稳定，为吸附创造平稳的环境。

67　产品氢气出装置流量如何监测？

在产品氢气流量孔板上，通过流量变送器，将流量信号传送至控制系统，提供 PSA 装置的产品氢气输出量。操作员通过 DCS 画面，随时掌握产品流量情况。

68　为什么要设置原料气进料温度监测？

吸附剂的吸附能力随进料温度的变化而变化，在温度过高，易发生杂质穿透，低温时吸附剂解吸困难，这些都将导致产品纯度下降，使吸附剂使用寿命减少，所以装置工艺要求进吸附塔的原料温度在 40℃ 左右，同时设置了温度检测，进行计算机监控。

69　PSA 装置主要调节显示回路有哪些？

主要有以下几种：
① 压力单回路调节回路。
② 流量单回路调节回路。
③ 复杂回路调节回路。
④ 计算机按设定的开度曲线输出控制系统。
⑤ 程序控制系统。
⑥ 流量计量回路。
⑦ 成份分析系统。
⑧ 温度显示回路。
⑨ 压力显示回路。

70　PSA 进料流程如何保证进料气不带有液体？

为了保证 PSA 进料气中不带有液体，首先要求上游装置加强脱液，其次在 PSA 进料线上增设了原料气分离罐，进一步对进料气进行分离，尽可能地防止有液态水带入，近年新建的 PSA 装置的原料气分离罐顶部装填一层吸附剂用于强化脱液。

71　PSA 装置为什么要设置均压速度控制？

设置均压速度控制主要是为了防止吸附塔压力的快速变化，因为吸附塔压力变化太快将会引起吸附剂塔层的松动或压碎。由于吸附剂的压碎而产生的粉尘将通过吸附塔的拦截筛网渗漏出来，使得吸附塔的压降增加，并且还可能损坏工艺阀门的阀座，堵塞仪表管线，使装置的操作性能变得十分恶劣，甚至会导致停车。塔层的松动使通过吸附塔的气流分布不均，从而影响吸附剂性能，使产品纯度下降，对 PSA 操作性能带来不利的影响因素。

72　最快地净化吸附塔的方式是什么？

将吸附时间设定到最小，产品流量降低到零，使全部进料都被循环到废气中去，以得到最大限度的净化，这时的进料流量较低。

73　吸附塔处于什么操作状态下对吸附剂造成危害？

① 进料中有设计规定种类以外的杂质。

② 进料中夹带有液体或固体进入吸附剂塔层。

③ 正常运行中出现降压或升压速度过快，超过了 $3.5(kgf/cm^2)/min$。

74　什么是吸附剂杂质超载？对吸附剂有什么危害？

在氢提纯过程中，把 CO、CO_2、CH_4、C_2H_6 等不需要的组分统称为杂质，在一定的工艺条件下，每个循环中被吸附剂吸附的杂质超过吸附剂的设计允许吸附能力，或者被吸附的杂质不在设计规格内，而引起产品纯度下降，控制功能失调等一系列的危害，这种现象称杂质超载。

杂质超载不仅使产品质量下降，影响装置对压力变化的控制功能，而且若是由高相对分子质量的杂质或夹带液体造成的杂质超载，则会给吸附剂带来致命的损害。

75　造成杂质超载的原因有哪些？

① 每周期循环时间过长，使每周期吸附塔的杂质容量超过允许值，造成杂质超载。

② 不适当地使用"手动步进"方式，人为地延长了每周期循环时间，造成杂质超载，所以在使用手动步进时应注意。

③ 阀门泄漏造成杂质超载。

④ 进料组成超出规格要求，如杂质浓度成分不在规定范围内。

⑤ 夹带液体(或水)被强烈吸附在吸附剂上，降低吸附剂的吸附能力，而且

难以脱附。

⑥ 进料温度过高或过低易造成杂质超载。

76 如何防止杂质超载？

① 根据实际进料流量大小及时调整吸附时间或者降低进料流量。

② 使用手动步进方式时，要避免装置停留在手动步进的周期过长。

③ 认真巡检，及时发现泄漏的阀门，并切换替代工艺管线。

④ 若分析进料中杂质浓度高，应缩短吸附时间(t_A)和降低进料量，若杂质成分特殊，应及时切出 PSA。

⑤ 进料气进装置前应进行严格的脱液分离，原料气分液罐应定期切液。

⑥ 对原料气加温器加强调节，确保进料温度正常。

77 模件失效，故障报警如何处理？

非危急的输入/输出(I/O)模件出故障时，将发出报警，报警出现后应及时联系仪表工检查处理，若不能在运转中排除，则应切换处理，有些模件失效可导致阀门故障。所以模件故障报警有时会伴随阀门故障等其他报警，一般不需进切换处理。

有些模件失效后，PSA 会自动停车，应及时联系仪表工查找原因，更换失效模件，PSA 按短暂停车处理，停车条件消除后应使停车联锁复位，系统重新开工。

78 发生仪表风压力低限报警后如何处理？

① 首先检查现场仪表风压力是否正常。

② 内操调出故障报警，查找压力开关及 A/O 模件是否有故障。

③ 报警条件修正后确认，消除报警。

④ 如果仪表风压力确实下降，DCS 系统将启动自动停车。

79 为什么要设置液压油压力低限报警？

PSA 运行时，工艺步骤的切换要靠工艺阀门的开和关来实现，若液压油压力过低，将造成工艺阀门开度不足，PSA 程序对阀门控制失灵，从而影响正常循环程序的进行。

80 什么情况下发生长周期循环报警？

当处在吸附步骤的吸附塔吸附时间达到设定吸附时间的120%时，就会发生长循环时间报警，若逆放、抽空、升压等步骤延长，也会导致长循环时间报警。

81　为什么要设置长循环时间报警？

每台吸附塔所能容纳的杂质量是一定的，若吸附步骤的时间过长，进入吸附剂塔层的杂质就会过载，产品纯度下降，严重过载时就会造成吸附剂永久损坏，而 PSA 装置正常运转的关键是防止吸附剂受损，所以设置长循环时间报警。

82　发生长循环时间报警后应采取什么措施？

当发生长循环时间报警后，处理的最重要原则是保护吸附剂不受损害，所以报警后一定时间内，PSA 装置可能停车，当发生报警后，应根据生产能力大小，采取不同的措施。

（1）装置在小生产能力时，报警后必须按报警恢复键，避免停车，赢得处理时间。

（2）装置在最大负荷下运行时，且吸附时间与进料流量相适应，保持高的氢回收率，由于有吸附剂永久性损坏的危险，不能按报警恢复键，应做停车处理或及时降低处理量。

83　引起程控阀门故障的原因有哪些？

① 阀门执行机构故障；② 电磁阀故障；③ 电回路故障；④ 主管道泄漏；⑤ 去阀门定位器的电或气信号中断；⑥液压油温度过低。

84　程控阀门故障怎样监测？

阀门故障是通过工艺阀门执行机构上的阀检模块来监测，在某一工艺步骤切换到另一工艺步骤时，相关的阀门动作和压力变化，所以在循环的每一步骤，阀检模块都会检查阀门的位置。

85　什么情况下发生阀门故障报警？

答：当阀检模块检测到的阀门位置与工艺阀门的实际所处步位位置不一致时，将发生阀门故障报警，在控制图上出现红色闪烁。

86　阀门故障报警后如何处理？

如果发生真实的阀门故障报警，则应立即切换至替换工艺。若装置以 10 塔自动切换模式循环，根据阀门故障原因和出故障的具体阀门，将自动切至 8 塔或 5 塔操作，若装置以别的工艺过程运转，仅发生报警，操作人员应立即查明情况，切换至适当工艺过程。

87 检测吸附塔阀门泄漏的方法有哪几种？

检测吸附塔阀门泄漏的方法有两种：① 压力比较法；② 吸附时间比较法。

88 怎样用压力比较法检测吸附塔有泄漏阀门？

压力比较法是通过几个吸附塔或全部吸附塔，在某个相同部位完成某个相同的工艺步骤时的压力水平进行比较，例如在均压开始升高时，若某个吸附塔压力与其他吸附塔压力不同，就可确认此吸附塔有阀漏，是漏入或漏出，操作人员通过与正常运行时压力作比较，就可以确定。

89 在利用吸附时间比较法判断哪一个吸附塔有漏阀时，装置为何要按局部方式控制操作？

为了排除吸附时间的变化是由于自动能力控制时进料流量的波动而起的，所以应将吸附时间的能力控制改为局部控制，以便能确定吸附塔吸附时间变化是由于吸附塔有阀漏引起的。

90 以吸附塔（A 床）有一阀门泄漏为例，说明怎样利用吸附时间比较法检测？

如果吸附塔（A 床）有一阀门泄漏，则该吸附塔的升压时间延长，此时处在吸附步骤的吸附塔的吸附时间比别的吸附塔长，当步位前进一步时，DCS 系统将给出一个比正常值高的升压流量给定值供吸附塔升压用，导致 B 床升压时间比正常值短，到下一个周期时升压时间又恢复正常，最终结果将导致 A 床有一较长的吸附时间，A 床有一较短的吸附时间，GH 塔位于中间，这是 A 床阀泄漏的一个指示。

91 检查出某吸附塔阀门泄漏后如何处理？

检测出某塔有阀漏后，应立即切出该床所在系列，然后将阀门泄漏的吸附塔压力降至 $0.1 kgf/cm^2$（$1 kgf/cm^2 = 98.066 kPa$），按试漏程序确认哪一阀门出了故障。

92 PSA 装置停循环水的原因、现象，如何处理？

停循环水的原因：循环水管网停水；水管线或阀门故障。

现象：真空泵冷却水停供，真空泵无法正常运转；进料冷却器循环水断，原料进料温度上升报警。

处理：内操切换紧急停车程序，关闭各吸附塔所有程控阀门，吸附塔保压；停各真空泵，使之处于备用状态。

93 PSA 装置停电的原因、现象是什么？如何处理？

停电原因：① 电站或线路故障；② 全厂电压过低及线路电压波动；③ 雷击

风雪致使输电线路受到破坏。

现象：① 真空泵和压缩机等停止运转；② 照明灯熄灭，电气部分停止工作。

处理：① 停电后，UPS 能继续保持 30min 为 DCS 系统供电；② 停电发生后，DCS 系统自动切换停车程序，所有程控阀处于关闭状态，DCS 系统记忆停电瞬间各吸附塔所处步位；③ 外操应将所有真空泵处于备用状态；④ 氢气产品压缩机和解吸气压缩机处于备用状态。

94　PSA 装置初次开工分哪几大步骤？

① 设备管线大检查；② 压缩空气爆破吹扫；③ 吸附剂的装填；④ 氮气气密；⑤ 氮气吹扫、置换；⑥ 原料气升压；⑦ 采用手动循环进行粗调；⑧ 采用自动循环进行细调；⑨ 切换系统功能调节。

95　如何装填吸附剂？装填时应注意什么？

① 做好准备工作：搭好支架及脚手架，安装、调试好装填工具。装填应选晴天，同时备好雨布。装填前，应在吸附塔内的器壁上标出每一种吸附剂高度标记。检查所装填吸附剂的破碎情况，如果粉尘与破碎率较高，则需过筛。拉好非净化风胶皮管，脱水干净。

② 装填吸附剂：吸附器内插入非净化风胶皮管，使吸附器内呈微正压状态，严防湿空气进入吸附剂床层。活性炭采用密相装填，其余吸附剂采用普通装填。普通装填时通过漏斗及漏斗底部的无底布袋倒入吸附剂，装填距离不能超过 1 米，装填速度控制 3t/h 左右。装填过程中，根据情况随时检查吸附剂料面，观察料面斜度和平整情况，测量床层高度，计算装填密度，与设计密度比较，及时调整装填操作。

③ 每装填完一种吸附剂，要量出所剩高度，并抹平后铺浮动不锈钢丝网，再装填另外一种吸附剂。为消除吸附剂粉尘，在装填过程中用真空泵抽吸器内粉尘。

④ 当装填至将近塔顶时，用棍子设法将吸附剂捣实，并再补充一些吸附剂，直至坚实，最后装上花板或滤网，并清除其上面的吸附剂颗粒。

⑤ 校对装填数量，并填写装填记录。

96　PSA 装置工艺管线投用前怎样吹扫？

由于 PSA 装置所用吸附剂物质的吸水性很强，一旦吸水就很难脱附再生，而且吸水后易碎裂，所以 PSA 装置的工艺管线吹扫要用压缩空气而不用蒸汽，具体方法如下：

① 吹扫前，应拆除各管道末端盲板，将各调节阀、节流阀、流量计等拆下，

待吹扫后复位，以免损坏阀芯。

②吹扫时，按流程走向依次进行，管道吹扫应有足够流量，吹扫时不得超压。

③吹扫时，用橡胶锤或木锤敲打管子，对焊缝、死角和管道底部应重点敲打，但不得用力过锰，不得损坏管线。

④吹扫完毕时，在气体出口处用白纱布进行检查，直至气体出口处干净为止。吹扫合格后，填写吹扫作业票。

97　PSA装置氮气气密的目的是什么？有哪些要求？

PSA装置设计压力较高，而且属临氢系统，所以必须用氮气气密，检验阀门、法兰及设备、焊口等，气密工作的好坏直接影响到长周期运转及安全生产，因此，对气密工作必须严格要求，认真对待，绝不遗漏一个气密点。

要求有以下几点：

①气密试验前，所有参加气密的设备、管线、阀门、压力表等附件及全部内件应装配齐全，并经检查合格。

②启用装置内的安全阀。

③准备好气密工具、盲板，各点加、拆盲板应由专人负责登记。

④气密试验时，缓慢升至设计压力(不得超压)至少保持30min，同时涂肥皂水检查所有焊缝和连接部位有无微量气体泄漏，无泄漏不降压为合格。

⑤发现问题应认真做好记录，于泄漏处做好记录，待泄压处理后再进行气密试验，直到无问题为止。

⑥氮气气密完毕后，系统泄压至0.05~0.1MPa。

⑦注意安全，严防氮气泄漏后隔绝空气，造成人员窒息。

98　如何进行PSA装置氮气置换？

①引氮气进装置，注意压力不能太高，氮气不能带水或油；

②系统内各相关设备的各连通阀要打开；

③各低点排空阀、放空阀均应打开排凝放气，掌握好阀的开度，直到设备内氧含量分析合格；

④置换完毕后，系统保压0.05~0.1MPa。

99　PSA装置氮气置换的目的是什么？有哪些要求？

为了确保开工安全顺利，PSA所产生氢气中不能带有氧气，否则易产生爆炸性气体，因而系统内的空气必须要用氮气置换出来。

要求有以下几点：

① 氮气赶空气后，系统中氧气含量不大于 0.3%；

② 系统中没有其他烃类。

100　水环真空泵的工作原理是什么？

① 水环泵的叶轮偏心地安装在泵体内，起动前向泵体内注入一定量的水。

② 叶轮旋转时，水受离心力作用，在泵体壁内形成一个旋转液环，叶轮轮毂与水环之间形成一个月形空间(图 5-4)。

③ 在前半转，两叶片与水环之间的密封空腔容积逐渐缩小，气体被压缩并由分配板的排气口排出，部分水环水亦随之带走。

④ 在运行过程中，必须连续向泵内供水，以保持泵内液环稳定地工作。

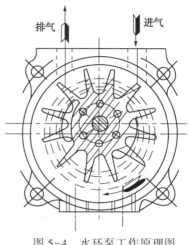

图 5-4　水环泵工作原理图

101　水环式真空泵的特点是什么？

① 水环式真空泵的构造简单，结构紧凑，无机械磨损，设备使用寿命长，经久耐用，操作简单，转速低，适用于抽无颗粒、无腐蚀、不溶于水的气体。

② 其效率比较低，只有 0.3~0.60。

③ 在运行中，因排出气体的同时也会带走一部分水，为了保持泵内水环的活塞作用，必须定时向泵内补充水，操作温度不能大于 60℃。

102　PSA 装置停工有几大步骤？

① 切出产品氢气出装置阀门，低进料量高速循环，以达到净化吸附剂的目的；

② 切断进料，继续循环，装置逐渐降压；

③ 停止循环，利用真空泵对 PSA 吸附塔进行抽真空处理；

④ 引无水、无油的氮气吹扫置换装置，吹扫气由安全阀副线放火炬线，产品线也引入氮气吹扫至火炬线；

⑤ 当化验分析各容器、管线中氢气和烃含量 0.2%(摩尔分数)，吹扫完毕，系统保压至 0.05~0.1MPa。

103　如何进行 PSA 装置的紧急停工和重新开车？

① 启动 DCS 控制的紧急停车程序，各程控阀门自动处于全关状态，系统

保压;

②停各在运真空泵，并使之处于备用状态；

③停各在运压缩机，并使之处于备用状态。

接到开车命令后，开车步骤如下：

①开启真空泵，准备吸附剂的抽空再生；

②DCS系统启动开车方式，并进行各工艺参数的细调；

③启动解吸气、氢气压缩机，回收解吸气去轻烃回收系统；

④调整操作至平衡、正常状态。

104 氢气回收率如何计算？

如果进PSA装置的原料气流量18438Nm³/h，其中氢气为54.42%，产品氢气流量为10140Nm³/h，其中氢气含量为95%，试求氢气回收率。

解：设氢气回收率为η，则：

$$\eta = \frac{\text{产品氢流量} \times \text{氢气含量}}{\text{原料气流量} \times \text{氢气含量}} \times 100\%$$

$$= \frac{10140 \times 95.0}{18438 \times 54.42} \times 100\% = 96\%$$

105 解吸气的流量和解吸气中 H_2 含量如何计算？

PSA装置8塔运行时，总进料流量为18438Nm³/h，进料中H_2含量为54.42%，试计算当H_2收率为96%时，解吸气的流量和解吸气中H_2含量(产品H_2纯度为95%)？

解：解吸气流量=总进料流量-产品H_2流量

$= 18438 - 18438 \times 0.5442 \times 0.96 \div 0.95$

$= 8298(\text{Nm}^3/\text{h})$

$$\text{解吸气中氢气含量} = \frac{\text{解吸气中氢气量}}{\text{解吸气量}} \times 100\%$$

$$= \frac{18438 \times 0.5442 \times (1 - 0.96)}{8298} \times 100\%$$

$$= 4.8\%$$

解吸气流量为8298Nm³/h，其中H_2含量为4.8%。

第六章 加氢裂化设备

第一节 泵和压缩机

1 什么是压缩比？

压缩机各缸出口压力(绝压)与入口压力(绝压)之比称为该缸压缩比。

$$\varepsilon = P_{出}/P_{入}(绝对压力)$$

往复式压缩机适用于吸气量小于 $450m^3/min$ 的场合，它适合于低排量、高压力的工况。每级压缩比通常 2~3.5，作为氢气压缩机，一般控制在 2.5 以下较为合适。更高的压缩比会使压缩机的容积效率和机械效率下降。排气温度也限制了压缩比的增高。过高的排气温度会减低润滑油的黏度，使气缸润滑性能恶化。美国石油学会标准 API 618《石油、化学和气体工业往复式压缩机》中规定：输送富氢(相对分子质量小于或等于 12)的往复式压缩机排气温度不能大于 135℃。

2 什么是多变压缩？什么叫等温压缩？什么叫绝热压缩？

多变压缩：压缩时气体温度有变化，且与外界有热交换现象。

等温压缩：气体在压缩时，温度始终保持不变，即压缩时产生的热量及活塞与气缸摩擦时产生的热量全部被外界带走。

绝热压缩：气体在压缩时与周围环境没有任何热交换作用，即压缩机产生的热量全部使气体温度升高，而摩擦产生的热量全部被外界带走。

3 按工作原理分压缩机可以分成哪两大类？各自的工作原理如何？

压缩机可分为容积式压缩机和速度式压缩机。

容积式压缩机工作原理是依靠气缸工作容积周期性变化，使气体容积缩小，气体密度增加，从而提高气体的压力。

速度式压缩机工作原理主要依靠在高速旋转叶轮的作用下，得到巨大的动能，然后在扩压器中急剧降速，使气体的动能转换成所需要的压力能。

4 往复式压缩机和其他形式的压缩机相比，有哪些优缺点？

优点：①压力范围广，从低压到高压都适用；②效率高；③适应性强，排气量可在较大范围内变化，且气体的密度对压缩机性能的影响也不如离心式那样敏感。

缺点：①外形及重量大，易损件较多；②排气不连续，气流有脉动。

5 根据活塞式压缩机的理论循环功示意图，用图解法说明每一理论循环功的组成。

往复式压缩机压缩气体分为压缩、排气、膨胀、吸气四个过程，如图 6-1 所示。

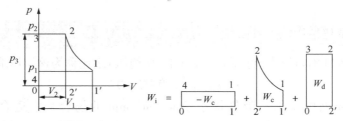

图 6-1 往复式压缩机理论循环功示意图

由图可见，理论循环指示功为图中三部分面积的代数和：

① 面积 4-1-1′-0-4，即吸气过程中，压力 p_1 的气体，推动活塞作功 W_s；

② 面积 1-2-2′-12-2，即压缩过程中，活塞对气体所作的功 W_e；

③ 面积 2-3-0-2′-2，即在排气过程中，活塞推动气体排出气所作的功 W_d。

在压缩机中规定：活塞对气体作功为正，气体对活塞作功为负。

则理论循环功应为：$W_i = -W_s + W_c + W_d$

往复式压缩机通过曲轴箱从电动机获得驱动力，因此曲轴既负担了传递动力的作用，同时又起到使各级活塞运动状态相交叉的作用。机体通过轴承支承着曲轴，而机体本身又是一个密封的箱体，以保证润滑油在机内的流动贮存。连杆与十字头是用来将曲轴的旋转运动转变为活塞的往复运动的部件。例如，曲轴转动时使活塞从缸体外侧往十字头侧移动时，活塞外侧端的气缸内体积增大，缸内压力低。缸体内的入口阀就会受入口管道内的气体作用而打开吸气，而活塞内侧则由于气缸内体积变小，缸内气体压力升高到一定压力时，缸体上的出口阀打开，气体被压送出去，这样一个吸气和压缩的过程就结束了，接着又向相反方向进行，如此反复，即单缸双作用往复式压缩机的工作原理。

6 往复式压缩机的传动部分结构包括哪些部件？

往复式压缩机的传动机构指飞轮、曲轴、连杆、十字头、大头瓦、小头瓦，如图 6-2 所示。

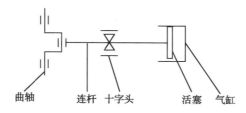

图 6-2　往复式压缩机的传动部分结构示意图

7　设计压缩机时应遵循哪些原则？

① 对于高压和富氢，且压比较大的工况，一般选用往复式压缩机。压比小的工况，一般选用离心式压缩机。

② 迷宫式往复压缩机的活塞杆处采用填料密封，曲轴处可根据要求采用填料密封或机械密封。

③ 往复式压缩机的额定流量应等于最大流量的 1.03 倍，最大流量由工艺确定，流量的控制范围根据工艺条件确定。

④ 往复式压缩机的易损件较多，如气阀、活塞环、填料、十字头滑靴等，易造成往复式压缩机连续运行周期短，故应设置备用机组。

⑤ 往复式压缩机一般采用增安型或隔爆型电动机驱动，电动机的冷却可采用循环水冷却或空气冷却。

⑥ 往复式压缩机的气缸和活塞填料函的冷却采用专门软化水站提供的软化水冷却；较小的机组冷却采用循环水。

⑦ 压缩机的段间冷却器采用循环水冷却。

⑧ 离心式压缩机运行可靠，使用周期较长，不设置备用机组。

⑨ 压送易燃、易爆或有毒气体的离心式压缩机的轴封应采用串联的干气密封。

8　往复式压缩机各级压缩比调节不当有什么影响？

压缩比是压缩机设计及操作中的一个重要参数。对同一个气缸和同一种介质，压缩比越大说明工作条件越苛刻，各部件的受力就越大。又因为余隙容积的存在，压缩比越大，气缸的使用效率越低，所以各级间的压缩比必须调节得当，调节不当会使气缸出口温度超高，会使压缩机的受力失去原设计的平衡性，影响机组的运行，出现其他不正常的现象。

9　压缩机的绝热温升怎样计算？

绝热过程是一种理想过程，在绝热过程中完全与外界没有热量的交换，所以换算的绝热温升与实际温升有一些偏差，作可供参考。绝热温升计算公式：

$$T_出 = T_入 \, \varepsilon \left[(K-1)/K \right]$$

式中，$T_出$、$T_入$ 为出、入口绝对温度；压缩比 $\varepsilon = P_出/P_入$；K 为绝热指数，对 H_2 及空气为 1.4。

10　为什么压缩后的气体需冷却与分离？

气体被压缩后温度必然升高，因此在气体进入下一级压缩前必须用冷却器冷却至接近气体吸入时的温度，其作用如下：①为使全压缩过程趋近于等温压缩，降低气体在下一级压缩时所需功，减少压缩机功耗；②使气体在下一级压缩后的温度不致过高（不超过润滑油闪点），满足于设备的性能要求，降低由于高温而产生的设备故障，使压缩机保持良好润滑；③压缩机的气缸中排出气体内常有水雾及油雾，经冷却后凝成水滴及油滴，为使这些液滴不被带入下一级缸，必须及时将它们分离掉。分离就是把这些冷却后凝结的油滴和水滴在分离器中除掉，实现气液分离。

11　为什么往复式压缩机出口阀片损坏或密封不严会造成出口温度升高？

根据往复式压缩机工作原理，气缸在吸气过程中出口阀是关闭的，入口阀才是打开的，一旦出口阀片故障，那么吸气过程中就会有气体从出口阀倒串入缸内，而且这些气体是已被压缩过的温度较高（一般在 100℃ 左右）的气体，这些高温气体被再压缩后排出，出口温度就变高，如此反复循环，出口温度就越来越高。

12　活塞杆过热的原因有哪些？

①活塞杆与填料函装配时产生偏斜；②活塞杆与填料函配合间隙过小；③活塞杆与填料的润滑油有污垢或润滑油不足造成干摩擦；④填料函中有杂物；⑤填料函中密封圈卡住不能自由移动；⑥填料函中密封圈装错；⑦填料函往机身上装配时螺栓紧的不正，使其与活塞杆产生倾斜，活塞杆在运转时与填料中的金属盘摩擦加剧产生发热。

13　往复式压缩机带液时会产生什么现象？

①机体及气缸等出现异常振动；②电流大幅波动；③流量、压力波动；④管线振动，严重时会导致撞缸事故。

14　往复压缩机什么地方需要润滑？各采用什么润滑方式？

主要润滑方式为油池润滑、强制送油润滑、集中润滑、压力润滑。往复式压缩机注油器提供的压力油注入气缸内，润滑缸套与活塞之间的摩擦副。另外注油器还给填料提供压力润滑，活塞杆与填料之间的接触部位属强制润滑，润滑油一次性使用。曲轴箱的润滑油通过齿轮升压润滑曲轴轴承与曲轴轴颈摩擦副，连杆、大小头瓦与曲轴、十字头销两摩擦副，十字头及其滑道摩擦副，这些属于强制循环润滑方式，电机轴承及盘车器，减速器均属油浴式润滑。

15 压缩机气缸润滑油选择要考虑哪些因素？

要考虑以下各点：①应使润滑油在高温条件下有足够的强度，保证一定的油膜强度；②要有良好的化学稳定性，以防止在高温下起激烈反应，防止积炭爆炸；③润滑油应具有一定的闪点，一般要求比排气温度高 20~25℃，防止爆炸；④控制杂质及水分，水分一多易产生乳化物。

16 影响压缩机油黏度的因素是什么？

在保证压缩机气缸、活塞环间润滑与密封的前提下，尽量选取较低黏度的压缩机油，以利于降低摩擦功率和减少积炭的生成。影响压缩机油黏度的因素：

（1）油膜厚度。一定的黏度和油膜厚度是润滑的必要条件，但过大的黏度和油膜厚度将增加摩擦功率。

（2）密封和泄漏。压缩机油适宜的黏度是保证气缸与活塞间气体泄漏的重要因素。气体泄漏量 Q_1 可用下式表示：

$$Q_1 = 0.26 \frac{\delta^3 D \Delta P}{\mu L} \mathrm{m^3/s}$$

式中　δ——气缸与活塞单边间隙，m；

D——缸径，m；

ΔP——活压力差，$\mathrm{N/m^2}$；

μ——通过泄漏间隙流体的动力黏度，$\mathrm{Pa \cdot s}$；

L——泄漏间隙长度，m。

泄漏量与黏度成反比，在间隙中注入适宜黏度的润滑油，可以起到阻止和减少气体泄漏的作用。

17 影响压缩机油性能的因素是什么？

影响压缩机油性能的因素：①温度是促使压缩机油氧化的最主要因素，温度每升高 10℃氧化速度增加 1~2 倍；②有氧存在的情况下，高压下比常压下更容易氧化；③水分的影响。压缩机油中的水分主要来自过冷、多湿环境或部分载荷下工作时水蒸气的冷凝，水分不仅对压缩机油发生乳化而且加速其氧化变质；④机械杂质的影响。吸入气体中的粉尘、灰砂以及机油的金属磨损，不仅是一种污染物，而且是一种氧化催化剂，它能明显地加速压缩机油的氧化变质。

18　如何控制压缩机油加入量？

加油量应适度，过少不能保持润滑和密封，过多则增加积炭和气体的带油量。加油量按下式计算：

$$Q = K \cdot 2\pi LN(D_1 + D_2 + \cdots)$$

式中　Q——加油量，mL/24h；

D_1、D_2——气缸直径，m；

L——活塞冲程，m；

N——转速，r/min；

K——常数(依据终压和压缩机级数而变)。

19　为什么要采用多级压缩？

①节省功率消耗；②降低排气温度；③降低作用在活塞上的气体力；④提高容积系数。

20　什么是余隙？余隙的作用是什么？余隙负荷调节器为何可以调节负荷？

活塞到达死点，活塞与缸盖间的空隙称为余隙。

当装置即使100%负荷运转时，需要的氢量在压缩机不到100%负荷下运转便足够，此时打开余隙腔，便可减少气体的返回循环量，减少电力消耗，达到节能的目的。

活塞到达死点后气体被压缩，压力升高，当活塞向内死点移动时，余隙空间所残余的高压气体开始膨胀，压力下降，并占有一定的空间，余隙越大，占有空间越大，吸入气量就越少，因此改变余隙空间大小就可以调节负荷大小。

21　往复式压缩机卸荷器(顶伐器)的组成是什么？

卸荷器主要组成：动力活塞、动力气缸、壳体、弹簧、心轴、叉杆、检测销、填料、动力风进口、泄漏排放口等。

22　往复式压缩机卸荷器工作原理是什么？

工作原理：①当需要卸荷时，动力活塞的上方通入约0.4MPa的动力风(仪表风)，动力活塞在动力风的作用下向下位移，将安装在动力活塞下方的弹簧压缩，动力活塞向下位移，使之与其连接在一起的心轴也往下位移，并推动着叉杆向下位移，叉杆便推动了吸入阀片，压缩其弹簧使吸入片离开阀座，形成气体通道，使吸入阀失去单向流通的作用，达到卸荷目的；②给负荷时，动力活塞上的动力风被卸掉，动力活塞在其下方的弹簧力作用下，使动力活塞、心轴、叉杆向上移，吸入阀片恢复正常工作状态。

23　往复式压缩机排气阀和吸气阀动作过程是什么？

排气阀：活塞处于压缩运动时，气缸内压力上升，当缸内压力上升到稍高于排气管道压力时，阀片在压差作用下对弹簧产生一个压缩力，弹簧被压缩后阀片离开阀座，形成气体通道，气体被排出缸外。当排气阶段结束时，气体内压力与排出管压力相等，阀片在弹簧力作用下紧贴阀座，气体通道关闭。

吸气阀：活塞处于吸气运动时，气缸内压力下降，当压力下降到稍低于入口管道的压力时，阀片在压差的作用下对弹簧产生一个压缩力，弹簧被压缩后阀片离开阀座，形成气体通道，气体进入缸内。当吸气阶段结束时，缸内的压力与入口管的压力相等，这时阀片在弹簧力的作用下紧贴在阀座上，气体通道被关闭。

24　往复式压缩机最常见的故障及主要现象是什么？

常见故障：①出入口阀片裂或断裂；②出入口阀座垫片坏；③活塞背帽、十字头螺母松动。

主要现象：①气缸阀体温度高，气体出入口压力高，阀动作噪声大；②阀体温度高，出口温度高；③响声异常，有撞击声。

25　盘车为什么要规定时间？

因为若盘车时间太短，压缩机还未运转一周次或运转周次太少，就无法暴露问题，也无法为电机启动之前在摩擦副中建立良好的油膜，所以规定时间为5min，但盘车时间太长也不好，因为盘车时压缩机转速相当低，低转速下油膜无法长时间保持，如注油量不连续保证的话，有可能出现干摩擦。

26　往复式压缩机流量不足的原因是什么？

原因：①入口压力不足；②总出口压力过高；③各级压缩比调节不当；④入口过滤网堵塞；⑤吸排气阀故障；⑥气缸内串气严重或填料漏气严重；⑦余隙容积过大；⑧系统漏串；⑨容量控制不当；⑩负荷不够。

27　活塞杆拉断的原因可能有哪些？

①活塞环磨平后缸体同活塞接触面积加大，摩擦热量骤增；②注油不畅或减少；③气缸内侧有异物进入；④装配同心度不够或紧力不够；⑤活塞杆本身缺陷。

28　往复式压缩机运动部件发生异常声音的原因及处理方法是什么？

原因：①连杆螺栓、轴承盖螺栓、十字头螺母松动或断裂等；②主轴承、连杆大小头瓦、十字头滑道等间隙过大；③各轴承与轴承座接触不良，有间隙；④曲轴与联轴器配合松动。

处理方法：①紧固或更换损坏件；②检查并调整间隙；③刮研轴瓦瓦背；④检查其他情况并采取相应措施。

29　往复式压缩机气缸过热的原因是什么？

①冷却水不足或中断；②缸套结垢；③入口温度高；④活塞环磨损或断裂；⑤注油中断；⑥余隙或死点间隙过大；⑦气阀倒气。

30　为何氢压机填料隔离室要注入氮气？

因氢压机填料处泄漏出的介质为氢气，为了避免氢气外泄到曲轴箱，故在机身与气缸间增设两个隔离室。泄漏出的氢气可通过靠近缸体侧的隔离室放空线引出，另外在靠近机身一侧的隔离室内注入氮气，使该室的内部压力高于气缸侧隔离室的内部压力，阻止了氢气的窜入，保证了压缩机安全。

31　气阀在气缸上的布置形式有几种？各有何特点？

布置形式有以下三种：①气阀配置在气缸盖上，此法优点是余隙容积小，缸体长度不增加，缺点是安装面积下降；②气阀配置在气缸上，此法优点是安装面积大，但气缸长度增加，余隙容积增加；③气阀斜缸位置，性能介于上述两者之间。

32　压缩机排气量达不到设计要求的原因和处理方法是什么？

原因有以下几点：①气阀泄漏，特别是低压气阀泄漏；②填料漏气；③第一级气缸余隙容积过大；④第一级气缸的设计余隙容积小于实际结构的最小余隙。

处理方法：①检查低压级气阀，并采取相应措施；②检查填料的密封情况，并采取相应措施；③调整气缸余隙；④若设计错误，应修改设计或采用措施调整余隙。

33　压缩机级间压力超过正常压力的原因是什么？

①后一级的吸、排气阀不好；②第一级的吸入压力过高；③前一级冷却器冷却能力不足；④活塞环泄漏引起排出量不足；⑤到后一级间的管路阻抗增大；⑥本级吸、排气阀不好或装反。

34　压缩机级间压力低于正常压力的原因是什么？

①第一级吸、排气阀不良引起排气压力不足及第一级活塞环泄漏过大；②前一级排出后或后一级吸入前的机外泄漏；③吸入管道阻抗太大。

35 压缩机排气温度超过正常温度的原因是什么？

①排气阀泄漏；②吸气温度超过规定值；③气缸或冷却器冷却效果不良。

36 吸排气阀有异常响声的可能原因是什么？消除方法是什么？

原因：①吸、排气阀折断；②阀弹簧松软或损坏；③阀座深入气缸与活塞相碰；④阀座装入阀室时没有放正，或阀室上的压盖螺栓没有拧紧；⑤负荷调节器调得不当，产生半负荷状态，使阀片与压开进气调节装置中的减荷叉顶撞。

处理：①检查气缸上的气阀，对磨损严重或折断的更换新的；②更换符合要求的阀弹簧；③用加垫的方法使阀升高；④检查阀是否装的正确，阀室上的压盖螺栓要拧紧；⑤重新检查调整负荷调节器，使其动作灵敏准确。

37 压缩机气缸内发生异常声音的原因是什么？

原因：①气阀有故障；②气缸余隙容积太小；③润滑油太多或气体中含水多，产生水击现象；④异物掉入气缸内；⑤气缸套松动或裂断；⑥活塞杆螺母或活塞螺母松动；⑦填料破损。

38 压缩机气缸发热的原因是什么？

①冷却水太少或中断；②气缸润滑油少或中断；③气缸镜面拉毛。

39 压缩机气缸部分发生不正常振动的原因是什么？

①支撑不对；②填料和活塞环磨损；③配管振动引起的；④垫片松；⑤气管内有异物掉入。

40 活塞损坏常见有哪几种情况？

有以下几种情况：①活塞裂纹；②活塞沿圆柱形表面磨损；③活塞磨伤或结瘤；④活塞环槽磨损；⑤筒状活塞销孔磨损；⑥活塞支撑面上的巴氏合金层脱落。

41 十字头与活塞杆的连接方式有哪几种？

①十字头与活塞杆用螺纹连接；②十字头与活塞杆用联轴器连接；③十字头与活塞杆用法兰连接；④十字头与活塞杆用楔连接。

42 压缩机管道发生不正常振动的原因是什么？排除方法是什么？

原因：①管卡太松或断裂；②支撑刚性不够；③气流脉动引起共振；④配管架子振动大。

排除方法：①紧固之或更换新的，同时应考虑管子热膨胀；②加固支撑；③消除气流引起共振；④加固配管架子。

43 压缩机机体部分发生不正常振动的原因及处理方法是什么？

原因：①各轴承及十字头滑道间隙过大；②气缸振动引起；③各部件接合不好。

处理方法：①调整各部间隙；②消除气缸振动；③检查并调整各部件。

44 填料函的作用是什么？常用哪几种形式填料函？

填料函的作用是用来密封活塞杆与气缸间的泄漏，防止气缸内气体漏出及阻止空气进入缸内。填料函常用以下两种形式，平面填料函与锥面填料函。

45 当新氢压缩机做改变负荷操作时，内操应注意什么？

新氢压缩机做改变负荷操作时，内操应注意调节好新氢压缩机各段的压力，防止压缩比超高，同时要注意调节好新氢压缩机的出口流量，防止高分的压力发生波动。

46 HydroCOM 气量调节系统是怎样实现节能的？

压缩机能耗主要与每次循环过程中实际压缩气量成比例。目前国内对往复压缩机流量调节一般采用逐级返回或"三返一"的方式，气体经压缩机后再返回，能量损失较大。针对这一缺点，奥地利贺尔碧格公司开发了 HydroCOM 气量调节技术。

该技术参考了大型柴油发动机中喷射部件的技术，并结合数字计算机和控制技术，通过液压传动机构使压缩机在压缩过程中，进气阀保持可控的一定时间后开启，即延迟关闭进气阀的方式，使气缸中的部分气体返回进气腔，从而实现在全程范围内排气量的调节。这种调节与传统的调节方式不同，该系统的实质是回流调节，即部分在吸气阶段被吸入气缸的气体，在压缩阶段被重新推回吸气腔，减少循环过程中实际压缩气体量，实现节能的目的。

47 压缩机轴承或十字头滑履发热的原因是什么？处理方法是什么？

原因：①配合间隙过小；②轴和轴承接触不均匀；③润滑油压力低或中断；④润滑油太脏。

处理方法：①调整间隙；②重新刮研轴瓦；③检查油泵、油路情况；④更换润滑油。

48 阀片升程(h)为什么不能过大与过小？

阀片升程(h)主要与阀隙通道面积有关，升程小有利于提高阀片寿命，但流道面积减少使阀隙速度过大，能量损失增大；反之，如升程较大，则虽能使阻力损失下降，但使阀片冲击大，还会造成阀片开启不完全和阀片滞后关闭，这样不仅不能有效地降低能量损失，反而会导致阀片过早损坏。综上所述，阀片的升程即不能过小，又不能过大。

49 为延长压缩机气阀的使用寿命，在选择气阀设计参数时应考虑哪些因素？

① 减轻阀片重量，有利于阀的启、闭和减少撞击力，如采用环状阀，选轻金属、四氟、尼龙作阀片；

② 控制阀隙的气流速度，以减少阀片对升程限制器的撞击；

③ 选择合理的升程，升程大，撞击力也大，升程小，阻力大，一般采用多环窄道是较适宜的；

④ 采用合理的弹簧和弹簧力，最好采用变刚性弹簧，选用弹力合适的大刚性小圆柱弹簧。

50 压缩机的巡回检查内容有哪些？

①检查基础无浸油、裂缝及大幅度振动，无沉陷。②检查机体无振动、渗油现象；内部无异声；呼吸器无油雾；连接螺栓及地脚螺栓无松动。③检查主轴承温度小于70℃；油封不漏油。④检查十字头无异响、松动；上下滑道温度小于70℃；油质油量是否正常。⑤检查气缸各级进排气压力、温度正常；气缸盖、气阀盖、气缸填料函无泄漏；缸体无振动，气缸内及气阀运动无异声；气体进、出口接管及冷却水回水管不漏气；冷却水进出口温度，进气阀盖温度正常；各连接螺栓无松动；注油止逆阀灵活好用。⑥检查冷却器进出口气体和水的温度正常，水量符合规定；器内无异声及振动；气体管路及冷却水管路上的焊缝、连接管口及阀门无渗漏；气体管路无强烈振动，各螺栓固定处无松动。⑦检查各分液罐液位正常，各连接点无泄漏。⑧检查油泵油压正常，油路畅通；泵壳、油路管线无渗漏；注油器视油罩内应有油滴下，油位正常，其外无积油；曲轴箱油质合格，油位油温正常。

51 新氢压缩机在什么情况下应紧急手动停机？

①润滑油压下降到联锁值时，联锁未动作；②管线(油、气)破裂无法修复或发生着火时；③轴承温度急剧上升；④压缩机出现严重撞击声和任一部件损坏；⑤电机温升超过规定值；⑥电机超电流调节无效时；⑦润滑油温超过规定值无法处理时；⑧供氢中断无法恢复时；⑨系统联锁需要新氢机停运而未停时。

52 新氢压缩机正常停机步骤的步骤是什么？

①接车间停机指示，做好停机准备；②打开顶升油泵，将主机负荷依次从100%、

50%降至0%，按停机按钮；③确认机子完全停下来后关闭出入口阀，缓慢打开出口放空阀，根据需要确定是否打开出口放空阀泄压，盘车2分钟，停盘车、注油器和顶升油泵电机，打开出入口阀，备用。

53 新氢压缩机紧急停机步骤是什么？

①立即切断电源（按停机电钮），如情况允许可先将负荷打至0%；②关闭出入口总阀，打开泄压阀泄压；③其他按正常停机步骤进行。

54 新氢压缩机正常开机步骤是什么？

（1）联系生产管理部门、机组、电器、仪表，机组送电；
（2）润滑油系统建立正常；
（3）填料冷却水系统、缸套冷却水建立正常；
（4）级间冷却器冷却水、电机冷却水、润滑油冷却器冷却水投用正常；
（5）启动注油器，各注油点上油情况良好；
（6）盘车无卡涩、偏重现象；
（7）负荷开关在0%处；
（8）投用压缩机隔离室隔离氮气；
（9）打开进出口阀，确认工艺流程畅通；
（10）零负荷启动压缩机电机，并检查运行无异常；
（11）压缩机载荷：0%→50%→100%，检查压缩机和系统有无异常现象；
（12）将润滑油辅助油泵开关置于自动位置。

55 离心式压缩机是怎样的一种机器？

离心式压缩机是一种叶片旋转式压缩机（即透平式压缩机）。在离心式压缩机中，高速旋转的叶轮给予气体的离心力作用，以及在扩压器内的扩压作用，使气体压力得到提高。

56 离心式压缩机有哪些优缺点？

离心式压缩机比活塞式压缩机有以下一些优点：①离心式压缩机的气量大，结构简单紧凑，重量轻，机组尺寸小，占地面积小；②运转平稳，操作可靠，运转率高，摩擦件少，因而备件需用量少，维修费用及人员少；③在化工流程中，离心式压缩机对化工介质可以做到绝对无油的压缩过程；④离心式压缩机为一种回转运动的机器，它适宜于工业汽轮机或燃气轮机直接拖动。对一般类型化工厂，常用副产蒸汽驱动工业汽轮机作动力，为热能综合利用提供了可能。

但是，离心式压缩机也存在一些缺点：①目前还不适应于气量太小及压缩机比过高的场合；②离心式压缩机的稳定工况区较窄，其气量调节虽较方便，但经济性较差；③目前离心式压缩机效率一般比活塞式压缩机低。

57 离心式压缩机气体压缩的热力过程是怎样的？

对于离心式压缩机，由于在气缸内部进行冷却十分困难，同时气体通过叶轮时的气体流速极高；因此，压缩过程几乎是绝热过程。特别是高速气体和叶轮表面的摩擦热，以及流经扩压器弯道及回流器的过程因摩擦产生的热量无法向外散失，又加热气体本身，所以形成特殊的热力过程，它的功率比绝热过程大，我们把这种特殊的热力过程也称之多变过程。

58 离心式压缩机的主要结构是怎样的？

习惯上常将其转动的部件称为转子，不能转动的部件称为定子。离心式压缩机主要由转子与定子组成，每个部件包括很多个零件。

转子：叶轮、主轴、平衡盘、推力盘、联轴器。

定子：机壳、扩压器、弯道、回流器、蜗壳、密封、轴承。

59 离心压缩机组由哪几个系统构成？各系统的主要作用是什么？

通常离心压缩机组是由蒸汽轮机、离心式压缩机及其所属的润滑油系统、密封油系统和调节系统等构成。

蒸汽轮机的作用是带动离心式压缩机转子旋转。它由机壳、转子、润滑系统、密封系统和调节系统组成。它借助油压变化控制汽轮机的过热蒸汽量，由蒸汽吹动转子旋转，进而控制汽轮机的转速和控制压缩机的转速，使压缩机在稳定的工况下工作。

离心式压缩机是机组唯一做功的机器，在同一缸体内安装几个叶轮，配有级间密封、浮动环密封、可倾瓦轴承及推力轴承等。叶轮在原动机（汽轮机）带动下高速旋转，氢气进入叶轮后，在叶片的作用下跟着叶轮旋转，流出叶轮时速度和压力都有增加，经扩压器后，氢气的动能转变为压力能，经过弯道把氢气引至下一级再进行压缩，从末级流出的氢气经过蜗壳排入系统。

润滑系统是对离心式压缩机组的汽轮机和离心压缩机起润滑、密封、减震和冷却作用。通常由油泵和一些辅助系统构成，在轴承与轴之间形成一定厚度的油膜。

密封系统的作用是防止气体轴端泄漏，通过密封油使机组的两个浮环（外浮环和内浮环）形成一定厚度的油膜，再配以一个压力的密封气，达到机腔内气体的密封。

调节系统，通过润滑油站提供的调节油调节汽轮机的工况，它是由一系列调节机构组成。

60 循环氢机组控制系统由哪几部分组成？

电磁阀、危急保安器、电液转换器、启动升速装置、错油门、油动机、速关阀、调节汽阀。

61 离心式压缩机的特性曲线的特点是什么？

（1）转速下都有一定对应的特性曲线；

（2）有最大流量限制；

（3）有最小流量限制和喘振边界；

（4）防喘振界线；

（5）稳定工作区。

62 离心式压缩机叶轮的结构组成及其作用是什么？

叶轮是压缩机对气体作功的唯一部件，其中闭式叶轮是由轮盘、轮盖和叶片组成的，根据其制造工艺的不同，叶轮还可以分为焊接叶轮、铆接叶轮、铸造叶轮和电蚀加工叶轮。

叶轮也称工作轮，它是压缩机中一个最重要的部件。气体在叶轮叶片的作用下，跟着叶轮作高速的旋转，而气体由于受旋转离心力的作用，以及在叶轮里的扩压流动，使气体通过叶轮后的压力得到了提高。此外，气体的速度能也同样是在叶轮里得到提高，因此，可以认为叶轮是使气体提高能量的唯一途径。

63 离心式压缩机的叶轮有什么特点？

叶轮的叶片都用后弯的，叶片出口角为30°~60°（离心泵仅为15°~30°），由于气体比液体轻得多，所以压缩机的叶轮都比较大，转速都比较高，这样才能达到提高风压的目的。

64 什么是轴向位移？为什么会产生轴向位移？有什么害处？

压缩机与汽轮机在运转中，转子沿着主轴方向的窜动称为轴向位移。

产生轴向位移的原因有以下几个方面：①在压缩机启动和汽轮机甩负荷时，由于轴向力改变方向，且主推力块和副推力块与主轴上的推力盘有间隙，因而造成转子窜动，产生轴向位移。为保护机组，当主推力块与推力盘接触时，副推力块与推力盘的间隙应该小于转子与定子之间的最小间隙；②因轴向推力过大，造成油膜破坏使瓦块上的乌金磨损或熔化，造成轴向位移。为保证机组当乌金熔化时不会造成过大的轴向位移，瓦块上乌金的厚度都不大于1.5mm；③由于机组负荷的增加，使推力盘和推力瓦块后的轴承座、垫片、瓦架等因轴向力产生弹性变形，也会引起轴向位移，这种轴向位移叫做轴向弹性位移，弹性位移与结构及负荷有关，一般在 0.2~0.3mm 之间。

机组的轴向位移应保持在允许的范围内，一般为 0.8~1mm，超过这个数值就会引起动静部分摩擦和碰撞，发生严重损坏事故，如轴弯曲、隔板和叶轮破裂、汽轮机大批叶片折断等。因此，在操作中要经常注意轴瓦温度、润滑油温度、轴向位移指示值，发现异常情况要立即采取措施。

65 运行中轴向推力是怎样产生和变化的？

离心式气压机中，由于每级叶轮两侧，气体作用在其上的力大小不同（出口侧因压力高，作用力大于进口侧），使转子受到一个指向低压端的合力，即轴向推力。虽然在结构上设置了平衡盘或通过级的不同排列来减小轴向力，但不能完全平衡。压缩机运行中，当出口压力增加时，轴向推力加大。另外当气压机启动时，由于气流的冲力指向高压端，转子轴向推力方向与正常运转方向相反。

汽轮机产生轴向推力是因为动叶片有较大的反速度，蒸汽在动叶片中继续膨胀，造成叶轮前后产生一定的压差，这些压差就产生了顺着气流方向的轴向推力。冲动式汽轮机的轴向推力较反动式汽轮机小，在运转中轴向推力的大小与蒸汽流量的大小成正比，即负荷越大，轴向推力越大。另外对凝汽式汽轮机，运转中真空度下降，因焓降减少增大级的反动度，使轴向推力加大；在汽轮机突然甩负荷时，轴向推力瞬时改变方向。

66 离心式压缩机如何平衡叶轮产生的轴向推力？

利用平衡鼓平衡轴向推力，由于平衡鼓和平衡套之间装有迷宫密封，因而使平衡鼓两侧产生压力差，平衡鼓后的气体利用平衡管引回压缩机进口，因此平衡鼓两侧的压力差实际上等于压缩机进出口压力差，这部分压力差作用在平衡鼓的端面上，因而产生一个和叶轮引起的轴向力方向相反的平衡力，来平衡轴向力。由于轴向力经常变化，平衡盘的设计和实际情况有误差，且这两种平衡鼓又无自动平衡能力，因此需要安装止推轴承配合平衡鼓使用。

67 离心式压缩机的转子由哪些零件组成？

转子是离心式压缩机的主要部件，它是由主轴以及套在轴上的叶轮、平衡盘、推力盘、联轴器和卡环等组成。

68 主轴的作用及其结构形式是什么？

主轴上安装所有的旋转零件，它的作用就是支持旋转零件及传递扭矩，主轴的轴线也就确定了各旋转零件的几何轴线。

主轴是阶梯轴，它方便于零件安装，各阶梯突肩起轴向定位作用。近来也有采用光轴，因为它有形状简单，加工方便的特点。

69 离心式压缩机的静子由哪些部件构成？结构及作用是什么？

静子中所有零件均不能转动。静子元件包括：机壳、扩压器、弯道、回流器和蜗室，另外还有密封、支持轴承和止推轴承等部件。

机壳也称为气缸，是静子中最大的部件，它通常是用铸铁或铸钢浇铸出来的。对于高压离心式压缩机，都采用圆筒形锻钢机壳，以承受高压。机壳一般有水平中分面，利于装配。上、下机壳用定位销定位，用螺栓连结，下机壳装有异柱，便于装拆，轴承箱与下机壳分开烧铸。

吸气室是机壳的一部分，它的作用是把气体均匀地引入叶轮，吸气室内浇注有分流肋，使气流更加均匀，也起增加机壳刚性的作用。

气体从叶轮流出时，它仍具有较高的流动速度，为了充分利用这部分速度能，以提高气体的压力，在叶轮后面设置了流通面积逐渐扩大的扩压器。扩压器一般有无叶、叶片、直壁型扩压器等多种形式。叶片扩压器具有扩压程度大、结构程度小的优点，其流道长度短，流动损失比较少。叶片扩压器的缺点是当偏离设计工况下工作时，产生冲击损失，使效率明显下降，甚至导致压缩机发生喘振。

回流器的作用是使气流按所需的方向均匀地进入下一级，它由隔板和导流叶片组成。通常隔板和导流叶片整体铸造在一起，隔板借销钉或外缘凸肩与机壳定位。

蜗室的主要目的是把扩压器后面或叶轮后面的气体汇集起来，把气体引到压缩机外面去，使它流向气体输送管道或流到冷却器去进行冷却。此外在汇集气体的过程中，大多数情况下，由于蜗室外径的逐渐增大和通流截面的渐渐扩大，也使气流起到一定的降速扩压作用。

70 循环氢压缩机入口流量不足的原因是什么？

①反应系统压力不足；②循环氢压缩机转速不够；③循环机反飞动阀开得过小；④循环氢压缩机入口过滤网堵塞；⑤空冷严重堵塞；⑥压缩机出口或入口开度不够或故障；⑦系统阻力过大；⑧压缩机叶轮流道堵塞。

71 压缩机发生喘振的特征是什么？引起压缩机喘振的原因是什么？如何防止？

特征：①流量和排压出现周期性波动；②出现周期性的气流吼叫声；③压缩机的轴振动急剧上升，压缩机后出口管线振动。

原因：①压缩机实际运行流量小于喘振流量。诸如生产降量过多；吸入气源不足；入口滤清器堵塞，管道阻力增加；叶轮通道或气流通道堵塞等。②压缩机出口压力低于管网压力。诸如管网压力增加；进气压力过低；进气温度或气体相对分子质量变化太大；压缩机转速变化太快；升压速度过快过猛；管路逆止阀失灵等。③加热炉进料控制阀或循环氢换热控制阀限量。

防止喘振：①根据工艺要求，保证足够流量，使压缩机处于稳定工况区；②根据工艺条件变化，及时调整转速，使压缩机工作点远离喘振点；③采取出口放空或出入口之间增加旁路回流(开反飞动阀)等措施，保证入口足够的气体流量。

72 对循环氢压缩机出口反飞动阀的要求是什么？

当压缩机流量小于喘振量时，应立即打开出口反飞动阀，使一部分气体返回入口以增加流量，避免压缩机在喘振工作点下运转，要求该阀动作迅速，灵敏，阀位与信号成线性关系，关闭时泄漏量小，能耗损失小，具有较高的稳定性。

73 离心压缩机启动时为什么要先开反飞动阀？

因为装置开工过程中，气体量开始比较少，为保证机入口有一定流量，故反飞动阀也需打开；随着气体的增加，逐渐关小反飞动阀，这样开机平稳，并可避免发生飞动。

74 引起离心机振动增加的主要原因有哪些？

①同心度不对；②轴承损坏；③动、静部分摩擦；④联轴器损坏；⑤转子不平衡。

75 引起机组振动的原因有哪些？

①轴承油压下降，油温过高、过低或油质劣化；②喘振；③蒸汽带水，氢气带液；④主轴弯曲或叶轮与主轴接合处松动；⑤叶片断裂，动平衡破坏；⑥轴封破坏，迷宫梳齿之间碰撞或与轴发生摩擦；⑦因升降温不合适，热应力过大造成汽罐变形；⑧转子与定子之间有异物；⑨联轴节中心不对正或轴瓦间隙不合适；⑩机组基础螺栓及轴承座与基座之间联结螺栓松动。

76 轴承温度升高的主要原因有哪些？

①进油温度太高；②润滑油太少；③轴承损坏；④转子振动增大。

77 离心压缩机盘车的目的是什么？应该什么时候盘车？

启动前盘车是为了：①调直转子；②防止由于汽门漏气到汽轮机内部而引起

的热变形；③使轴瓦过油；④冲动转子，减小惯性力。

停机后盘车的目的是为了防止上下汽缸的温差引起转子的弯曲。透平壳体厚薄不均，上部较薄，冷却速度快，下部与基座相联，冷却速度慢，停车后如不手动盘车，转子处于静止状态，其上部冷却快，下部冷却慢，这样上下收缩不一样，形成转子弯曲，轴和轴承产生附加应力，容易损坏，所以停车后应盘车15~20min，使转子均匀地冷却至较低温度。有盘车装置的汽轮机可不受停机时间的控制，随时可以启动，否则在停机后4~12h轴弯曲度最大时，不允许启动。

78　什么是临界转速？

汽轮机、压缩机转子上的各个部件都是制造得很精密的，在装配时都找到了平衡，但是转子的重心还是不可能完全和轴的中心相符合。由于轴的中心和转子的重心之间有偏心，因此在轴旋转时就产生离心力，这是造成机组振动和大轴弯曲的主要原因。

转子旋转时，重心随着轴重心线而转动，离心力的方向也随着转动。当轴每转一周，就产生一次振动，这是离心力引起的对转子的强迫振动，每秒产生强迫振动的次数叫做强迫振动的频率。

任何弹性体本身都有一定的自由振动频率。例如，我们把一根钢丝两端固定拉紧，在中间用锤敲一下，钢丝就开始上下往复地振动，这时钢丝每秒钟振动的次数就称为它的自由振动频率。

汽轮机和压缩机的转子也是弹性体，也具有一定的自由振动频率。离心力则引起转子的强迫振动，当转子的强迫振动频率和转子的自由振动频率相重合时，也就是离心力方向变动的次数，引起转子强迫振动的频率和转子自由振动的频率相同或成比例时，就产生了共振。这时转子的震动特别大，这一转速就称为转子的临界转速。

在临界转速下运转，将发生强烈的转子共振，从而使得转子部件产生很大的附加应力，动静部分摩擦碰撞严重时会造成部件损坏，轴断裂磨损加剧，密封损坏等，所以绝不允许透平和压缩机在临界转速下长时间运转，升速过程应尽快通过，正常工作点应尽可能远离临界点。

79　离心式压缩机的密封作用是什么？

为了减少通过转子与固定元件间的漏气量，常装有密封，最常用的是迷宫密封、浮环密封和机械密封。密封分内密封、外密封两种。内密封的作用是防止气体在级间倒流，如轮盖处的轮盖密封，隔板和转子间的隔板密封。外密封是为了减少和杜绝机器内部的气体向机外泄漏，或外界空气窜入机器内部而设置的。

80 什么是机械密封？原理是什么？

根据国标 GB 5594—86 旋转轴用机械密封标准，对机械密封定义为：由至少一对垂直于旋转轴线的端面，在流体压力和补偿机械外弹力（或磁力）的作用以及辅助密封的配合下，保持贴合并相对滑动而构成的防止流体泄漏的装置称为机械密封（或端面密封）。

机械密封由四部分组成：①摩擦副：动环、静环；②辅助密封：动环和静环密封圈；③补偿件：弹簧、推环；④传动件：传动座、销钉等。

机械密封工作时，动环在补偿弹簧力的作用下紧贴静环，随轴转动，形成贴合接触的摩擦副，被输送介质渗入接触面产生一层油膜形成油楔力，油膜有助于阻止介质泄漏，也可润滑端面，减少磨损。

81 干气密封的基本原理是什么？

干气密封实质上是一副机械密封，由一个位于不锈钢套环的 O 形密封初级碳环（静环）组成，该初级环是由弹簧力顶着碳化钨合金环（动环），该环固定和密封在压缩机的轴上，流体通过动环和静环的径向接合面上的唯一通路实现密封，密封表面被研磨得非常光滑，转动的碳化钨硬质合金环在其旋转平面上加工出一系列螺旋槽的根部，在此环形面形成密封隔墙。该密封隔墙对气体产生阻力，提高压力，产生的压力使碳环表面与碳化钨硬合金环分开，以免接触（间隙值约为 $0.001 \sim 0.002$ in，1 in $= 0.0254$ m），当闭合力与流膜内产生的开口力相等时密封面之间的间隔就被建立。

82 离心式压缩机为什么会使压缩的气体产生更高的压力？

离心式压缩机是依靠高速旋转的叶轮所产生的离心力来压缩气体的。由于气体在叶轮中的运动方向是沿着垂直于气压机轴的径向进行的，因此叫离心式压缩机。当气体流经叶轮时，由于叶轮旋转使气体受到离心力的作用而产生压力，与此同时气体也获得速度；此后通过扩压器使气体速度变慢，又进一步提高气体的压力。

83 循环氢压缩机密封油过滤器的切换步骤（A→B）是什么？

①打开连通线；②打开 B 的放空线，见到油通过视镜后关闭；③转动切换手杯，将过滤器切换到 B；④关闭联通线，打开 A 的放空线，观察视镜是否有油持续流过，若无，打开 A 的排凝线，把润滑油放干净；⑤交付检修。

84 循环氢压缩机密封油过滤器前后压差突然降低的原因是什么？如何处理？

在正常情况下，过滤器前后压差随着过滤器的堵塞逐渐增大，为维持滤后油压，滤油前油压调节系统动作，通过控制回流量逐步提高滤前油压，由于前后压差增大，有时会损坏过滤网，使其破裂，这样压差会突然降低，这意味着一部分油未经过滤就进入系统，这是不允许的，应立即切换滤油器，对损坏的过滤网进行更换。

85 循环氢压缩机润滑油泵出口压力不足、不稳的原因是什么？

①小透平调速器工作不正常，导致转速不正常；②蒸汽参数不正常，导致转速不够；③油泵出口环过量磨损或流道堵塞；④润滑油温过高；⑤润滑油质量不正常；⑥机组用油不正常；⑦油罐液面过低；⑧泵内带入气体。

86 开循环氢压缩机时，内操应注意什么？外操应注意什么？

内操应注意把精制反应炉、裂化反应炉进料阀关小，反飞动线全开，待循环氢压缩机转速提至正常后，再慢慢将精制反应炉、加裂化反应炉进料阀打开，反飞动线关闭。

外操应注意检查精制反应炉、裂化反应炉进料阀上下游手阀是否开，副线阀是否关，空冷进出口阀是否开，反飞动上下游手阀是否开，副线阀是否关，循环氢压缩机转速达到 5000r/min 后两加热炉点火。中压蒸汽温度不小于 350℃，背压不大于 1.1MPa，轴振动、轴承温度、轴位移正常，进出口压力正常，润滑油、密封油主油泵运行正常，中压蒸汽压力正常，转速正常，现场无泄露，无异常声音。

87 循环氢压缩机主要巡检内容是什么？

①就地仪表盘；②油气压差，平衡压差，缓冲气与平衡腔压差，系统真空度；③温度，油量，油压，油质；④有无不正常的声音及轴承振动；⑤系统各连接有无泄漏；⑥各油泵出口压力；⑦各过滤器压差。

88 氢气循环压缩机在什么情况下必须停运？

如果发生下列情况之一者，应立即停运氢气循环压缩机：①氢气循环压缩机突然出现严重带油，输送介质出口压力大幅度波动；②氢气循环压缩机出口温度过高，润滑油压力低于指标，应认真查找原因，查不清原因或处理无效时，停止运转；③氢气大量外漏；④氢气循环压缩机主要部件严重故障，危及安全。

89 循环氢压缩机组开机前要做哪些工作？

①联系反应岗位改好流程，反飞动阀有足够开度，联系蒸汽保证供给；②确认润滑油系统正常，温度≥25℃，油压正常；③确认密封油系统正常，高位油罐液位

稳定；④反应系统的工艺参数已满足开机要求，确认仪表都启动好用，确认暖管、暖机工作蒸汽参数均适宜开机；⑤机体置换合格，慢慢开入口阀，使机内与系统压力平衡后，全开进出口阀；⑥辅助油泵投自动，盘车3~5圈无异常现象；⑦操作室停机按钮复位，危急遮断复位；⑧把同步器旋钮旋到最小位置，转速控制副线板改手动，并调至最小风压；⑨压下调速杆调速器端并卡好，使调速阀全开。

90 循环氢压缩机机组停机的主要步骤是什么？

①班长通知后联系好岗位操作人员；②降转速；③关闭主汽门，转速回零，关循环氢压缩机进出口阀；④关闭主汽闸阀，排汽闸阀，逐渐关闭轴封泄漏阀；⑤透平内蒸汽放空，入口管线蒸汽放空，并确认阀门关严；⑥透平内压力回零，可停轴封抽气器；⑦压缩机内介质慢慢放火炬，此时封油电泵应切手动位置；⑧确认压缩机进出口阀关，压缩机内不存压力，停封油泵；⑨停止透平及压缩机轴承供氮气；⑩压缩机体必要时进行氮气置换，压缩机停转后加强盘车，润滑油泵切至电泵运转待轴承温度下降至安全温度后停润滑油泵。

91 什么是叶片的圆周速度？

叶片的圆周速度是由汽轮机的转速和叶片的旋转直径来确定的，而叶片的直径是以通汽部分中心的平均直径作为叶片的旋转直径，其圆周速度 V 可按下式计算：

$$V = \pi \cdot d_p \cdot n / 60$$

式中　d_p——叶片的平均直径，m；

　　　n——转速，r/min；

　　　π——圆周率，3.14；

　　　V——叶片圆周速度，m/s。

92 汽轮机本身结构由哪几部分组成？主要优点是什么？

汽轮机本体的结构由下列几个部分组成：①转动部分由主轴、叶轮、轴封套和安装在叶轮上的动叶片等组成；②固定部分由汽缸、隔板、喷嘴、静叶片、汽封和轴封等组成；③控制部分由调速装置、保护装置和油系统等组成。

汽轮机的主要优点：①汽轮机的转速可在一定范围内变动，增加了调节手段和操作的灵活性；②适于输送易燃易爆的气体，即使有泄漏也不易引起事故；③蒸汽来源比较稳定。

93 汽轮机的工作原理是什么？

汽轮机的工作原理：进入汽轮机的具有一定压力和温度的蒸汽，流过由喷嘴、静叶片和动叶片组成的蒸汽通道时，蒸汽发生膨胀，从而获得很高的速度，高速流动的蒸汽冲动汽轮机的动叶片，使它带动汽轮机转子按一定的速度均匀转动。

94 汽轮机分哪几类?

按热力学过程不同汽轮机可以分为：凝汽式——排气压力低于大气压力；背压式——排气压力大于大气压力。

按工作原理不同汽轮机可以分为：冲动式——蒸汽主要在喷嘴内膨胀；反动式——蒸汽在静叶栅与动叶栅内膨胀。

95 汽轮机转子有哪几种结构? 有何特点?

转子有以下几种结构：①套装转子：此转子仅适用于中低参数的冲动式汽轮机，结构简单，制造容易，并节约贵重金属；②整锻转子：此转子结构紧凑，刚性好，叶轮强度较高，可设计成等厚度叶轮，以便于加工，适宜在高温区段工作，适应快速启动；③焊接转子：此转子具有锻件尺寸小，重量轻，强度高，刚性大，结构紧凑等优点，但要求材料有较好的焊接性能，焊接工艺要求高，焊接质量检查严格。

96 调速器的作用是什么?

调速器的作用是当汽轮机改变工况时，感受到转速变化的信号，从而自动调节通过汽轮机的蒸汽流量，保持转速近似不变。调速器分为离心式调速器、液压式调速器和电子调速器。汽轮机的调速方式有：节流调节法、喷嘴调节法、弯通调节法、电子调速。

调速器要满足下列各项要求：①当主汽门完全开启时，调速系统应能维持汽轮机空负荷；②当汽轮机由全负荷运行突然降到空速负荷时，调速系统应能维持汽轮机转速在急保安器的动作转速以下；③主汽门和调速汽门杆、错油门、油动机以及调速系统连杆上的各活动连接装置没有卡涩和松动现象。当负荷改变时，调速汽门应均匀而平稳地移动；当系统负荷稳定时，负荷不应摆动；④当危急保安器动作后，应保证主汽门关闭严密。

97 汽轮机振动方向有哪几种?

汽轮机的振动方向分垂直、横向和轴向三种。一般情况下，垂直方向振动较大，横向次之，轴向最小。

98 汽轮机启动前为什么要暖管?

在启动前，由于主蒸汽管道和各阀门、法兰等处于冷却状态，故先要进行暖管，使管线缓慢受热，均匀膨胀，不致产生过大的热应力，暖管要正确地控制主蒸汽管道及附件的温升速度。在一定的压力下,把蒸汽管道连接法兰、阀门和气室均匀地逐渐提升温度,然后升压。升压也是达到暖管的目的。升压时一般以 $0.1 \sim 0.15 MPa/min$(即 $1 \sim 1.5 kgf/cm^2 \cdot min^{-1}$)的升压速度逐渐升到额定压力。暖管升压不能太快,否则会使各法兰的连接螺栓、管道和阀门的金属壁温升高过快而受到额外压力,或管内外温差过大产生裂纹或损坏。

启动前暖管暖机时,蒸汽过冷马上凝结成水,凝结水如不及时排掉,高速汽流就会把水夹带到汽缸内把叶片打坏,因此开机前必须疏水。

99　汽轮机为什么要低速暖机?暖机转速太高与太低有什么不好?

汽轮机在启动时,要求一定时间进行低速暖机。冷态启动时,低速暖机的目的是为了使机组各部件受热均匀膨胀,以避免汽缸、隔板、喷嘴、轴、叶轮、汽封和轴封等各部件发生变形和松动。对于未完全冷却的汽轮机,特别对没有盘车装置的汽轮机,启动时也必须低速暖机,其目的是为了防止轴弯曲变形,以免造成汽轮机动静部分摩擦。

暖机的转速不能太低。因为转速太低,轴承油膜不易建立,造成轴承磨损;同时转速太低,控制困难,在蒸汽温度压力波动时,容易发生停机现象。暖机转速太高,则会造成暖机速度太快温升太高。一般规定在 $300 \sim 500 r/min$ 暖机。

100　汽轮机叶片为什么会断?

汽轮机叶片折断原因如下:①汽轮机超负荷运行时,使叶片超过许用应力而折断;②汽轮机叶片频率不合格,运行中发生共振而折断,特别是高、低频率运行时尤为严重;③叶片由于机械杂质冲击、湿蒸汽水蚀和化学腐蚀等因素,使机械强度减弱而断落;④汽轮机蒸汽温度超过正常限额,使叶片受高温影响,材料许用应力降低或产生高温膨胀;⑤其他重大事故:如水冲击、轴承烧毁引起叶片损坏。

叶片断裂的现象如下:①汽缸内有金属响声或冲击声;②汽轮机振动可能增大(当叶片断落后嵌入动静部分造成摩擦或引起质量不平衡时);③末级叶片飞落,可能打断凝汽器第一排铜管而漏水。

101　汽轮机为什么会超速或飞车?现象是什么?

超速或飞车的原因:①汽轮机甩负荷时调速系统作用不良或危急保安器卡涩;②汽轮机危急保安器动作,自动主汽门及调速汽门由于结垢、卡涩、垫料过紧、门杆变曲等原因而卡住;③汽轮机甩负荷时,抽气逆止门卡涩,蒸汽倒回入汽缸。

飞车的现象：①转速大大超过危急保安器动作转速或无法指示；②机组发出超速的异声；③严重超速时汽缸内有金属响声，机组振动剧增甚至产生巨大冲击声，转子零件破缸而出。

102 什么是汽轮机转子的惰走？

当蒸汽停止进入汽轮机后，机组的转子由于转动惯性不能马上停止，将继续转动一段时间，从停留到转子完成停止为止，这段转动称为惰走。

103 汽轮机真空度下降如何消除？

可采用如下方法加以消除：①调整轴封进汽，尤其是低压轴封，不让空气漏入；②调整射汽抽气器的工作汽压强；③定期放出射汽抽气器凝结水侧空气；④保持一定的加热器水位。

104 汽轮机前设置脱液罐的目的是什么？

因为汽轮机在启动时，汽罐内含有蒸汽凝结成水，如不疏水，高速的蒸汽流就会把水夹带到透平内造成叶片冲蚀，甚至损坏，另外，停机情况下更会造成汽缸内部有凝结水腐蚀汽缸内部。此外，在运行中锅炉操作不当，发生蒸汽带水或水冲击，也要使汽罐带水，因此，必须从汽罐把这些水放掉，以保证设备的安全。

105 汽轮机启动和运行中汽缸上哪些零件会产生热应力？如何对热应力进行控制？

汽轮机启动时，汽缸内蒸汽温度急剧上升，使汽缸内外壁产生较大的温度差，其内壁承受压应力，外壁承受拉应力。当温差很大时，热应力也会很大，当超过金属许用应力时，就会产生永久变形或裂纹，由于汽缸法兰厚度比汽缸厚，因此热应力影响很大，另外汽缸螺栓的受热也是由法兰传递的，因此法兰温度总是比螺栓温度高，这也会使螺栓受到附加的热应力，如附加应力超过螺栓的极限强度时，就有被拉断的危险。热应力一般与加热速度有关，在中低压汽轮机上一般应控制加热速度，即控制启动暖机时间来解决。

106 汽轮机叶片结垢有什么危害？

当蒸汽品质不好时，会使汽轮机通流部分结有盐垢，在汽轮机高压区结垢较严重，在低压区内，由于处于湿蒸汽条件下工作，很少结垢，汽轮机通流部分结垢大致有如下危害性：①降低了汽轮机的效率，增加了汽耗量；②由于结垢，汽流通过隔板及叶片的压降增加，工作叶片的反动度也随之增加，严重者会使隔板和推力轴承超负荷；③盐垢附着在汽门杆上容易使汽门杆产生卡涩。

107 汽轮机超负荷运行会产生什么问题？

汽轮机超负荷一般有如下问题产生：①由于进汽量的增加，叶片上所承受的弯曲应力增加，同时隔板静叶片所承受的应力和挠度也增加；②由于进汽量的增加，轴向推力增加，使推力瓦乌金温度升高，严重时造成推力瓦块烧毁；③改变汽轮机的静态特性，特别是甩负荷特性。

108 为什么主汽门前后都安装压力表？

主汽门后安装压力表可以观察主汽门是否严密，假如主汽门关闭不严，该表仍显示；主汽门前安装压力表，主要是用以监视汽压用的。通过主汽门前压力表和主汽门后压力表的指示，可以判别主汽门是否开足、滤汽网是否堵塞等。

109 蒸汽压力过高和过低对汽轮机运行有什么影响？

汽轮机设计时是根据额定主蒸汽压力来考虑各部件的强度的。因此，主蒸汽压力高于额定值时，首先主蒸汽管、管道上的阀门、汽轮机的调速汽门的蒸汽室和叶片等过负荷，甚至引起各部件的损坏，另外，汽压超过额定值，使蒸汽在汽轮机末级叶片工作时温度增加，工作条件恶化，严重时会造成水击事故，损坏设备。

低于设计值时，汽轮机的效率下降，耗汽量增加，使得轴向力增加，后几级叶片所承受的轴向力增加，严重时使叶片变形，另外，汽压过低，喷嘴截面蒸汽达到最大极，则汽轮机出力降低，达不到额定值。

110 蒸汽温度过高和过低对汽轮机运行有什么影响？

蒸汽温度过高超过设计值，虽然在经济上有利，但从安全角度是不允许的，因为高温时金属性能恶化很快，会缩短汽轮机各部件如蒸汽室、汽门前级喷嘴、叶片、轴封、螺栓等的使用寿命，还有可能使叶轮套装松动。

汽温过低，低于设计值会使叶片反动度增加，造成轴向力增大，因为温度降低造成蒸汽点的热降减少，因此蒸汽绝对速度减少，它的相对速度方向改变，因而产生一股反力作用在叶片上，如果维持出力不变，则须增加汽耗，影响经济运行。此外汽温降低，将使后面叶片温度增加，使叶片发生水蚀，缩短使用寿命。

111 中压蒸汽压力大幅度下降时，循环氢压缩机机组需做好哪些工作？

①迅速联系生产管理部门及蒸汽锅炉查明原因和可能发展趋势；②如果循环

机转速出现下降现象，迅速平稳地切换两台汽泵至电泵运转；③若循环机转速能保持在7500r/min以上，且参数正常，特别是响声、振动、位移正常，则维持；④若转速接近临界转速，则作紧急停机处理，可看情况是否开机低速运行；⑤整个过程都应十分注意参数变化，不同情况采取不同的灵活措施；⑥蒸汽恢复正常后应抓紧开机。

112　蒸汽温度下降有何现象？如何处理？

蒸汽温度下降的现象：①蒸汽温度指示下降，蒸汽流量下降，机声变化；②压缩机入口压力升高，流量下降。

处理方法：①联系锅炉岗位提高蒸汽温度，联系生产管理部门提高管网蒸汽温度；②加强脱水。

113　蒸汽带水有何现象？如何处理？

蒸汽带水对压缩机的影响：①蒸汽温度指示急剧下降，蒸汽流量增大，转速下降，机声变化，汽轮机轴封甩水；②压缩机入口压力下降，流量下降。

处理方法：①加强脱水；②联系锅炉岗位和生产管理部门提高蒸汽温度；③严重时联系反应岗位降机组负荷或停机。

114　汽轮机启动时什么时候开足主汽门？不开足有什么害处？

汽轮机启动时，在调速器起作用后，就可以开足主汽门，使汽轮机由调速器控制其运行，如果此时不开足主汽门，则会阻碍调速器的正常工作，使其不能根据负荷变化来调节汽轮机的出力及转速。

115　凝汽器的作用是什么？它的工作原理是什么？

凝汽器是凝汽式汽轮机的重要辅助设备，其作用主要有三个：①冷却汽轮机的排汽，使之凝结为水，再由凝结水泵送回锅炉；②在汽轮机排汽口造成高度真空，使蒸汽中所含的热量尽可能地多做功，提高汽轮机的效率；③在正常运行中凝汽器有除气作用，并有除氧作用，提高水质，防止设备腐蚀。

那么，凝汽器是怎样工作的呢？

汽轮机是排汽进入凝汽器后，受到铜管内冷却水流的冷却而凝结成水，其体积急剧减小，因而形成高度真空。凝结水不断由水泵送入给水回热系统再返回锅炉，否则水位升高，会降低凝汽器的效率。

为了保证凝汽器内的高度真空，除了保证凝汽器尽可能严密，以防空气漏入外，还装设抽汽器以抽出凝汽器和汽轮机等任何不严密的地方漏入的空气和蒸汽带入的空气。

116 什么是凝汽器的极限真空度和最有利真空度？

凝汽器真空度的高低主要决定于冷却水的温度和流量。要提高真空度，主要靠降低冷却水的温度或加大流量。当凝汽器的真空度提高时，汽轮机的可用热焓降要受到汽轮机末级叶片膨胀能力（压力比）的限制。当蒸汽在末级叶片中的膨胀已达到最大值时，与之相应的真空度就叫做极限真空度。超过这个真空度，蒸汽就在末级叶片出口处继续膨胀，造成涡流损失。

然而汽轮机在极限真空度下运行并不是最有利的，因为要造成这样高度真空，就必须消耗相当多的能量（包括电、水、汽）。因此，对于每台汽轮机来说，都应该用试验方法确定出最有利的真空度。所谓最有利的真空度是指超过这个真空度时，提高真空度所消耗的能量大于因提高真空度汽轮机多做的功。因此凝汽器真空度过高或过低对汽轮机经济性均不利，所以在操作时必须对凝汽器的真空度严密监视，以维持最合适的真空度。

117 凝汽器运行时，应经常监视哪些指标？

凝汽器运行情况好坏反映在真空度上面，但真空度是各方面因素的综合结果。为了便于分析，应经常监督以下指标：①温升，即冷却水进出口温度差。在汽轮机负荷相同，即排气量相同的情况下，温升增加说明水量减小，其原因可能是管板堵塞及管子污染等；②端差，即排气温度与冷却水出口温度之差。端差增加说明传热系数下降，一般是由于受热面污染或漏空气引起的；③过冷度，即排汽温度与凝结水温度之差。经常性过冷度大，表示凝汽器结构有问题。过冷度突然增加，一般是由于凝汽器漏水到铜管，或漏空气引起的；④冷却水出口虹吸降低。虹吸作用降低一般是由于管板堵塞造成的。

118 启动抽气器时，为什么要先启动第二级后启动第一级？

第二级抽气器的排气是直接排向大气的，而第一级抽出的空气必须经过第二级后再排向大气。第一级流水采用 U 形管疏水，如果先启动第一级再启动第二级，因 U 形管两面的压力差增加，会使 U 形管中的水冲掉，造成第一级抽出来的空气经过 U 形管又回到凝汽器，也就是说第一级抽气器等于不起作用。所以启动抽气器时必须先启动第二级，再启动第一级。

119 影响抽气器正常工作的因素有哪些？

①蒸汽喷嘴堵塞。由于抽气器喷嘴孔径很小，故较容易堵塞，一般在抽气器前都装有滤网；②冷却器水量不足。这是因为在启动过程中，再循环阀门开度过小而引起的；③疏水器失灵或铜管漏水，使冷却器充水，影响蒸汽凝结；④汽压

调整不当。因为抽气器蒸汽阀门一般都关小节汽，有时阀门由于气流扰动作用而自行开大或关小，影响汽压；⑤喷嘴或扩压管破损；⑥汽轮机严密性差，漏入空气太多，超出抽气器负载能力。这可由空气严密性试验来判断；⑦冷却器受热面脏。

120 凝汽式汽轮机启动前为什么要抽真空？

汽轮机在启动前，汽轮机内部都存在着空气，机内的压力等于大气压力。如果不抽真空，空气就无法排除，因而使排气压力增大，在这种情况下开机，必须要有很大的蒸汽量来克服汽轮机及气压机各轴承的摩擦阻力和惯性力，才能冲动转子，使叶片受到较大冲击力。转子被冲动后，由于凝汽器内存在空气，降低了传热速度，冷却效果差，使排汽温度升高，造成后汽缸内部零件变形。凝汽器内背压增高，也会使真空安全阀动作。所以凝汽式汽轮机，在启动前必须抽真空。

121 凝汽式汽轮机驱动的压缩机应如何启动？

（1）慢慢开启主汽门冲动转子。转子冲动后，调节主汽门到适当开度，逐渐升速至 600~800r/min。

（2）在 600~800r/min（低速暖机）范围内暖机 20min。

（3）以 200r/min 升速至 2200r/min（第一暖机速度），暖机 20min。

（4）以 300r/min 升速至 3600r/min（第二暖机速度），暖机 15min。

（5）迅速越过 3700~3900r/min（临界速度），将转速升到 4050r/min。

（6）在暖机升速过程中应注意：①超越临界转速时应迅速；②经常检查主机运转情况及各辅助设备的运转情况；③随转速上升提高真空度到 231kPa，停用辅助抽气器；④经常检查各轴承温度及回油情况，当轴承温度升高到 35℃ 时，开冷却水入冷油器，保持油温在 35~40℃ 之间；⑤在临界转速附近和超越临界转速时，如发生显著振动，则应立即把转速降到 800r/min，停留 10min 后再按升速规定升速，如还有显著振动，则停机检查；⑥注意调节汽封、轴封，轴封真空度应保持在 20kPa；⑦做好与反应岗位的联系，反飞动流量投入自动，以保证反应压力平稳；⑧注意出口压力，升速过程中出口压力应控制在 0.5~0.6MPa，用出口放火炬阀调节；⑨根据主油泵工作情况，停辅助油泵；⑩汽轮机升速到 4050r/min 时，调速器投入工作；适当开大主汽门，用二次风压控制转速；机组一切正常以后，关小放空至全关，将出口压力调至正常。

122 背压式汽轮机启动前为什么要启动汽封抽吸器和汽封冷却器？

背压汽轮机因排汽压力高，启动前如不先开启汽封抽汽器与汽封冷却器，会使大量蒸汽由轴端漏出机外，并且有部分蒸汽窜入轴承润滑油内，使润滑油内带水而乳化。因此必须先开启汽封抽气器与汽封冷却器，造成一定的真空度，将汽引出，冷却变为冷凝水。

123 背压式汽轮机启动前为什么要将背压汽引导汽轮机排汽隔离阀后？

背压汽轮机的排汽是排入蒸汽管网后再送到各用户的，从汽轮机排汽隔离阀后到管网这段管线同样需要启动前暖管。暖管的要求与汽轮机进口主蒸汽隔离阀前管线暖管要求相同，逐渐使这段管线的压力达到正常的排汽压力值。因此背压汽轮机启动前要先将背压汽引到汽轮机排汽隔离阀后，在操作时要注意排凝，防止产生水击现象。

124 启动冲动转子时，为什么有时转子冲不动？

冲动时转子冲不动的原因如下：①因调速油压过低或操作不当，应开启的阀门未开；②进口蒸汽参数比要求的低或者凝汽器真空度低(对凝汽式汽轮机)及背压太高(对背压式汽轮机)；③在用主汽隔离阀的旁路阀启动时，由于蒸汽量小或气温低使蒸汽在管道及汽缸内很快冷却凝结，转子不易冲动；④转子与机壳有发生摩擦的部位，特别是汽封齿与轴颈发生摩擦；⑤整个机组负载过大，不是在低负载状态下启动。

125 凝汽式压缩机停机时，为什么要等转子停止才将凝汽器真空度降到零？

压缩机停机时，除非是紧急停机要破坏真空度使其迅速停止外，一般情况是真空度逐渐降低，当转子停止时，真空度接近于零。这样将每次停机时转子的惰走时间相互比较，便可发现压缩机组内部有无不正常现象。如真空度降低快慢没有标准，由于压缩机损失有大小，影响惰走时间长短，就不能根据惰走时间来判断设备是否正常。另外保持真空，还有利于停机后保持汽缸内部干燥，防止发生腐蚀。

126 凝汽式压缩机停机时，为什么不立即停止轴封供汽？

停机尚有真空时，若立即关闭轴封供汽，则冷空气通过轴封吸入汽缸内，会使轴封骤冷而变形，在以后的运行中会使轴封磨损并产生共振。因此必须等真空度降低到零，汽缸内压力与外界压力相等时，才关闭轴封供汽，这样冷空气就不会从轴封处漏入汽缸，引起设备变形，损坏设备。

127 汽轮机油有什么作用？对汽轮机油的质量有些什么要求？

在机组运行中，汽轮机油有四个作用：①使机组各轴承、联轴器及其他转动部件上形成一层润滑油膜，减小摩擦阻力；②带走因摩擦而产生的热量和高温蒸汽及压缩后升温的气体通过主轴传到轴颈上的热量，以保证轴承及轴颈处温度不超过一定值(一般不超过 60℃)；③通过汽轮机油进行液压和作为各液压控制阀的传动动力；④如果机组封油也采用汽轮机油，还起密封作用。

机组对汽轮机油的质量有着严格的要求，以 N32 号汽轮机为例，主要是以下几项指标：

(1) 黏度：黏度是判断汽轮机油流动性的标准，以动力黏度作为测定单位，常用汽轮机油黏度为 $28.8 \sim 35.2 mm^2/s$(40℃)。黏度过大轴承易发热，过小使油膜破坏。油质恶化时，黏度增大。

(2) 酸值：酸值表示油中含有酸分的多少，以每一克油中用多少毫克氢氧化钾才能中和来计算。新油酸值不大于 0.3mgKOH/g。油质劣化，酸值上升。

(3) 酸碱性反应：这是指油呈酸性或碱性，良好的汽轮机油应呈中性。

(4) 抗乳化度：它是评价油和水分离的能力，良好的汽轮机油应不大于 15min。油中含有机酸时，抗乳化度就下降。

(5) 闪点：因汽轮机温度高，故闪点应不低于 180℃。

此外，油的透明度、凝点和机械杂质都是判断油质的指标。

128 劣质汽轮机油对机组有什么危害？

汽轮机油和空气混合会出现泡沫过多，结果使油泵效率下降，油压降低，使调速系统动作缓慢。

由于油的氧化使酸值增高，呈现酸性，使与油接触的各个部件发生腐蚀，同时生成大量铁锈，使轴承啃毛发热，调速系统卡涩，保安器因锈住而不动作。

由于油中带有水和机械杂质，使油的色泽极不透明，变为乳状液，增大黏度，失去润滑作用，使轴承乌金熔化。

由于油中混入低沸点的液态烃和汽油等，使油的黏度下降，造成油的润滑及密封性能下降，甚至会引起机组振动。

129 汽轮机发生水击时有哪些现象？

①主蒸汽温度急剧下降；②蒸汽管道法兰、汽轮机轴封冒汽或溅出水滴；③有清晰的水击声；④机体振动加剧；⑤瓦温明显上升。

130 什么是汽轮机的速度级？为何采用速度级？

冲动式汽轮中的第一个叶轮带有两列动叶片，该级叶轮采用速度级叶轮。

采用速度级叶轮的原因：为了减少汽轮机级数，在第一级选用的焓降一般很大，因而其喷嘴出口蒸汽流速很高。在第一列动叶内作功速度能不全，余速仍相当大，所以使用一组导向静叶使汽流改变方向，再引到第二列动叶片中继续利用其速度能作功，减少余速损失。

131 **什么是汽轮机的静态特性曲线？对静态特性曲线有什么要求？**

调速系统的静态特性是指汽轮机在孤立运行时其负荷与转速之间的关系，如果把这种关系画在以负荷为横坐标，转速为纵坐标的图纸上，就得到调整系统的静态特性曲线。

对静态特性曲线的要求：静态特性曲线应该是一直下降的曲线，中间不应有水平部分，曲线两端应较陡。

132 **调速系统晃动的原因有哪些？消除办法有哪些？**

产生晃动的原因：①调速系统迟缓率大；②调速汽门重叠率大；③错油门重叠度大；④油压晃动；⑤调速器转动轴弯曲；⑥调速系统静特性曲线不合格；⑦负荷波动。

消除办法主要有：①使调速系统静特性曲线合乎要求；②稳定油压；③定期检查及清洗调速系统；④调整调速汽门及错油门的重叠度；⑤稳定操作。

133 **汽轮机转子在停机静止后，转子向哪个方向弯曲？**

停机后汽轮机冷却时，由于对流作用使热的气体积在汽缸上部，所以汽缸和转子的上部冷却得慢，造成上下部的温差，使转子向上弯曲，弯曲的大小与时间关系随各种汽轮机的结构而不同。

134 **汽轮机单试包括哪些内容？**

①手动跳闸试验；②超速跳闸试验；③现场和中控室调速试验；④考察调速器的调整范围。

135 **在什么情况下禁止启动汽轮机？**

有下面几种情况禁止启动汽轮机：①中压蒸汽参数不符合规定；②保安及控制系统工作不正常；③无转速表或指示不准；④主要监测器不全或工作不正常；⑤润滑油或干气密封系统工作不正常。

136 **泵是怎样分类的？**

泵的分类一般按泵作用于液体的原理分为叶片式和容积式两大类。叶片式泵是由泵内旋转的叶轮输送液体的，叶片又因泵内叶片结构形式不同分为离心泵、轴流泵和旋涡泵等。

容积式泵利用泵的工作室容积的周期性变化输送液体的，分为往复式泵（活塞泵、柱塞泵、隔膜泵等）和转子泵（齿轮泵和螺杆泵等）。

泵也常按用途而命名，如水泵、油泵、氨泵、液态烃泵、泥浆泵、耐腐蚀泵、冷凝液泵等。

137 离心泵、往复泵、转子泵、旋涡泵各有什么特点？

几种常用泵的性能比较，见表6-1。

表6-1 几种常用泵的性能比较

类型	离心泵	往复泵	转子泵	旋涡泵
流量	1. 均匀 2. 量大 3. 流量随管路情况而变化	1. 不均匀 2. 量不大 3. 流量恒定，几乎不因压头变化而变化	1. 比较均匀 2. 量小 3. 流量恒定，与往复泵同	1. 均匀 2. 量大 3. 流量随管路情况变化而变化
扬程	1. 一般不高 2. 对一定流量只能给一定的扬程	1. 较高 2. 对一定流量可供应不同扬程，由管路系统确定	1. 较高 2. 对一定流量可供应不同扬程，由管路系统确定	1. 较高 2. 对一定流量只能供给一定的扬程
效率	1. 高为70%左右 2. 在设计点最高，偏离愈远效率愈低	1. 在80%左右 2. 供应不同扬程时，效率仍保持较大值	1. 在60%～90% 2. 扬程高时泄漏，使效率降低	在25%～50%
结构	1. 简单、价廉、安装容易 2. 高速旋转，可直接与电动机连接 3. 同一流量体积小 4. 轴封装置要求高，不能漏气	1. 零件多，构造复杂 2. 振动甚大，不可快速，安装较难 3. 体积大，占地多 4. 需吸入排除活门 5. 输送腐蚀性液体时，构造更复杂	1. 没有活门 2. 可与电动机直接连接 3. 零件较少，但制造精度要求较高	1. 构造简单、紧凑，具有较高的吸入高度 2. 高速旋转，可直接与电动机连接 3. 叶轮和泵壳之间要求间隙很小 4. 轴封装置要求高，不能漏气
操作	1. 开车前要冲水运转中不漏气 2. 维护、操作方便 3. 可用阀很方便地调节流量 4. 不因管路堵塞而发生损坏现象	1. 零件多、易出故障，检修麻烦 2. 不能用出口阀而只能用支路阀调节流量 3. 扬程流量改变时能保持高效率	1. 检查比离心泵复杂，比往复泵容易 2. 不能用出口阀而只能用支路阀调节流量	1. 功率随流量的减小而增大，开车时应将出口阀打开 2. 同理，流量调节用支路阀
使用范围	可输送腐蚀性或悬浮液，对黏度大的液体不适用，一般流量大，而扬程又不高	高扬程，小流量的清洁液体	高扬程，小流量，特别适宜与输送油类等黏性液体	特别适用于小流量而压头较高的液体，但不能送污秽的液体

138　离心泵的工作原理是什么？

离心泵在工作前，吸入管路和泵内首先要充满所输送的液体，当电机带动叶轮旋转时，叶片拨动叶轮内的液体旋转，液体就获得能量，从叶轮内甩出。叶轮内甩出来的液体经过泵壳流道扩散管再从排出管排出，与此同时叶轮内产生真空，使液体被吸入叶轮中。因为叶轮是连续而均匀地旋转的，所以液体连续而均匀地被甩出和吸入。

离心力的大小与物体的质量、旋转叶轮的半径、旋转速度有关，写成公式即：

$$F = \frac{m\omega^2}{R}$$

式中　F——离心力，N；

　　　m——物体质量，kg；

　　　R——叶轮半径，m；

　　　ω——旋转速度，m/s。

离心力越大，液体获得能量也越大，扬程也越高。

139　离心泵由哪些部件构成？

单级悬臂 Y 型泵由下列部件：泵体、泵盖、叶轮、叶轮螺母、轴、填料、泵体口环、叶轮口环、封油环、填料压盖、轴套、联轴器、轴承等组成。

两级悬臂 Y 型泵零部件与单级泵基本相同，再增加隔板、隔板密封环、级间轴套等部件。

两级两端支承式 Y 型泵的零部件：泵壳、前支架、叶轮、泵后支架、泵体口环、叶轮口环、泵前盖、填料、填料压盖、封油环、联轴器、叶轮后口环和级间隔板。

总地来说离心泵由五大部分构成：叶轮、泵体(泵壳)、密封装置、平衡装置、传动装置。

140　离心泵泵体和零件的材质是如何选用的？

离心泵材质按下列要求选用：

(1) 操作温度：大于-20℃，小于200℃选用Ⅰ类材料(铸铁)；小于-20℃，大于-40℃，或大于200℃，小于400℃时选用Ⅱ类材料。

(2) 输送介质中有中等硫腐蚀物质时选用Ⅲ类材料，有酸、碱、盐腐蚀时应选 F 型耐腐蚀泵。

141 什么是齿轮泵？

由两个齿轮相互啮合在一起形成的泵称为齿轮泵。当齿轮转动时，被吸进来的液体充满了齿与齿之间的齿坑，并随着齿轮沿外壳壁被输送到压力空间中去。在这里由于两齿轮的相互啮合，使齿轮坑内的液体挤出，排向压力管，同时齿轮旋转时吸入空间逐渐增大形成负压区，吸入管内的液体流进齿轮泵吸入口。

齿轮泵的特点是具有良好的自吸性，且结构简单，工作可靠。在炼油装置中多用作封油泵、润滑油泵和燃料油泵，输送黏度小于 $1400mm^2/s$、温度不高于 60℃ 的黏性液体。

对一确定的齿轮泵，当转速不变时其排油量也确定，是一个不变的定值。因而它的特性曲线是一条垂直线(即不管外界压力如何变化，它的排油量都是固定不变的)。

142 什么是螺杆泵？

由两个或三个螺杆啮合在一起形成的泵称为螺杆泵，与齿轮泵一样，螺杆泵的流量是一个定值，其特性曲线为一条直线。为了防止出口压力过分升高，出口也应设有安全阀。螺杆泵在工作时转子要承受轴向推力，因此有的螺杆泵把吸油室设在螺杆的两端，而压油室设在螺杆的中间；每根螺杆上的两侧螺纹是反向的，所以在转动时，油从螺杆两端进入，而从螺杆中间流出，使轴向推力得到平衡，为了消除双螺杆泵工作时作用在主动螺杆上的径向负荷，可把泵设计成三螺杆型式、主动螺杆型式，主动螺杆装在两从动螺杆之间。

螺杆泵的特点是自吸性能好，工作无噪音，寿命长，效率比齿轮泵稍高(为 0.70~0.95)，用于输送高黏度的液体，如锅炉燃料油。

143 泵的常见的轴封型式有哪些？各有什么特点？

轴封是旋转的泵轴和固定的泵体间的密封，主要是为了防止高压液体从泵中漏出和防止空气进入泵内。离心泵常用的轴封结构：有骨架的橡胶密封、填料密封、机械密封和浮动环密封，它们各自的特点如下：

(1) 骨架的橡胶密封。这种密封是利用橡胶的弹力和弹簧压力将密封碗紧压在轴(轴套)上，优点是结构简单，体积小，密封效果比较明显；缺点是密封碗内孔尺寸易超差，压轴过紧，造成耗功太大，且耐热性、耐腐蚀性不理想，使用寿命短，安装要求严。

(2) 填料密封。这种密封一般由填料底套、填料环、填料压盖组成，靠填料和轴(轴套)的外圆表面接触来进行密封，特点是结构简单、成本低、易安装；缺点是：耗功大，轴(轴套)磨损严重，易造成发热、冒烟，甚至将填料与轴套烧毁，不宜用于高温、易燃、易爆和腐蚀性介质。

（3）机械密封(又称端面密封)。由动环、静环、弹簧、推环、传动座、动、静密封圈组成，靠动静环紧密贴合，形成膜压来密封的。机械密封的优点是密封性能好、寿命长、耗功小，适用广泛；缺点是制造复杂，价格较贵，安装要求高。

（4）浮动环密封。浮动环密封是靠浮动环和浮动套两端面的接触来实现轴向密封的。

144 离心泵机械密封在什么情况下要打封油？封油的作用是什么？对封油有何要求？

有毒、强腐蚀介质，密封要求严格，不允许外泄或输送介质含有固体颗粒，泄入填料函会磨损密封面，或使用双端面机械密封时需打封油。

封油有润滑、冷却作用，还有防止输送介质泄漏和负压下空气或冲洗水进入填料函的作用。

封油压力要比被密封的介质压力高 0.05～0.2MPa，封油应为洁净、不含颗粒、不易蒸发汽化、不影响产品质量的无腐蚀性液体。封油系统通常包括有泵、罐以及起压力平衡、过滤、冷却等作用的辅助设备。

145 离心泵有哪些主要性能参数？

离心泵的主要性能参数有流量、扬程、功率和效率。

扬程：泵加给每公斤液体的能量称为扬程，或压头，亦即液体进泵前与出泵后的压头差，用符号 H_e 表示，其单位为所输送液体的液柱高度(m 液柱)，简写为 m。

离心泵所产生的扬程可以进行理论计算，此计算值称为理论压头，离心泵实际所产生的压力比理论值低，因为泵内有各种损失，所以离心泵实际产生的扬程通常都是实验测定的。

流量：泵的流量是指泵在单位时间内排出的液体体积，用符号 Q 表示，其单位是 m^3/h。

功率和效率：单位时间内液体经泵之后，实际得到的功率称为有效功率，用符号 N_e 表示。

$$N_e = H_e Q_e \rho / 102$$

式中　　N_e——泵的有效功率，kW；

　　　　H_e——泵的扬程，m 液柱；

　　　　Q_e——输送温度下泵的流量，m^3/h；

　　　　ρ——输送温度下液体的密度，kg/m^3。

泵从电动机得到的实际功率称为轴功率($N_轴$)。泵的有效功率比轴功率小，两者之比 $\eta = N_e/N_轴$，称为泵的总效率。

146 电动往复泵、离心泵的扬程和流量与什么有关？

（1）电动往复泵的流量 Q 与活塞的截面积 $F(m^2)$，活塞的冲程 $S(m)$ 的乘积有关，计算通式为：

$$Q = 60F \cdot S \cdot n \cdot \eta_v$$

式中　Q——体积流量，m^3/h；

　　　F——活塞面积，m^2；

　　　S——活塞冲程，m；

　　　n——活塞每分钟往返次数，次/min；

　　　η_v——容积效率，一般为 0.8~0.98。

电动往复泵的排出压力或扬程仅取决于泵体的强度、密封性能和电动机功率。

（2）离心泵扬程、流量与泵的叶轮结构尺寸有关，直径大，扬程高；宽度大，流量大；与速度有关，流量与速度成正比关系；另外泵的扬程与叶轮级数有关，离心泵的扬程与被输送液体的密度无关。

147 容积式泵调节流量有哪些方法？

容积式泵不能采用关小排出阀调节泵的流量，因为这样调节不仅无效反而浪费能量，甚至使泵的驱动机超负荷。从往复泵的特性曲线可以知道：①理论流量（Q_T）与排出压力（P）无关（但由于排出压力的增加，泵内漏增加，所以泵的实际流量略有下降）；②容积式泵的轴功率（N）随着排出压力提高而增大；③容积式泵效率随着排出压力升高而降低。

对于电动往复泵，一般设旁路控制阀调节流量，将泵多余液体经过旁路返回吸入管。对于电动比例泵和计量泵则多采用改变活塞或栓塞的形成来改变泵的流量。对于蒸汽往复泵，通常是通过调节进汽阀的开度来调节泵的往复次数，从而调节流量。

148 什么是泵的允许吸上真空度 H_s？

泵的允许吸上真空度就是指泵的入口处的真空允许数值。为什么要规定这个数值呢？这是因为泵入口的真空度过高时（也就是绝对压力过低时），泵入口的液体就会汽化，产生汽蚀。汽蚀对泵危害很大，应力求避免。

泵入口的真空度是由下面三个原因造成的：

① 泵产生了一个吸上高度 H_g；

② 克服吸入管水力损失 h_w；

③ 在泵入口造成适当流速 V_s。

用公式表示：

$$H_s = H_g + h_w + \frac{V_s^2}{2g}$$

三个因素中，吸上高度 H_g 是主要的，真空度 H_s 主要由 H_g 的大小来决定。吸上高度愈大，则真空度愈高。当吸上高度增加到泵因汽蚀不能工作时，吸上高度就不能再增加，这个工况的真空度也就是泵的最大吸上真空度，用 H_{smax} 表示。为了保证运行时不产生汽蚀，应留 0.5m 的安全量，即：

$$[H_s] = H_{smax} - 0.5$$

$[H_s]$ 称为允许吸上真空度，标注在泵样本上或说明书上的 (H_s) 值系以 760mmHg、20℃清水的标准状况为准的数值。安装泵时应根据公式求出吸上高度 H_g（或称几何安装高度）。

149 什么是离心泵的汽蚀余量 Δh？

要使泵运转时不发生汽蚀，必须使单位质量液体在泵入口处具有的能量超过汽化压强能，足以克服液体流到泵内压强最低处总的能量损失。从这个意义上说，汽蚀性能的参数称为必需汽蚀余量（NPSH）$_r$。必需汽蚀余量就是指泵吸入口处单位质量液体所必需具有的超过汽化压强的富余能量，是泵的一种性能因素，单位以 m 液柱来表示。用公式表示：

$$\Delta h_{允} = P_1 / (\rho g) + v^2 / 2g - P_t / (\rho g)$$

式中　$\Delta h_{允}$——汽蚀余量，m 液柱；

　　　P_1——叶轮进口处的量小吸入压力，Pa；

　　　P_t——进口液体在操作条件下的饱和蒸气压，Pa；

　　　v——液体进叶轮前的流速，m/s；

　　　g——重力加速度；

　　　ρ——输送温度下的液体密度，kg/m^3。

泵样本上的必需汽蚀余量（NPSH）$_r$ 与允许吸上真空高度 H_g 的关系为 （NPSH）$_r$ = 10 - H_g。

150 设计泵时应遵循的原则是什么？

① 输送工艺介质的离心泵和转子泵的轴封选择机械密封，并且是集装式。输送水或者类似水的介质，可根据具体条件和重要性确定密封型式。

② 输送有毒性或挥发性的介质的泵应采用串联密封，或者选用无密封泵。

③ 高速泵的流量和扬程的性能应按电网频率偏差值的下限确定。

④ 对大中型往复压缩机或离心泵，且不是自动启动，可采用轴头泵加开车辅助油泵的配置方式，采用单油冷却器及双联油过滤器。

⑤ 泵的有效汽蚀余量 Δh_a 应至少大于必须汽蚀余量 Δh_r 加上 $0.6mH_2O$ 余量，即 Δh_a 柱 $\Delta h_r+0.6m$，或 Δh_a 或 0.6 即 Δh_r，两者取大值。

⑥ 泵的进口侧的介质在负压状态或操作温度高于100℃时，泵的有效汽蚀余量 Δh_a 应至少大于必须汽蚀余量 Δh_r 加上 $1.3mH_2O$ 的余量。

151 如何防止发生汽蚀现象？

为防止汽蚀现象出现，必须做到有效汽蚀余量 $(NPSH)_a$ 大于必需汽蚀余量 $(NPSH)_\gamma$，有效吸上真空度 h_a 小于泵的允许吸上真空度 h_s，具体要求：

$$(NPSH)_a > (NPSH)_\gamma(1+a)$$
$$a = 0.1 \sim 0.3$$

或 $$(NPSH)_a = (NPSH)_\gamma + S_1$$

S_1 值对一般常压操作泵取 $0.6 \sim 1.0m$，对真空塔底泵取 $2 \sim 3m$。

为满足上述要求，在选泵时可选取必需汽蚀余量值较小的泵。当泵选定之后，要设法提高有效汽蚀余量，办法是合理确定吸入容器液面与泵之间的高度差，使之灌注操作时有较大的灌注头，吸上操作时，吸上高度较小；合理地选用吸入管线的直径，尽量短而直，从而减少吸入管系的阻力。

为了防止汽蚀，在泵的结构上采用以下几种措施：采用双吸叶轮；增大叶轮入口面积；增大叶片进口边宽度；增大叶轮前后盖板转弯处曲率半径；叶片进口边向吸入侧延伸；叶轮首级采用抗汽蚀材料；设前置诱导轮。

对于现有泵，防止汽蚀的措施：通流部分断面变化率求小，壁面力求光滑；吸入管阻力要小；正确选择吸上高度；汽蚀区域贴补环氧树脂涂料。

152 什么情况下泵要冷却？冷却的作用是什么？

当泵输送介质温度大于100℃时，轴承需要冷却，大于150℃时，密封腔一般需要冷却，大于200℃时，泵的支座一般需要冷却。

冷却水的作用：①降低轴承温度；②带走从轴封渗漏出来的少量液体，并传导出摩擦热；③降低填料函温度，改善机械密封的工作条件，延长其使用寿命；④冷却泵支座，以防止因热膨胀而引起与电动机同心度的偏移。

冷却水一般尽量用循环水或新鲜水，只有当它们的硬度超过规定值时，才用软化水并循环使用。

153 离心泵的启动步骤是怎样的？应注意什么问题？

启动前的准备：①认真检查泵的入口管线、阀门、法兰、压力表接头是否安装齐全，符合要求，冷却水是否畅通，地脚螺栓及其他连接部分有无松动；②向轴承箱加入润滑油(或润滑脂)，油面处于轴承箱液面计的2/3；③盘车检查转子是否松动灵活，检查泵体内是否有金属碰击声或摩擦声；④装好靠背轮防护罩，严禁护罩和靠背轮接触；⑤清理泵体机座，搞好卫生；⑥开启入口阀，使液体充满泵体，打开放空阀，将空气赶净后关闭，若是热油泵，则不允许放空阀赶空气，防止热油窜出自燃(如有专门放空管线及油罐可以向放空管线赶空气和冷油)；⑦热油泵在启动前，要缓慢预热，特别在冬天应使泵体与管道同时预热，使泵体与输送介质的温度差在52℃以下；⑧封油引入油泵前必须充分脱水。

离心泵的启动：①泵入口阀全开，出口阀全关，启动电机全面检查机泵的运转情况；②当泵出口压力高于操作压力时，逐步开出口阀门，控制泵的流量、压力；③检查电机电流是否在额定值以内。如泵在额定流量运转而电机超负荷时，应停泵检查；④热油泵正常时，应打入封油。

还应注意的问题：①离心泵在任何情况下都不允许无液体空转，以免零件损坏；②热油离心泵启动前一定要预热，以免冷热温差太大，造成事故；③离心泵启动后，在出口阀未开的情况下，不允许长时间运行(小于1~2min)；④在正常情况下，离心泵不允许用入口阀来调节流量，以免抽空，应用出口阀来调节。

154 热油泵为何要预热？怎样预热？

泵如不预热，泵体内冷油或冷凝水与温度高达200~350℃的热油混合，就会发生汽化，引起该泵的抽空。热油进入泵体后，泵体各部位不均匀受热发生不均匀膨胀，引起泄漏、裂缝等，还会引起轴拱腰现象，产生振动。热油泵输送介质的黏度大，在常温和低温下流动性差，甚至会凝固，造成泵不能启动或启动时间过长，引起跳闸。

预热步骤：①关死泵出入口排凝阀；②打开润滑油阀；③给上少量的冷却水，保持畅通；④打开预热阀(稍开冲洗油阀)；⑤稍开出口放空阀(不能开太大，以免着火)；⑥泵腔充油后打开入口阀；⑦慢慢预热(50℃/h)，预热要均匀；⑧预热到介质的温度与泵壳的温度差不大于10℃；⑨不要使泵倒转。

热油泵预热应以50℃/h的速度升温。预热过快的危害有以下几种：①对泵的使用寿命有较大的影响；②对泵的零件预热不均匀造成损坏或失灵；③端面密封漏，法兰、大盖漏。

155 为什么不能用冷油泵打热油？

冷、热油泵零件的材质不一样，如冷油泵的泵体、叶轮及其密封环都是铸铁的，而热油泵的泵体、叶轮都是铸钢的，泵体密封是40Cr合金钢，通常铸铁不能在高温下工作；冷油泵工作温差下，热膨胀小，零件之间间隙小（如叶轮进出口间的口环密封间隙），热油泵的间隙大，如用冷油泵打热油，叶轮和泵壳间易产生磨损甚至胀死。

156 热油泵和冷油泵有何区别？

区别在于：①以介质温度来区别，200℃以下为冷油泵（20~200℃），200℃以上为热油泵（200~400℃）；②以封油来区别，一般的热油泵都打封油，而冷油泵不用打封油；③以材质来区别，热油泵以碳钢、合金钢为材料，泵支座用循环水冷却，而冷油泵用铸铁为材质即可，泵支座也无需冷却；④泵的型号中热油用字母 R 表示，冷油泵用 J 表示；⑤备用状态时，热油泵需预热，冷油泵不用预热。

157 泵在运行中常出现哪些异音？

（1）滚动轴承异音。①新换的滚动轴承，由于装配时径向紧力过大，滚动体转动吃力，会发出小的嗡嗡声，此时轴承温度会升高；②如果滚动轴承体内油量不足，运行中滚动轴承会发出均匀的口哨声；③滚动体与隔离架间隙过大，运行中可发出较大的唰唰声；④在滚动轴承内外圈道表面上或滚动体表面上出现剥皮时，运行中会发出断断续续的冲击和跳动；⑤如果滚动轴承损坏（包括隔离架断开、滚动体破碎、内外圈裂缝等）运行中有破裂的啪啪啦啦响声。

（2）松动异音。由转子部件在轴上松动而发出的声音，常带有周期性。如叶轮、轴套在轴上松动时，就会发出咯噔咯噔的撞击声；如这时泵轴有弯曲，则碰撞声将更大。在这种情况下运行是危险的，会使叶轮产生裂纹，泵轴断裂。

158 装置常用电机有哪些型式？

选用的防爆电机型式有：① 隔爆型：如 JBO、JB、YB 等系列；② 增安型；③ 正压型；④ 无火花型。

加氢裂化装置是临氢、高温、高压的装置，系统内又有大量有毒的硫化氢等物质，整个装置的生产区均在防爆区域内，不允许使用非防爆的电机，应尽量选用增安型电机。

159 常用电机型号含义是什么？

（1）JBO-315S-2W（KB）：

其中　J：表示交流异步电动机；

　　　B：表示隔爆；

　　　O：表示封闭式；

315：表示电动机中心高，mm；

S：表示机座长度（S—短，M—中，L—长）；

2：表示电动机级数为2级；

W：表示户外型，TH 表示温热型，没有标注为普通型；

KB：表示矿用防爆。

（2）YB160M$_2$—4：

其中　Y：异步电动机；

　　　B：防爆型；

　　　160：机座中心高，mm；

　　　M：中机座；

　　　2：第二种铁心长度；

　　　4：级数。

160　电动机运行中应注意哪些问题？

为保证电动机的安全运行，日常的监视、维护工作很重要。电动机的运行状况会通过表计指示、温度高低、声响变化等方面的特征表现出来，因此，只要注意监视，异常情况是可以及时发现的。除了规程所规定的监视、维护项目外，这里要强调注意以下几点：

（1）电流、电压。正常运行时，电流不应超过允许值。一般电动机只在一相装电流表，对低电压电动机，如有必要，可用钳形电流表分别测三相电流。电流的最大不对称允许为10%。检查电压，一般借用电动机所接的母线电压表监测。电压可以在额定电压的+10%至−5%的范围内变动，电压的最大不对称度允许为5%。

（2）温度。除了电动机本身有毛病如绕组短路、铁芯片间短路等可能引起局部高温外，由于负载过大、通风不良、环境温度过高等原因，也会引起电动机各部分温度升高。绕组的温度可以用电阻测温，或用电动机制造时预先埋入的热电偶来测定；铁芯、轴承和滑环等部分的温度可以用酒精温度计测量。运行中有必要时，可在电动机外壳贴酒精温度计监视温度，但控制温度应低于电动机的最高温度允许值。关于温升的允许值，应参照有关规程规定或厂规定。

（3）音响、振动、气味。电动机正常运转时，声音应该是均匀的，无杂音。振动应根据电动机转速控制在规程规定允许值之内。凡用手触摸轴承部位觉得发麻，说明振动已很厉害，应进一步用振动表测量。如电动机附近有焦臭味或冒烟，则应立即查明原因，采取措施。

（4）轴承工作情况。主要是注意轴承的润滑情况，温度是否过高，有无杂音。大型电动机要特别注意润滑油系统和冷却水系统的正常运行。

（5）其他情况。绕线式电动机还应注意环上电刷的运行情况。

161 电压变动对电动机的运行有什么影响？

（1）对磁通的影响。由于电势和磁通成正比地变化，所以电压升高，磁通成正比地增大；电压降低，磁通成正比地减小。

（2）力矩的影响。不论是启动力矩、运行时的力矩或最大力矩，都与电压的平方成正比。电压愈高，力矩愈大。由于电压降低，启动力矩减小，会使启动时间增长，如当电压降低20%时，启动时间将增加3.75倍。要注意的是当电压降到低于某一数值时，电动机的最大力矩小于阻力力矩，于是电动机会停转。而在某些情况下（如负载是水泵，有水压情况下），电动机还会发生倒转。

（3）对转速的影响。电压的变化对转速的影响较小，但总的趋向是电压降低，转速也降低。

（4）对出力的影响。出力即机输出功率，电压变化对出力影响不大，但随电压的降低出力也降低。

（5）对定子电流的影响。当电压降低时，定子电流通常是增大的；当电压增大时，定子电流开始略有减小，而后上升，此时功率因数变坏。

（6）对发热的影响。在电压变化范围不大的情况下，由于电压降低，定子电流升高；电压升高，定子电流降低。在一定的范围内，铁耗和铜耗可以相互补偿，温度保持在容许范围内。因此，当电压在额定值发热范围内变化时，电动机的容量可保持不变。但当电压降低超过额定值的5%时，就要限制电动机的出力，否则定子绕组可能过热，因为此时定子电流可能已升到比较高的数值；当电压升高超过10%时，由于磁通密度增加，铁耗增加，又由于定子电流增加，铜耗也增加，故定子绕组温度将超过允许值。

162 感应电动机的振动和噪声是什么原因引起的？

电动机正常运转时也是有响声的，这声音由两个方面引起：铁芯硅钢片通过交变磁场后因电磁力的作用发生振动，以及转子的鼓风作用，但是这些声音应该是均匀的。如果发生异常的噪声或振动，这就说明存在问题。下面把引起振动和噪声的原因逐条列出，以供检查时参考。

（1）电磁方面原因：接线错误，如一相绕组反接，各并联电路的绕组匝数不等的情形等；绕组短路；多路绕组个别支路断路；转子断条；铁芯硅钢片松弛；电源电压不对称；磁路不对称。

（2）机械方面原因：基础固定不牢；电动机和被带机械轴心不在一条直线上（中心找得不正或背靠轮垫圈松等）；转子偏心或定子槽楔凸出使定子、转子相擦(扫膛)；轴承缺油，滚动轴承钢珠损坏，轴承和轴承套摩擦、轴瓦座位移；转子上风扇叶损坏或平衡破坏；所带的机械不正常振动引起电动机振动。

163 感应电动机启动时为什么电流大？

变压器二次线圈短路时一次电流会很大，这个现象大家是熟悉的。感应电动机起动时电流大的原因与此相似。

当感应电动机处在停转状态时，从电磁的角度来看，就像变压器。接到电源去的定子绕组相当于变压器的一次线圈；成闭路的转子绕组相当于变压器被短路的二次线圈；定子绕组和转子绕组间无电的联系，只有磁的联系，磁通经定子、气隙、转子铁芯成闭路。当合闸瞬间，转子因惯性还未能转起来，旋转磁场以最大切割速度——同步转速切割转子绕组，使转子绕组感应起可能达到的最高的电势，因而，在转子导体中流过很大的电流。这个电流产生抵消定子磁场的磁通，就像变压器二次磁通要抵消一次磁通的作用一样。定子方面为了维持与该时电源电压相适应的原有磁通，遂自动增加电流。因此时转子的电流很大，故定子电流也增加得很大，甚至高达额定电流的4~7倍，这就是启动电流大的缘由。

启动后为什么电流会小下来呢？随着电动机转速的增高，定子磁场切割转子导体的速度减少，转子导体中感应电势减小，转子导体中的电流也减小，于是定子电流中用来抵消转子电流所产生的磁通的影响的那部分电流也减小，所以定子电流就从大到小，直至正常。

164 什么是电机自启动？为什么不对所有电机都设自启动保护系统？

所谓自启动就是当正常运转中的电动机，其电源瞬时断电或低电压发生后电机还能自发地正常启动，就称自启动。

电机启动电流是额定电流的4~7倍，如果一个装置的所有电机都装自启动，当失电后恢复电源的瞬间所有电机在同一时间内启动，强大的启动电流对变压器和整个网络造成很大冲击，引起整个供电网络波动，会造成非常严重的后果，所以在装电机自启动保护时，要经过严格的计算，只是对少数的关键设备才考虑自启动保护。

165 通常电机都有过电流保护系统，为什么还会时常出现电机线圈烧坏事件？

通常电动机都有短路保护和过负荷保护，均属于过电流保护。前者一般采用熔断器保护，后者采用热继电器或过电流继电器保护。虽然装设了这些保护设备，但烧毁电动机的现象还是不能避免。

（1）电动机保护设备是在电机已经产生过电流后才开始动作，如电机内部产生短路，强大的短路电流使熔断器熔断，但电机已被大电流烧毁。

（2）电机的保护设备既要躲过大于额定电流 4~7 倍的启动电流，又要满足电流超过额定值能使保护设备动作，故电机的保护设备具有反时限特征——电流越大，动作时间越短，电流越小，动作时间越长。

当电机电流已超过额定值，但动作时间还没到，保护设备还没有动作，这时电机绕组已过热，绝缘已烧毁，如轴承咬死，电机二相运转等都可能使电机烧毁。

（3）保护设备选择不当，整定值计算误差或保护设备失灵都会引起电机烧毁。

166 泵出口为什么要装单向阀？单向阀有哪几种形式？

泵出口管线上装单向阀是为了防止液体返回泵，导致泵倒转。

单向阀有两种：一种是升降式单向阀，适于水平地安装在管路上，另一种是旋启式单向阀，可以装在水平、垂直、倾斜的管路上。如装在垂直管线上，介质流向应由下至上。

167 离心泵在出口阀关死时运转，会烧坏电动机吗？

离心泵在出口闸阀关死的工况下运行是否会引起电动机因过载而烧毁，这与泵的比转速、流量-功率曲线形状以及所选择的电动机有关。一般来说，离心泵的比转速小于 300，泵所消耗的功率在零流量时最小，随着流量的增加，消耗的功率也增大，而且选择离心泵用的电动机是以设计点功率为依据，留有相当的裕量。所以，一般来说不会由于离心泵在关死出口阀工况下运行时，大部分功率转变为热能，使泵内的液体温度上升，发生汽化，这会导致离心泵损坏。因此，离心泵不能长期在出口阀关死工况下连续运行。

168 离心泵抽空有何危害？

从操作上讲，因压力、流量的降低，使操作难以平稳，从设备上讲，泵抽空会在叶轮入口处靠近前盖板和叶片入口附近出现麻点或蜂窝状破坏。抽空会破坏原有的轴向力平衡，使轴承承受冲击力；容易导致机械密封失效；振动大，可能导致损失泵内部件。严重时还会导致轴承、密封元件磨损，使端面密封泄漏或抱轴、断轴等。

169 泵启动前如何盘车？目的是什么？

泵启动前盘车要盘几圈，目的是检查转子有无偏重卡涩，转动件是否松动，机械密封转动时是否泄漏增大，防止由于热介质进入内部引起热变形，同时以判断能否启动，备用泵盘车每天一次，每次 180 度，目的是防止转子长时间处在一个位置使转子在自重作用下出现弯曲变形。

170 什么是汽蚀？有哪些现象？会造成什么不良影响？消除汽蚀现象有哪些方法？

当液体在管道内流动时，一旦压力等于或低于该液体在当时温度下的饱和蒸汽压时，液体就会汽化形成气泡，当气泡流动到泵内的高压区时，它们便急速破裂而形成液体，于是大量的液体便以极大的速度向凝结中心冲击，发出响声和剧烈震动，在冲击点上会产生很大的压力，使该区域的叶轮表面受到很大的负荷，产生麻点，当叶轮压力超过极限时，便遭到破坏，上述现象便称为汽蚀现象。

当泵发生汽蚀时，可以听到泵内发生噪声，汽蚀剧烈时泵体都会振动。汽蚀会造成泵流量减少，能量损失增加，压力不够，甚至泵抽空，造成强烈的噪声和泵的不平稳运行，此外，由于汽泡在压力升高时突然崩溃，流体猛烈撞击壁面造成机械锤击作用，会对材料逐渐发生侵蚀。这个连续的局部冲击负荷，会使材料的表面逐渐疲劳损坏，引起金属表面的剥蚀，进而出现大小蜂窝状蚀洞。严重时少则 1~2h，多则几十小时，泵的叶轮被剥蚀成洞或甚至是海绵状。

除了在设计和安装时正确确定泵的安装高度，吸入管尽量少转弯，以减少管路阻力损失，在操作中可采取下述措施消除汽蚀现象：①泵入口增压法：即对贮罐加压；②泵出口排气法：即在引入介质后，从出口排气阀处缓慢排出泵体内气体；③降低泵出口流量法：因为离心泵所需要的汽蚀余量，随流量的平方变化，所以适当地控制泵出口流量，也是消除汽蚀现象的好方法，但离心泵的最小流量不小于其额定流量的 30%。

171 机械密封失效的原因有哪些？

①设计有缺陷；②安装有缺陷；③密封冲洗油后冷不好；④泵抽空；⑤机械振动；⑥介质太脏。

172 高压泵正常维护和检查包括哪些内容？

① 检查电机电流、泵出口流量、压力、平衡管压力是否正常；②检查轴承温度轴承振动是否正常，止推轴承排油温度不超过 88℃；③润滑系统油温和油压正常；④检查振动情况不大于 63μm；⑤电动机温升不大于 70℃（轴承温度减去测试时的环境温度）。

173 泵启动前为什么要引液灌泵？

因为普通离心泵是依靠离心力把一定质量的液体压出叶轮来形成局部真空。液体在局部压差的作用下被吸入泵内并形成连续流动，如果泵体内存在气体，则由于气体密度小，产生离心力小，影响泵入口的真空度，从而导致泵的吸入性能下降。所以要引液灌泵，排净泵体内存在的气体。

174 滚动轴承寿命短可能存在哪些原因？

①轴承座有缺陷；②中心线移动；③安装有误；④轴与壳体配合不当；⑤润滑不良；⑥密封不完善，有灰尘，水分侵入；⑦振动大。

175 滚动轴承有何优、缺点？离心泵的轴承出现故障通常有什么现象？有哪些原因？

滚动轴承优点是启动灵敏，运转时摩擦力矩小，效率高，润滑方法简便，易于互换；缺点是抗冲击能力差，工作时有噪声，寿命较低。通常出现轴承箱发热、噪声大、振动，严重时电机电流增加等现象。

主要原因：①润滑油压太低；②润滑油变质；③轴承里有脏物；④油里有脏物或水；⑤油路中断；⑥轴承太紧；⑦泵不对中。

176 高压泵大修后润滑油系统应做哪些准备工作？

①清洗干净润滑油箱，装上合格的润滑油至规定油位；②改好润滑油流程；③启动润滑油泵运转正常后，检查高位油箱是否正常回油；④检查润滑油系统；⑤参数及报警是否正常。

177 高压泵润滑油冷却器怎样切换？

①先投用备用冷却器的冷却水，打开平衡管断流阀，给备用冷却器充油，同时打开放空阀排气；②关上放空阀，切换六通阀，再关平衡阀；③关原使用的冷却器的冷却水作备用。

178 高速离心泵启动前应做哪些准备工作？

①检查各部件的安装和紧固是否符合要求；②搞好设备和环境卫生，清洗入口过滤网；③油箱冲洗干净，装入规定牌号的润滑油至规定油位；④全开入口阀灌泵，排净泵内气体；⑤从密封冲洗口排出所有气体，并注意机械密封有无泄漏；⑥检查润滑油温度，向油冷却器供水；⑦高速泵启动要稍开出口阀；⑧点动一次，检查回转方向及润滑油情况。

179 高压泵切换操作步骤是什么？

①按正常步骤启动备用泵打循环；②检查泵运转没有问题后，将起用泵出口阀慢慢打开，并由操作室将最小流量线流控阀慢慢关小，同时将运转泵最小流量线流控阀慢慢开大，再慢慢关闭运转泵的出口阀，将启用泵投入系统；③按停泵步骤停

下被切换的泵。切换过程中应注意两台泵的运行状态，尤其两台泵出口压力相差较大时，压力低的泵容易出现憋量、泵体温度升高，严重时导致设备损坏。

180 泵振动大有哪些原因？

①吸入管未充满液体；②吸入管串入气体或蒸汽；③电机和泵不同心；④轴承磨损或松动；⑤旋转不平衡；⑥轴弯曲；⑦基础不牢固；⑧驱动装置振动；⑨控制阀定位错误；⑩地脚螺栓或基础松动。

181 泵盘不动的原因有哪些？

①因长期不盘车而卡死；②介质凝固结晶；③泵的部件损坏或卡住；④轴严重弯曲；⑤轴封过紧或被脏物堵死。

182 为什么离心泵不能长时间反转？

离心泵在低速下短时间反转，一般不会出现什么危害，但若长时间在高速下反转是不允许的。①泵的各零部件是按泵在高效区正常运行状态设计的，若高速反转则可能使某些零部件受力过大，破坏了力的平衡，使密封间隙受到影响；②有些泵的叶轮和其他零部件是根据泵的转向用螺母来固定的，若泵长时间高速反转，则可能使这些固定螺母松动，甚至脱落发生意外。

183 泵带负荷试车应检查哪些内容？

①滑动轴承温度不大于 65℃，滚动轴承温度不大于 70℃；②轴承振动：1500r/min，振幅不大于 0.09mm，3000r/min，振幅不大于 0.06mm；③运转平衡，无杂音，封油、冷却水和润滑油系统工作正常，附属管路无滴漏；④电流不得超过额定值；⑤流量、压力平衡满足生产要求；⑥密封漏损不超过下列要求：机械密封，轻质油 10 滴/min，重质油 5 滴/min；⑦软填料密封：轻质油 20 滴/min，重质油 10 滴/min。

184 为什么离心泵停泵时必须先慢慢关闭出口阀门？

这是为了防止管线液体倒冲回头，冲击泵体，使叶轮倒转而损坏机件，另外关闭出口阀门，泵就卸去了负荷，电机电流随之减少，当开关脱开时不会产生过大的弧光，防止烧损开关及产生弧光短路。

185 高压进料泵为何要设置最小流量控制阀？开反应进料泵时应注意什么？

因为在低流量下运转，高压泵可能出现下列问题：①温度升高，液体的饱和蒸气上升，导致汽蚀加剧；②温度升高，转子温度相应升高，从而发生磨损。设置最小流量控制阀，保证了进料泵长期运转的经济性和安全性。

启动高压进料泵时，内操应先将反应进料泵最小流量保护按钮旁路打上，把要启动泵的最小流量调节器输出信号调至规定值(50%)，把新鲜进料流量控制器输出信号调至0.1%，待泵启动正常打开出口阀后，注意调整泵的最小流量，正常后将反应进料泵最小流量保护按钮复位。泵启动前外操应检查冲洗氢、污油线及泵出口管线上低点阀是否关闭，盲盖是否复位，进料调节阀上下游手阀是否打开，副线阀是否关闭，泵启动正常开出口阀后，注意顺流程检查有没有泄漏，润滑油系统是否正常。

186 开液力回收透平应如何操作？内操应注意什么？

内外操应加强联系，内操应注意观察和控制好高分液位和低分压力，如调节器自动不能及时调节时，应注意改手动调整。外操待泵做好检查和准备工作后，先开入口阀旁路小阀，冲动透平，检查透平运转情况，然后根据设备人员的要求逐步开大入口阀(注意要缓慢节奏平稳)直至高分液位调节器输出信号在50%~55%即可。

187 透平推力轴承磨损或发生烧坏事故原因有哪些？

①蒸汽带水；②推力瓦制造、安装质量差；③叶片积垢；④油质劣化，油中带水；⑤油中断；⑥机组膨胀不均；⑦串轴。

188 为什么循环氢压缩机启动前润滑油温度不能低于25℃，升速时不能低于30℃？

透平油的黏度受温度影响很大，当油温过低时，油的黏度很大，会使油分布不均匀，增加摩擦损失，甚至造成轴承磨损，故启动时油温规定不得低于25℃。升速时摩擦损失随转速增加而增加，故对润滑油要求更高，因此油温要求更高一些，不能低于30℃。

189 循环氢压缩机停机后为什么油泵尚须运行一段时间？

当机轴静止后，轴承和轴颈受汽缸及转子高温传导作用，温度上升很快，这时如不采取冷却措施，会使局部油质恶化，轴颈和轴承乌金损坏。为了消除这种现象，停机后油泵必须再继续运行一段时间以进行冷却。油泵运行时间的长短，视汽缸与轴承的降温情况而定，要求汽缸温度降低到80℃以下，轴承温度降低到35℃以下，方可停泵。

190 压缩机封油高位罐的作用是什么？

作用：①维持封油压力高于被密封气体的压力，避免气体进入机械密封；②

在事故状态下，提供一定的缓冲时间，假如备用泵不能启动，由于转动惯性较大，机组要经过一段时间才能完全停止。因此需要有足够的油量来供给轴承润滑，这些油在压缩机工作时贮备在高位油箱内。

191 润滑油和封油过滤器为什么要设置压差报警？

润滑油通过过滤器，必须克服过滤器的阻力，这样就消耗掉了一部分能量，在过滤器前后产生一定的压差，如果过滤器被机械杂质逐步堵塞，那么有效的流通面积就会慢慢减小，阻力增大，因此，过滤器前后压差的大小，直接反映了过滤器的堵塞情况，过滤器堵塞将导致滤后油压下降和供油量减少，影响轴承润滑和密封。所以机组规定了过滤器前后压差的极限值，达到这个数值时，就会发生报警，提醒操作人员对过滤器进行切换和清洗。

192 润滑油系统的蓄能器起什么作用？

润滑油系统的作用之一是向透平调速系统提供控制油，控制油量不大，但要求油压稳定，在滤油器后面安装球胆式蓄能器，橡胶球胆内充入合适压力的氮气（压力值一般取控制油压力低报值的 80%），壳内为贮油空间，球胆内压力低于油压，处于被压缩状态。蓄能器的作用主要是稳定控制油压，在主油泵停运、辅助泵启动瞬间，或者切换过滤器、冷却器瞬间，油压将会下降，此时橡胶球胆依靠缓冲氮气的压力立即膨胀，使控制油压保持稳定，不至于造成油压的波动，当泵故障时，向调速器提供足够压力的调速油。

193 润滑油的主要指标有哪些？使用上有何意义？

润滑油的作用：保证润滑，控制摩擦，减少磨损；冷却降温；防止腐蚀；冲洗作用；密封作用；减少振动。

主要指标：黏度、闪点、机械杂质、水分、酸值。

黏度：建立油膜的厚度及强度指标。

闪点：允许条件下温度的参考指标，表明着火危险性的大小。

机械杂质：越少越好，多了会损坏机器零件。

水分：越少越好，多则易使油乳化。

酸值：有机酸的含量指标，表明对金属腐蚀的大小。

194 油箱充 N_2 的目的是什么？

使油箱中保持微正压，迅速除去油箱中的油烟气，隔绝空气，确保油质。

195 为什么要观察润滑油的颜色？对使用润滑油过滤有何要求？

使用前可以鉴别润滑油的精制程度。使用过程中可以用来判断润滑油的老化情况。机械杂质等能破坏油膜，增加磨损，堵塞油路及过滤器，一般油品变黑；经过滤后颜色无明显好转就应换油。

对润滑油过滤要求要实行"三级"过滤，即从大桶→手提桶→油壶→注油点。

196 什么是润滑油的酸值、凝点？有何实际意义？

中和1g润滑油所需氢氧化钠的质量（mg）叫酸值，它可用来判断油中有机酸的含量和判断油的废旧程度，确定换油日期。

润滑油的凝点：在实验条件下，润滑油冷却到失去流动性时最高温度叫凝点，是低温工作的设备用油的主要指标，会直接影响设备的启动性能和磨损。

197 什么是润滑？

润滑就是发生在相对运动的各种摩擦接触面之间加入润滑剂，使两表面之间形成润滑膜，变摩擦为润滑剂内部分子间的内摩擦，以达到减少摩擦，降低磨损，延长机械设备使用寿命的目的。

198 轴承箱中润滑油过量的危害是什么？

过量的润滑油会产生翻腾搅拌，使温度急剧上升，润滑油黏度迅速下降，破坏轴承的正常润滑，加速轴承的损坏。

199 轴承上的润滑油膜是怎样形成的？影响因素有哪些？

油膜的形成主要由于油有一种黏附性。轴转动时将油粘在轴与轴承上，由间隙大到小处产生油楔，使油在间隙小处产生油压，由于转速的逐渐升高，油压也随之增大，并将轴向上托起。

影响油膜的因素很多，如润滑油的黏度、轴瓦的间隙、油膜单位面积上承受的压力等，但对一台轴承结构已定的机组来说，最主要的因素就是油的黏度。因油劣质化，造成油的黏度上升或下降，都可能使油膜破坏。

200 机组启动前，为什么必须拆卸润滑油临时过滤器？

在机组重新安装或检修以后，为将油管路中残留的少量棉丝头、金属屑及泥沙等物清洗干净，一般采用油循环冲洗的方法。为了防止上述杂物进入轴承，都在各轴承进口法兰中临时加入了过滤网，并在每个过滤网前安装了压力表，根据压力上升情况，清洗各进油滤网，直到油压不再上升，滤网上没有杂物为止。在机组启动前，必须将上述各轴承进口的滤网拆除，不可忘记。否则在长期运转后，滤网上或多或少会积存杂物造成阻力增加，使轴承前油压下降以致轴承因缺油而烧毁，或者被迫停机。

201　如何控制润滑油温度？

控制润滑油温度的方法有两种：①由人工控制冷油器的冷却水量来调节润滑油的温度；②自动控制润滑油的温度。方案有两种：一种方案是通过开关润滑油箱内的电加热器来自动调节润滑油温度。当温度≤设定值时，油温开关动作，接通电加热器的电源，将润滑油加温；当温度≥设定值时，切断电加热器电源，停止加热。当油箱液位低于规定值时，电加热器不能启动。另一种方案是用温度调节阀调节进入冷油器的润滑油量来控制润滑油温度。冬季气温较低，影响润滑效果。温度调节阀使全部或部分润滑油旁通，不经过冷油器，减少热量散失，提高润滑油温度，改善流动性能。

202　油雾润滑的原理是什么？

机泵群油雾润滑系统机泵群油雾润滑系统以压缩空气作为动力，使油液雾化，即产生一种像烟雾一样的干燥油雾，然后通过管道再经凝缩嘴使油雾重新凝聚成较大的油滴，送到需润滑的摩擦副，起到润滑效果。

203　油雾润滑优缺点有哪些？

典型的油雾润滑系统，与传统油池润滑相比，油雾润滑有以下优点：

① 轴承箱内形成微正压，阻止了潮气和外来污染物的进入，使轴承保持洁净；

② 输送油雾的压缩空气可以带走轴承表面温度，起到吹扫轴承的作用，使轴承温度下降，通常可下降 10~15℃；

③ 润滑油直接作用在摩擦副表面，形成的油膜更加均匀稳定。

带回收主机的油雾润滑系统，日检巡检不能直观判断各机泵油雾通道是否畅通。

204　油雾润滑回收系统的工作原理是什么？

油雾回收分离系统包括油雾回收主机和连接到每台油雾回收箱的管路，油雾回收主机中配置有微电机，电机带动叶轮高速旋转产生负压，这样油雾回收箱和轴承箱中的废油雾通过管路被吸入到叶轮中，经离心旋转撞击到壳体内壁形成大的油滴，滴落在油箱中，空气再经过过滤后被排放到大气中。

205　油雾润滑系统日常巡检项目有哪些？

（1）检查油雾系统供油主机显示屏正常，供油主机大油箱、主油箱、辅油箱油位正常。带回收系统的检查回油主机油箱液位未超红线。

（2）检查泵群各机泵油雾分配器油位未超红线。通过关闭机泵附属油雾回收球阀，观察机泵轴承及油雾管路导淋有淡淡的油雾冒出，以确认油雾畅通。

第二节　反应器、塔、容器和冷换设备

1　反应器的类型有哪些？

反应器可以分为固定床反应器、沸腾床反应器、浆液床反应器（或悬浮床反应器）和移动床反应器，这四种反应器应用于不同的加氢工艺，操作条件有很大不同。

固定床反应器是指在反应过程中，气体和液体反应物流经反应器中的催化剂床层时，催化剂床层保持静止不动的反应器。固定床反应器按反应物料流动状态又分为鼓泡床、滴流床和径向床反应器。①鼓泡床反应器适用于少量气体和大量液体的反应，有很高的液气比，气体以气泡形式运动，气体与液体混合充分，温度分布均匀，适合温度敏感的反应的进行；②滴流床反应器适用于多种气-液-固三相反应，在石油加氢装置大量应用；③径向床反应器适用于气-固反应过程，在催化重整、异构化等石油化工应用较多。

沸腾床反应器是石油加氢工业中除固定床以外应用最多的反应器形式，可以加工杂质含量高、性质劣质的原料，可以根据情况从底部排出旧催化剂，从顶部补充新鲜催化剂，保持器内催化剂稳定的活性，主要用于劣质渣油加氢过程。

浆液床反应器（悬浮床反应器）中催化剂是细小颗粒，均匀悬浮在油、氢混合物中，形成气-固-液三相浆液态反应体系，反应后催化剂与反应产物一同流出反应器，不再重复利用，应用于渣油加氢或煤液化装置。

移动床反应器是在固定床反应器基础上开发应用的反应器，可以实现催化剂的在线更新，从而保证反应器内催化剂的活性，如图6-3所示。

从反应器器壁形式可分为冷壁式和热壁式。冷壁式反应器制造成本较低，但在介质冲刷、腐蚀和温度波动中易损坏，维修费用高；热壁反应器制造费用较大，长周期运行安全性高。现在设计的加氢装置均为热壁式反应器。

从制造上可以分为煅焊式和板焊式反应器。板焊式反应器比煅焊式反应器制造难度小，工艺简单，制造成本低。一般板焊式只能制造壁厚小于140mm的反应器，壁厚大于140mm反应器利用煅焊的方法制造。

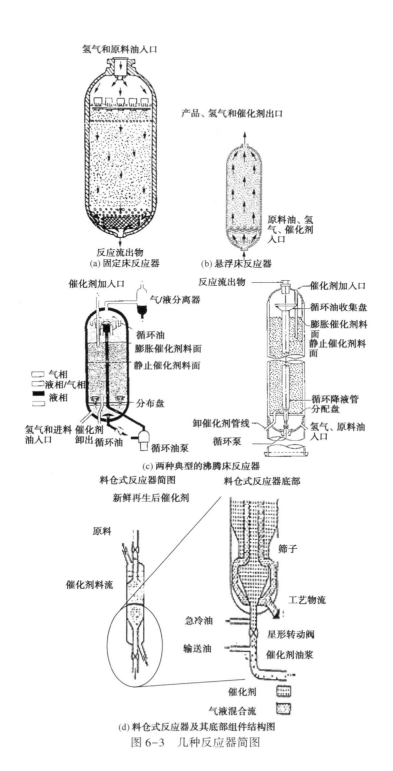

氢气和原料油入口

产品、氢气和催化剂出口

反应流出物

(a) 固定床反应器

原料油、氢气、催化剂入口

(b) 悬浮床反应器

催化剂加入口

气/液分离器

循环油

膨胀催化剂料面

静止催化剂料面

气相
液相/气相
液相

分布盘

氢气和进料油入口　催化剂卸出　循环油　循环油泵

反应流出物　催化剂加入口

循环油收集盘

膨胀催化剂料面

静止催化剂料面

循环降液管

分配盘

卸催化剂管线　氢气、原料油入口

循环泵

(c) 两种典型的沸腾床反应器

料仓式反应器简图　　料仓式反应器底部

新鲜再生后催化剂

原料

催化剂料流

筛子

工艺物流

急冷油

输送油

星形转动阀

催化剂油浆

催化剂

气液混合流

(d) 料仓式反应器及其底部组件结构图

图 6-3　几种反应器简图

233

2 什么是热壁和冷壁反应器？它们有哪些优缺点？

我国使用的加氢裂化反应器，从壳体的温度高低分可分为两种：一种叫"热壁"反应器；另一种叫"冷壁"反应器。热壁反应器没有内隔热层，筒壁温度与内部反应温度相差不大；冷壁反应器内衬有隔热层，由于隔热层的作用，筒壁温度远低于内部反应温度。冷壁反应器由于筒壁温度较低（250℃以下），H_2 和 H_2S 腐蚀速度大大下降，所以对钢材要求没有热壁反应器那么高，但施工比较复杂，对内壁检查也不方便。

热壁反应器器壁相对不易产生局部过热现象，从而可提高使用的安全性。而冷壁结构在生产过程中隔热衬里较易损坏，热流体渗（流）到壁上，导致器壁超温，使安全生产受到威胁或被迫停工。热壁反应器可以充分利用反应器的容积，其有效容积利用率（系反应器中催化剂装入体积与反应器容积之比）可达 80%～90%，而冷壁结构一般只有 50%～65%。热壁反应器施工周期较短，生产维护较方便。

但由于"热壁"在较苛刻的条件运转，所以对钢材要求比较高。

3 加氢裂化反应器的结构设计需要满足哪几个条件？

反应器是加氢裂化的关键设备，在结构的设计上必须满足下面的条件：

（1）由于加氢裂化反应总的是放热反应，所以要求反应器必须能及时导出反应过程中所产生的大量反应热，可以根据需要灵便地调节床层温度，尽可能做到反应器的恒温操作；

（2）由于加氢裂化是个混相反应，在混相条件下，为了使气液混合物在整个催化剂床层上均匀分配，保证油-气-催化剂良好接触，更好地发挥催化剂的作用，要求设计结构合适分配均匀的气液分配器；

（3）要保证催化剂能顺利地装卸。

4 反应器的基本结构是怎样的？各内构件有什么作用？

用于反应器本体上的结构有两大类：一是单层结构，二是多层结构。在单层结构中又有钢板卷焊结构和锻焊结构两种。多层结构也有绕带式、热套式等多种形式。至于选择哪种结构，主要取决于使用条件、反应器尺寸、经济性和制造周期等诸多因素。

多层结构具有合金钢用量少，设备一旦破坏，其本身的危害程度相对较小以及制造条件比较容易达到等优点；但是由于它结构上的不连续性，同时也存在着层间的空气层可能会使反应器器壁温差过大而造成热应力增大，纵向和环向连接处的间隙的缺口效应也会使疲劳强度下降，给制造中的无损检测带来困难等缺点，从 20 世纪 70 年代中期以后在加氢裂化反应器上几乎就没有使用多层结构。

在单层结构中，以锻焊结构的优点明显多。锻件的纯洁性高，材料的均质性和致密性较好，制造周期短，制造和使用过程中对焊缝检查的工作量少。但由于从钢锭锻造到机加工成型的过程中材料的利用率要比板焊结构低，在反应器壁较薄时，其制造费用相对较高。直径越大，壁厚越厚，锻造结构的经济性更加优越。采用钢板卷焊结构还是锻焊结构，主要取决于制造厂的加工能力、条件以及经济上的合理性和用户的需要。

过去在反应器的外表面曾将保温支持圈、管架、平台支架、反应器本体表面热电偶等外部附件与其相焊接。由于结构上的原因，这些部位的焊缝很难焊透，这对于安全使用极为不利，因此近一二十年以来，一般是另设钢结构支承。保温支承结构也多改为不直接焊于反应器外部而是披挂其上的鼠笼式结构。

各内构件的作用如下：

① 入口扩散器——入口扩散器是介质进入反应器遇到的第一个内构件，它能使流体均匀地扩散到反应器的整个截面，并防止高速流体垂直冲击分配盘，尽可能在较大的盘面上均布流体。

② 上分配盘——它由塔盘板、下降管和帽罩等组成（典型泡帽分配器），其形状似泡帽塔盘，其作用主要是把进料充分地混合，然后均匀地分布到催化床层的顶部，保证物料与催化剂充分接触，提高反应效果。

③ 防垢吊篮——它是用不锈钢丝网做的圆筒状的篮筐，装在反应器第一床层的顶部，三个一组，呈三角形排列，用链条连在一起，栓于分配盘的支梁下面，防垢篮一部分埋在催化剂里，周围填充瓷球。其作用一方面可捕集进料带进来的机械杂物（如铁锈等），防止污染催化剂，另一方面扩大反应物的流通面积。即使床层表面聚集较多的沉积物，也能保证反应物料有更多的流通面积，避免过分增加压降，从而可保证较长的开工周期。目前新制造的反应器逐步开始取消防垢吊篮。

④ 催化剂支承栅——它是由扁钢和元钢焊成的格栅和倒"丁"形支架梁组成，上梁有不锈钢丝网和瓷球，它的作用是支承上催化床层。其支梁做成倒"丁"形，截面呈锥形，主要是最大限度地提高因支梁所减少的催化床层的流率面积。

⑤急冷箱和分配盘——主要由上层的冷氢盘、中间的急冷箱以及下层的分配盘组成，上层冷盘的作用主要是汇集上一床层下来的反应物料，并在此与冷氢混合，再通过两个圆孔流入中间受液板，反应物料与冷氢在中间受液板的急冷箱中进一步混合，然后通过中间受液板上的筛孔喷洒到下层分配盘受液板上，该分配盘又称再分配盘，它上面有许多下降管和帽罩。作用和上分配盘一样，把物料均匀分布到第二床层。

⑥ 出口收集器——它是用不锈钢板卷制的圆形罩，侧面有许多条形开孔，顶部有圆形开孔，周围和顶部用钢丝网包住固定在反应器出口处。其作用是支承

下催化剂床层和导出反应物料，并阻止瓷球及催化剂的跑损。

⑦ 冷氢管——是一根的不锈钢管，内有隔板、冷氢分两路从开口排出，它的作用是导入冷氢，取走反应热，控制反应温度。

⑧ 热电偶——其作用是测量反应器床层各点温度，给操作和控制提供依据。

5 反应器内的奥氏体不锈钢堆焊层，为什么要控制铁素体含量？指标是多少？

因为铁素体在焊后，热处理时可能转变成 g 相，其结果会使焊接金属发生硬化和脆化，使耐蚀性下降，对氢脆也有很大影响，为避免在奥氏体不锈钢的焊接部位出现细微的高温裂纹，且保护焊接接头的足够抗腐蚀能力，焊接时应规定其最小铁素体含量。一般希望奥氏体不锈钢焊接金属中只含5%～10%的铁素体。

6 常用换热器的规格型号的意义是什么？有几种类型？

炼油厂使用冷换设备主要是管壳式换热器，其中低压用量最多的是浮头式换热器，此外还有固定管板式换热器、U 形管式换热器。它们是以使用温度、压力及两侧流动介质特性为选用依据。总的优点是结构简单、价廉、选材广、清洗方便、适应性强，但在传热效率、紧凑性、单位传热面金属耗量等方面，不如其他类型换热器。换热器型号表示方法如下：

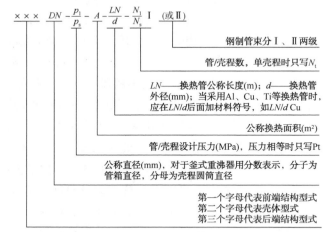

例如 FA-700-185-25-4 为浮头式换热器，壳层直径 700mm，换热面积 185m²，压力 25kgf/cm²（2.5MPa），4 管程。F 表示浮头式换热器；A 表示 φ19mm×2mm 的管子，正三角形排列，管心距为 25mm 的系列；B 表示 φ25mm×2.5mm 的管子，正方形转 45°排列，管心距为 32mm 的系列。

浮头式换热器一端可相对壳体滑动，可承受较大的管壳间温差热应力，浮头端可拆卸、管束可抽出，方便检修。

7 常用的重沸器有哪几种类型？标准型号如何表示？

常用的重沸器有釜式重沸器（具有蒸发空间的重沸器）及热虹吸式重沸器两种类型。

釜式重沸器用于进料或者塔底馏出物的再加热，被加热的流体在重沸器内升温汽化，并在釜内缓冲沉降液体后进入塔内，从而达到携带热量和控制产品分离的目的。釜式重沸器又分为两类：单管束和双管束类，管束多采用浮头式。釜式重沸器公称直径（mm）为 800、1000、1200、2200、2400 共 5 档；公称压力（MPa）：壳程分 0.8、1.6、2.5 三个等级，管程分 1.6、2.5 两个等级；加热面积（m²）有 25、50、70、100、130、200、260 共 7 种。

其标准型号表示方法如下。

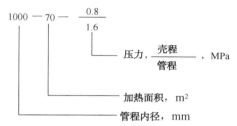

热虹吸式重沸器分为立式和卧式两类。

立式结构与浮头式换热器相同，只是安装时应垂直安装；卧式与浮头式冷凝器相同。立式热虹吸式重沸器公称直径（mm）分 400、600、800、1000、1200、1400、1600、1800 共 8 档；公称压力（MPa）分 0.6、1.0、1.6、1.6 壳/1.6 管共 4 个等级；设计温度为 200℃。当作为换热器使用时，允许升温降压使用，与固定管板式换热器相同。

标准型号表示方法如下。

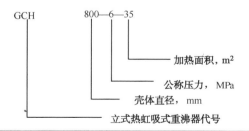

8 螺纹环锁紧式换热器在使用中应注意的问题是什么？

日本富士石油公司索狄咖乌拉（Sodegaura）炼油厂的燃料油间接加氢脱硫装置有一台高压换热器，由于检修与维护不当，使得螺纹锁紧结构中的垫片压板发生变形，引起氢气泄漏，于 1992 年 10 月 16 日发生了一起爆炸，而后又引起火灾。从此可以认识到一定要保证管箱端部的螺纹啮合应有足够的高度。设计和制造中，在充分考虑螺纹锁紧环和管箱盖之间的径向热膨胀影响条件下，应使它们之间的径向间隙尽可能小，以制约螺纹锁紧环的弯矩，从而阻止螺纹啮合高度的变化。运行过程中要随时注意信息孔泄漏情况，及时进行维护。

在管束的拆装过程中，一定要使用专门的工夹具，以保护好管箱大螺纹。

在检修中，发现有关的零件超过规定的变形或损伤时，一定要及时更换。

此种换热器若用于压力较低的场合，经济上会不尽合理，于 10.0MPa 以上压力为宜。压力越高，设备费用越省，特别是当管壳程的压力很高、两者之间的差压又很小时，如管束部分又按差压设计，则这种结构的经济性比起普通大法兰型换热器就更为显著。

9　U 形管换热器有什么特点？

典型的 U 形管换热器只有一个管板，管子两端均固定在同一个管板上。U 形管式换热器具有双管程和浮头式换热器的某些特点，每根 U 形管均可自由膨胀而不受别的管子和壳体的约束，具有弹性大、热补偿性能好、管程流速高、传热性能好、承压能力强、结构紧凑、不易泄漏、管束可抽出便于安装检修和清洗等优点。因此适用于温差大、壳程与管程压差较大且管子内流体较干净的场合。它的缺点是制作较困难，管程流动阻力较大，管内清洗不便，中心部位管子不易更换，最内层管子弯曲半径不能太小而限止了管板上排列的管子数目等。

10　固定管板式换热器有哪些特点？

它的结构简单，制造成本低，但由于两头管板是固定的，管子焊接或胀接在管板上，因此只适用于壳体压力不高，流体干净，温差较小（一般要求冷热两流温差不大于 50℃ ）的场合。

11　浮头式换热器结构是怎样的？

浮头式换热器主要由下面几个部件组成：①管束——由许多无缝钢管用胀接或焊接的方法固定在两端的管板上，它是换热器中进行换热的主要部件，冷热两流（在管内流动的称为管程，在管外流动的称为壳程）两种流体通过管壁进行传热；②管箱的浮头——管箱与固定管板连接，其作用是分配管程的流体，浮头与活动管板相连接，其作用是把管程和壳程的流体隔开，同时也起分程作用，整个管束可以在壳体自由伸缩；③壳体与头盖——壳体是用来约束壳程流体，使其以强制的方式流动，有利于传热，同时对易挥发、易燃油品的换热起密封作用，有利于安全。

12 加氢裂化和加氢脱硫装置中使用较多的是哪种高压换热器？为什么？

加氢裂化和加氢脱硫装置中使用较多的是螺纹环锁紧式和密封盖板封焊式换热器和缠绕管式换热器三种具有独特特点的高压换热器，且以前者使用得更多。

随着装置的大型化，所需换热器的尺寸也越来越大，给在如此苛刻条件下的密封问题带来更大的困难。另外，在这类装置上通常所加工或处理的物料中都含有腐蚀性介质，换热器需要定期抽芯进行内部检查，要求管束的拆装要比较容易和方便。在炼油厂中使用较多的大法兰型换热器，虽具有结构简单等优点，但却难以满足上面的要求。特别是大型化后，这种形式换热器的紧固螺栓将很大，给紧固和拆卸带来相当的困难，既不便维修，又难以保证不泄漏。同时管壳程的大法兰、螺栓也随之变大、变厚，既不易加工，又使金属耗量增加，从而使制造成本上涨。

首先，螺纹环锁紧式换热器密封性能可靠，在管箱中由内压引起的轴向力通过管箱盖和螺纹锁紧环传递给管箱壳体承受。在运转中，若管壳程之间有串漏时，通过露在端面的内圈螺栓再行紧固就可将力传递到壳程垫片而将其压紧以消除泄漏。

其次，拆装方便。拆装可在短时间内完成。因为它的螺栓很小，很容易操作。同时拆装管束时，不需移动壳体，可节省许多劳力和时间。而且在拆装的时候，是利用专门设计的拆装架，使拆装作业可顺利进行。

第三，金属用量少。由于管箱和壳体是一体型，省去了包括管壳程大法兰在内的许多法兰与大螺栓，又因在壳体上没有带颈的大法兰，其开口接管就可尽量地靠近管板。可使这种结构换热器的单位换热面积所耗金属的重量下降不少。

第四，结构紧凑，占地面积小。但这种换热器的结构比较复杂其公差与配合的要求比较严格。

密封盖板封焊式换热器的管箱与壳体主体结构也和螺纹环锁紧式换热器一样，为一整体型。它的特点是管箱部分的密封是依靠在盖板的外圆周上施行密封焊来实现的。此种换热器也具有密封性能可靠、结构简单、金属耗量比螺纹环锁紧式换热器还省等优点。这种换热器的主要缺点是当需要对管束进行抽芯检查或清洗时，首先需要用砂轮将密封盖板外圆周上的封焊焊肉打磨掉，才能打开盖子完成这一作业，然后重装时再行封焊。而换热器在整个使用寿命中不可避免地会进行多次管束抽查、清洗或更换，因而也就需要在密封盖板处多次进行打磨焊肉和重焊的作业，这对于高温高压设备来说是不理想的。

为节省投资，提高换热效果，加氢裂化装置所用高压换热器一般采用双壳程壳程结构，与单壳程相比，它有一个纵向隔板以及隔板两侧的密封结构。壳程流体在纵向隔板的尽头返回，在壳体内流经了两次，形成双壳程。当管程也为两程时，管程介质的流向在全程就可以与壳程介质的流向完全相反，即所谓的逆流传热。这是热力学中的较理想的传热流型，由此可获得较高的传热系数。双壳程换热器与单壳程换热器相比有着较大的优越性，在换热量相同的情况下，双壳程的换热面积可以比单壳程大约节省20%以上，降低了设备投资。对于同一流量的流体，采用双壳程换热器时，壳程一侧的压降约比单壳程增加6~8倍。为了降低压力降，可以采用双弓形折流板。但双弓形折流板的传热效率比单弓形折流板的传热效率稍低。

缠绕管式换热器由绕管芯体和壳体两部分组成。绕管芯体由中心筒、换热管、垫条及管卡等组成。换热管紧密地绕在中心筒上，用平垫条及异形垫条分隔，保证管子之间的横向和纵向间距，垫条与管子之间用管卡固定连接，换热管与管板采用强度焊加贴胀的连接结构，中心筒在制造中起支承作用，因而要求有一定的强度和刚度。壳体由筒体和封头等组成，见图6-4。

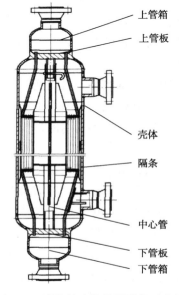

上管箱
上管板
壳体
隔条
中心管
下管板
下管箱

图6-4 缠绕管式换热器结构示意图

缠绕管式换热器应用于工程的主要优点：

① 结构紧凑，单位容积具有较大的传热面积，节省钢材减少投资。对管径 8~12mm 的传热管，每立方米容积的传热面积可达 $100~170m^2$；

② 可同时进行多种介质的传热；

③ 密封性能好，换热器与接管间为法兰连接，没有螺纹锁紧环中相对复杂的密封结构，不易发生泄漏；

④ 传热管的热膨胀可自行补偿，管束热膨胀应力小；

⑤ 换热器容易实现大型化。

13 换热器的重要工艺指标有哪些？

换热器的好坏通常用总传热系数和压力降的大小来衡量：总传热系数 $K=Q/Ft$ 由此可见在相同传热面积 F 和平均温差 Δt 下，总传热系数 K 越大，则传递的热量 Q 越大，即在相同传热量、相同平均温差下，总传热系数 K 越大，所需传热面积越小。压力降：换热器压力降是由两种损失造成的，即流动时的摩擦损失和改变流向的损失，一般管程和壳程的压力降以 0.034~0.17MPa 为宜。提高流体速度能提高传热系数 K 和减少传热面积 F。

14 如何计算换热器的传热量？

换热器传递热量公式为：

$$Q = K \times S \times \Delta t$$

式中　K——总传热系数，$W/(m^2 \cdot ℃)$；

　　　S——换热器传热面积，m^2；

　　　Δt——被加热介质进出换热器温差，℃。

15 换热介质走管程还是走壳层是怎样确定的？

在选择壳层介质时，应抓住主要矛盾，以确定某些介质最好走管程或最好走壳程。应按介质性质、温度或压力，允许压力降、结垢以及提高传热系数等条件综合考虑。

① 有腐蚀、有毒性、温度或压力很高的介质，还有很易结垢的介质均应走管程，主要是因为：有腐蚀性介质走壳程，管壳程材质均会遭受腐蚀，因此一般腐蚀的介质走管程，可以降低对壳程材质的要求；有毒介质走管程泄漏机会较少；温度、压力高走管程可降低对壳程材质的要求，积垢在管程容易清扫。

② 有利于提高总传热系数和最充分的利用压降。流体在壳程流道截面和方向都在不断变化且可设置折流板，容易达到湍流，$Re > 100$ 即达湍流，而管程 $Re > 1000$ 才是湍流，因而把黏度提高或流量小即 Re 较低的流体选在壳程，反之，如果在管程能达到湍流条件，则安排它走管程就比较合理，从压力降角度来选择，也是 Re 小的走壳程有利。

③ 根据两侧膜传热系数大小来定，如相差很大，可将膜传热系数小的走壳程，以便采用管外强化传热设施，如螺纹管或翅片管。

16 折流板起什么作用？

为达到逆流换热，除管程采用多管程外，壳程采用折流挡板来配合趋向于逆流换热，以提高传热系数。折流板间距 B 与换热器用途，壳程流体的流量、黏度、压降有关，最小间距为 20%D（壳体直径 mm）或 50mm，最大间距不超过 D。板间距太小不利制造和维修，流动阻力也大；板间距过大则接近纵向流动，传热效果差。经验表明最佳的板间距约为 $D/3$。一般参考上述原则按下列数据选用 B（mm）：100、150、200、300、450、600、800、1000。当换热器的折流板选定后，在检修更换换热器芯子时，折流板的间距不易随意更换，以免影响传热效果。

壳程如加装纵向挡板，可使流速成倍地增加，但流阻增长更快，加上安装困难，一般尽量避免纵向挡板。横向折流板的板距合理缩小后可使流速和流程加大，流动方向不断更换，使层流附面层减薄，从而增大膜系数。试验证明加装横向折流板后 $Re>100$ 即达湍流。

17 换热器管束有几种排列方式？

管束中管子有四种排列形式：正三角形、正方形直列、正方形错列（转角45°）、同心圆形排列，如图6-5所示。此外还有转角三角形等。

(a) 正三角形　　(b) 正方形直列　　(c) 正方形错列　　(d) 同心圆形排列

图6-5　换热器管束排列方式

等边三角形排列采用最普遍，管间距都相等，相同管板面积上排列管数最多，划线钻孔方便，但管间不易清洗。在壳层需用机械法清理时，一般采用正方形排列，要保证6mm的清理通道。在折流板间距相同情况下，等边三角形和同心圆形排列形式的流通截面积要比另外两种排列形式的大，有利于提高流速。同心圆式排列的管数比三角形式排列还要多，且靠近壳体处布管均匀，介质不易走短路。炼油工业上常用的还是正方形错列（转角45°）方式较多。无论哪种排列法，最外圈管子的管壁与壳内壁的间距不应小于10mm。

18 换热器中何处要用密封垫片？一般用什么材料？

换热器中所有用螺栓连结的两个金属表面之间，都必须使用密封垫片，这些结合处大多是壳体管箱、管箱与管箱端盖、接管处及小浮头处等。密封垫片一般有金属齿形垫、膨胀石墨垫、耐油橡胶石棉垫及铁包石棉垫等，视介质及压力等级来确定。

19 换热器为什么要设置排气、疏液口？它们是否都通大气？

因为换热器开始工作时，流体逐渐充满空间，排气口使换热器内的空气逐渐排出，否则就会形成气塞，当设备停机排出液体时，空气进入换热器以平衡压力。排气口一般装在壳体管箱、封头等部位。

疏液口在停机时可将液体排出，这样便于设备的维修、入库或更换工质。任何残留的液体都会引起设备过早结垢或腐蚀。因此要设置排气口和疏液口，疏液口一般装在壳体、封头、管箱等部位。

排气口一般都通大气，疏液口一般都用管道与贮液设备或处理设备相通，其主要取决于工质是否昂贵，是否需要回收或贮存，环保部分是否允许排放等。如果介质是水，一般都可以放掉。

20 什么是多管程或多壳程换热器？什么时候使用它们？

在换热器内，将全部管子用隔板分隔成若干组，使流体每次只流过一组管子，然后折回进入另一组管子，如此依次往返流过各组管子，最后由出口处流出，此种换热器叫多管程换热器。常用多管程换热器一般为 2 程、4 程、6 程。

在允许压降一定的条件下，要想通过提高管侧流速来增加换热器系数和减少结垢，必须采用多管结构。

多壳程往往用来提高壳程侧流速以减少结垢，增加换热系数，使之获得较大的温度交叉。

21 换热器在使用中应注意哪些事项？

（1）一切换热器在新安装或检修后必须经试压合格后方能使用；

（2）换热器在启用时要先通冷流，后通热流。在停用时要先停热流，后停冷流，以防不均匀的热胀冷缩发生，引起泄漏或损坏；

（3）固定式换热器不允许单向受热，浮头式换热器管壳两侧也不允许温差过大；

（4）蒸汽加热器或换热器停工吹扫时，引汽前必须放净存水，并缓缓通气，以防水击。停工吹扫时，换热器一侧通蒸汽必须把另一侧放空阀打开，避免憋压损坏设备；

（5）启运过程中，排气阀应保持打开状态，以便排出全部空气，启动结束后应关闭。如果使用碳氢化合物，在装入碳氢化合物之前应用惰性气体驱除换热器中的空气，以免发生爆炸；

（6）经常检查，防止泄漏；对于高压换热器要注意换热管束两侧压差，不能超过设计值。

22 有些换热器开始时换热效果好，后来逐渐变差是何原因？

因为在使用过程中，在管子内外壁表面上逐渐积有沉积物（污泥、结焦、结盐等），这些结垢多是硫松的并有孔隙的物质，导热系数较小，增加了热阻，降低了总传热系数，所以换热效果逐步变差。

23 为什么要使用塔设备？

炼油厂遇到的都是液体的石油馏分和气体的混合物，要把这些混合物分开，得到我们所需要的目的产品，就要借助于良好的传质扩散设备塔设备。利用混合物各组分具有不同挥发度，即在同一温度下，有各自不同的蒸气压的原理，在塔设备内进行多次液体汽化和多次蒸气冷凝，如此重复操作，则最后可以将液体混合物的某些组分分开，就可得到我们所需的目的产品。

24 一个完整的精馏塔由哪些部分组成？

一个完整的精馏塔包括三部分：即精馏段、进料段和提馏段，根据使用要求不同，有的塔没有精馏段，有的塔没有提馏段，如图6-6所示。

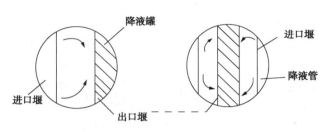

图6-6 POR分馏塔塔板示意图

25 常减压蒸馏装置蒸馏塔板主要有哪几种？它们有何优缺点？适用范围如何？

国内常减压蒸馏装置常使用浮阀、筛板、圆形泡帽、槽形、舌形、浮舌、浮动喷射、网孔、斜孔等型式的塔板。几种常用塔板的优缺点及适用范围见表6-3。

表6-3 各种塔板的优缺点及适用范围

塔板类型	优点	缺点	适用范围
圆泡帽板	较成熟，操作范围宽	结构复杂，阻力大，生产能力低	某些要求弹性好的特殊塔
浮阀板	效率高，操作范围宽	需要不锈钢，浮阀容易脱落	分馏要求高，负荷变化大，如原油常压分馏塔
筛板	效率较高，成本低	要求安装水平高，易堵塞	分馏要求高，塔板数较多，如化工的丙烯塔
舌形板(固)	结构简单，生产能力大	操作范围窄，效率低	分离要求低的闪蒸塔
浮喷板	压力降小，生产能力大	浮板易脱落，效率较低	分离要求较低的原油减压分馏塔
网孔板	压降下，能力大，效率较高	操作范围较窄	较多用于润滑油型减压塔

26 板式塔与填料塔的区别是什么？

（1）塔径较大时宜采用板式塔。因为：①板式塔以单位塔板面积计的造

244

价，随塔径增大而减少，填料塔的造价则与其体积成正比，小直径填料塔（0.8m以下）的造价一般都比板式塔低；②板式塔直径大，其效率可提高，填料塔直径大则液体分布较难均匀，效率会下降；③大塔板的检修比填料塔容易。

（2）当所需要传质单元数或理论塔板数比较多而塔很高时，板式塔比较适宜，此情况下填料塔则要分成许多段，必进行多次液体再分布，否则液体分布不均，液体或气体产生沟流，影响传热效率。

（3）若有热量须从塔内移除，宜用板式塔，因为塔板上更便于安装冷却管。

（4）板式塔可适应比较小的液体流量，若此时用填料塔则易致填料润湿不足。

（5）板式塔适用于处理有悬浮物的液体，填料层则易被悬浮物堵塞。

（6）板式塔便于侧线出料。

（7）填料塔适于处理有腐蚀性的物料，塔板若用耐腐蚀的金属材料制造，则造价高得多。

（8）填料塔压力降比较小。真空蒸馏时需控制塔内压力降在很小的数值之下，用填料塔通常能满足要求。

（9）填料塔内滞留的液体量比较少，物料在塔内停留的时间短，故对于间歇蒸馏及热敏性物料的蒸馏适合。

（10）填料塔适于处理易发泡的液体。

27　填料塔使用的填料有多少种?

有十种：拉西环，θ环，鲍尔环，弧鞍，十字格环，矩鞍，阶梯环，金属鞍环，θ网环，波纹填料。

28　填料塔的结构与分离操作的关系是什么? 塔填料应满足什么要求?

填料塔为一直立式圆筒，内有填料乱堆或整堆在靠近筒底部的支承板上。气体从底部被送入，液体在塔顶经分布器被喷洒到填料层表面上。液体在填料层中有倾向塔壁流动的趋势，故填料层较高时常将其分成数段，两段之间设立液体再分布器。液体在填料表面分散成薄膜，经填料间的缝隙下流，亦可能成液滴落下。填料层的润湿表面就成为气、液接触的传质表面。填料层内气、液两相呈逆流接触(近年也出现并流式塔，气体亦从塔顶进入，可避免液泛及减少阻力)。两相的组成是沿塔高连续改变的，这一点与板式塔内组成作跃式变化迥然不同。

它们应能使气、液接触面大，传质系数高，同时通过量大而阻力小，所以要求填料层空隙率(单位体积填料层的空隙体积)高，比表面积(单位体积填料层的表面积)大，表面润滑性能好，并且在结构上还要有利于两相密切接触，促进湍动。制造材料又要对所处理的物料有耐腐蚀性，并具有一定的机械强度，使塔底部的填料不致因受压而碎裂、变形。

29 填料的特性是什么？

比表面积：每单位体积填料的表面积，符号为 δ，单位为 m^2/m^3（或 $1/m$）。比表面大则能提供的接触面积大。同一种填料其尺寸愈小则比表面越大。

空隙率：每单位体积填料的空隙体积，符号为 ε，单位为 m^3/m^3（无因次）。空隙率大则气体通过时的阻力小，因而流量可以增大。

填料因子：由前面两填料特性组合而成，具有 δ/ε 的形式（单位为 $1/m$），为表示填料阻力及液泛条件的重要参数之一。

30 分馏塔塔板选用原则是什么？

① 塔气液相负荷变化大，分馏要求严格，一般选用浮阀塔板；②液体负荷小，黏度大，蒸汽负荷小，分离要求不太严格，塔板压力降小，可选用舌型、浮动喷射塔板；③气体负荷大，分离要求不太严格，液体中常常有固体（催化剂）可选用舌型塔板；④在较高的压力下操作，回流大，液相负荷大，分离要求很严，分馏介质干净，选用浮阀、泡帽、S 型塔板。

31 什么是塔板的操作弹性？好的塔板应有哪些要求？

塔板的操作弹性就是同样使塔的效率降低15%时的最大负荷与最小负荷之比值，弹性大的塔就可以大幅度调节操作条件来适应生产上的需要，同时塔板的效率基本上是稳定的。好的塔板应达到下面几点要求：①塔盘效率高；②生产能力大，即允许的气液相负荷都较高，较小尺寸的塔能完成较大的生产任务；③操作稳定，操作弹性好，也就是说塔内气、液相负荷发生较大变化时，仍能保持较高的效率；④经济耐用钢材耗量小。

32 什么是浮阀塔盘？工作原理如何？结构如何？

浮阀塔是泡罩塔、专板塔、喷射塔和筛板塔结合的产物，利用气液相在雾滴中增大传质效果，提高效率的原理而工作的，主要构件有平面塔板、降液管和浮阀。浮阀有两种规格：一种 2mm 厚，另一种 1.5mm 厚，两种规格浮阀相间安装。浮阀结构有两种：一种浮阀是带有三个爪的结构；另一种没有爪的，只有阀片靠焊接在塔板上的导向架固定在塔板的相应位置，阀片可以在导向内自由升架。在浮阀塔板上开有许多圆孔，每一孔上都装有一个带三条腿的阀片。在没有上升蒸气时，浮阀闭合于塔板上，这时浮阀开度仅有 2mm 左右，当有上升蒸气量，浮阀受气流冲动而开启,开启的程度由蒸气速度大小而定,气速降低,阀片在重力作用下自动关闭。上升的蒸气穿过低阀孔在浮阀片的作用下,向水平方向分散穿过液体层鼓泡而出,达到了传质和传热的效果。

33　浮阀塔与筛板塔各有什么优缺点?

(1) 浮阀塔:

优点:塔板开孔率大,处理量较大;操作弹性大;分离效率较高;每层塔板的气相压降较小;因为塔板上没有复杂的障碍物,所以液面落差小,塔板上气流分布较均匀;塔板的结构较简单,易于制造。

缺点:不宜于易结焦的介质系统,因会妨碍浮阀起落的灵活性;浮阀的制造、安装较复杂。

(2) 筛板塔:

优点:结构简单,制造方便;成本低,造价为浮阀塔的80%左右;压降小,处理量大。

缺点:操作弹性较小;筛孔容易堵塞,处理结垢物料的困难性比浮阀塔大。

34　什么是单溢流塔盘和双溢流塔盘?

单溢流塔盘,见图6-7所示。

双溢流塔盘,见图6-8所示。

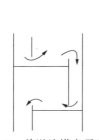
图6-7　单溢流塔盘示意图

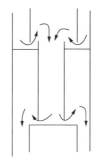
图6-8　双溢流塔盘示意图

塔盘主要由下面几部分组成:①塔板:其上面开有许多孔,安装浮阀、泡帽等元件或直接作为气相通道,介质的传热和传质就在上面进行;②降液管:上层液体通过降液管流到下层塔盘,是主要的液体通道;③溢流堰:包括进口堰和出口堰。进口堰主要是为了保持降液管的正常液体高度,保证传质的正常进行。

35 用简图标明分馏塔塔板的溢流堰和降(受)液管的位置在哪里?

分馏塔塔板如图6-9所示。

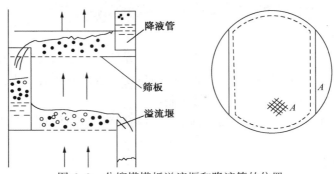

图 6-9 分馏塔塔板溢流堰和降液管的位置

36 塔检修前的准备工作是什么?

① 停汽后卸掉塔内压力，压净塔内所有存油;②与塔连通设备、管线加盲板;③打开塔顶放空盲头，以便排汽;④蒸汽脱水;⑤向塔内缓慢引入蒸汽，不超压，塔顶见汽;⑥蒸煮塔;⑦蒸煮塔结束后排净塔内凝结水，降温后自上而下打开塔人孔;⑧检修前要做好防火、防爆炸和防毒安全措施;⑨对塔内气体分析化验，要达到安全要求。

37 空气冷却器的分类是什么?

(1) 按管束布置方式分为：水平式、立式、斜顶式等。

(2) 按通风方式分为：鼓风式、引风式和自然通风式。

(3) 按冷却方式分为：干式、湿式和干湿联合式。

(4) 按工艺流程分为：全干空冷、前干空冷后水冷、前干空冷后湿空冷、干湿联合空冷。

(5) 按安装方式分为：地面式、高架式、塔顶式(在塔顶上和塔联成一体)。

(6) 按风量控制方式分为：停机手动调角风机、不停机自动调角风机、自动调角风机和自动调速风机、百叶窗调节式。

(7) 按防寒防冻方式分为：热风内循环式、热风外循环式、蒸汽拌热式以及不同温位热流体的联合等型式。

38 空冷器型号表示方法是什么?

(1) 管束型号表示方法：

翅化比=每米翅片管总表面积/每米基管表面积

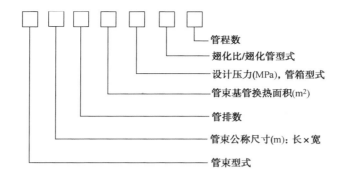

管程数
翅化比/翅化管型式
设计压力(MPa),管箱型式
管束基管换热面积(m²)
管排数
管束公称尺寸(m):长×宽
管束型式

示例:

① 鼓风式水平管束:长 9m、宽 2m;6 排管;基管换热面积 140m²;设计压力为 4MPa;可卸盖板式管箱;镶嵌式翅片管,翅化比 17.3;Ⅵ管程的管束型号为:

$$GP9X2-6-140-4K1-17.3/G-Ⅵ$$

② 斜顶管束:长 4.5m、宽 3m;4 排管;基管换热面积 63.6m²;设计压力为 1.6MPa;丝堵式管箱;双 L 型翅片管、翅化比 23.0; Ⅰ 管程的管束型号为:

$$X4.5X3-4-63.6-1.6S-23.0/LL-Ⅰ$$

(2)风机型号表示方法:

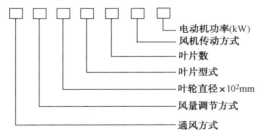

电动机功率(kW)
风机传动方式
叶片数
叶片型式
叶轮直径×10²mm
风量调节方式
通风方式

示例:

① 鼓风式:停机手动调角风机、直径 2400mm,B 型玻璃钢叶片、叶片数 4 个;悬挂式电动机轴朝上 V 带传动、电动机功率 18.5kW 的风机型号为:G-TF24B4-Vs18.5。

② 引风式:自动调角风机、直径 3000mm,R 型玻璃钢叶片、叶片数 6 个;带支架的直角齿轮传动、电动机功率 15kW 的风机型号为:Y-ZFJ30R6-Cl5。

(3)构架型号表示方法:

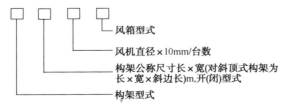

风箱型式
风机直径×10mm/台数
构架公称尺寸长×宽(对斜顶式构架为长×宽×斜边长)m,开(闭)型式
构架型式

示例：

① 鼓风式空冷器水平构架、长 9m、宽 4m；风机直径 3600mm，2 台、方箱型风箱；闭式构架型号为：GJP9×4B-36/2F。

② 鼓风式空冷器斜顶构架、长 5m、宽 6m、斜顶边长 4.5m；风机直径 4500mm，1 台、过渡锥型风箱；闭式构架的型号为：JX5×6×4.5/B-45/1Z。

（4）百叶窗型号表示方法：

示例：

① 手动调节百叶窗、长 9m、宽 3m，其型号为：SC9×3。

② 自动调节百叶窗、长 6m、宽 2m，其型号为：ZC6×2。

（5）空冷器型号表示方法：

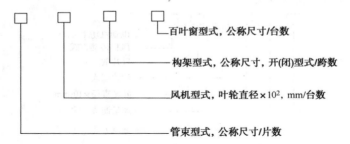

示例：

① 鼓风式空冷器：鼓风式空冷器、水平管束、长×宽为 9m×3m，4 片；停机手动调角风机、直径 3600mm，4 台；水平式构架、长×宽为：9m×6m；一跨闭式构架，一跨开式构架；手动调节百叶窗，4 台、长×宽为：9m×3m 的空冷器型号：GP9×3/4-TF36/4-$^{GJP9×6B/1}_{GJP9×6K/1}$-SC9×3/4。

② 引风式空冷器：引风式空冷器、水平管束、长×宽为 9m×3m，2 片；自动调角风机、直径 3600mm，1 台，停机手动调角风机、直径 3600mm，1 台；水平式构架、长×宽为：9m 的构架、一跨闭式构架；自动调节百叶窗、长×宽为 9m×3m2 台的空冷器型号为：YP9×3/2$^{ZFJ36/1}_{TF36/1}$-YJP9×6B/I-ZC9×3/2。

---

39 空气冷却器有哪几部分组成？

空气冷却器的基本部件如下。见图 6-10。

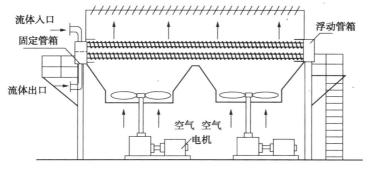

图 6-10 空气冷却器结构示意图

管束——由管箱、翅片管和框架组合构成。需要冷却或冷凝的流体在管内通过，空气在管外横掠流过翅片管束，对流体进行冷却或冷凝；轴流风机——一个或几个一组的轴流风机驱使空气流动；构架——空气冷却器管束及风机的支承部件；附件——如百叶窗、蒸汽盘管、梯子、平台等。

40 湿空冷和干空冷有什么不同？湿空冷喷淋水用一般的冷却水行吗？

湿空冷与干空冷的不同点就是向空气冷却器的翅片管上喷洒雾状水，依靠水在翅片管上的蒸发强化传热，达到降低油品出口温度的目的，可以减少后冷。

湿空冷喷淋水不能用一般的冷却水。因为一般的冷却水中含有泥沙、杂质及各种盐类，喷在管束表面会结垢，从而影响冷却效果。因此，湿空冷最好用软化水作喷淋水。在没有条件的情况下，应将一般的冷却水通过沙滤器和磁水器除去杂质后再用作湿空冷喷淋水。因此一般应循环使用，节省水量。

41 空冷器的通风方式有哪几种？

空冷器的通风方式有强制通风与诱导通风两种，也可以称之为鼓风式与引风式。鼓风式的风机放在管束的下面，引风式的风机放在管束的上面。

42 空冷器的翅片管有哪几种形式？

空冷器的翅片管主要有以下几种：L型缠绕式翅片管；镶嵌式翅片管、整体轧制的翅片管、复合翅片管（双金属翅片管）。

43 布置空冷器应注意些什么事项？

空冷器入口的空气温度，有时会高于实际气温。特别是在夏季，当出现这一情况时，空冷器的操作性能就会受到很大的影响。其原因，一个是由空冷器排出的热风有一部分被风机抽了回去，这个现象叫做热风循环；另一个原因是空冷器间距离某些温度较高的设备太近。这两个原因中，前一个因素尤为重要。

为了减少或避免热风循环，在布置空冷器时应根据夏季主要风向合理地进行全装置的布置。最好不要把空冷器布置在大型设备或较高建筑物的下风处，否则影响空气流通。风机距离地面也不能太近，一般都放在平台或管架的上部。必须注意不要把斜顶空冷器的管束正对着主导风向，特别要考虑夏季的主要风向。

为了避免受温度较高设备的影响，在布置上必须与加热炉、换热器、塔、罐及热油泵等有一定的距离，同时空冷器的下面不要布置温度较高的设备。另外，为防止空冷器腐蚀、结垢及着火，在布置时注意在它的上风处不要有腐蚀性气体、粉尘及油气排出。

44 为何空冷器管束需要翅片？

因为空冷器采用的冷却剂是空气，空气的传热系数很小，因此突出的矛盾是空气一方的热阻对总传热系数起控制作用，所以在管子上加翅片的目的就是为了增强传热效果，即提高总传热系数。

45 高压空冷器哪些部位最易腐蚀？是什么介质引起的？设计上采取了哪些措施进行保护？

此类空冷器过去曾发生过的突出损伤问题是管子的腐蚀穿孔及弯头处腐蚀。这是由于来自反应器流出物中的硫化氢和氨发生反应生成了硫氢化铵（NH_4HS），在一定温度条件下，会出现铵盐在空冷管内结晶的倾向，导致管子内结垢和堵塞现象。为了防止此现象发生，通常要在其上游直接注水予以冲洗。但是水的注入，在空冷器中则形成水溶液状态，这就可能引起管子的快速腐蚀。所以空冷器管束的腐蚀是此类空冷器在设计、使用中最值得注意的问题。依据不同的使用条件，在国外此类空冷器管子材料有采用碳钢和 SUS430、蒙乃尔与 ALLoy800 合金钢的。

为了尽量减轻碳钢管子受腐蚀的程度，延长其使用寿命，还可以从结构设计、配管布置上采用如下措施：①采用管箱结构，以避免在空冷器管束上使用回弯头（或 U 形管）；②在管箱上的所有管子的入口端加约 0.8mm 厚不锈钢衬套；③对于多片管束组成的空冷器，其空冷器入口物流应采取对称平衡的分配方式进行配管布置，以利流体分配均匀；④在空冷器的上游注水，以防胺盐沉积，并且注水量应使高压分离器水中 NH_4HS 的浓度不超过 8%。

46 空冷器启动步骤是什么？

①检查空冷器流程正确、通畅、风机处于备用状态；②打开空冷器百叶窗（设置有百叶窗，尾油空冷应提前投用加热盘管蒸汽）；③打开空冷流体出口阀；④启动空冷风机；⑤打开空冷器热流体入口阀；⑥认真做好检查维护；⑦尾油空

冷投用后，容易走偏流，应通过百叶窗和盘管蒸汽加热器的蒸汽量，保证不堵凝、不水击。

47 高压空冷器主要结构特点是什么？

高压空冷器常采用的管箱结构一般有丝堵式管箱和集合管式管箱。集合管式管箱因对管束内腔的清扫很困难，所以对于介质较脏或操作中管内易有结垢或堵塞的场合不宜采用，一般以丝堵式管箱使用居多。此种管箱具有使用安全裕度大，制造和使用中的无损检测工作量少的优点，但它也存在着制造加工难度和金属耗量较大的缺点。随着焊接技术的进步，当今多采用板焊式丝堵管箱。

48 低分的作用是什么？

低分的作用主要是将进入低分的反应生成油闪蒸出酸性气，经压力调节器送入干气脱硫部分；将分离出的污水通过液面调节从水包排出送往污水汽提部分；分离出的生成油经液面流量调节系统与反应器流出物换热，然后进入分馏部分的脱硫化氢汽提烷塔。

49 高压分离器的作用是什么？对液体停留时间有何要求？高压分离器分为哪几种？

高压分离器（高分）的主要作用是把经冷却后的反应产物进行气、液两相分离以及把油和水分开。

其作用原理：经冷却后的反应产物从进料口进入，由于进口处有一段水平短管，在其作用下流体被改变方向作切线方向流动，进入分离空间，气液两相便进行分离，密度小的气体往上走，其夹带的油雾被破沫网阻隔收集下来，比较干净的气体从气体出口排出，循环使用。密度大的油和水便往下落；由于油和水密度不同又进一步进行油水分离，油在上面，水在下底，油通过聚结器，在多层钢丝网的作用下将悬浮在油中的微细水珠聚结下来，不带水的油从油出口排出。沉降到分离底部的水从水出口管排出。为了不至于产生旋涡，影响水分离效果，在油、水出口处均装有防涡器。生成油在高分上、下限之间的停留时间一般为2min。

反应流出物高分流程有冷高压分离器流程和热高压分离器流程两种。热高分的工作温度一般在200~300℃，设于往反应器流出物中注入脱盐水点之前，将物流中的气液进行分离。冷高分的工作温度一般在40~60℃，设于往反应器流出物中注入脱盐水点之后，将物流中的油、气、水三相进行分离。从安装方式来看，高分有立式和卧式之分。卧式又有平卧和斜卧两种，斜卧高分的倾斜度，以分离液面所处的容器的对角线形成最大的椭圆面积为好。一般与地面成8°~12°放置。

目前立式高分由于占地面积小，而得到普遍应用。但立式高分由于不如卧式高分那样有利于油、水、气的分离，因此在冷高分设计时，应对内部构件进行特殊考虑，以满足工艺的需要。

50 高分的结构特点是什么？

加氢装置中的高分要实现气、液两相分离需要有合适的气相分离空间和充分的液相停留时间。对于立式冷高分，由于要分离液相中的油和水比卧式冷高分难度大，因此须在液相部分设置有利于油水两相分离的聚液器，以利于缩小分离空间，减小高分体积，降低设备重量，减少设备投资。

立式热高分和卧式冷高分的内部构件比较简单，通常仅在气相或气体出口处设置丝网除沫器。而立式冷高分除在气相设置丝网除沫器外，为使液相中的油和水在较小的分离空间内能较快地沉降分离，通常在液相部分设置丝网聚液器。聚液器的厚度和采用的丝网可根据需捕集的微小液珠和允许压降的大小确定，一般取其厚度为 $200\sim300mm$。丝网一般可采用普通型气液分离器用过滤网，丝网的密度约 $150kg/m^3$，比表面积约 $280m^2/m^3$，空隙率约 98%。

51 油罐有哪些附件？各有什么作用？

油罐附件见表6-4。

表6-4　油罐附件

附件	作用
人孔	检修时清罐用
呼吸阀	用于排气免致憋压
加热线	对油品进行加热
检尺孔混油标	指示油位及油用量
脱水阀或放空阀	用于脱水排空

52 压力容器如何分类？

压力容器按压力可分为低压、中压、高压和超高压四类。具体如下所示：①低压容器：$0.1MPa \leqslant P < 1.57MPa$，表示为"L"；②中压容器：$1.57MPa \leqslant P < 9.81MPa$，具体表示为"M"；③高压容器：$9.8MPa \leqslant P < 98.1MPa$，表示为"H"；④超高压容器：$P \geqslant 9.81MPa$；表示为"U"。

压力容器按用途可分为：①反应容器；②换热容器；③分离容器；④贮存容器。

常规容器按表6-5进行划分。

表 6-5　压力容器分类

一类	二类	三类
①非易燃或无毒介质的低压容器；②易燃或有毒介质的低压分离容器或换热器	①中压容器；②毒性程度为极度危害介质的低压容器；③易燃或毒性程度为中度危害介质的低压反应器和贮存器；④低压管壳式余热锅炉；⑤搪玻璃压力容器	①高压容器；②毒性程度为极度和高度危害介质的中压容器和 $PV \geqslant 0.2MPa \cdot m^3$ 的低压容器；③易燃或毒性程度为中度危害介质且 $PV \geqslant 0.5MPa \cdot m^3$ 的中压反应器和 $PV \geqslant 10MPa \cdot m^3$ 的中压贮存容器；④高压、中压管壳式余热锅炉

介质按危险程度分类，见表 6-6。

表 6-6　介质按危险程度分类

Ⅰ类	Ⅱ类	Ⅲ类	Ⅳ类
极度危害	高度危害	中度危害	轻度危害
最高允许浓度 $<0.1mg/m^3$	最高允许浓度 $0.1 \sim 1.0mg/m^3$	最高允许浓度 $1.0 \sim 10mg/m^3$	最高允许浓度 $\geqslant 10mg/m^3$
氟、氢氰酸、光气、碳酰氟、氯		二氧化硫、氨、一氧化碳、氯化烯、甲醇、氧化乙烯、二硫化碳、乙炔、硫化氢	氢氧化钠、四氟乙烯、丙酮

53　压力容器的安全装置可分哪几类？

压力容器的安全装置包括下面几种：①安全泄漏装置，如安全阀、防爆片等；②截流止漏装置的紧急切断；③参数测量仪表，如压力表、液位计、温度计等。

54　压力容器上安装的压力表对精度和量程有什么要求？

压力表的精度，对于低压容器不得低于 2.5 级，对于中压、高压容器其精度不应低于 1.5 级。压力表表盘的量程应为容器最高工作压力的 1.5～3 倍。一般取 2 倍为宜。压力表刻度盘上应划有红线，以指出容器的最高工作压力。

在腐蚀性介质中，如在氨和 H_2S 等介质中，由于介质对压力表的弹簧有腐蚀作用，因此要用耐腐蚀的不锈钢压力表，不得选用通常的铜质压力表，以免腐蚀穿孔。对高温、高压场合，要用耐高温、高压的压力表。

55　阀门的基本功能是什么？

按阀门的分类，各类阀门具有各自的功能：

（1）闸阀：常用于断流通流。

（2）球阀、角阀：用于流量调节和节流。

（3）止回阀：只起着抑制或防止配管中物料倒流的单一功能。

（4）安全阀、泄压阀：用来通过泄放意外超压，防止设备损坏。

（5）截止阀：常用于调节流量。

56 阀门有哪些识别涂漆颜色？

阀门颜色见表6-7。

表6-7　阀门颜色

阀体材料	铸铁	碳钢	不锈钢	铬钼钢
涂漆颜色	黑色	银灰色	浅天蓝色	蓝色

57 垫片有哪些种类及用途？

（1）石棉垫片 $\left\{\begin{array}{l}\text{耐油橡胶石棉垫} \\ \text{中压橡胶石棉垫} \\ \text{铁包石棉垫}\end{array}\right.$ $\left.\begin{array}{l}\text{水、风} \\ \text{氢气} \\ \text{液态烃}\end{array}\right\}$ 压力≤2.5MPa；温度≤200℃，可用耐油橡胶石棉垫（绿色）。

蒸汽：压力≤2.5MPa；温度≤250℃，可用中压橡胶石棉垫（紫色）。

（2）缠绕垫片：

氢气：压力≤4.0MPa；温度≤200℃；可用08（15）号钢带-石棉带。200℃<t<450℃）油品（油气）用0Cr13（1Cr13）合金钢带-石棉带。公称压力4.0MPa以上凹凸面法兰选用带内环缠绕垫，公称压力2.5MPa以下平面法兰选用带内外环缠绕垫。

（3）钢圈 $\left\{\begin{array}{l}\text{椭圆垫} \\ \text{八角垫}\end{array}\right.$ 材质有：08、10、0Cr13、1Cr13、0Cr18Ni9。用在梯形槽式法兰，如转化炉管、反应器头盖法兰等。

（4）铝垫片：铝不能用于碱 $\left.\begin{array}{l} \\ \end{array}\right\}$ 一般用在压力表、双金属温度计上。

（5）铜垫片：铜不能用于酸

（6）波齿垫：可取代缠绕垫，更优于缠绕垫，且不会散架。

58 垫片有哪些安装技术要求？

①选型要合适；②密封面要清理干净；③安装要合适；④把紧要均匀；⑤螺栓选料要准；⑥石棉垫要加石墨油。

59 螺栓、螺母材质有哪些选用要求？

适用于氢气、油气、水蒸气：操作压力<4.0MPa，温度≤260℃。螺栓用35#钢（端面凿有4字样）；螺母用25#钢（侧面凿有3字样）。温度：261~400℃，螺栓用30CrMoA钢（端面凿有5字样）；螺母用35#钢（侧面凿有4字样）。温度：401~510℃，螺栓用25Cr2MoVA钢（端面凿有6字样）；螺母用30CrMoA钢（端面凿有5字样）。

60 螺栓规格有哪些选用要求？螺栓安装有哪些要求？

螺栓的大小长度一定要合适，太长一方面浪费，另一方面难拆，一般满2~3扣为宜。PN2.5MPa平面法兰、PN4.0MPa凹凸面法兰：DN15、DN20、DN25用M125法兰。PN4.0MPa凹凸面法兰：DN40~DN50用M160法兰；DN80用M160法兰；DN100用M2000法兰。转化炉管法兰用M22炉管法兰。

安装时要求：①法兰两侧螺母都要上满扣，防止一边多，一边少。②用力要均匀，要对角上。液位计螺栓要从玻璃板中间对角往两端延伸。③要加石墨油。

61 缠绕管式换热器的应用与操作有什么要求？

缠绕管由于原料杂质问题引起质量问题的也不少，按照设计要求，缠绕管式换热器用于介质杂质少、容易清洗的场合，因为缠绕管换热器为了追求其紧凑性，管间距与层间距的间距比较小，所以对原料的要求也较高。一旦装置波动等就可能引发原料杂质多而容易造成堵塞。因此，要有效地在操作上做好以下几方面：

① 原料的选择。原料的杂质含量必须严格控制，杂质含量增加会使部分杂质黏附于层间的支撑件上，这样随着时间延长，容易造成通道堵塞，致使换热面积大幅降低。

② 系统流程设计合理。为防止粗大杂质进入换热器，要在系统的上游增设过滤网，过滤网的目数要视杂质大小而定，原料通过过滤后才能进入换热器，这样防止了原料在管壳程内部造成堵塞。

③ 考虑增加反冲洗装置。在换热器运行过程中，杂质容易向下沉积，一方面堵塞流道，另一方面产生垢下腐蚀。因此在换热器的下部增设反冲洗，通过气泡的形式，搅扰内部的沉积杂质，使杂质一起随介质流走。

另外，在装置操作中要特别注重开停车的温度和压力的升降，要严格控制升温的速度和压力的匹配，否则容易造成热胀冷缩不均匀等破坏管头连接。

62 缠绕管式换热器结构设计是怎样的？

壳体设计：壳体大法兰与壳体本体的焊接为马鞍形焊接形式，采用对焊而不用插入式结构，以避免焊接和检验中的不足。考虑到换热器为立式安装，底部存在死区，需清洗排放，因此设计有放液口，实际操作中考虑按需排液以防止温度过低存在明水导致湿硫化氢腐蚀。

换热管层间距的设定：缠绕管式换热器两层换热管间的间距称为层间距，同层换热管的管子之间的距离称管间距。层间距与管间距的大小影响换热管数量、换热面积、流体的流速、传热系数以及介质结垢堵塞的可能性，所以层间距必须精心计算慎重选择，这也是缠绕管式换热器的关键技术之一。

第三节　加热炉

1　加热炉是如何分类的？

目前加热炉的分类在国内外均无统一的划分方法，习惯上最常用的有两种：一种是从炉子的外型来分，如箱式炉、斜顶炉、圆筒炉、立式炉等；另一种是从工艺用途上来分，如常压炉、减压炉、催化炉、焦化炉、制氢转化炉、沥青炉等。

除以上划分之外，还有按炉室数目分类的，如双室炉、三合一炉、多室炉等；按传热方法而分类的纯辐射炉、纯对流炉、对流-辐射炉等；按受热方法不同而分类的单面辐射炉及双面辐射炉等。

2　炉型选择的基本原则是什么？

根据中国石油化工集团公司《石油化工管式炉设计规定》（SHJ 36—91）的意见：

① 计热负荷小于1MW时，宜采用纯辐射圆筒炉；

② 设计热负荷为1~30MW时，应优先选用辐射-对流型圆筒炉；

③ 设计负荷大于30MW时，应通过对比选用炉膛中间排管的圆筒炉、立式炉、箱式炉或其他炉型；

④ 被加热介质易结焦时，宜采用横管立式炉；

⑤ 被加热介质流量小且要求压降小时，宜采用螺旋管圆筒炉；

⑥ 被加热介质流量大、要求压降小时，宜采用U形管（或环形管）加热炉；

⑦ 使用材料价格昂贵的炉管，应优先选用双面辐射管排的炉型。

3　圆筒炉及立式炉各有何优缺点？

目前，在我国石油化工厂用得最多的是圆筒炉，在加热炉总数中圆筒炉的数量约占65%。

优点：占地面积小；结构简单，设计、制造及施工安装均比较方便；炉子热负荷越小，采用该种炉型的优越性就越大，所以中小型炉子采用圆筒炉的较多。

缺点：不适用于热负荷大的加热炉；由于炉管是直立的，所以上下传热不均匀，辐射炉管的平均热强度比卧管立式炉小。

卧管立式炉：该种炉型目前常用在焦化装置上。

优点：由于炉管是水平放置的，故传热比较均匀，辐射炉管的平均热强度比圆筒炉大；烟气向上流动，阻力损失小，大大降低了烟囱的高度，不需要在炉外建烟囱。

缺点：结构比圆筒炉复杂；炉膛较小，易回火；辐射管加热面积小，热效率低. 常用合金管架，造价比圆筒炉高。

4 管式加热炉一般由几部分组成？辐射室的作用是什么？对流室的作用是什么？

管式加热炉一般由辐射室、对流室、余热回收系统、燃烧器以及通风系统五部分组成。

辐射室是加热炉主要热交换场所，通过火焰或高温烟气进行辐射传热，全炉热负荷的 70%~80% 是由辐射室担负的，它是全炉最重要的部位，辐射室的性能反应了一个炉子的优劣。

对流室是靠辐射室出来的烟气进行对流换热的部分，对流室内密布多排炉管，烟气以较大速度冲刷这些管子，进行有效的对流传热。一般情况下为提高传热效果，多数炉子在对流室采用了钉头管和翅片管。

加热炉的通风分为自然通风方式和强制通风方式两种。前者依靠烟囱本身的抽力，不消耗机械功，后者要使用风机，消耗机械功。

5 加氢加热炉炉型主要有几种形式？选型原则是什么？

对于加氢加热炉来说，根据装置所需的炉子热负荷和加氢工艺设定的反应产物换热流程(例如炉前混氢、炉后混氢)等特点，主要使用箱式炉、圆筒炉和阶梯炉等炉型，以箱式炉居多。

在箱式炉中，辐射炉管布置方式有立管和卧管排列两类。这主要是从热强度分布和炉管内介质的流动特性等工艺角度以及经济性上考虑后确定的。比如仅加热氢气的加氢加热炉，多采用立管形式，因为它是纯气相加热，不存在结焦的问题，这样的炉型占地少。而对于炉前混氢的混相流情况，多采用卧管排列方式。这是因为只要采取足够的管内流速就不会发生气液分层流，且还可避免立管排列那样，每根炉管都要通过高温区，当传热强度过高时，很容易引起局部过热、结焦现象。

加氢加热炉的管内介质中都存在高温氢气，有时物流中还含有较高浓度的硫或硫化氢，将会对炉管产生各种腐蚀，在这种情况下，炉管往往选用比较昂贵的高合金炉管（如 SUS321H、SUS347H 等）。为了能充分地利用高合金炉管的表面积，应优先选用双面辐射的炉型，因为单排管双面辐射与单排管单面辐射相比，热量有效吸收率要高 1.49 倍。相应地炉管传热面积可减少 1/3，既节约昂贵的高合金管材，同时又可使炉管受热均匀。

因此最理想的炉型是单排卧管双面辐射炉型。

6　加氢加热炉使用特点是什么？

加氢加热炉是为装置的进料提供热源的关键设备。它在使用上具有如下一些特点：①管内被加热的是易燃、易爆的氢气或烃类物质，危险性大；②与压力容器不同，它的加热方式为直接受火式，使用条件更为苛刻；③必须不间断地提供工艺过程所要求的热源；④所需热源是依靠燃料（气体或液体）在炉膛内燃烧时所产生的高温火焰和烟气来获得。

炼油厂加热炉所消耗的燃料一般都要占全厂燃料总消耗的 65%～80%，因此，对于加热炉来说，一般都应该满足下面的基本要求：①满足工艺过程所需的条件；②能耗省、投资合理；③操作容易，且不易误操作；④安装、维护方便，使用寿命长。

7　加热炉为什么要分辐射室和对流室？

（1）加热炉的辐射室有两个作用：一是作燃烧室；二是将燃烧器喷出的火焰、高温油气及炉墙的辐射传热通过炉管传给介质，这种炉子主要靠辐射室内的辐射传热；小部分靠对流室的对流传热，这部分只占整个传热的 10%左右。

（2）对流室的主要作用：在对流室内的高温烟气以对流的方式将热量传给炉管内的介质，在对流室内也有很小一部分烟气及炉墙的辐射传热。

如果一个加热炉只有辐射室而无对流室的话，则排烟温度很高，造成能源浪费，操作费用增加，经济效益降低，为此在设计加热炉时，通常都要设置对流室，以便能充分回收烟气中的热量。

8　为什么常用辐射对流型炉，而一般不采用纯对流炉？

纯对流炉需要的传热面积大，管材用量多，靠近炉膛的管子不仅接受辐射热，而且还接受对流热，管子容易烧坏，管内油品也易结焦，所以一般不采用纯对流炉，而用辐射-对流型炉，这种炉型，先从辐射室接受大量的辐射热，把烟气度降低一些，然后进入对流室，再从对流室吸收烟气的余热，因而提高了炉子的热效率。

9　加热炉管程数确定的依据是什么？

根据常减压处理量的不同，应选择合适的管内流速，把炉管分为单、双、四或更多的管程数，其目的是在避免炉管结焦的同时，使油料通过加热炉总压力降尽量小。加热炉对流室的管程数往往比辐射室的多，这是因为油料在对流室里温度较低，不易结焦故允许油料流速低一些，从而降低加热炉的压力降，以利于节能。

过剩空气系数太小，燃料燃烧不完全，浪费燃料，甚至会造成二次燃烧，但过剩空气系数太大，入炉空气太多，炉膛温度下降，传热不好，烟道气量多，带走热量多，也浪费燃料，而且炉管容易氧化剥皮。

较合适的过剩空气系数范围见表6-8。

表6-8　较合适的过剩空气系数范围

燃料	在辐射室	在烟道
气体燃料	1.1~1.15	1.2~1.4
液体燃料	1.2~1.5	1.4~1.6

烟道气中过剩空气系数增大是因为炉子不严密进入空气而造成的。

10　对流室各种介质炉管的位置安排原则是什么？

若对流室走单种介质，对流室烟气上行，则介质走向通常是上进下出，与烟气形成逆流传热。若是走多种介质，如冷原料、过热蒸汽、初馏塔塔底油等同时进入对流室，原则上按介质初温安排，低温者安排在最上部，以使传热的温差达到最大。但有时为了取得整个对流室综合最佳传热温差，往往将一种介质拆开成两段，当中插入另一种介质的炉管，如过热蒸汽管经常被安置在进料预热管排的中部。

11　加热液体油料时的对流管为什么通常采用钉头管或翅片管？

对流室的传热以对流传热形式为主。由于管内侧膜传热系数远远大于管外侧烟气对炉管的膜传热系数，所以对流管的总传热速率被烟气一侧所控制。对流管采用钉头管或翅片管，可降低管外侧的传热热阻，以达到提高对流管总传热速率的目的。但当加热气态介质时（如蒸汽、氢气等），由于管子内、外侧膜传热系数基本相当，在对流室采用钉头管或翅片管就没有必要了，应采用光管较为经济合理。

12　什么是燃料发热值？发热值有哪几种？

单位质量或体积的燃料完全燃烧时所放出的热量称为燃料的发热值，其相应单位为 MJ/kg 或 MJ/Nm³。液体燃料通常以质量发热值表示，气体燃料以体积发热值表示。

发热值根据燃烧产物中水分所处的状态不同，又分为高、低发热值两种。

高发热值是指燃料的燃烧热和燃烧产物中水蒸气的冷凝潜热之总和；而低发热值仅表示燃料的燃烧热，不包括水蒸气的冷凝潜热。

两者之差为汽化潜热。

$$Q_h = 4.187[81C + 300H + 26(w_S - w_O)]$$
$$Q_l = 4.187[81C + 246H + 26(w_S - w_O) - 6W]$$

式中　　　　　Q_h、Q_l——油品的高发热值和低发热值，kJ/kg；

w_C、w_H、w_O、w_S、w_W——油品中的碳、氢、氧、硫和水的质量分数。

显而易见，同一燃料其高发热值大于低发热值。在加热炉燃烧及燃料耗量计算中，由于燃烧产物中的水分往往是以气态排入大气，因此应以低发热值作为计算依据。在加热炉的燃料油用量估算中，往往以 1×10^4 kcal/kg 燃料（4.18×10^4 kJ/kg 燃料）作为燃料的低发热值。

单位质量（g 或 kg）的石油及其产品完全燃烧时所放出的热量（J 或 kJ），通称为石油产品热值，即质量热值。质量热值与密度相乘，即体积热值。石油及其产品热量大约在 43500~46000 J/g，馏分越轻，质量热值则越高，但由于密度小，体积热值也小，馏分重的燃料，质量热值低，但由于密度大，体积热值大。热值是锅炉燃料、喷气式发动机燃料和火箭发动机燃料的重要质量指标之一。

13 什么是理论空气用量和实际空气用量？

燃料燃烧是一个完全氧化的过程。燃料由可燃元素碳、氢、硫等所组成。1kg 碳、氢或硫在氧化反应过程中所需氧量是不同的，其理论值分别为 2.67kg、8kg 和 1kg。供燃烧用的氧气来自空气。因空气中含氧量是一个常数（21%体），故可以根据燃料组成，计算出燃烧 1kg 燃料所需的空气量理论值，这就叫燃料燃烧的理论空气用量，单位为 kg 空气/kg 燃料，对于液体燃料，其值约为 14kg 空气/kg 燃料。

在实际燃烧中，由于空气与燃料的均匀混合不能达到理想的程度，为使 1kg 燃料达到完全燃烧，实际所供空气量比理论空气量稍多一些，即要过剩一些。该数值就叫燃料的实际空气用量，单位仍为 kg 空气/kg 燃料。

14 什么是过剩空气系数？烟气中氧含量大小对加热炉热效率有何影响？

实际空气量和理论空气量的比值，即"实际空气量/理论空气量"表示了空气的过剩程度，叫过剩空气系数，通常以 α 表示。炼油厂加热炉根据燃料种类、火嘴形式及炉型的不同，α 值也不同。

为保证燃料完全燃烧，实际空气用量与理论上最少的空气用量不同，要保证燃料正常完全燃烧，入炉的实际空气量要大一些，这是因为燃料和空气的混合，不能十分完全的缘故。剩余空气系数的计算公式如下：

$$\alpha = (100 - V_{CO_2} - V_{CO}) / (100 - V_{CO_2} - 4.76 V_{O_2})$$

式中　　V_{CO_2}、V_{O_2}——烟气中二氧化碳和氧的含量(体积分数)%；

α——过剩空气系数。

15 使用燃料油时理论空气量如何计算？

在有元素分析数据的情况下，按可燃元素燃烧反应的化学平衡式和空气质量百分组成：m_{O_2}23.2%、m_{N_2}76.8%推导出燃料油燃烧所需要的理论空气量，计算公式如下：

$$L_o = \frac{2.67 m_C + 8 m_H + m_S - m_O}{23.2}$$

在没有元素分析的情况下，可根据相对密度 d_4^{20} 估算其氢和碳的含量，然后计算出理论空气量，计算公式为：

$$L_o = 17.48 - 3.45 d_4^{20} - 0.072 m_S$$

实际空气用量：　　　　　　$$L = \alpha \cdot L_o$$

式中　　L——实际空气用量，kg 空气/kg 燃料；

α——过剩空气系数；

L_o——理论空气用量，kg 空气/kg 燃料。

16 使用燃料油时炉子的烟气量如何计算？

烟气的质量包括燃料本身质量、实际空气量和物化蒸汽的质量，烟气由二氧化碳(CO_2)、二氧化硫(SO_2)、水蒸气(H_2O)、氧(O_2)和氮气(N_2)等组成。1kg 燃料油燃烧后的烟气量等于：

$$G_g = 1 + L + W_s$$

式中　　G_g——烟气量，kg 烟气/kg 燃料；

L——实际空气量，kg 空气/kg 燃料；

W_s——物化蒸汽量，kg 蒸汽/kg 燃料。

17 燃料燃烧的热量是怎样传给管内油品的？

加热炉在运行时，燃料燃烧所产生的热量通过管壁传给管内油品，以供给油品升温汽化所吸收的热量。

在辐射室的燃烧器所喷出的火焰(包括发光火焰和不发光火焰)，对炉管起着辐射传热作用；而高温烟气在通向辐射室出口进入对流室时冲刷炉管，对炉管起着对流传热作用，炉管的管壁起着导热作用，把热量由炉管外壁传到内壁，再传到油品。

从上面分析可以看出，在辐射室内炉管的传热有三种方式：辐射、对流和导热，在不同的部位，各由一种或几种传热方式起着作用，在几种传热方式起作用的场合，必有一种传热方式起着主导作用，在炉管外壁，以火焰、烟气、炉墙的辐射传热为主，烟气的对流传热为辅，在辐射室的炉管以辐射传热为主，对流传热为辅，在对流室内，则以对流传热为主。

18 什么是加热炉的热负荷？热负荷如何进行计算？目前常用的几种炉型适用的热负荷范围是多大？

每台管式加热炉单位时间内向管内介质传递热量的能力称为热负荷，一般用 MW 为单位，热负荷的大小表示炉子生产能力的大小。

炉子有效利用的热量（热负荷）对燃料燃烧时所放出的总热量之比叫热效率。加热炉的热效率是衡量燃料消耗的指标，也是加热炉操作水平高低的指标之一。热效率越高，说明原料的利用率越高，燃料消耗就低。

影响炉子热效率有以下几方面：①由于炉壁向四周介质辐射和对流散热而损失的热量、这部分热量损失的大小与炉子的结构（炉墙厚度、材料、严密性）有关；②由于燃烧不完全损失热量（如雾化不好、空气量不足等）；③由烟道带走而损失的热量。烟气温度越高和烟气量越大，而烟气温度高低与进料温度有关，烟气量大小与过剩空气系数大小有关；④由于加热炉及余热回收系统泄漏而损失的热量。

管内介质所吸收的热量用于升温、汽化或化学反应，全部是有效热负荷，因此，加热炉的热负荷也叫有效热负荷。

加热炉的热负荷计算方法如下：

$$Q = W_F [eI_v + (1-e) I_L - I_i] \times 10^{-3} + W_s (I_{S2} - I_{S1}) \times 10^{-3} + Q'$$

式中　Q——加热炉计算总热负荷，MW；

　　W_F——管内介质流量，kg/s；

　　e——管内介质在炉出口的汽化率，%；

　　I_v——炉出口温度、压力条件下介质气相热焓，kJ/kg；

　　I_L——炉出口温度、压力条件下介质液相热焓，kJ/kg；

　　I_i——炉入口温度下介质液相热焓，kJ/kg；

　　W_s——相热过热水蒸气流量，kg/s；

　　I_{S1}——水蒸气进炉热焓，kJ/kg；

　　I_{S2}——过热蒸汽出炉热焓，kJ/kg；

Q'——其他热负荷，如注水汽化热、化学反应热等，MW。

例如：某加热炉原料流速为 132000kg/h，出口汽化率 $e=24\%$，已知进口热焓 $I_i=0.849MJ/kg$，出口液相热焓 $I_L=1.104MJ/kg$，气相热焓 $I_v=1.275MJ/kg$，求该加热炉热负荷 Q？

解：$Q=132000\times[1.275\times24\%+1.104\times(1-24\%)-0.849]/3600=10.85(MW)$

在设计加热炉之前，根据炉子进出口温度及处理量，计算出加热炉所需要的热负荷，为了使炉子能充分适应处理量的变化，往往取设计热负荷为计算热负荷的 1.15 倍。多大热负荷的加热炉应该采用什么炉型，其影响的因素很多，不易得出完全肯定的结论，下列数据仅代表一般的情况。

（1）圆筒炉：热负荷小于 34.89MW（$1.256\times10^5MJ/h$），可以采用中间不排管子的空心圆筒炉；热负荷大于或等于 34.89MW，可以采用中间排管的加热炉，目前我国最大的圆筒炉为 52.33MW。

（2）立管立式炉：热负荷在 34.89MW 以上的加热炉。

（3）卧管立式炉：热负荷在 29.076MW 以下操作条件苛刻的或易结焦的加热炉。

19 什么是炉管表面积热强度？炉管表面热强度有何意义？受哪些因素限制？

单位面积炉管（一般按炉管外径计算表面积）单位时间内所传递的热量称为炉管的表面热强度，也称热流率，单位 $kJ/(m^2\cdot J)$ 或 W/m^2。按炉管在加热炉中所处的位置不同，分为辐射表面热强度和对流表面热强度。炉管表面热强度是表明炉管传热速率的一个重大指标，在设计时对于热负荷一定的加热炉，随着热强度的增大，可以减少炉管用量、缩小炉体、节省钢材和投资。但炉管表面热强度过高将引起炉管局部过热，从而导致炉管结焦、破裂。根据不同工艺过程、管内介质特性、管内介质流速、炉型、炉管材质、炉管尺寸、炉管的排列方式等因素，加热炉允许的热强度可在较大范围内变化。一般来说油品越重直链烷烃越多，越容易结焦。特别是重油加氢加热的油品很重，结焦的"临界温度"很低。

炉管表面热强度的提高受下列因素限制：

（1）提高炉管表面热强度时，炉管管壁温度将随之升高，靠近管壁处的油品或其他介质，可能因过热而分解或结焦。

（2）因炉膛内传热的不均匀性，炉管表面热强度在沿炉管的圆周、长度方向以及炉管和炉管之间不同。因此，按照炉膛内平均温度计算的炉管表面热强度虽然没有超出油品或其他介质的结焦限度，但是，个别炉管的某些部位却会接近或达到结焦的限度。

（3）管内介质的性质、温度、压力、流速等也会影响到炉管热强度的提高。

（4）炉管有最大的允许热强度，炉管表面热强度的提高，势必受到炉管材质的限制。在某些条件下，炉管热强度提高不多，但是炉管材质都因此要升级选用，这时只好适当考虑降低炉管表面强度，以符合最佳经济效益。

（5）炉管表面热强度提高会使辐射管表面积减少，但离开辐射室的烟气温度也升高。要使加热炉效率不变，就要增加对流室的传热面积。一般情况下，在一定范围内提高加热炉炉管表面热强度，总的加热面积(辐射室面积+对流管面积)减小比较显著；超出一定范围，总的加热面积减小的效果就不显著。所以在总的加热面积减小许多，而炉管的材质又需要升级时，就必须慎重考虑。

总之，提高加热炉炉管表面强度，可使炉体尺寸缩小，材料耗用量降低；但是，也会导致炉管材质的升级和运转周期的缩短。所以合理地选取炉管表面热强度十分重要。

20 什么是加热炉热效率？影响加热炉热效率的主要因素有哪些？

加热炉炉管内物料所吸收的热量占燃料燃烧所发出的热量及其他供热之和的百分数即为加热炉的热效率。它表明向炉子提供的能量被有效利用的程度，是加热炉操作的一个主要工艺参数。通常以符号"η"表示。

炉效率η随烟气排出温度的高低、过剩空气系数大小、炉体保温情况及燃料完全燃烧程度而不同，变化范围很大。在常用的过程空气系数条件下，根据经验，一般排烟温度每降低17~20℃，则炉效率可提高1%。因此采取冷进料或采用空气预热器等措施是降低排烟温度、提高炉效率的有效措施。过大的过剩空气系数同样也严重影响炉效率，排烟温度愈高，其影响愈大。在排烟温度为200~500℃范围内时，过剩空气系数每下降0.1，可提高炉效率0.8%~0.9%，这就是人们目前普遍强调的严格调节"三门一板"、控制适量的过剩空气系数的原因所在。加热炉的散热损失一般采用如下数值：一般圆筒炉和立式炉辐射段的散热损失为总发热量的2%，对流段为总发热量的1%，余热回收系统的散热损失为总发热量的0.5%。在当前节能要求日趋提高的形势下，如何进一步适当加强炉子系统的隔热保温，也普遍引起人们的重视。

21 如何提高加热炉的热效率？

（1）降低排烟温度：

① 设置余热回收系统。使排出烟气中的热量通过余热回收系统得到重新利用，如加热炉入炉空气、加热工艺物料或作为废热锅炉的热源等。

② 设置吹灰器。炉管表面积灰积垢，会降低炉管的传热能力。因此对流室设置良好的吹灰器，并在运行中定时吹灰，是降低排烟温度、提高炉子热效率的措施之一。此外，在停工检修期间，清扫炉管表面的积垢也可强化对流传热过

程，从而降低排烟温度。

③ 对于液态物料，对流管采用翅片管或钉头管可以增加对流管的传热面积，从而使排烟温度明显降低。

④ 精心操作，确保炉膛温度均匀，防止局部过热和管内结垢，是保证炉管正常传热能力的必要条件。若管内结焦则传热能力降低，炉膛温度和排烟温度都将随之而升高。

（2）降低加热炉过剩空气系数：

① 调节好"三门一板"，在保证完全燃烧的前提下，尽量降低入炉空气量。实践得出过剩空气系数每降低 0.1，热效率可提高 1.3% 左右

② 炉体不严、漏风量多是造成过剩空气系数大的主要原因之一。消除漏风不但简单易行，而且效果显著。如将加热炉所有漏风风点（如停用的火嘴、看火孔、人孔、对流管板、采样孔和导向杆孔等）全部封堵，就可使热效率得以显著提高。因此加热炉的堵漏是一项不容忽视的重要工作。

（3）采用高效燃烧器：

改进燃烧器性能和选用高效燃烧器是降低过剩空气系数的重要措施。采用高效燃烧器不但可以降低过剩空气系数，而且能强化燃烧，保证燃料的完全燃烧和提高传热能力；采用先进的蒸汽雾化喷嘴，改善燃料油的雾化粒度，制定并严格实施燃烧器的维护和保养制度也是十分重要的。

（4）减少炉壁散热损失：

① 搞好炉子的检修，保证炉墙没有大的裂纹和孔洞，使烟气不致串入炉墙和炉壁之间造成炉壁局部过热。

② 采用耐热和保温新材料，如陶瓷纤维，不但耐高温（1000℃以上）而且导热系数低，可以降低炉壁温度从而减少炉体的散热损失。

③ 控制炉膛温度，不得超温，以免烧坏炉墙，导致炉壁温度升高。

（5）设置和改进控制系统：

过剩空气量是一个可控变量，改进控制系统是降低过剩空气量，提高热效率的有效措施。设置和采用先进的控制系统（如 DCS），可使炉子经常在最佳工况下运行，不但可以保证炉子有高的热效率，而且可减轻操作人员的劳动强度。

（6）加强加热炉的技术管理，提高加热炉操作水平是提高热效率的重要措施之一。

22 什么是火墙温度？为什么要限制火墙温度？一般炉子的火墙温度应控制在什么范围？

烟气在辐射室墙处或从辐射室进入对流室时的温度称为火墙温度。它表征炉

腔内烟气温度的高低，该参数值是加热炉操作和设计中的一个重要工艺指标，它可作为辐射室内热源温度的代表。

对于工艺过程一定的加热炉，其冷源温度，即炉管内油料的平均温度是基本确定的，火墙温度愈高，传给辐射室管内油料的热量就愈多。当装置提高处理量时，火墙温度也需随之提高。火墙温度能比较灵敏地反映出辐射室内的传热情况。火墙温度的提高虽有利于传热量的增加，但过高时，将导致管内介质结焦和炉腔内耐火材料、炉管等被烧坏。所以，对于每台加热炉都有其相应的火墙温度设计值，并作为操作的控制依据。

除烃蒸汽转化炉、乙烯裂解炉等外，一般炉子的火墙温度应控制在850℃以下。

23 火墙温度的高低有什么意义？

在进行加热炉的传热计算时，过去一般都将火墙温度看作是辐射室的烟气平均温度，火墙温度越高，辐射管热强度越大，辐射室吸热越多，从另外一点来看，火墙温度越高，炉管壁温越高，管内油品越容易结焦。所以，现场都将火墙温度作为一个重要的指标来控制，但需要指出的是，对不同炉型及不同管内介质，所要求的火墙温度也是不同的，如果不分装置，不分炉型，笼统地将火墙温度控制在一固定的温度（例如800℃），这是不科学的。例如，同样是减压炉，但卧管立式炉比圆筒炉允许的火墙温度要高100℃，当然根据自己的操作经验，对各种用途的各种炉型分别规定一个控制指标是应该的，并且也是可能的。

24 怎样理解物料在炉管中的流速和压力降？

物料在炉管中的流速太低，则油品在炉管中的停留时间就长，容易在炉管内结焦，物料在炉管内的流速一般以冷油流速表示，即15℃时油品在炉管中的流速，有时也用质量流速来表示，即每秒通过每平方米炉管截面积的油品质量（kg/$m^2 \cdot s^{-1}$）。炉管压力降是判断炉管是否结焦的一个重要指标，若冷油流速不变，压力降增大，就是炉管结焦的征兆，因为炉管结焦后，炉管内径变小，油品的实际流速增加，压力降就增加了。

25 为什么要控制加热炉的管内流速？常压加热炉和减压加热炉适宜的管内流速是多少？

流体在炉管内的流速越低，则边界层越厚，传热系数越小，管壁温度越高，越容易造成炉管结焦而烧坏炉管；流速过高又增加管内的压力降，增加了管路系统的动力消耗。设计炉子时，应在经济合理的范围内力求提高流速。

常压加热炉适宜的管内流速为980~1500kg/（$m^2 \cdot s^{-1}$）。

减压加热炉适宜的管内流速为 $980 \sim 1500 \text{kg}/(\text{m}^2 \cdot \text{s}^{-1})$。

<table>
<tr><td>26</td><td>什么是冷油流速？油品在炉管内流速变化有何影响？改变流速的措施有哪些？</td></tr>
</table>

通常以20℃油料的密度计算得出的炉管内线速度为冷油流速 $\omega_{冷}$，单位为 m/s。计算方法如下：

$$\omega_{冷} = \left(\frac{G}{3600\rho}\right) / \left(\frac{\pi}{4} d_i^2 n\right)$$

式中　G——炉进料油流率，kg/h；

ρ——油料在20℃下的密度，kg/m³；

d_i——炉管内径，m；

n——油料通过加热炉的管程数。

随着温度的上升，油品在炉管内被加热，其体积膨胀，线速度加大。油品在炉管内的实际流速是不断变化的。$\omega_{冷}$ 大，有利于传热和防止炉管内的结焦，但油料通过加热炉的压降增大。$\omega_{冷}$ 过小，不但影响传热，更重要的是易造成炉管结焦，缩短开工周期，所以根据不同工艺过程及炉型，选用合适的 $\omega_{冷}$。

在同一加热炉内，改变流速的措施有更改炉管径（即采用异径管）、注水、注汽和改变管程数等。老装置增加管程数时，流速、压降会大幅度下降，是解决系统压降、提高处理量的有效办法。

<table>
<tr><td>27</td><td>新建和大修的炉子为什么要烘炉？如何烘炉？</td></tr>
</table>

烘炉的目的是以缓慢升温的方法，脱尽炉体内耐火砖、衬里材料所含的自然水、结晶水，烧结增强材料强度和延长使用寿命。通过烘炉考验炉体钢结构及"三门一板"（风门、油门及烟道挡板）、火嘴、阀门等的安装是否灵活好用；考验系统仪表是否好用；考察燃料系统投用效果是否良好。熟悉掌握装置所用加热炉、空气预热器系统的性能和操作要求。烘炉操作分为暖炉和烘炉两个阶段。暖炉是指在炉子点火升温前先用蒸汽通入炉管，对炉管和炉膛进行低温烘烤的过程，暖炉时间约需 1~2 天。烘炉时，一方面严格按加热炉材料供应商提供的烘炉曲线要求升温，通常升温速度应控制小于 15℃/h；另一方面，进行火嘴的切换操作，在升温过程中要尽量地使炉膛各处受热情况均匀。通常情况下，烘炉过程中由于升温速度的限制使得加热炉的所有火嘴无法全部点燃，因此点火位置尤其重要。一般要求 4h 切换一次火嘴，使每个火嘴均经过轮换使用。烘炉时，通常将蒸汽温度控制在：碳钢管不大于 350℃，不锈钢管不大于 480℃。烘炉后应对炉墙进行全面检查，并做好记录，如有破损，应按设计规范及时修补。

有些装置烘炉不用蒸汽，而是分馏加热炉与系统的油运同时进行，反应加热炉与系统氮气干燥同时进行，也能达到要求。

28 新建加热炉烘炉步骤是什么？分馏加热炉在烘炉前应具备什么条件？

常规烘炉介质是蒸汽，但有些装置烘炉不用蒸汽，而是分馏加热炉与系统的油运同时进行，反应加热炉与系统氮气干燥同时进行，也能达到要求。

烘炉分为自然通风养护、暖炉、升温脱水和烧结、焖炉等四个阶段。

首先打开烟道挡板、看火孔、风门、人孔自然通风 2~3 天，然后关好人孔，看火窗及风门烟道挡板开度为 1/3。

炉管通蒸汽暖炉 1~2 天（对蒸汽烘炉而言）。

烘炉时需要缓慢加热，炉子升温速度每天不超过 150~200℃，当炉膛温度达到 130℃时，恒温两天，其目的除去自然水（表面水）。温度达到 320℃时恒温一天，以除去耐火材料中结晶水，500℃时恒温一天，对耐火砖、胶泥进行烧结。当炉膛温度达到 400~500℃时，为防止炉子干烧，烧坏炉管，可在炉管内通上流体（如蒸汽、氮气）；流体的流量根据管壁温度来决定。然后以每小时 15℃降温至 250℃熄火焖炉。当炉膛温度降至 100℃时，打开风门、烟道挡板自然通风冷却，烘炉整个过程需要 10 天左右。

分馏加热炉在烘炉前应具备的条件：①加热炉各部件施工验收合格；②耐火烧注料按规定进行水养生；③炉墙至少在环境温度下（25~40℃）自然通风干燥72h（低温或潮湿的雨季应考虑其他的措施代替自然通风干燥）；④燃料气系统吹扫、置换合格，具备供气条件；⑤鼓风机经过验收好用；⑥经过设备、工艺、仪表、电气等专职人员联合检查，确认具备烘炉条件。

29 如何搞好"三门一板"操作？它们对加热炉的燃烧有何影响？

加热炉的"三门一板"是指油门（包括燃料气）、汽门、风门和烟道挡板。

油门：调节燃料进炉膛量；汽门：调节蒸汽量使燃料油达到理想雾化状态；风门：调节入炉空气量，使燃料燃烧完全；烟道挡板：调节炉膛负压（抽力）。

"三门一板"决定了燃料油蒸汽雾化的好坏，供风量是否恰当等重要因素，对燃料的完全燃烧有很大作用，直接影响到加热炉的热效率。因此司炉工应勤调"三门一板"，搞好蒸汽雾化，严格控制过剩空气系数，使加热炉在高效率下操作。

在正常操作时，应通过调节烟道挡板，使炉膛负压维持在1~3mm水柱（9.8~29.4Pa）。当烟道挡板开度过大时，炉膛负压过大，造成空气大量进入炉内，降低了热效率；同时使炉管氧化剥皮而缩短使用寿命。烟道挡板开度过小后炉子超负荷运转时，炉膛会出现正压，加热炉容易回火伤人，不利于安全生产。对流室长期不清灰，积灰结垢严重，阻力增加，也会使炉膛出现正压。故加热炉在检修时应彻底清灰，并在运转过程中加强炉管定期吹灰，以减少对流室的阻力。

烟气氧含量决定了过剩空气系数，而过剩空气系数是影响炉热效率的一个重要因素。烟气氧含量太小，表明空气量不足，燃料不能充分燃烧，排烟中含有CO等可燃物，使加热炉的热效率降低。烟气氧含量太大，表明入炉空气量过多，降低了炉膛温度，影响传质传热效果，并增加了排烟热损失。因此要根据烟气含氧量，勤调风门，控制入炉空气量。

为了完全燃烧，除适量调节空气量外，燃料油和雾化蒸汽也必须调配得当，使燃料雾化良好，充分燃烧。

30 在什么情况下调节烟道挡板和火嘴风门？

① 火焰燃烧不好，炉膛发暗，这样的情况下烟道挡板开大些，风门开大点；②炉膛特别明亮、发白、烟道气温度低，这说明过剩空气系数太大，热量从烟囱跑出，炉管易氧化剥皮，这种情况下烟道挡板及风门要关小些；③火焰扑炉膛、发飘、火焰燃烧不完全、发白、闪火、火焰冒火花，这样的情况适当调节火嘴风门，刮大风时应适当将风门关小些。

31 为什么烧油要用雾化蒸汽？其量多少合适？

使用雾化蒸汽的目的是利用蒸汽的冲击和搅拌作用，使燃料油成雾状喷出，与空气充分的混合而达到完全燃烧。

雾化蒸汽量必须适当。过少时，雾化不良，燃料油燃烧不完全，火焰尖端发软，呈暗红色；过多时，火焰发白，虽然雾化良好，但易缩火，破坏正常操作。雾化蒸汽不得带水。否则火焰冒火星，喘息，甚至熄火。

32 雾化蒸气压力高低对加热炉的操作有什么影响？

雾化蒸气压力过小，则不能很好地雾化燃料油，燃料油就不能完全燃烧，火焰软而无力，呈黑红色，烟囱冒黑烟，燃烧道及火嘴头上容易结焦。雾化蒸气压力过大，火焰颜色发白，火焰发硬且长度缩短、跳火，容易熄灭，炉温下降，仪表出风风压相应增高，燃料调节阀开度加大，在提温时不易见效，反应缓慢，同时也浪费蒸汽和燃料。

雾化蒸气压力波动，火焰随之波动，时长时短，燃烧状况时好时坏或烟囱冒黑烟，炉膛及出口温度随之而波动。通常以蒸气压力比燃料油压力大 0.07 ~ 0.12MPa 为宜。

33 燃料油性质变化及压力高低对加热炉操作有什么影响？

（1）燃料油重，黏度大，则雾化不好，造成燃烧不完全，火嘴处掉火星，炉

膛内烟雾大甚至因喷嘴不出油而造成炉子熄火,同时还会造成燃料油泵压力升高,烟囱冒黑烟,火嘴结焦等现象;

(2)燃料油轻则黏度过低,造成燃料油泵压力下降,供油不足,致使炉温下降或炉子熄火,返回线凝结,打乱平稳操作;

(3)燃料油含水时,会造成燃料油压力波动,炉膛火焰冒火星,易灭火。含水量大时会出现燃料油泵抽空,炉子熄火,燃料油冒罐等现象;

(4)燃料油压力过大,火焰发红、发黑、长而无力,燃烧不完全,特别在调节温度和火焰时容易引起冒黑烟或熄火,燃料油泵电机易跳闸;燃料油泵压力过小,则燃料油供应不足,炉温下降,火焰缩短,个别火嘴熄灭;

总之,燃料油压力波动,炉膛火焰就不稳定,炉膛及出口温度相应波动。

34　火嘴漏油的原因是什么?如何处理?

火嘴漏油时要找出原因,然后采取必要的相应措施:

(1)由于火嘴安装不垂直,位置过低,喷孔角度过大以及连接处不严密而产生火嘴漏油时,应及时将火嘴拆下进行修理,并将火嘴安装位置调整对中。

(2)由于雾化蒸汽与油的配比不当,或因燃料油和蒸汽的压力偏低而产生的火嘴漏油,必须调节油汽配比或压力,到火焰颜色正常为止。

(3)由于油温过低而产生的火嘴漏油,应采用蒸汽套管加热,使油温加热到130℃以上。油温太低时雾化不好,火嘴漏油;油温太高时,喷头容易结焦堵塞。

(4)由于雾化蒸汽带水或燃料油带水而产生的火嘴漏油,应加强脱水。

(5)火嘴、火盆结焦致使不能正常燃烧亦会造成漏油,应进行清焦处理。

35　燃料油和瓦斯带水时燃烧会出现什么现象?

燃料油含水时会造成燃料油压力波动,一般情况下炉膛火焰冒火星,易灭火。含水量大时会造成燃料油泵抽空,炉子熄火,打乱平稳操作。

瓦斯带水时,从火盆喷口可以发现有水喷出,加热炉各点温度,尤其是炉膛和炉出口温度急剧下降,火焰发红。带水过多时火焰熄灭,少量带水时,会出现缩火现象。

36　燃料油、瓦斯中断的现象及其原因是什么?怎样处理?

(1)燃料油中断现象:炉子熄火,炉膛温度和炉出口温度急剧下降,烟囱冒白烟。

原因及处理:①燃料油罐液面低,造成泵抽空,应控制好液面;②燃料油泵跳闸停车,或泵本身故障不上量,应立即启动备用泵,如备用泵也起不到备用作用,应改烧燃料气;③切换燃料油泵和预热泵时,造成运转泵抽空,应注意泵预热要充分，切换泵时要缓慢；④燃料油计量表或过滤器堵塞，应改走副线，修计量泵或清理过滤器。

（2）瓦斯中断：主要原因是阻火器堵塞或瓦斯系统供应不足，应切换阻火器并与厂生产管理部门及时联系或改用燃料油。

37 炉用瓦斯入炉前为什么要经分液罐切液？

炼油厂各装置的瓦斯排入瓦斯管网时往往含有少量的液态油滴，在寒冷季节，系统管网瓦斯温度降低，其中重组分会冷凝为凝缩油。当瓦斯带着液态油进入火嘴时，由于液态油燃烧不完全，导致烟囱冒黑烟，或液态油从火嘴处滴落炉底以致燃烧起火，或液态油在炉膛内突然猛烧产生炉管局部过热，或正压而损坏炉体，因此炉用瓦斯入炉前必须经过分液罐，充分切除凝缩油，确保入炉瓦斯不带油，为使瓦斯入炉不带油，不少炼油厂还采取了在瓦斯分液罐安装蒸汽加热盘管的措施。

38 如何进行燃料的切换？

（1）气体燃料切换为燃料油：

① 关闭燃料油循环阀，提高管线压力；

② 观察火焰长短以及火嘴的数量；

③ 要间隔切换火嘴，决不要依次向前切换，同时还要观察出口温度和出口风压的变化；

④ 切换大体完毕，将燃料气总阀关闭，炉子最后 1~2 个火嘴仍继续燃烧存气，直到自动灭火为止，最后关闭小阀门；

⑤ 自控仪表由气路改为油路。

（2）燃料油切换为气体燃料：

① 燃料气保证有一定的温度和压力，脱净油和水；

② 观察火焰的长短和燃嘴数量，在切换时应注意观察炉出口温度和调节阀风压的变化；

③ 必须间隔距离切换；

④ 切换完毕将燃料油循环阀打开进行燃料油循环；

⑤ 自控仪表应由油路改为气路。

39 多管程的加热炉怎样防止流量偏流？偏流会带来什么后果？

多管程的加热炉一旦物料产生偏流，则小流量的炉管极易局部过热而结焦，致使炉管压降增大，流量更小，如此恶性循环直至烧坏炉管。因此，对于多管程的加热炉应尽量避免产生偏流。防止物料偏流的简单办法是各程进出口管路进行对称安装，进出口加设压力表、流量指示器，并在操作过程中严密监视各程参数的变化，要求严格时，应在各程加设流量控制表。

40 加热炉进料中断的现象、原因及处理方法有哪些？

现象：火墙烟气温度、炉管油出口温度急剧直线上升。

原因：进料泵抽空；操作失误导致进料控制阀全关；进料泵坏；管线阀门堵塞。

处理：设法提高进料量；减少点燃的火嘴数；严重时立即熄火按紧急停炉处理。

41 加热炉为何要控制炉管表面温度？

加热炉炉管是在高温高压有氢或者还有硫与硫化氢等腐蚀介质下长期运转的，因此，在炉管材料选择时除了要考虑高温强度，特别是持久强度外，还要充分考虑抗氢腐蚀和抗硫化氢腐蚀以及抗高温氧化等性能，还应注意在操作条件下能保持高温下组织的稳定性，各种材质均存在最高使用温度。同时炉管表面温度还受到被加热物质开始发生结焦的临界温度的限制。一般来说高压加氢采用的炉管材质好允许使用温度较高，主要受结焦临界温度的影响，油品越重结焦的临界温度越低。部分采用炉后混氢的中低压加氢加热炉其材质大多选用铬-钼钢或碳钢，因此受其材质限制较大。

控制炉管壁温度是衡量炉管表面受热的一个重要参数，对于定形炉管来说，壁温超高，意味着炉管使用寿命的缩短，所以，通过炉管表皮热电偶及目测炉管颜色时刻检查炉管的使用情况。

42 什么是炉管的局部热强度和炉管的最高热强度？什么叫加热炉的体积热强度？

炉管的局部热强度是指单位时间单位面积，炉管内的介质所吸收的热量。单位为 $kJ/(m^2 \cdot h)$。

炉管的最高热强度是指在管段内的最高局部热强度，单位为 $kJ/(m^2 \cdot h)$。

在单位时间、单位炉膛体积内，燃料燃烧所放出的热量叫加热炉的体积热强度。

43 加热炉的炉墙外壁温度一般要求不超过多少度？壁温超高的原因及处理方法是什么？

为了减少加热炉辐射室及对流室的炉壁散热损失，要求加热炉的炉墙外壁温度不超过 80℃。

由于烟道挡板开度太小，炉膛负压值偏低，造成壁温超高，必须调节"三门一板"，维持炉膛负压在 $2 \sim 4mmH_2O(1mmH_2O = 9.806Pa)$。

由于炉体保温不好引起壁温超出，应优化加热炉燃烧工况，在检修时应对炉体重新保温，或在砖缝、膨胀处塞耐火陶纤，使炉壁温度降到40℃以下为宜。

44 如何判断炉管是否结焦？造成结焦的原因有哪些？炉管更换的标准是什么？

炉管是否结焦可以从以下几方面去判断：①在进料不变的条件下，炉管进出口压差是否增大，若有变化要及时分析原因；②炉出口温度下降，增大燃料量也很难提上来；③观察炉管表面有无发红现象，由于管内结焦、热阻增大、热量传不出去，于是管壁局部温度升高，使管壁烧红。

造成炉管结焦的原因：①管内油流速小，停留时间长或进料中断造成干烧；②火焰直扑炉管，造成局部过热；③仪表失灵，不能及时准确反映各点温度，造成管壁温度超高。

当有下列情况时应进行炉管更换：①有鼓泡、裂纹或网状裂纹；②若是横置炉管，相邻两支架的弯曲度大于炉管外径的1.5~2倍；③炉管由于严重腐蚀剥皮，管壁厚度小于计算允许值；④外径大于原外径的4%~5%；⑤胀口在使用中反复多次胀接，超过规定胀大值；⑥胀口腐蚀，脱落，胀口露头低于3mm。

45 炉管结焦的原因、现象及防止措施是什么？

炉管结焦原因：①炉管受热不均匀，火焰扑炉管，炉管局部过热；②进料量波动、偏流，使油温忽高忽低或流量过小，油品停留时间过长而裂解；③原料稠环物聚合、分解或含有杂质；④检修时清焦不彻底，开工投产后炉管内的进料焦质起了诱导作用，促进了新焦的形成。

炉管结焦现象的判断：①明亮的炉膛中，看到炉管上有灰暗斑点，说明该处炉管已结焦；②处理量未变，而炉膛温度及入炉压力均升高；③炉出口温度反应缓慢，表明热电偶套管处已结焦。

防止结焦措施：①保持炉膛温度均匀，防止炉管局部过热，应采用多火嘴、齐火苗、炉膛明亮的燃烧方法；②操作中对炉进料量、压力及炉膛温度等参数加强观察、分析及调节；③搞好停工清扫工作；④严防物料偏流。

46 加热炉炉管烧焦步骤是什么？

（1）打开回路炉管进料吹扫蒸汽，保持排放口有蒸汽外排。

（2）按要求步骤点火，以 $20 \sim 30$℃/h 的速度把烟气幅射室出口温度提至550℃，若各路出口温度不均匀，可通过调节其吹扫蒸汽量的方法进行调节。

（3）打开排放管的新鲜水，然后慢慢打开各路进料的非净化风和蒸汽的配比来控制烧焦的速度。检查捕集器中炭粒的大小，如果炭粒太小，可适当减少蒸汽量，使焦炭颗粒尽量变大一些，因为小炭粒对弯头磨损很厉害。有时特别是炉管中有盐垢时，剥离不太容易，就应间歇地减少和增加蒸汽流量，或者间隔几分钟通入少量空气，或者改变蒸汽流动方向（逆流），反复进行到不再产生剥离为止。空气量应缓慢增加，使烧焦速度保持最大而又不使炉管过热。

（4）把烟气辐射室出口温度提至650℃，控制此温烧焦。

（5）烧焦正常时，炉管呈暗红色；若呈桃红色，说明温度过高，应适当减少空气量，增加蒸汽量。在整个烧焦过程中应保持四路炉管畅通，若发现有炉管不通，应立即降温，停止烧焦，密切注意炉管颜色的变化。发现炉管表面发红即应减少或停止加入非净化风。烧焦速度以同时烧1~2根管子为好，炉管由红变黑，说明焦已烧完。烧焦的炉管依次由前向后，全部红一遍。在这个阶段中，还应定期用大量的蒸汽吹扫炉管，以除去松散的焦炭和灰渣。烧焦是否完成，可以取样分析气体中CO_2的含量，或由冷却废气的水呈浅红色来判断。

（6）烧焦后期全关蒸汽并开非净化风，以检查烧焦结果，同时应密切注意各炉管壁温度变化，始终控制管壁温度≤650℃。

（7）烧焦结束以30℃/h的速度把炉管壁温度降至250℃，维持非净化风吹扫炉管内大量存水。

（8）烧焦结束后，经检查炉管无胀大、弯曲变形等缺陷，流程复位。

47　加热炉系统有哪些安全、防爆措施？

为确保加热炉的安全运转，主要安全、防爆措施有：①在炉膛设有蒸汽吹扫线，供点火前吹扫膛内可燃物；②在对流室管箱里设有消防灭火蒸汽线，一旦弯头漏油或起火时供掩护或灭火之用；③在炉用瓦斯线上设阻火器以防回火起爆；④在燃气的炉膛内设长明灯，以防因仪表等故障断气后再进气时引起爆炸；⑤在炉体上根据炉膛容积大小，设有数量不等的防爆门，供炉膛突然升压时泄压用，以免炉体爆坏。

48　日常操作中采取哪些措施防止加热炉发生火灾和爆炸？

加热炉是蒸馏装置的主要工艺设备之一，是一个直接热源。火焰在炉管外燃烧，管内为流动的高温油，一旦泄漏就会发生火灾或爆炸，因此加热炉的安全操作十分重要。采取的防火和防爆措施主要有：

（1）炉管、弯头要保证质量，严格质量验收标准。在检修中及时更换掉管壁减薄、弯曲、变形、鼓包严重的炉管，弯头检修后保证不漏。

（2）炉管系统要严格进行试压检查，保证各连接处不发生泄漏。

（3）加热炉的防爆门要动作灵活，灭火蒸汽及紧急放空线要完备好用。

（4）燃烧时要防止直接接触炉管，以免炉管局部过热烧穿。

（5）加热炉点火前一定要用蒸汽吹扫炉膛，排除炉膛内积存的可燃气体，防止点火时发生爆炸。如果一次点火不成，不允许接着再点，应再次排除可燃气体后，方可二次再点火。具体规定点火前，向加热炉炉膛吹蒸汽 15min。

（6）当遇有停电、停风、停汽、停燃料时，应进行紧急停炉熄火处理，防止着火。

（7）加热炉操作时一定要保持平稳，炉膛内要保持负压。烟道挡板要有一个安全限位装置确保安全。

（8）在运行中发现炉管泄漏，应立即停炉进行处理；如果弯头箱发现漏油着火，要用蒸汽掩护，然后再做停炉处理。加热炉的停炉应按操作规程的规定处理。

（9）油气联合火嘴和瓦斯火嘴的阀门要强制检修更换，管线中杂物要吹扫干净，确保阀门严密不内漏，开关灵活好用。

（10）炉用瓦斯要有切水罐及加热器，以便切水脱凝，解决瓦斯带油问题，防止瓦斯带油串入炉内造成事故。

49　防爆门的作用是什么？检修时如何检查加热炉防爆门？

加热炉在正常操作中是不会发生爆炸事故的，一般炉子爆炸事故大部分都是在开工点火期间发生的。在未点火前，由于燃料瓦斯阀门关不严，或多次未点着，而使炉膛内存有可燃气体时，在点火中就容易发生爆炸，在这种情况下，炉膛压力将防爆门推开泄掉一部分炉内压力，以减轻炉子的损失。但是，有防爆门的炉子，并不能完全避免在炉内发生爆炸后炉体不受损失，在国内石油化工厂的加热炉曾发生过炉内爆炸，使炉子严重损坏。所以严格执行操作规程，在点火前及时用蒸汽吹扫炉膛，在点火时如未点着也必须及时吹扫，这是防止炉内爆炸的最根本最有效的防爆措施。另外，炉管在操作中爆裂，大量油品流入炉膛也会引起爆炸，所以定期检查炉管壁厚，并在操作中按时观察也是十分重要的。

（1）检查炉顶防爆门导向圆柱是否垂直，不得变形，保证门盖能够升降自如。

（2）炉顶防爆门装卸时，必须垂直提升门盖，防止导向柱变形。

（3）装卸时，不更换石棉垫则要保护好，不应损坏，更换时应将密封面清洗干净，再加垫上好。

（4）防爆门维修安装好后，应保证其严密性。

50　造成加热炉回火的原因及现象是什么？怎样预防？

现象：炉膛内产生正压、防爆门顶开，火焰喷出炉膛，回火伤人或炉膛内发生爆炸而造成设备的损坏。

原因：①燃料油大量喷入炉内或瓦斯大量带油；②烟道挡板开度过小，降低了炉子抽力，使烟气排不出去；③炉子超负荷运行，烟气来不及排放；④开工点火发生回火，主要是瓦斯阀门不严、使瓦斯串入炉内，或因一次点火不着，再次点火前炉膛吹扫不干净，造成炉膛爆炸回火。

预防：①严禁燃料油和瓦斯在点燃前大量进入炉内，严禁瓦斯带油；②搞清烟道挡板的实际位置，严防在调节烟道挡板时将挡板关死或关得太小；③不能超负荷运行，应使炉内始终保持负压操作；④加强设备管理，瓦斯阀门不严的要及时更换修理，阻火器也要经常检查，如有失灵应及时更换；⑤开工点火前应注意检查瓦斯和燃料油的阀门是否严密，每次点火前必须将炉膛内的可燃气体用蒸汽吹扫干净。

51　为什么说回火实际是一种爆炸？

（1）加热炉回火是操作中的一种不正常状态，容易损伤设备和烧伤操作人员。回火现象往往发生在下列三种情况下：

① 燃料气压力过低（如阀后压力低于49kPa）；

② 在熄灭火嘴时操作不正确，没有先关闭一次风门；

③ 在紧急停炉情况下，由操作室切断燃料气。

（2）加热炉回火，实质上是一种爆炸，现从下面两个方面来说明。

① 可燃气体的爆炸极限。各种石油蒸气和可燃气体在空气中的含量达到一定比例时，就会与空气构成爆炸性混合气体，该气体一遇火源就会闪火发生爆炸。此混合气体中可燃气占有的最低体积比叫该气体的爆炸下限，最高体积比叫爆炸上限，在上下限之间都能引起爆炸，此范围叫爆炸范围。

② 回火分析：首先关闭一次风门，后关燃料气阀时，由于混合室中燃料气浓度瞬间上升，超过爆炸上限，但不发生回火；如果先关闭燃料气阀，而不是一次风门，由于燃料气浓度已在爆炸范围内，故发生回火。

52　阻火器的作用和原理是什么？

阻火器的作用是阻火，切断火进入燃料系统。管子的直径对火焰的传播速度有明显的影响，一般随着管子直径的增加而增加，当达到某个极限值时，速度就不再增加，同样传播速度随着管子直径的减小而减小，在达到某种小的直径时，火焰就不能传播，阻火器就是根据这一原理制成的。

53　如何判断炉子烧的好坏？采用新型燃烧技术的炉膛有何不同？

炉子烧的好坏可以从以下几方面去判断：

（1）从仪表上判断：烧得好的炉子出口温度应是一条直线，其变化范围在 ±1℃以内。

（2）从加热炉声音上判断。①第一种是加热的正常声音，响声一直均匀；②第二种是轰隆一声便熄灯，这是突然停电、停汽或自保系统起作用；③第三种是有规则的来回轰喘声，是仪表比例、积分调节不当；④第四种是无规则的来回轰喘声，是操作人员调节不当，或是燃料压力变化或瓦斯带油。

（3）从加热炉火焰上判断。燃烧的标准要达到：多火嘴、短火焰、齐火苗、火焰不扑炉管（圆筒炉的火焰不能长于炉膛2/3，不能短于炉膛的1/4），烧油时火焰呈杏黄色，烧瓦斯时火焰呈天蓝色。炉膛明亮燃烧完全，烟囱不见冒烟，违反上述标准都属不正常。采用新型燃烧技术的火焰反而不明显，通常为较暗的淡蓝色，整个炉膛发暗，若出现橙黄色的火焰或炉膛明亮，则说明燃烧情况不正常，需及时调节。

火焰燃烧不正常现象大体有以下几种：①燃烧不完全，火焰发飘，软而无力，火焰根部是深黑色甚至冒黑烟，原因是燃料油及蒸汽配比不当，蒸汽量过小或雾化不良；②火焰燃烧不完全，火焰四散乱飘软而无力。颜色为黑色或者冒烟，系蒸汽、空气量过小；③炉膛火焰容易熄灭，散发火星，燃料油黏度大或者带水，或者是油量少蒸汽量过大并含水；④燃料喷出后离开燃烧道燃烧，是燃料油轻，蒸汽量大，油阀开度过大，三通阀不严，油气相串，空气量不够；⑤火焰不成形，是火嘴堵塞或结焦；⑥所有火焰时长时短，是仪表比例、积分调节不当；⑦火焰发白、硬、跳动，蒸汽、空气量过大；⑧闪火，是油汽阀开度过大，燃料压力有规则急剧变化。

（4）从加热炉排烟上判断。①烟囱肉眼看不见冒烟为正常；②间断冒小股黑烟为蒸汽量不足，雾化不好，燃料不完全，或是个别火嘴油、汽配比不当，熄火，加热炉负荷过大等；③冒大黑烟：是燃料突增，仪表失灵，蒸气压力突然下降，炉管严重变形或破裂；④冒黑灰色大烟：是气体燃料突增及带油；⑤冒白烟：过热蒸汽管子破裂；⑥冒黄烟：操作忙乱，调节不当，造成时而熄火，燃烧不完全。

<hr>

54 加热炉燃烧器有何规定？

燃烧器是管式加热炉的关键设备之一，其好坏直接关系到加热炉的热效率及工艺过程，因此，对燃烧器提出以下要求：

① 适应不同炉型的需要，保证炉膛必须的热强度。

② 要保持连续稳定的燃烧，就应具有一定的形状，一定长度、平稳而不熄灭的火焰。火焰的颜色为桔黄色，其回火和脱火的可能性小；火焰不应触及任何

炉管；应通过风门、挡板调节适量空气比，能保持最佳燃烧。

③ 过剩空气系数小，燃烧完全，燃烧气与空气完全均匀地混合。

④ 对于液体燃烧器，在要求调节的范围内能使各种燃料油均匀雾化。

⑤ 满足工艺要求，操作弹性大，调节性能好，操作简单、可靠，工作时无噪声。

⑥ 不堵塞、不漏油、不结焦。油烧嘴的雾化蒸汽不应带水。

⑦ 结构简单、紧凑、体积小、重量轻。

⑧ 操作费用小，维修、更换方便。

55 燃料气火焰的辨别及调节方法是什么？

（1）跳动明亮的火焰：良好燃烧。

（2）拉长的绿色火焰：不正常，一般是空气过量，应减少。

（3）光亮发飘的火焰：不正常，一般是空气量不足，应增加。

（4）熄灭：抽力过大，应重新调整负压；瓦斯喷头堵塞，应卸下清扫。

（5）回火：①抽力不够，重新调整负压；②空气量不足，应增加；③瓦斯喷头已烧坏，重新更换；④燃烧速度超过了调节范围，应降低速度；⑤燃料气压力大幅波动。

56 燃料油火嘴火焰的辨别及调节方法是什么？

（1）橙黄色：正常。

（2）白色：不正常。原因及调节：①空气过量，应减小；②压差过大造成蒸汽过量或油孔堵塞造成油量不足，应降低压差或卸下燃烧器喷枪清洗。

（3）红色：不正常。原因及调节：①空气量不足，应开大风门；②蒸汽量小（即燃料油压力大于雾化蒸汽孔堵塞），应及时调节汽油比或清洗喷枪。

（4）熄灭：①油中混有冷凝水或杂物；②调节一次或二次风门过猛；③蒸汽中混有冷凝水；④蒸汽量过大。

（5）回火：①二次风操作不当；②由于紧急地操作燃烧阀并很快点大；③烧嘴熄灭一段时间后又重新自动点着；④炉子负荷过大，烟道挡板开得过小，抽力不够。

（6）雾化不好：①油孔堵塞，拆卸清洗；②蒸汽或燃料压力变化；③燃料油太重，温度低，黏度大。

（7）火盒砖上的油滴或积炭：①喷雾零件连接处未拧紧滴油，应紧固；②风量不足，应增加二次风量；③蒸汽或燃料压力变化，雾化不好；④蒸汽中含有冷凝水，影响雾化；⑤油温过低，应调高。

57 加热炉火嘴的燃烧有何规定？

火焰形状应稳定；火焰不应触及任何炉管；燃烧处的燃料压力和温度应适

当；风箱或炉内不得有漏油；火嘴口不得积焦；一般来说炉内所有火嘴应均匀燃烧；应通过风门、挡板调节适量空气比，以保持最佳燃烧；燃料油火嘴的雾化蒸汽不应带水，蒸气压力应按规定进行调节；燃料油火嘴喷枪要定期清洗。

58 燃料油火嘴的拆卸、清理方法是什么？

拆卸、清洗油燃烧喷枪的步骤如下：将燃烧器喷枪拆下来，固定在台钳上；拆定位油喷头、喷管、喷雾等螺纹部件；把拆下来的部件放在轻油中浸泡后将各部件中的污垢、铁锈、杂物等清除干净，清洗油喷头和喷管应用软材料，如木条、竹、铜丝等；清洗完后，检查可动部件是否转动平滑、可靠，燃烧器各部件有无显著翘、变形、刮痕纹、腐蚀、明显的表面缺陷部分；回装；瓦斯喷管应经常清扫，以避免由于集垢、泥渣或杂质堵塞管子；如检修时间长，燃烧器应用塑料布包装好妥善存放。

59 如何计算加热炉通过墙壁的热损失？

加热炉热损失计算公式如下：

$$Q = \lambda \cdot A \frac{t_1 - t_2}{S}$$

式中 Q——损失的热量，kJ；

      λ——墙壁的传热系数，kJ/(m·h·℃)；

      A——墙壁面积，m^2；

      S——墙壁厚度，m；

      t_1——炉膛内壁温度，℃；

      t_2——加热炉墙外壁温度，℃。

60 加热炉内为什么要保持一定的负压？

因为燃料燃烧时是需要一定的空气量的，炉子燃烧时所需空气是靠炉膛内有一定的负压自然吸进去的，如果负压很小时，则吸入的空气就少，炉内燃料燃烧不完全，热效率低，冒黑烟，炉膛不明亮，甚至往外喷火，会打乱系统的操作。所以加热炉内要保持一定的负压。

61 炉子为什么会出现正压？其原因如何？怎样处理？

原因：①在炉膛里充满油气的情况下，一点火油气体积骤然膨胀，出现正压并回火；②一般炉膛是负压为 2~4mmH$_2$O（1mmH$_2$O = 9.806Pa），当燃烧不好，烟气不能及时排除时，则炉膛负压就渐渐地变成正压，使空气无法进入，燃烧无法正常进行；③炉子超负荷；④瓦斯带油或燃料油量突然增大；⑤烟道挡板或风门开得太小造成抽力不够。

出现负压是由于烟道挡板开度小或炉子超负荷运转使炉膛出现正压，炉子闷烧易产生不安全现象，应及时开大烟道挡板，使负压值达到标准，有时由于对流室长期不清灰，积灰结垢严重，也使炉膛出现正压，这就应采取吹灰措施，减少对流室阻力。

62　烟气中一氧化碳含量过高怎么办?

对于燃烧完全的炉子，烟气中不应有一氧化碳存在，若在烟气分析中出现一氧化碳，说明燃烧不完全，存在化学不完全燃烧损失，这主要是由于火嘴雾化不好，供风量不足所造成。若炉膛发暗，火焰发红或者烟囱冒黑烟，烟气中必有一氧化碳存在，必须调节"三门一板"改善雾化条件，使火嘴达到完全燃烧。当存在化学不完全燃烧时，烟气中就产生可燃气体，这些可燃气体大部分是 CO 和 H_2，还可能有少量的 CH_4。在未完全燃烧的烟气中，CO 与 H_2 有一定的比例关系，不可能只有其中一种可燃气体单独出现，若烟气中有 CO 存在就必定有 H_2 存在，所以 CO 与 H_2 都是影响热效率提高的不利因素。

63　何谓烟气露点腐蚀及如何避免? 哪个部位最容易发生低温露点腐蚀，如何预防?

当烟气温度低于水蒸气的露点温度时，烟气中的水蒸气会冷凝下来，与烟气中的 SO_2 和 SO_3 一起对管子进行化学腐蚀和电化学腐蚀，这就叫做露点腐蚀。

(1) 化学腐蚀:

$$H_2SO_4 + Fe \longrightarrow FeSO_4 + H_2 \uparrow$$
$$H_2SO_3 + Fe \longrightarrow FeSO_3 + H_2 \uparrow$$

(2) 电化学腐蚀:

$$负极(Fe): Fe - 2e \longrightarrow Fe^{2+}(氧化)$$
$$正极(Fe_3C) 2H^+ + 2e \longrightarrow H_2 \uparrow (还原)$$

当 SO_2 与 SO_3、H_2O 一起在管子表面冷凝时，就在金属表面形成许多微电池。其中电位低的铁是负极，在上面发生氧化反应，金属铁不断地被腐蚀，亚铁离子连续进入溶液中；电位高的碳化铁(Fe_3C)或焊渣杂质为正极，正极上进行还原反应，溶液中的氢离子得到电子而成为氢气。这种电化学腐蚀的速度比化学腐蚀快得多。表面越是不光滑(如焊缝)或杂质越多之处，电化学腐蚀就越严重。这些地方遭腐蚀后，新的表面暴露出来，更容易腐蚀，腐蚀坑越来越深，直至穿孔。

露点腐蚀的防止方法：①选用耐腐蚀的材料，如玻璃钢、玻璃等做空气预热器；②在空气预热器的管子表面进行防腐处理；③将部分空气预热器出口的热空气返回进口，以提高空气温度；④控制适宜的排烟温度；⑤烟道及对流部位加强保温措施。

为了防止烟气的露点腐蚀，在工艺设计中要求换热表面的温度应高于烟气的露点温度，以避免发生露点腐蚀。烟气的露点温度与烟气中水蒸气及 SO_3 的分压值有关，分压值大则烟气的露点温度就高。烟气露点温度可由专用图表查得，在实际操作中，应根据燃料的硫含量、空气过热系数等具体情况确定烟气露点温度，作为指导生产的依据。

一般最容易发生低温露点腐蚀的部位在换热管空气方向的入口，因为该段空气刚进入换热阶段，水蒸气(硫酸蒸汽)最容易冷凝下来，最容易发生低温露点腐蚀。采用热风循环，部分空预器的空气返回到入口可以有效提高空预器使用的可靠性，低温部位采用可拆卸式的结构也是经常采用的有效措施。

64 为什么加热炉的排烟温度不能小于135℃？

当烟气温度低于水蒸气的露点温度时，烟气中的水蒸气会冷凝下来，与烟气中的 SO_2 和 SO_3^- 一起对管子进行化学腐蚀和电化学腐蚀，即产生露点腐蚀。根据我国燃料的露点温度一般在 105~130℃ 范围内，加热炉排烟温度≥135℃，目的就是防止露点腐蚀，有条件的可以提高燃料气的露点来确定操作温度，使加热炉的操作更加科学、精准。

65 对流室的烟气流速一般选多大？

在计算对流段的流通截面时，对流段的烟气质量流速应不超过 1.5~4kg/ $(m^2 \cdot s)$ 的范围，当采用光管时，一般采用1.5~2kg/ $(m^2 \cdot s)$ ；当采用钉头或翅片管时，一般采用 2~4kg/ $(m^2 \cdot s)$ 。

对流段的烟气质量流速越大，对流传热系数越高，所需对流面积越少。但流速提高后，对流段的烟气阻力增加，在自然通风时所需烟囱就越高，所以烟气流速的选用要适当，不要顾此失彼。如果为了防止污染而采用高烟囱时，烟囱的抽力有富裕，于是对流室便可以采用更高的流速。

66 烟囱内的烟气流速一般选用多大？

烟囱内的烟气质量流速一般采用如下数值：①自然通风时，一般应不超过 8~12m/s；②强制通风时，一般应不超过 20~30m/s。

67 空气预热器的作用是什么？常用形式有哪几种？

空气预热器是提高加热炉热效率的重要设备，它的主要作用是回收利用烟气余热，减少排烟带出的热损失，减少加热炉燃料消耗；同时空气预热器的采用，还有助于实行风量自动控制，使加热炉在合适的空气过剩系数范围内运行，减少排烟量，相应地减少排烟热损失和对大气的污染。由于采用空气预热器需强制供风，整个燃烧器封闭在风壳之内，因而燃烧噪声也减少，同时也有利于高度湍流燃烧的高效新型燃烧器的采用，使炉内传热更趋均匀。

常用的空气预热器形式有"冷进料"、热油预热空气、管束式、回转蓄热式（又名再生式）、热管束式等。

按受热方式可分为两大类：①表面式空气预热器：烟气热量通过壁面连续不断地传给空气，表面式空气预热器按结构布置方式分为：板式空气预热器，立置管式空气预热器，卧置管式空气预热器；②再生式空气预热器：烟气和空气交替地接触受热面，当烟气流过受热面时，热量由烟气传给受热面，并积蓄起来，然后当空气流过受热面时，热量传给空气。这种预热器在实际应用中多采用回转式结构。所以再生式空气预热器也称回转式预热器。

按结构掣分有管壳式和板式两种结构。管壳式又分钢管、玻璃管、热管、铸铁翅管等几种。

68　热虹吸式热管空气预热器的工作原理是什么？

热管式空气预热器是一种高效的回收烟气余热的设施，它由一组密封管段组成，先将密封管段内的空气抽尽，充放一定数量的液体（通常称工质，石油化工加热炉常用的热管式空气预热器通常以水为工质，并采用钢管制造而成，工质水的温度一般可使用到300℃），工作时，当管外热介质（烟气）流动时，烟气的热量就传递给管内的水，此时水被加热蒸发，并流向管段的另一端（冷端），在冷端水蒸气热量被冷空气吸收而冷凝，冷凝水依热管本身倾斜度（倾角通常为$10° \sim 15°$）借重力又返回蒸发段，这种过程不断循环，以达到冷—热两种介质换热的目的。

69　回收加热炉烟气余热的途径有哪些？

加热炉烟气余热的回收是利用低温热介质吸收烟气的热量，可以大幅度提高加热炉热效率，具有显著的节能效果，具体有以下三种方法：

（1）充分利用对流室加热工艺介质；

（2）通过空气预热器预热炉用燃烧空气；

（3）采用余热锅炉发生蒸汽。

70　何种类型的加热炉适宜采用余热锅炉回收烟气余热？

余热锅炉回收烟气余热的方案必须结合全厂或本装置蒸汽供需要求：适用于排烟温度高且热负荷大的加热炉。一般在主炉排烟温度大于500℃时，装设余热锅炉发生蒸汽的效果显著。当然在炉子热负荷较小时，可采取多炉联合的措施。一般加氢裂化装置采用烟气联合的方式进行余热回收。

71　加热炉和导管(烟道和风道)在点火前的检查与准备工作是什么?

① 检查耐火保温炉壁是否有损坏，清除漏油和其他异物；②检查炉管和管架，清除异物；③检查所有风门、快开门，确定它们能自如地移动，并且能正确地显示其开关位置；④检查灭火蒸汽管线是否有腐蚀和烧坏现象，清除灭火蒸汽管线和风压表接管内的异物；⑤检查各种门(观察门、检修门和防爆门)的活动情况和密闭情况，内部检查完成后，应完全关闭所有的出入门。

72　加热炉在点火时的注意事项是什么?

① 在点长明灯时如果加热炉已进入一些燃料但点不着火，应切断火嘴，用灭火蒸汽吹扫，直至烟囱冒蒸汽后，方可重新点火；②如果在燃料油阀完全打开之后，主烧嘴在 5s 左右还未被点着，应立即关闭燃料阀，并保持蒸汽吹扫炉膛约 15min，才可重新点火。

73　加热炉鼓风机在点火前应做什么样的准备工作?

① 电气线路和冷却水线路；②润滑油和润滑脂；③旋转方向；④风机和电动机内部的清理；⑤负载条件下的试运转，查看进出口压力、电流，并检查设备是否发生振动或噪声等；⑥空载条件下的试运转，查看轴承箱的温度，电流，并检查设备是否发生振动或噪音等。

74　当鼓风机出现故障时如何处理?

①如果各烧嘴还未熄灭，则应迅速打开热风道的快开门，采取自然通风，根据通风能力确定加热炉的负荷；②如果烧嘴已熄灭(包括长明灯)，则应立即切断燃料，并向炉内吹入灭火蒸汽。直至烟囱见汽 3~5min 后，才能重新点火；③当长时间停炉时，应保持工艺介质继续流通，直到各炉内部温度低于 180℃ 为止，然后用蒸汽吹扫炉管，再用氮气置换。

75　加热炉日常检查的内容是什么?

（1）加热管：检查炉管的金属颜色、结垢、弯曲以及膨胀等情况。

（2）烧嘴：检查火焰的形状、颜色，是否触及管壁或耐火衬里，烧嘴本体口是否有结焦等现象。

（3）钢结构：检查管道和进料系统管线(外壳的局部过热或管道的弯曲)的泄漏等情况。

（4）检查各种仪表的可靠性，特别是检查炉管表皮温度计、炉子各路出口温度，炉膛烟气温度和氧分析仪是否显示正确读数。

（5）注意空气鼓风机的电流强度、轴承箱和润滑油的温度。

76 加氢裂化装置加热炉炉管材的选择依据是什么？

加氢裂化装置常用的炉为加氢进料炉、常减压炉。其中加氢进料炉又因炉前混氢和炉后混氢的操作条件不同，选择材料时要重新考虑。由于进料炉炉管处于高温硫化氢、高温氢的腐蚀环境下，一般炉前混氢的加热炉炉管常采用 TP347、TP321 材料，炉后混氢的加热炉根据壁温常采用 TP347H、TP321H 材料。常减压炉一般考虑选择耐热性更好的 1Cr5Mo、1Cr9Mo 材料。

77 加热炉吹灰器有哪几种形式？操作方法如何？

常用吹灰器有固定回转式和可伸缩喷枪式两种，前者又分为手动和电（或气）动两种。固定回转式吹灰器伸入炉内，吹灰时可利用手动装置使链轮回转，或开动电动机机械或风动马达使之回转，在炉外装有阀门和传动机构。吹灰器的吹灰管穿过炉墙设有防止空气漏入炉内的密封装置。这种吹灰器结构较简单，但由于吹灰管长期在炉内，管子易损坏，蒸汽喷孔易于堵塞，故不如伸缩式好用。

可伸缩式吹灰器的结构比固定回转式复杂，它的喷枪只在吹灰时才伸入炉内，吹毕又自行退出，故不易烧坏。这种吹灰器一般在高温烟气区使用。

吹灰器主要用于对流室采用钉头管或翅片管的部位。

78 电动固定旋转式吹灰器的操作要求是什么？

（1）吹灰蒸气压力 0.98～1.47MPa，蒸汽温度≤320℃。

（2）吹灰次数：①燃烧器以烧油为主烧气为辅时，每 8h 吹一次；②燃烧器以烧气为主烧油为辅时，每天日班吹一次；③如果燃烧器全部烧气不烧油，则每两天吹一次。

（3）定期给吹灰器的蜗轮减速器加 30# 机油，给滚动轴承和滚轮加钙基润滑脂。

（4）在使用过程中，要经常检查各盘根，如发现漏汽时应及时处理。

（5）在吹灰前，先打开蒸汽排凝阀，把冷凝水放净后再开蒸汽阀。

79 加热炉停工后需要检查哪些项目？

① 加热炉停工后，对容易结焦并装有检查弯头的炉管，首先打开弯头的堵头（人不能正对堵头），检查炉管和弯头的结焦情况，然后装好；②检查完毕后，如盐垢较厚，应打水清洗盐垢，如无盐垢而结焦较严重时，上好堵头准备烧焦；

③加热炉的对流室如果有钉头管和翅片管，应检查它们积灰的情况，如积灰严重，应进行蒸汽吹扫或水冲洗；④检查燃烧器、炉管、配件、炉墙、衬里等是否完好，如有问题应及时修理。

80 刮大风或阴天下雨加热炉如何操作？

如风小对加热炉操作影响不大，但风大时必须适当关小烟道挡板和风门，防止抽力过大使加热炉熄火，影响操作。阴天下雨时气压低，烟囱抽力受影响，必须适当开大烟道挡板，增加烟囱抽力保证操作正常。

81 加热炉在生产过程如何产生 NO_x，其有何危害？

氮在常温下不会氧化，但在高温条件下会发生氧化，生成 NO。

$$N_2 + O_2 \longrightarrow 2NO$$

NO 是一种无色无臭气体，难溶于水，但容易氧化。无需加热，便与氧气结合生成 NO_2。

$$2NO + O_2 \longrightarrow 2NO_2$$

NO_2 是一种浓红褐色有毒气体，有特殊臭味，很易凝结成棕红色液体。冷却到−10℃以下，形成无色结晶。反之，当受热时，颜色加浓。温度升高到140℃时几乎成黑色，当温度超过 140℃时，NO_2 分解为 N 和 O_2。当 NO 浓度增大时，其毒性增大，很易和动物血液中的血色素（Hb）结合，造成血液缺氧而引起中枢神经麻痹。NO_2 对呼吸器官黏膜有强烈的刺激作用，尤其对肺部，其毒性较 SO_2 和 NO 都强，对大部分动物的最低致死量为 100mg/L 左右，都是死于肺水肿。从近年来的研究资料得知，NO_2 对心脏、肝脏、肾脏、造血组织等都有影响。另外，还可造成呼吸困难、支气管痉挛、支气管炎或肺气肿、窒息等病变。不仅如此，大气中的二氧化氮在强烈的紫外线辐照下，能与石油烃、氧发生一系列光化学反应，产生过氧乙酰硝酸酯（简称 PAN）等一系列强氧化剂。在一定的气象和地理条件下，强氧化剂所形成的光化学有毒烟雾含量超过 0.3mg/L 时，就能强烈地刺激眼睛、咽喉，严重者则呼吸困难，视力减退，头晕目眩，手足抽搐。长期中毒会引起人体动脉硬化，生理机能衰退等。另外，还强烈地腐蚀材料，损害农作物，降低能见度。特别是在人口密集区，由此产生的光化学烟雾已严重威胁到美国、日本、俄罗斯、墨西哥、澳大利亚等国的大中城市。鉴于其危害性大，已经引起全世界的关注。

82 如何降低在生产过程中产生的 NO_x？

对 NO_x 的生成和破坏机理的研究表明，通过改变燃料条件（如燃烧温度、烟气中 O_2、N_2、NO、NH 的浓度、停留时间等）可以降低 NO_x 的排放。现已发展了空气分级、低过量空气系数、燃料分级燃烧和烟气再循环等低NO_x燃烧技术。

① 空气分级燃烧：空气分级燃烧就是把空气分为两级或多级进行燃烧。在燃烧开始阶段，只加部分空气（约占燃烧空气总量的70%～75%），造成一级燃烧区内的富燃料状态，从而降低了燃烧区内的燃烧速度和温度，并且在还原气氛中降低了燃料型NO_x的生成速率，抑制了NO_x在这一燃烧区中的生成量。二级空气通过"火上风"喷口喷射到一次富燃料区的下游，与一级燃烧产生的烟气混合，由于同时降低了火焰温度和氧浓度，热力型NO_x的生成在这一区域受到限制，这样在贫燃条件下完成全部燃烧过程，空气分级燃烧是二次燃烧过程，第一级和第二级空气比例分配非常重要。一级燃烧区内的过量空气系数α越低，越有利于抑制NO_x的生成，但会造成不完全燃烧，并可能增加二级燃烧区内NO_x的生成量。实践证明，α一般不宜低于0.7。空气分级燃烧是一种简便有效的NO_x排放控制技术，采用综合分级燃烧技术，NO_x排放量烧天然气可降低60%～70%，烧煤或油可降低40%～50%。

② 低过量空气燃烧燃烧在低过量空气下运行，随着烟气中过量氧的减少，在一定程度上控制了NO_x的生成。一般来说，这种方法可降低NO_x排放15%～20%，但在低过量空气系数下，燃烧效率将会降低，CO和烟排放量会增加，并可能出现炉壁结渣与腐蚀等其他问题。因此，该法有局限性。

③ 燃料分级燃烧燃料分级燃烧是用燃料作为还原剂来还原燃烧产物中的NO_x，化学方程式简述如下：$NO + C_nH_m + O_2 \longrightarrow N_2 + CO_2 + H_2O$。燃烧时$NO_x$的转化与控制燃烧过程是：大部分燃料（80%～85%）从燃烧器进入一级燃烧区，在贫燃料（富氧）条件下燃烧并生成NO_x，其余15%～20%的燃料通过燃烧器的上部喷入二级燃烧区，在富燃料（贫氧）状态下形成很强的还原性气氛，使得在一级燃烧区内生成的NO在二级燃烧区内被大量还原成氮分子（N_2），同时在二级燃烧区还抑制了新的NO_x生成。与空气分级燃烧相比，燃料分级燃烧需要在二级燃烧区上面布置"火上风"以形成三级燃烧区，保证燃料完全燃烧。二次燃料应采用燃烧时产生大量烃根而不含氮的燃料，实际上，天然气（CH_4）是最有效的二次燃料，一般情况下，应用燃料分级燃烧技术可使NO_x的排放浓度降低50%以上。

④ 烟气循环烟气循环是把锅炉烟气循环到燃烧气流里，由于温度低的烟气可降低火焰总体温度，并且烟气中的惰性气体可以冲淡氮的浓度，因而可以减少NO_x的排放。烟气循环降低NO_x排放的效果与燃料品种和烟气循环量有关。经验表明，NO_x的降低率随着烟气循环量的增加而增加，但当烟气循环量超过燃烧空气总量的15%时，降低NO_x的作用开始减弱。采用烟气循环法时，烟气循环量的增加是有限的，最大的烟气循环量受限于火焰稳定性。

目前本装置采用的是低NO_x燃烧器分级燃烧技术，通过分级燃烧，拉大了火焰集中区，降低局部火焰热强度，抑制热力学 NO_x 的生成，从而降低了 NO_x 的排放量。保证燃烧器的良好工作状态、尽量在设计工况内工作，也是保证 NO_x 低排放的关键。

第四节　余热锅炉

1　何谓锅炉和余热锅炉？

锅炉一般指水蒸气锅炉，即利用燃料燃烧放出的热量，通过金属壁面将水加热产生蒸汽的热工设备。最初的锅炉是由锅和炉两大部分组成的。锅是装水的容器，由锅筒和许多钢管组成；炉是燃料燃烧的场所。随着技术的进步，锅炉结构不断地改进以提高热效率和利用废热，在现代的某些复杂锅炉中，"锅"主要由汽包、水冷壁、对流管、过热管和水预热管等组成；"炉"指辐射室、对流室等能提供热源的地方。

所谓余热锅炉，即利用装置内产生的剩余热来产生蒸汽的设备。装置中的余热锅炉系统通常指产生工艺蒸汽的诸多设备，主要是反应加热炉和分馏加热炉烟气余热锅炉、上汽包和蒸汽过热器等设备。

2　余热锅炉的附件有什么？

为了保证锅炉系统的正常、安全运行，余热锅炉系统必须具备的七大附件是安全阀、压力表、水位计、温度计、流量计、水位报警器、给水调节器。余热锅炉因没有炉膛，故没有防爆门。

3　余热锅炉的汽包有何作用？

汽包在废热锅炉的上部，又叫上汽包，是一个钢制圆筒形密闭的受压容器，其作用是贮存足够数量高位能的水，以便炉水在上汽包和余热锅炉（换热管束）之间循环产生蒸汽，同时提供汽水分离的空间，通过内置旋风分离器使汽水分离。

4　除氧器由几部分组成？各有何作用？

大气式热力除氧器由直立的除氧塔和卧式的水箱构成。除氧塔内自上而下有进水分布管、喷嘴、填料层、筛盘和进汽管，水的除氧即在这里进行。卧式水箱连接在除氧塔的下面，接受并贮存除氧水，底部有蒸汽加热盘管，按规定水箱要能容纳锅炉系统正常操作 20min 的用水量。

要达到最佳除氧效果，水温必须等于除氧器压力下的饱和温度；除氧器的加热蒸汽量必须适当，要使水经常处于沸腾状态；除氧器上部要充分排出不凝汽体，并维持器内最小的气体分压。一般操作条件如下：

除氧器温度：102~104℃；

除氧器内压力：0.01~0.02MPa(表)；

除氧器水箱液位：4/6~5/6；

出水含氧量：小于0.03mg/L。

5　过热器有什么作用？提高过热蒸汽温度有什么好处？

过热器通常在加热炉对流段位置，其作用主要将饱和蒸汽加热至过热，达到工艺指定的温度。炼油装置主要以产1.0、3.5MPa蒸汽的过热器较为常见。提高过热蒸汽温度的好处：①减少蒸汽轮机的蒸汽用量。实践证明蒸汽每过热14~15℃，蒸汽轮机的蒸汽消耗量约减少1%。②减少蒸汽输送管道中凝结损失。③消除汽轮机叶片的腐蚀，在汽轮机排汽中含水只要不超过10%~12%，就不会发生腐蚀，采用过热蒸汽远远达不到这个百分数。④提高汽轮机工作效率。用过热蒸汽的蒸汽轮机效率可达80%~87%，用饱和蒸汽时只能达到60%左右。

6　为什么要调节过热蒸汽温度？

使用过热蒸汽能够提高汽轮机效率，降低汽耗量，减轻汽轮机末级叶片的水滴浸蚀，减少输送损失，能大大提高蒸汽动力设备的安全经济性。同时因为过热蒸汽的温度和设计温度相差很少，由于受金属材料的限制，如果不控制过热温度，超过规定范围时会烧坏锅炉管子，温度过低又会降低汽轮机效率，所以必须调节过热温度。

7　什么是汽水共腾现象？它是如何产生的？有什么危害？

由于锅炉不断发生蒸汽，给水中的杂质和腐蚀产物不断被浓缩而聚集在锅炉内。锅炉负荷急剧增加时，锅炉压力迅速降低，浓缩沉积物随水翻腾，发生像煮稀饭时"溢锅"一样的现象，这就是汽水共腾。

汽水共腾现象可分为两种：一种是蒸溅，一种是起泡。蒸溅是水沸腾时，汽泡从受热面上升到水面破裂，汽泡表面附着的固体颗粒未经完全分离，被蒸汽携带走。起泡是当锅炉水中杂质含量被浓缩到一定程度时，汽水分离界面会形成泡沫层，从受热面上升到汽水分界面的汽泡被泡沫层拦截而不能迅速破裂，于是泡沫层愈积愈厚，到一定厚度时，蒸汽可直接把汽泡带走，特别是蒸汽负荷增加，锅炉压力迅速降低时，大量带杂质的汽泡被带入蒸汽。发生汽水共腾时，汽包水位计内的水位剧烈振荡，看不清水位；过热蒸汽温度急剧下降，严重时发生水击；蒸汽及炉水品质恶化；水位报警间断出现高或低报警信号。

引起汽水共腾的原因很多，有机械设计不当的原因、有化学的原因。化学原因是炉水的各种杂质(如总固体、悬浮物、碱度、硅的氧化物及其盐类、钠盐、油等)和炉内外水处理方法不当等造成的。汽水共腾危害很大，它不仅降低蒸汽的纯度和质量，而且会污染和损坏使用蒸汽的设备。具体原因：炉水品质不良含盐浓度过高，没有及时排污，造成炉水碱度高；悬浮物多，油质过大；锅炉负荷增加太快，造成蒸汽大量带水。

处理步骤：降低锅炉负荷；打开连续排污和底部排污，注意水位变化；打开蒸汽有关疏水阀，必要时可适当放空；取水样化验；在炉水质量未改善前，不宜增加锅炉负荷。

8 过热蒸汽 Na⁺ 超标的原因及危害是什么？

余热锅炉过热蒸汽中 Na^+ 超标的主要原因是炉水中 Na^+ 含量高，应减少 Na_3PO_4 加药量，进行间排置换。蒸汽中 Na^+ 含量高，有可能产生动力蒸汽在汽轮机叶片上结盐，破坏叶轮影响机组运行。

9 正常的开炉步骤是什么？

① 除氧器上水至正常水位，保证水温与环境温度相差约 50℃ 以内。

② 开启给水泵向汽包加水至正常水位。上水前打开汽包排汽阀，并开启各排污点排水至水清为止。检查并冲洗汽包水位计。

③ 开启强制循环泵进行循环，此时注意汽包补水至正常水位。有意识地提高或降低汽包水位，核对汽包液位并试验汽包水位警报器。

④ 当有蒸汽发生时应关小放汽阀缓慢升压。升压速度为每小时小于 1.0MPa，或蒸汽升温速度 ≤50℃/h。开启连续排污。

⑤ 除氧器按规定点加药并达到正常操作条件，除氧器水箱液位自控投用。

⑥ 汽包升压过程中检查各压力表指示是否准确，检查并冲洗汽包水位计，按规定进行间断排污。当汽包压力达到 3.5MPa 后，引少许蒸汽入主蒸汽管线暖管并及时排除凝结水。此时所产蒸汽排入 3.5MPa 蒸汽管网。

⑦ 当汽包升压至操作压力引入转化后，校对汽包液位自控、给水和蒸汽流量自控系统，操作稳定后投用三冲量自动调节。

10 余热锅炉投运前为什么要煮炉？清洗剂是什么？怎样煮炉？

蒸汽发生器及附属设备在制造、装配、运输和安装过程中，经常受到各种污染，如钢垢、焊垢、腐蚀产物(FeO、Fe_2O_3、Fe_3O_4)、油、油脂、尘土、污泥、临时保护涂层和其他污染等，并引起蒸汽发生器及其附属设备严重腐蚀和结垢，堵塞管道，使蒸汽发生器运行很快达到或超过各种化学成分的控制浓度，造成蒸汽质量不合格。为了避免在以后运行时产生泡沫和飞沫，需将部件上的油、润滑油脂完全清洗掉，所以废热锅炉投运前必须煮炉。

煮炉的试剂有很多种，常用的为以下两种：①相等比例的纯碱(Na_2CO_3)和烧碱(NaOH)的混合物；②等比例的磷酸三钠和烧碱的混合物。煮炉时加药量为每立方米加 $3kgNa_3PO_4$ 和 $3kgNaOH$。

煮炉的步骤：①煮炉的准备工作。煮炉是对给水和蒸汽系统进行化学清洗，所以先要建立煮炉的循环流程，以便在煮炉时除正常的废锅系统的自然对流和强制对流能进行外，还要通过加接临时管线使除氧器进出水所经设备和管线能进行循环清洗。进行设备内部和仪表检查，并进行气密，循环泵、化学药剂和加热用蒸汽应贮备好。②煮炉。首先引除盐水经除氧器、给水泵到上汽包，建立最低可见液位，进行系统循环冲洗，冲洗至排水浊度小于 $10\mu g/g$ 为合格。通过从除氧器底部给蒸汽，将系统中水加热到沸腾状态，然后加药。

从除氧器加药，加药量的多少以锅炉系统的清洁程度而定。氧化腐蚀及污垢较轻的，每吨水中加氢氧化钠和加磷酸三钠各2~3kg；长期停运的锅炉，除铁锈外还有水垢的，每吨水加氢氧化钠和磷酸三钠各 5~6kg，特别脏的还要增加用药量 50%~100%。氢氧化钠可以一次连续加入，磷酸三钠可先加入 50%，其余在煮炉过程中加入。

加药后的煮炉时间一般为 24h，对中压锅炉如果煮炉和烘炉同时进行的话，要增加煮炉时间至 72h，并将压力分为 1.0MPa、1.5MPa 和 3.0MPa 三个阶段。煮炉时需保持高水位，各排污点稍开排污，并采水样分析，发现碱度降低要补加氢氧化钠和磷酸三钠。

煮炉结束后打开全部低点排污阀放水，停止加热，排尽碱水后用脱盐水冲洗煮炉系统，至出水清洁，水的 pH 值小于 8.5。拆除临时管线，关闭各排凝、放空阀。

11　正常停炉步骤是什么？

由于热源的递减使锅炉蒸汽产量减少，减少外送汽量，尽量维持锅炉在正常压力下运行。停炉步骤可分为：

① 产汽量减少，此时注意维持汽包正常水位，将三冲量调节改为汽包水位单参数自动控制，尽量保持液面正常；

② 当蒸汽外送阀关闭时，开上汽包小放汽阀，关死汽包上第一道主汽阀，尽量维持汽包压力平稳或缓慢下降，不得突然卸压；

③ 停止连续排污，汽包改为遥控上水，不产汽时则关死上水阀，停运给水泵关汽包排汽阀，维持强制循环泵运行，使锅炉系统自然降温降压；

④ 当汽包压力下降至 0.2~0.1MPa 时打开小排汽阀。当炉水温度降到 70℃ 以下时，停运循环泵。如为短期停炉且气温在 0℃ 以上时，可不放出炉水，汽包维持正常液面，空间用氮气置换，然后充 0.5MPa 氮气，关死小排气阀保持正压，等待重新开炉；

⑤ 当长期停炉时，需在炉水 70℃ 以下时打开所有低点排污排净炉水，然后关死排污和放空阀，锅炉系统充氮气。

12　何时需紧急停运锅炉？关键要注意什么？

有下列情况之一需紧急停炉：

① 锅炉严重缺水，虽经"叫水"（冲洗水位计排水阀，关闭水位计汽阀），仍未看到水位；

② 汽包水位迅速下降，虽增大给水并采取其他措施，仍不能使水位回升；

③ 全部给水泵失效或给水系统发生严重故障，无法保障锅炉给水需要；

④ 全部循环水泵失效，无法强制循环；

⑤ 水位表、安全阀、压力表等最重要安全附件，其中有一种全部失效；

⑥ 锅炉受压部件严重泄漏或严重损坏。

紧急停炉注意事项：

① 注意锅炉热源，如有需要准备全装置紧急停工；

② 如系因汽包严重缺水而紧急停炉时，严禁向上汽包供水，以防扩大事故；

③ 只要不是因严重缺水而停炉，就应照常向汽包给水，并维持正常水位，强制循环泵也要正常运转；

④ 紧急停炉时，不得从汽包紧急卸压，也不得在高温下排掉炉水。

13　停炉保护的目的和方法是什么？

停炉保护的目的是防止锅炉内表面金属发生腐蚀。

保护的方法：

① 短期停炉保护：在锅炉正常停工后，汽包内保持正常液位，汽包空间用氮气置换合格，然后保持氮气正压密封。也可将汽包充满除氧水湿法保护。

② 充氮保护：将全部炉水排净后关死排污阀，锅炉系统内部用氮气置换合格，然后充以 0.5MPa 的氮气。

③ 干法保护（适于长期停运的锅炉）：锅炉系统从全部低点排污阀排净存水后，用氮气吹扫对流管组的存水，关死排污阀，在汽包内装入生石灰或无水氯化钙（放在铁盘子上），按每立方米锅炉容积放生石灰 3kg 或无水氯化钙 2kg，然后将汽包密封。以后每月检查并更换一次失效的干燥剂。

如果蒸汽发生器的水质不良,在与水接触的表面就形成一些固态附着物,这种现象称为结垢。这些附着物叫做"水垢"。如果锅炉水中析出的固体物质是浮在锅炉水表面或沉积在水流缓慢处,则这些物质称为"水渣"。

溶解在水中生成水垢和水渣的主要成分是钙和镁的硫酸盐、硅酸盐及其氢氧化物等,它们是在进炉水中可溶解的物质,在锅炉运行条件下,由于物理、化学性质的变化,可能变为不溶解的物质,例如温度升高,使这些物质溶解度降低,很容易在受热表面结晶析出;水在不断蒸发时,水中的盐类逐渐被浓缩,同时发生了重碳盐转化为碳酸盐的化学变化。此外,沉淀物或胶体带电荷以及锅炉用水带油,附着在受热表面时,黏附其他沉淀物也是形成水垢的主要原因。

上述致垢物依其化学成分、结晶形态、析出条件、水流状态的不同,有的形成水垢,有的形成水渣。在蒸汽发生器中,由于水处于剧烈的搅拌状态,易形成海绵状的松软水渣。但水渣黏附在受热表面,经高温烘焙转变成为水垢。

(1)水垢的导热性很差,使蒸汽发生器的传热效率和蒸发能力降低。水垢的厚度及其低导热性,对金属的壁温有很大影响。特别是水垢的金属表面上薄厚不均,局部过热更加严重。

(2)水垢下容易形成氧的浓差电池,造成垢下金属腐蚀。这种腐蚀是非均匀腐蚀,往往造成穿孔,危险极大。

(3)水渣过多则影响蒸汽质量,堵塞管道、并促使汽水共腾。

水垢和水渣的各种不良影响,最终可能使锅炉突然发生事故,大大增加了锅炉运行的危险性,增加了维护检修费用。

为防止锅炉及其附属设备结垢,除对锅炉给水进行外部处理外,还应在锅炉水中投加药剂,以调整锅炉水的 pH 值、碱度和炉垢,这些药剂包括防垢剂、分散剂和 pH 值、碱度调整剂等。

向锅炉水投加防垢剂是根据同离子效应和分级沉淀的理论,使锅炉水产生预期的沉淀物,并随排污水排到炉外。常用的锅炉防垢剂同时具有调整锅炉水的 pH 值和碱度的功能,如磷酸三钠、磷酸氢二钠、碳酸钠等。一般装置采用磷酸三钠防垢剂。在锅炉水 pH 值大于 9.7 条件下,磷酸三钠与水中的钙离子发生如下反应:

$$2Na_3PO_4 + 3CaCO_3 == Ca_3(PO_4)_2 + 3Na_2CO_3$$

$$2Na_3PO_4+3CaSO_3 =\!\!=\!\!= Ca_3(PO_4)_2+3Na_2SO_3$$

磷酸钙是一种松软的水渣，易随锅炉排污而排出炉外，不易黏附在锅炉内部形成二次水垢。

17 锅炉中腐蚀的种类有哪些？

锅炉的金属表面与介质（如水、蒸汽、空气等）接触可产生腐蚀。从腐蚀的原因可分为化学腐蚀和电化学腐蚀，其中化学腐蚀又可分为溶解氧腐蚀和盐类腐蚀；从外观上可分为全面均匀腐蚀和局部腐蚀。一般局部腐蚀进展快、危害大。在管子表面形成局部麻点状腐蚀小坑的称为点蚀；沿应力集中的部位及其附近形成沟状凹陷的称为沟蚀。

18 锅炉给水（除氧水）质量有哪些要求？为什么？

锅炉给水（除氧水）质量有以下要求：

① 硬度≤0.005mg 当量/L；

② 溶解氧≤0.015mg/L；

③ pH 值8.5~9.2 最低≥7；

④ 含油量≤1mg/L；

⑤ 含铜量≤0.01mg/L；

⑥ 含铁量≤0.05mg/L；

⑦ 总 CO_2 量≤6mg/L；

⑧ SiO_2≤100μg/L；

⑨ 电导率≤5μS/cm；

⑩ 联氨 0.02~0.05mg/L。

由于天然水中含较多的 Ca、Mg 物质［主要有 $Ca(HCO_3)_2$、$Mg(HCO_3)_2$、$MgSO_4$、$CaSO_4$］这种水叫硬水。硬水易产生水垢，不宜作锅炉用水、必须经过软化后才可使用。因此，废热锅炉用水一定要用软化水，否则在水煮沸后，其中 $Mg(HCO_3)_2$、$Ca(HCO_3)_2$ 会发生分解生成 $CaCO_3$、$Mg(OH)_2$ 沉淀，在高温下附着在锅炉壁上，形成水垢，使废热锅炉传热性能变差，易造成局部过热，甚至发生爆炸。因此废热锅炉要用处理过达到一定质量指标的软化水。又由于水中溶解氧，而加热后氧逐渐析出，析出的氧在较高温度下会腐蚀金属，造成设备事故，所以余热锅炉所用水不仅要软化，还要脱氧，这样才能保证锅炉的正常运行。

19 为什么锅炉给水要给除氧水？怎样除氧？除氧不合格的原因有哪些？

锅炉给水用除氧水是为了避免溶解氧腐蚀，在锅炉的化学腐蚀诸因素中，以溶解氧腐蚀的危害最大。正常情况下，锅炉金属表面上存在着氢膜和氢氧化亚铁薄膜，它类似电镀层保护锅炉金属表面并控制其进一步离子化，但当水中存在溶解氧时，氧与氢膜作用还原成水；氢氧化亚铁与氧反应生成氢氧化铁沉淀。因此，铁的表面暴露于水中，进一步发生离子化并使其处于溶解状态，其反应如下：

$$O_2 + 2H_2 =\!=\!= 2H_2O$$
$$4Fe(OH)_2 + O_2 + 2H_2O =\!=\!= 4Fe(OH)_3$$

这种反应受温度的影响很大，在 70℃ 以下随着温度上升反应速度加快；超过 70℃ 温度升高，反应速度反而降低。

通常在除氧器中脱除氧气。除氧器有多种，常用的是"大气式热力除氧器"。除氧原理系根据享利及道尔顿定律："气体在液体中的溶解度与它的分压成正比，而与温度成反比。"是根据当水面上部空间气体分压减少时，气体能从液体中分出的道理进行的。给水从除氧器顶部引入喷下来，与逆流向上的蒸汽接触，被加热到除氧器压力下的沸点温度，气体分压降低至近于零，水中溶解的空气也几乎减至零，氧气即被除去。

除氧水含氧不合格的原因：除氧器进水温度太低；加热蒸汽量小；进水量过大，超过除氧器设计值，使除氧器内水温达不到沸点；排气阀门开度太小，或取样方法不当。

20　锅炉炉水为何要加药？起何作用？

向炉水中加药是对炉水进行内处理，目的是防止结垢和腐蚀。锅炉给水虽然经过处理和除氧，但水中多少还有一些钙镁等盐类（即存有一定的剩余硬度），这些杂质若不及时除掉，在炉水中不断积累起来也会使锅炉结垢，为了除掉这些剩余硬度，所以在炉中加入一定量的磷酸三钠，使剩余硬度中的钙镁结垢物质与磷酸三钠反应，生成磷酸钙和磷酸镁，在适当的炉水中（pH = 10.0 ~ 11.5）也可以生成碱性磷灰石等沉淀，从底部排污除掉。

加入联氨的目的，一方面可增加给水的碱度，有利于防止腐蚀，另一方面，联氨可与水中氧发生反应，达到进一步除氧的目的。反应式为：$N_2H_4 + O_2 =\!=\!= 2H_2O + N_2$。

21　什么是碳酸盐硬度？

主要是由钙、镁的重碳酸盐 $[Ca(HCO_3)_2 \cdot Mg(HCO_3)_2]$ 形成，也有少量的碳酸盐等形成的硬度，当水煮沸时，它可以分解成 $CaCO_3$、$Mg(OH)_2$ 沉淀而除去，故又称为暂时硬度。

22　什么是非碳酸盐硬度？什么是水的总硬度？

由钙与镁的硫酸盐、硝酸盐及氯化物等形成的硬度称为非碳酸盐硬度，它不能用一般的煮沸法去除，故又称永久硬度。碳酸盐硬度和非碳酸盐硬度的总和，称为水的总硬度。

水中含有碳酸氢根、硅酸根、重硅酸根、碳酸根、氢氧根等阴离子的总量称为水的碱度。向炉内加入 Na_3PO_4 与炉水中的 Ca^{2+}、Mg^{2+} 生成的磷酸盐仍是一种结垢物质，当炉水碱度足够高时，磷酸钙可转变为不结垢的碱性磷石，通过定期排污排出锅炉。如果炉水碱度太高会产生汽水共腾，碱度太低则不仅磷酸钙不能转变成不结垢的磷灰石，且连续排污量增大，造成给水和热量的损失。

24 氧和二氧化碳的腐蚀作用是怎样的？

水中含有氧气、二氧化碳以及酸、碱、盐等阴离子时，金属表面（阴极大）上的电子便会和它们结合而消失形成电化学腐蚀，电化学腐蚀的作用就不断地进行下去，于是金属就不断遭受腐蚀。因为氧和二氧化碳都是去极剂，它们加剧电化学腐蚀，此外，氧和二氧化碳还具有破坏金属表面氧化物保护膜的作用，使金属露出，继续遭受腐蚀。

25 炉外水有哪些软化处理方法？

对炉外水的软化处理方法主要有石灰软化法、钠离子交换软化法和化学热能综合软化法。

26 钠离子交换软化原理是什么？

某种不溶于水的物质，它的阳离子能将水中结垢物质的钙、镁阳离子置换分离出来，水流进装有阳离子交换剂的过滤器，水中的钙、镁离子被交换剂中的阳离子所置换，并残留在交换剂中，而使水得到软化。钠离子交换剂用 NaR 表示，其中 R 为阳离子交换剂的复杂离子团，钠离子交换反应式为：

$$Ca(HCO_3)_2 + 2NaR \longrightarrow CaR_2 + 2NaHCO_3$$
$$Mg(HCO_3)_2 + 2NaR \longrightarrow MgR_2 + 2NaHCO_3$$
$$CaCl_2 + 2NaR \longrightarrow CaR_2 + 2NaCl$$
$$CaSO_4 + 2NaR \longrightarrow CaR_2 + Na_2SO_4$$
$$MgCl_2 + 2NaR \longrightarrow MgR_2 + 2NaCl$$

钠离子软化法能除去水中的暂时硬度和永久硬度。

27 什么是锅炉排污？锅炉排污方式如何分类？如何进行间断排污？

从锅炉水中排除浓缩的溶解固体物和水面上的悬浮固体物的操作叫排污。锅炉排污，按操作时间可分为间断排污和连续排污；按控制方式可分为手动排污和自动排污。

连续排污的集水管设在汽包的汽水界面以下约 80mm 处，此处正好是蒸汽释放区，是炉水中含盐浓度最大的地方，从这里连续排出部分炉水以维护炉水含盐量和蒸汽含盐量在规定范围内，连续排污也叫表面排污。

间断排污口设在锅炉的最低点，那里是溶解固体物和沉淀物堆积的地方，间断排污的目的是排除炉内沉淀物和部分含溶解固体物浓度较高的炉水，以保持炉水水质合格。间断排污也叫定期排污，即每间隔一定时间从锅炉底部堆积沉渣的部位，靠锅炉水的压力快速排出一部分锅炉水。间断排污一般为 0.5~1min，排污率一般为 0.5%~1%，中、低压锅炉排污不少于 1%。排污间断时间应视锅炉水水质而定，一般为 8~24h 排污一次。间断排污以频繁、短期为好，可使锅炉水均匀浓缩，有利于提高蒸汽质量。

间断排污的操作方法：

① 全开第二道阀，然后微开第一道阀，以便预热排污管道；

② 慢慢开大第一道排污阀开始排污，排污时间一般为 10~30s；

③ 排污完毕后先关死第一道排污阀，再关第二道阀。这样操作可以保护第二道排污阀严密不漏。

注意：排污要在较高水位时进行，排污量以保持炉水质量合格为准。

28　什么是锅炉缺水？如何处理？

锅炉缺水分轻微缺水和严重缺水。如果水位在规定的最低水位以下，但还能看见水位，或者水位已看不见，但用叫水法能看见时，属于轻微缺水。如果水位已看不见，用叫水法也看不见水位时，则属于严重缺水。

锅炉缺水是锅炉运行的重大事故之一，严重缺水会造成爆管，如果处理不当，在完全干锅的情况下突然进水会造成极其严重的后果。

锅炉缺水的原因一般为：给水自动调节阀故障；给水压力下降或给水中断；水位计堵塞或指示不正确，使操作员误操作；排污阀没关或漏量，使水位下降；炉管破裂。

锅炉缺水的处理方法：

① 当刚发生低水位报警，其他运行参数尚正常，仅汽包水位计不见水位，用叫水法可见水位时，属于轻微缺水，可将三冲量调节改为单参数自动调节，或改为手动控制加强上水。水位正常后，检查三冲量调节系统，无问题后逐步投用三冲量调节。

如加强上水后水位仍很低或保持不住时，要检查给水流量仪表有无问题；检查给水泵的运行情况；检查排污情况，必要时可暂时停止一切排污；检查并确定废热锅炉炉管是否有破裂漏水处；属系统外原因，联系尽快恢复，若无法恢复作停炉处理，属系统内原因报告值班长并降低锅炉负荷。

② 当上汽包已不见水位，通过叫水法也看不见水位，过热蒸汽温度上升、压力也上升时，说明已属严重缺水，这时应立即报告值班长，采取紧急停炉措施。汽包见不到液位(严重缺水)时，严禁向炉内进水，应紧急停炉。

29　什么是锅炉满水？有何危害？如何处理？

锅炉满水分轻微满水和严重满水。

当发生锅炉满水时，水位报警器发生高水位报警信号，蒸汽开始带水，蒸汽品质下降，含盐量增加，过热蒸汽温度下降。严重满水时，甚至炉水进入蒸汽管线，引起蒸汽管线水击。

满水的原因：操作人员疏忽大意，对液位监视不够或误操作；给水调节阀失灵；液位指示不准，使操作人员操作错误。

满水时的处理方法：

① 当汽包蒸气压力和过热蒸汽温度正常，仅水位超高时，应采取如下措施：进行汽包水位计的对照与冲洗，以检查其指示是否正常，将给水自动调节改为手动，减少给水流量，以使水位恢复正常。

② 当严重满水，过热蒸汽温度大降或蒸汽管线发生水击时，则应进行如下操作：手动停止给水；开大炉水的排污阀放水；打开蒸汽各疏水阀，防止水击；必要时蒸汽稍开放空；以上措施仍无效时，应紧急停炉通知值班长请其他岗位采取相应措施。

30　什么是汽包水位的三冲量调节？

在余热锅炉操作中，维护汽包水位平稳是最重要的操作。而汽包水位除受给水量变化影响外，还受产汽量的影响，因此，采用单参数水位调节并不理想，需要采用汽、水差值一定的方法来控制进水，使汽包水位更加平稳。这种控制汽包水位的方法，习惯上叫三冲量调节。三冲量调节实际上是串级调节。汽包水位是这个调节系统的主参数，即在这一控制回路里，水位调节的输出讯号作为串级调节器的给定值，而蒸汽流量与给水流量经加法器以后的差值作为串级调节器的测量值(副参数)。只要测量值和给定值存在偏差，串级调节器就输出讯号去控制进水流量的变化。

31　调节好锅炉汽包的水位有什么重要意义？

正确调节好汽包水位，是保证蒸汽发生器正常运行和蒸汽品质良好的一个重要环节。根据调查锅炉发生的事故，有很大一部分都是因为水位调节不好引起的。水位过高，会使汽包蒸汽空间减少，导致蒸汽带水，使蒸汽品质下降，严重时水进入过热器，造成锅炉爆炸。水位过低，会使汽包中汽水混合物冲溅，影响分离，严重时会造成循环，水泵抽空，锅炉干锅，这时如果操作不当，仓促加水，管子因骤冷容易引起应力破坏，同时大量水汽化，压力过高，造成爆炸，所以必须十分重视水位的调节。

32 为什么余热锅炉引高温烟气前，锅炉水位应在水位计最低处？

引进高温烟气后，炉水受热膨胀，水位升高，当蒸汽受热而开始产生蒸汽时，蒸汽所膨胀体积更大，将炉水排挤到汽包，使水位进一步升高，从高温烟气的引入到余热锅炉产汽的一段时间内，保证在排放过热蒸汽的同时，锅炉仍然不需上水。如果引高温烟气前水位太高，汽包的水位势必上升到必须开启放水阀排水的地步，不但造成除盐水的损失而且造成热量的浪费。

33 pH 值对锅炉运行有什么影响？

pH 值对锅炉的运行有下列影响：①当 pH 值<7 时，锅炉金属表面腐蚀后产生的松软氧化层没有起到保护金属继续被腐蚀的作用，所以氧对金属的腐蚀仍然进行很快。当 pH 值>7 时，才能形成较稳定的保护膜，使腐蚀缓慢下来。②pH 值与水中游离 CO_2 含量关系很大，当 pH 值为 4.3 时，水中全部碳酸都形成 CO_2，pH 增高，CO_2 含量的比例减少，HCO_3^- 增加。当 pH>8.3 时，水中游离 CO_2 不存在了，碳酸全部形成 HCO_3^-，这样游离 CO_2 的腐蚀可以大大减少。③给水经过除氧后，pH 值对腐蚀起显著影响，pH 值小，腐蚀性大。因为 H^+ 是金属腐蚀的原电池中阴极的去极化剂。④pH 值低，会使钠离子交换剂工作容量降低，这是因为 H^+ 也被离子交换剂吸收的缘故。⑤pH 值同水中硅盐的存在形式有关，pH≤8 时，水中硅盐几乎都是 SiO_2(H_2SiO_3)；pH>8 时，有一部分 $HSiO_3^-$；pH>11 时，则几乎全部是 $HSiO_3^-$；pH 值更高时，即有一部分成为 SiO_3^{2-}。所以炉水中常出现 Na_2SiO_3。

34 汽包安全阀有何作用？如何设置？定压多少？

安全阀是锅炉系统的重要附件，它被用以防止汽包内蒸气压力超过限度时发生破裂或其他损坏事故。当汽包内压力超过规定数值时，安全阀即自动开启，放出部分蒸汽，使压力下降。待压力下降到正常数值时即自行关闭，维持锅炉正常运转。

对于蒸发量大于 0.5t/h 的锅炉，至少应装两个独立的安全阀，其中一个按锅炉设定正常操作压力 1.04 倍定压，另一个按正常操作压力的 1.06 倍定压。安全阀未定压的锅炉不准投入运行。

在余热锅炉运行初期,汽包进料管线会产生剧烈振动,这主要是汽包压力尚未正常,压力低,进料中水汽化量大造成。当压力达到正常值后,振动就会消除。

36 **余热锅炉炉管炸破的现象、原因及处理方法是什么?**

余热锅炉炉管炸破:① 不严重时从破裂处发生蒸汽喷出的声音,烟囱冒白烟;② 严重时有明显的炸破声,烟囱冒白烟;③ 水位、汽压、烟气温度迅速下降。

原因分析:① 给水硬度超过规定,在管壁积结水垢;② 水中的沉淀物积存下来,没有定期排污道堵塞,冷水混合物上升时,沉淀物随着上升,使管道堵塞,管子得不到应有冷却而过热爆炸;③ 管子腐蚀,管壁减薄,不能承受原设计操作压力;④ 管壁受粉尘的磨损减薄或管壁有夹渣、分层等缺陷或焊接质量不合格;⑤ 开工不按规程进行,升温、升压太快,受力、受热不均,因应力集中而损坏;⑥ 停炉时放水过早或冷却过快;⑦ 严重减水时,因无水冷却引起过热而炸破。

预防:① 加强水质管理,运行中严密监视水位,定期排污;② 开停工按操作规程进行。

处理:如余热锅炉炉管炸裂,应及时报告有关部门,协同处理。严重时则按紧急停炉处理。

第五节 加氢裂化设备损伤及选材

1 **金属材料力学性能的指标有哪些?**

金属材料力学性能的指标有:强度、硬度、弹性、塑性、疲劳和断裂韧性。

金属材料的强度是指金属在外力作用下,抵抗破坏作用的最大能力。由于外力作用的形式不同,材料所表现的这种能力也不尽相同。主要有:抗拉强度极限,抗弯强度极限,抗压强度极限,屈服强度极限(或称屈服点),条件屈服强度,持久强度,蠕变强度,抗剪强度极限等。

金属材料的硬度是指金属抵抗硬的物体刻划或压入其表面的能力。常用来评价金属材料的耐磨性和被切削性,热处理的有效程度。

金属材料在外力的作用下,当应力超过屈服点后,能产生显著的变形而不即行断裂的性质称为塑性。产生永久变形的，同时又不发生破坏的材料，说明塑性好。

疲劳是金属材料在极限强度以下，长期承受交变载荷（即大小相同，方向反复变化的载荷）的作用，在不发生显著塑性变形的情况下而突然断裂的现象。

金属材料的断裂韧性（也称断裂韧度或裂纹韧性）是衡量金属材料在裂纹存在情况下抵抗脆性破坏或裂纹不稳定扩展能力的指标。

2　什么是金属材料的物理性能和化学性能？

金属材料的物理性能主要包括密度、熔点、热膨胀性、导热性和磁性等。

金属材料的化学性能是指金属材料在各种环境中，抵抗任何腐蚀性介质对其进行化学侵蚀的一种能力。在石化企业里，各种腐蚀性介质对金属材料的侵蚀作用非常复杂，由此产生的事故及后果相当严重，所以在设备的设计、制造和检修中，金属材料的化学性能显得尤为重要。

3　金属材料的主要腐蚀类型有哪些？均匀腐蚀有什么特征？晶间腐蚀有什么特征？

金属材料的主要腐蚀类型有均匀腐蚀、晶间腐蚀、选择性腐蚀、应力腐蚀破裂、腐蚀疲劳、点腐蚀、缝隙腐蚀、电偶腐蚀、磨损腐蚀、氢腐蚀。

均匀腐蚀的特征：在金属材料较大面积上均匀地发生化学或电化学反应，金属表现为宏观地变薄，是最常见的腐蚀形式。

晶间腐蚀的特征：金属的腐蚀沿晶粒边界进行，从而使晶间失去结合力，金属的强度和延伸性下降，破坏之前金属的外观（形状、尺寸）无明显变化，大多数仍保持金属光泽，但冷弯后表现出裂缝，失去金属声。作断面金相检查时，可发现晶界或毗邻区域发生局部腐蚀，甚至晶粒脱落，腐蚀沿晶界发展推进较为明显。

4　加氢裂化装置主要腐蚀类型有哪些？

在加氢过程中，如反应器等设备处于高温高压氢气中，氢损伤就是一个很大的问题。高温高压硫化氢与氢共存时会加剧腐蚀。正因为如此，为抗高温硫化氢的腐蚀通常也在反应器等设备内表面堆焊不锈钢（以奥氏体不锈钢居多）覆盖层和选用不锈钢材料制作内件。但这样可能导致不锈钢的氢脆、奥氏体不锈钢的硫化物应力腐蚀开裂及堆焊层氢致剥离现象等损伤，另外还有 Cr-Mo 钢的回火脆性破坏也曾是重点的问题。在高压空冷器上，由于物流中存在氨和硫化氢等腐蚀介质，可能引起传热管穿孔损伤等都是必须慎重考虑的。

常见的损伤类型：① 高温硫化氢-氢腐蚀；② 高温高压下的氢腐蚀；③ 氢脆；④ 连多硫酸引起的应力腐蚀开裂；⑤ 铬-钼钢的回火脆性；⑥ 奥氏体不锈钢堆焊层的氢致剥离；⑦ 低温硫化氢-氯化氢-水腐蚀；⑧ 低温 $H_2S-NH_3-H_2O$ 型腐蚀。

5　操作规程中对反应器的使用有哪些限定？

由于铬钼钢在 370~575℃ 操作温度下会产生脆化，故钢设备内的压力限制在产生的应力不超过材料屈服强度的 20% 的压力范围，但考虑到反应器内的温度与反应器外壁温度的差异，操作手册中将这一温度改为 135℃。因此，规定了一些反应器在该温度下的最大压力分别为 7MPa、6.8MPa、6.67MPa。要求反应器开工操作时，要先升温后升压，在停工操作中，要先降压后降温，操作手册中对停工时冷却过程又作了严格规定。对于机械设计方面的考虑，冷却速度不应超过 25℃/h，在压力降到 3.42MPa 以前不得将反应器温度降到 135℃ 以下。这些停工措施对设备应力，堆焊层剥离倾向及防止因回火脆性引起的破坏都有好处，为了防止停工期间反应器不锈钢堆焊层和不锈钢工艺管道内壁接触到潮湿空气，与金属表面的硫化铁形成连多硫酸，造成 1B-B 型不锈钢的连多硫酸应力腐蚀开裂，规定了设备和管线的氮气保护措施或用碱中和清洗措施。

6　钢材按化学成分如何分类？

钢材按化学成分可分为：碳素钢和合金钢。

碳素钢按其含碳量的多少又分为低碳钢（含碳质量分数小于 0.25%）、中碳钢（含碳质量分数为 0.25%~0.6%）和高碳钢（含碳质量分数大于 0.6%）。合金钢按一般合金元素的含量分为低合金钢（合金元素总含量小于 5.0%）、中合金钢（合金元素总含量为 5.0%~10.0%）和高合金钢（合金元素总含量大于 10.0%）。

7　钢材的蠕变现象是什么？

当温度大于 0.3 倍钢材的熔点温度，应力大于该温下的材料的弹性限极时，钢材就会慢慢地出现永久性变形，这种现象称蠕变现象。

8　什么是氢致裂纹？如何防止？

氢致裂纹也称氢诱导裂纹。这是由于反应器在高温高压的氢气中操作时，氢会扩散侵入到钢中，当反应器在停工冷却过程中，由于冷却速度太快，氢来不及从钢中向外释放，钢内就会吸藏一定量的氢，严重的拉伸延性损失就会导致裂纹引发。

在操作中，当装置停工时，宜采用能使氢较彻底地释放出去的停工方案。例如停工时的冷却速度不能过大，并在较高的温度下（大于 350℃）保持一段较长时间。

9 什么是氢腐蚀？

高温氢腐蚀是在高温高压条件下，分子氢发生部分分解而变成原子氢或离子氢，并通过金属晶格和晶界向钢内扩散，扩散侵入钢中的氢与不稳定的碳化物发生化学反应，生成甲烷气泡（它包含甲烷的成核过程和成长），即 $Fe_3C + 2H_2 \longrightarrow CH_4 + 3Fe$，并在晶间空穴和非金属夹杂部位聚集，而甲烷在钢中的扩散能力很小，聚积在晶界原有的微观孔隙（或亚微观孔隙）内，形成局部高压，造成应力集中，使晶界变宽，并发展成为裂纹。开始时裂纹是很微小的，但到后期，无数裂纹相连，引起钢的强度、延性和韧性下降与劣化，同时发生晶间断裂。由于这种脆化现象是发生化学反应的结果，所以它具有不可逆的性质，也称永久脆化现象。

在高温高压氢气中操作的设备所发生的高温氢腐蚀有两种形式：一是表面脱碳；二是内部脱碳。

表面脱碳不产生裂纹，在这点上与钢材暴露在空气、氧气或二氧化碳等一些气体中所产生的脱碳相似，表面脱碳的影响一般很轻，其钢材的强度和硬度局部有所下降而延性提高。

内部脱碳是由于氢扩散侵入到钢中发生反应生成了甲烷，而甲烷又不能扩散出钢外，就聚集于晶界空穴和夹杂物附近，形成了很高的局部应力，使钢产生龟裂、裂纹或鼓包，其力学性能发生显著的劣化。

10 造成氢腐蚀的因素有哪些？

同一种钢材在不同的条件下，氢腐蚀的时间长短是不同的。造成氢腐蚀的因素：

（1）操作温度、氢的分压和接触时间。温度越高或者压力越大发生高温腐蚀的起始时间就越早。氢分压 8.0MPa 是个分界线，低于此值影响比较缓和，高于此值影响比较明显；操作温度 200℃ 为分界点，高于此温度钢材氢腐蚀程度随介质温度的升高而逐渐加重。氢在钢中的浓度可以用下面公式表示：

$$C = 134.9P^{1/2}\exp(-3280/T)$$

式中　C——氢浓度，$\mu g/g$；

　　　P——氢分压，MPa；

　　　T——温度，K。

从式中可以看出，温度对钢材中氢浓度的影响比系统氢分压更明显。

（2）钢材中合金属元素的添加情况。在钢中添加不能形成稳定碳化物的元素

（如镍、铜等）对改善钢的抗氢腐蚀性能毫无作用；而在钢中凡是添加能形成很稳定碳化物的元素（如铬、钼、钒、钛、钨等），就可使碳的活性降低，从而提高钢材抗高温氢腐蚀的能力。关于杂质元素的影响，在针对 $2\frac{1}{4}Cr-1Mo$ 钢的研究中已发现，锡、锑会增加甲烷气泡的密度，且锡还会使气泡直径增大，从而对钢材的抗氢腐蚀性能产生不利影响。因为甲烷"气泡"的形成，其关键还不在于"气泡"的生产，而是在于"气泡"的密度、大小和生成速率。

（3）加工过程。钢的抗氢腐蚀性能，与钢的显微组织也有密切关系。回火过程对钢的氢腐蚀性能也有影响。对于淬火状态，只需经很短时间加热就出现了氢腐蚀。但是一施行回火，且回火温度越高，由于可形成稳定的碳化物，抗氢腐蚀性能就得到改善。另外，对于在氢环境下使用的铬-钼钢设备，施行了焊后热处理同样具有可提高抗氢腐蚀能力的效果。曾有试验证明，$2\frac{1}{4}Cr-1Mo$ 钢焊缝若不进行焊后热处理的话，则发生氢腐蚀的温度将比纳尔逊（Nelson）曲线表示的温度低100℃以上。

（4）钢材受的应力。在高温氢气中蠕变强度会下降，特别是由于二次应力（如热应力或由冷作加工所引起的应力）的存在会加速高温氢腐蚀。当没有变形时，钢材具有较长的孕育期；随着冷变形量的增大，孕育期逐渐缩短，当变形量达39%时，则无论在任何试验温度下都无孕育期，只要暴露到此条件的氢气中，裂纹立刻就发生。因此对于临氢压力容器的受压元件，应重视采用热处理消除残余应力。

（5）不锈钢复合层和堆焊层的影响，由于氢在奥氏体不锈钢以及铁素体钢中的溶解度和扩散系数不同，因此完整冶金结合的奥氏体不锈钢复合层和堆焊层能降低作用在母材中的氢分压。

11 什么是氢腐蚀的潜伏期？

在高温高压氢的作用下，钢材的破坏往往不是突然发生的，而是经历一个过程，在这个过程中，钢材的机械性能并无明显的变化，这一过程就称为潜伏期或称孕育期。潜伏期的长短与钢材的类型和暴露的条件有关。条件苛刻，潜伏期就短，甚至几小时就破坏。在温度压力比较低的条件下，潜伏期就可能长些。知道钢材的氢腐蚀潜伏期后，对掌握设备的安全运转时间有很重要的意义。

12 如何防止氢腐蚀？

防止氢腐蚀的措施：①采用内保温、降低筒壁温度；②采用耐氢腐蚀的合金钢做反应器筒体；③采用抗氢腐蚀的衬里（如 0Cr13、1Cr18Ni19Ti 等）④采用多层式结构，可在壁上开排气孔及采用特殊的集气层，将内筒渗过来的氢气集中起来排走；⑤采用催化剂内衬筒式反应器，新氢走环形空间，使筒壁降温；⑥在实际应用中，对于一台设备来说，焊缝部位的氢腐蚀更不可忽视。因为通常焊接接头的抗氢腐蚀性能不如母材，特别是在热影响区的粗晶区附近更显薄弱应引起重视。

13 什么是纳尔逊(Nelson)曲线？

多少年来对于操作在高温高压氢环境下的设备材料选用，都是按照原称为"纳尔逊(Nelson)曲线"来选择的。该曲线最初是在 1949 年由 G. A. 纳尔逊收集到的经验数据绘制而成，并由 API(美国石油学会)提出。1967 年前版权属 G. A. 纳尔逊；其后再版权由 G. A. 纳尔逊转让给 API，并由 API 于 1970 年作为 API 出版物 941(第一版)公开发行。

从 1949 年至今，根据实验室的许多试验数据和实际生产中所发生的一些按当时的纳尔逊曲线认为安全区的材料在氢环境使用后发生氢腐蚀破坏的事例，相继对曲线进行过 7 次修订，现最新版本为 APIRP(推荐准则)941(第 8 版)炼油厂和石油化工厂用高温高压临氢作业用钢。API941 一直是最有用的抗高温氢腐蚀选材的一个指导性文件。

应当注意的是 API941 仅仅只涉及材料的高温氢腐蚀，它并不考虑在高温时的其他重要因素引起的损伤，比如系统中还存在着像硫化氢等其他腐蚀介质的情况，可能发生回火脆性等损伤以及可能与高温氢腐蚀发生叠加作用的损伤等。

14 H_2S 的腐蚀过程是怎样的？影响因素有哪些？什么部位易腐蚀？如何防止硫化氢腐蚀？

硫化氢是加氢裂化过程中不可避免的气体组分，除原料中带来的硫化物经加氢后生成 H_2S 外，在预硫化时也需要加 DMDS。这部分硫，一部分与催化剂作用，多余部分则生成 H_2S。为了保持催化剂的活性，也要求循环气中保持一定的 H_2S 浓度，因此，硫化氢腐蚀是一个不容忽视的问题，硫化氢在系统中与铁作用，生成硫化铁。反应式如下：

$$Fe+H_2S \Longrightarrow FeS+H_2$$

这种反应生成物是一种具有脆性、易剥落、不起保护作用的锈皮，对反应器、换热器及高压管线危害极大。影响硫化氢腐蚀速度的因素主要是温度和 H_2S 浓度，当硫化氢在 200~250℃ 以下，对钢铁不产生腐蚀或腐蚀甚微，当温度大于 260℃ 时，腐蚀加快，随着温度的升高而徒直地加剧，尤其温度在 315~480℃ 之间时，每增加 55℃，腐蚀率增加 2 倍。H_2S 浓度越大、分压越高，腐蚀越厉害，在硫化氢体积浓度超过 1% 时腐蚀率达到最大。

另外还有水、酸性化合物等影响硫化氢的腐蚀，如 HCl 存在时 $FeS+2HCl \longrightarrow FeCl_2+HS$ 等，其中以水的影响尤其严重。

湿硫化氢引起钢材损伤的形式有：①均匀腐蚀。由电化学腐蚀引起的表面腐蚀，使设备壳壁均匀减薄。②氢鼓泡（HB）。腐蚀过程中析出的氢原子渗入钢中，在某些关键部位形成氢分子并聚集，引起界面开裂（不需要外加应力），形成鼓泡，其分布平行于钢板表面。③氢致开裂（HIC）。在钢内部发生氢鼓泡区域，当氢的压力继续增高时，小的鼓泡裂纹趋向于相互连接，形成有阶梯状特征的氢致开裂。钢中 MnS 夹杂物的带状分布增加 HIC 的敏感性。HIC 的发生不需要外加应力。④应力导向氢致开裂（SOHIC）。应力导向氢致开裂是由应力引导下，在杂物与缺陷处因氢聚集而形成的成排的小裂纹沿垂直于应力方向发展，即向压力容器与管道的壁厚方向发展。SOHIC 常发生在焊接接头的热影响区及高应力集中区。应力集中经常是由裂纹状缺陷或应力腐蚀裂纹引起的。⑤硫化物应力腐蚀开裂。硫化氢腐蚀产生的氢原子渗透到钢的内部，溶解于晶格中，导致脆化，在外加拉应力或残余应力作用下形成开裂。硫化物应力腐蚀开裂通常发生在焊缝热影响区的高硬度区。

硫化氢的腐蚀不但危害设备及管线，而且这些腐蚀产物被带进反应器内，将会堵塞床层，导至压差增大，影响开工周期。

防止高温硫化氢腐蚀办法：①控制循环气中硫化氢浓度，不要超过规定范围；②选用抗硫化氢腐蚀的钢材或采取防腐措施，如用不锈钢金属衬里或用渗铝钢等。

防止湿硫化氢腐蚀的措施：对介质中硫化氢含量较低、腐蚀不太严重的，往往采用普通碳素钢，适当加大腐蚀裕度量，并在制造程序上加入消除应力的焊后热处理。对腐蚀性中等的场合，可选用抗 HIC 的钢材，国外应用最为普遍的是 SA516-Gr. 65，70（HIC）（与 16MnR 相似）。对腐蚀性非常苛刻的工况，可采用"隔绝"方法，即在内壁衬上（或堆焊）一层抗腐蚀的金属，如铁素体不锈钢、双相不锈钢、镍合金或防腐镀层等。

15 什么是氢脆？它对操作会产生什么影响？

所谓氢脆就是由于氢残留在钢中所引起的脆化现象，产生了氢脆的钢材，其延伸率和断面收缩率显著下降。这是由于侵入钢中的原子氢，使结晶的原子结合力变弱，或者作为分子状在晶界或夹杂物周边上析出的结果。但是在一定条件下，若能使氢较彻底地释放出来，钢材的力学性能仍可得到恢复。这一特性与前面介绍的氢腐蚀截然不同，所以氢脆是可逆的，也称作一次脆化现象。对于操作在高温高压氢环境下的设备，在操作状态下，器壁中会吸收一定量的氢。在停工的过程中，冷却速度太快，使残留的氢来不及扩散出来，造成过饱和氢残留在器壁内，就可能在温度低于150℃时引起亚临界裂纹扩展，对设备的安全使用带来威胁。

16 防止氢脆的对策是什么？

应从结构设计上、制造过程中和生产操作方面采取如下措施：

（1）尽量减少应变幅度，这对于改善使用寿命很有帮助。采取降低热应力和避免应力集中等措施都是有效的。

（2）尽量保持堆焊金属或焊接金属有较高的延性。

（3）装置停工时冷却速度不应过快，且停工过程中应有使钢中吸收的氢能尽量释放出去的工艺过程（分阶段恒温脱氢，一般脱氢温度在 260~427℃ 之间），以减少器壁中的残留氢含量。另外，尽量避免非计划的紧急停工（紧急放空）也是非常重要的。因为此状况下器壁中的残留氢浓度会很高。

17 什么是材料的应力？什么叫应力腐蚀？

所谓应力就是指作用在单位面积上的内力值，垂直于横截面上的应力称为正应力，平行于横截面的应力称为剪应力。金属材料在静拉应力和腐蚀介质同时作用下，所引起的破坏作用称为应力腐蚀。

18 应力腐蚀是怎样产生的？有什么预防措施？

金属材料在静拉应力和腐蚀介质同时作用下所引起的破坏作用，称为应力腐蚀。

产生应力腐蚀的原因，首先是由于内应力使钢材增加了内能，处于应力状态下的钢材的化学稳定性必然会降低，从而降低了电极电位，内应力愈大，化学稳定性愈差，电极电位愈低。所以应力大的区域就成为阳极，其次应力（特别是表示拉应力）破坏了金属表面的保护膜，保护膜破坏后形成裂缝，裂缝处就成为阳极，其他无应力的区域则为阴极，成为腐蚀电池，加速腐蚀。奥氏体不锈钢对应力腐蚀是比较敏感的，较易发生。这可能是和它容易产生滑移及孪晶有关。由于在滑移带和孪晶界应力集中，易遭受腐蚀破坏，裂缝一般都是穿晶的，也有在晶间发生的，由于这种应力腐蚀所产生的裂纹呈刀口状，所以也称为刀口腐蚀。奥氏体不锈钢形成刀口腐蚀的原因，除了焊缝有不均匀的应力以外，还由于焊缝在焊接后的冷却过程中，从奥氏体中析出了铬的碳化物，使晶界贫铬，刀口腐蚀就发生在焊缝区或热影响区里，而热影响区内某一段的温度很可能就是奥氏体中铬的碳化物出的敏化温度（450~850℃），这样就使得晶界贫铬，发生晶间裂缝。

防止应力腐蚀的方法：

（1）利用热处理消除焊接和冷加工的残余应力，以及进行稳定化和固溶处理；

（2）采用超低碳（<0.03%）不锈钢或用铌、钛稳定的不锈钢，焊接时用超低碳或含铌的焊条进行焊接。

19 应力腐蚀裂纹发展示意图是怎样的？

应力腐蚀裂纹发展见图6-11。

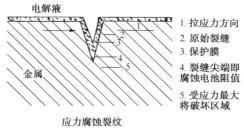

图 6-11 应力腐蚀裂纹发展示意图

20 奥氏体不锈钢的连多硫酸腐蚀机理是什么？

连多硫酸应力腐蚀开裂的特征为应力腐蚀开裂是某一金属（钢材）在拉应力和特定的腐蚀介质共同作用下所发生的脆性开裂现象。奥氏体不锈钢对于硫化物应力腐蚀开裂是比较敏感的。连多硫酸（$H_2S_xO_6$，$x = 3 \sim 6$）引起的应力腐蚀开裂也属于硫化物应力腐蚀开裂，一般为晶间裂纹。在炼油装置停工过程中，系统降温降压后，有水汽被冷凝下来或打开设备检修时，设备和管线内部与湿空气接触。铁/铬硫化物与水和氧发生化学反应，就有亚硫酸和连多硫酸生成，从而产生腐蚀。在石化工业装置中，奥氏体不锈钢或管道发生硫化物应力腐蚀开裂多有见到。连多硫酸应力腐蚀开裂在加氢装置中也都发生过，如日本一些加氢脱硫装置上的若干冷凝器的浮头盖连接螺栓由此原因发生过多根折断损伤。

防止奥氏体不锈钢产生连多硫酸应力腐蚀最好采取以下几点措施：

① 材质一般选用超低碳型（$C \leq 0.003\%$）或稳定型的不锈钢（如 SUS321，SUS347），采用奥氏体+铁素体双相不锈钢也有较好效果。还可以选用铁素体不锈钢，它对连多硫酸的应力腐蚀开裂不敏感。制造上要尽量消除或减轻由于冷加工和焊接引起的残余应力，并注意加工成不形成应力集中或尽可能小的结构。

② 使奥氏体不锈钢设备或管线的金属表面保持干燥，即不与空气和水接触或处于热状态下。即在装置停工后，对不需检修的奥氏体不锈钢设备或管线用阀门或盲板封闭起来，内充氮气保持正压，使其隔绝空气，如果温度低于38℃生成液态水，则要将无水氨注入系统中，浓度大约为5000mL/m³。特别是加热炉管，在停工检修期间，加热炉炉管外壁需用碱液中和清洗，炉管内壁需用氮气正压保护。

③ 对于需要卸开检修的奥氏体不锈钢设备、管线和不能保持149℃以上的加热炉管，应用1.5%~2%的碳酸钠（Na_2CO_3）或氢氧化钠（NaOH）溶液进行中和冲洗。冲洗后务必要用不含氯化物的软化水或冷凝水冲洗，以防止残余碱留在表面上造成碱脆和在开工时被带到催化剂，影响活性。在溶液中增加0.5%的硝酸钠，可以减少不锈钢发生氯化物应力腐蚀开裂的可能性，但必须防止溶液中加入过量的硝酸钠（不大于0.5%），它有引起碳钢应力腐蚀开裂的危险。

④ 尽可能减少奥氏体不锈钢金属表面裸露在可能产生应力腐蚀的环境中的时间。

总之，每次停工前都要根据维修工作的不同，编制具体的奥氏体不锈钢的防护措施，并经设备、工艺、生产和检修审查批准（具体细节祥见NACE标准RP-01-70《炼油厂停工期间，使用中和溶液防止奥式体不锈钢产生应力腐蚀开裂》）。

21 奥氏体不锈钢除硫化物应力腐蚀之外，还会产生哪些类型的应力腐蚀？

奥氏体不锈钢除了在含硫化物的环境中会产生应力腐蚀外，在含氧化物和含烧碱的环境中也有产生应力腐蚀的可能性，应避免由于进行中和清洗而引起其他应力腐蚀。

奥氏体不锈钢对氯化物的敏感性与氯化物的浓度和温度成正比。在正常的停工期间，一般不会发生氯化物应力腐蚀裂纹，但在高温状态下，由于氯化物浓缩，就可能产生应力腐蚀裂纹。奥氏体不锈钢在有烧碱存在的高温环境中，还会产生晶界裂纹，穿晶裂纹和两者都有的混合型裂纹。

22 氯离子（Cl^-）对18~8型奥氏体不锈钢有什么危害？其腐蚀过程是怎样的？

在有Cl^-存在时，18~8型奥氏体不锈钢对点腐蚀特别敏感。点腐蚀在生产中是很危险的，它在一定区域内迅速发展，并往深处穿透，以致造成设备因局部地区破坏而损坏，或因个别地方穿孔而进行渗漏。产生点蚀的原因，可能是不锈钢表层钝化膜（氧化膜）有个别地方是薄弱的，也可能是局部地方有夹杂或不平整所造成。当液体中有活性Cl^-时，它很容易被纯化膜表面所吸附，在钝化膜比较薄弱的局部地区，氯离子在膜上排挤氧原子，并取代氧原子的位置，取代之后，在吸附时Cl^-的点上就产生可溶性的氯化物，这样就在此地方逐渐形成小孔。形成小孔后造成了不利的局面，即小孔为阳极，被钝化的表面为阴极，阴极面积大而阳极面积极小，这样构成的腐蚀电池，将大大加速腐蚀速度，点蚀的坑穴多了相连起来，则形成裂纹，造成钢材恶性破坏，为了避免氯离于对奥氏体不锈钢的腐蚀，对奥氏体不锈钢设备及管线清洗或试压，所用的水其氯化物含量均要求小于$30\mu g/g$。

23 **发生不锈钢氯化物应力开裂(SCC)应满足的条件是什么？**

发生不锈钢氯化物应力开裂(SCC)应满足下面的条件：需要有氯化物、游离水、溶解氧、拉伸应力，而且温度介于 60~210℃ 之间。因此避免发生不锈钢氯化物应力开裂应减少氯化物进入系统(包括原料油和新氢)，减少低温部位游离水的生成。易于积存氯化物的部位能够排液或过量的，要定期排放，减少聚集发生腐蚀。

24 **在高压设备脱油后的中和清洗中，是否有用氨替代碱中和？**

根据 API 安全防腐规定用，如暴露在空气中时，必须用碱才能形成保护薄膜，所以不能用氨代替碱。

25 **中和冲洗剂的成分是什么？对脱盐冲洗水质量有何要求？**

冲洗药剂的成分如下：

碳酸钠 1.5%~2%，硝酸钠 0.5%，表面活性剂 0.05%。

冲洗液的温度 40~70℃。

冲洗脱盐水的质量要求如下：

Cl^- :	水 ≤1.0μg/g
油:	0
pH:	6.4~7.6
总铁量:	≤0.1μg/g
总硬度($CaCO_3$):	≤0.035μg/g
电导率:	10μS/cm

将所需量的中和清洗剂 Na_2CO_3 和 $NaNO_3$ 等倒入配制罐中，加入除盐水用蒸汽搅拌至溶解，抽入中和清洗罐中，再加除盐水至所需高度，开中和清洗泵，使清洗液在罐内循环至浓度均匀即可。

对于新建或改造装置，高压系统需要做水压试验时，所用水中氯化物含量：若系统可以完全放空并干燥，要求氯化物含量低于 50μg/g；否则要求低于 5μg/g。

26 **在中和清洗液中加入少量表面活性剂的目的是什么？**

在中和清洗液中加入少量表面活性剂的目的是增强渗透性，提高清洗效果。当被清洗的设备和管线的金属表面被铁锈和其他污垢复盖时，用不含表面活性剂的中和清洗液浸泡或冲洗，其渗透能力就受影响，结果清洗不彻底。

27 **一般哪些部位需要中和清洗？**

① 停工检修高压换热器抽芯前应对高压换热器进行中和清洗；

② 停工催化剂卸时，反应器应在氮气的保护下卸出原有催化剂，然后用中和清洗液泡反应器，再用除盐水冲洗干净；

③ 加热炉熄火停炉后，应进行中和清洗，管壁用中和清洗液喷淋，管内随反应器入口管线一道清洗。

28 什么是铬-钼钢的回火脆性？

铬-钼钢的回火脆性是将钢材长时间地保持在 $370 \sim 575℃$，或者从这温度范围缓慢地冷却时，其材料的断裂韧性就引起劣化损伤的现象。材料一旦发生回火脆性，材质冲击韧性明显降低，其延脆性转变温度向高温侧迁移。回火脆性除上述一些现象和特征外，还具有如下两个特征：①这种脆化现象是可逆的，也就是说将已经脆化了的钢加热到 $600℃$ 以上，然后急冷，钢材就可以恢复到原来的韧性；②一个已经脆化了的钢试样的断口上存在着的晶间破裂，当把该试样再加热和急冷时，破裂就可以消失。

铬-钼钢化学成分中的杂质元素和某些合金元素对回火脆性影响很大，P、Si、Mn 含量高时对脆化都有促进作用。在热处理过程中，奥氏体化的温度和从奥氏体化的冷却速度都将对回火脆性敏感性产生很大的影响。

29 防止 $2\frac{1}{4}Cr-1Mo$ 钢制设备发生回火脆性破坏的措施是什么？

加氢裂化装置所选用的铬-钼钢，以 $2\frac{1}{4}Cr-1Mo$ 钢为多，而它是几种铬-钼钢中回火脆性敏感性较大的。防止产生回火脆性的措施：

① 尽量减少钢中能增加脆性敏感性的元素，尤其对焊缝金属加强关注；

② 制造中要选择合适的热处理工艺；

③ 采用热态型的开停工方案。当设备处于正常的操作温度下时，是不会发生由回火脆性引起的破坏的，因为这时的温度要比钢材的脆性转变温度高得多。但是像 $2\frac{1}{4}Cr-1Mo$ 钢制设备在经长期的使用后，若有回火脆化，包括母材、焊缝金属在内，其转变温度都有一定程度的提高。在这种情况下，于开停工过程中就有可能产生脆性破坏。因此，在开停工时必须采用较高的最低升压温度。这就是热态型的开停工方法。即在开工时先升温后升压，在停工时先降压后降温。

在 20 世纪 70 年代中期，根据当时生产 $2\frac{1}{4}Cr-1Mo$ 钢的实际水平，曾有人提出先将温度升到 $93℃（200F）$ 以后再升压的建议。近年来由于钢材和焊材的冶炼制造技术都有很大进步，材料的纯洁度大有提高，所以最低的升压温度还有可能适当降低。

④ 控制应力水平和开停工时的升降温速度。已脆化了的钢材要发生突然性的脆性破坏是与应力水平和缺陷大小两个因素有关的。当材料中的应力值很高时，即使很小的缺陷也可以引起脆断，因此应将应力控制在一定的水平以内。另

外在开停工时也要避免由于升降温的速度过大，使反应器主体和某些关键构件形成不均匀的温度分布而引起较大的热应力。当温度小于150℃时，升降温速度以不超过25℃/h为宜。

30 什么是堆焊层的氢致剥离？其主要原因是什么？影响堆焊层氢致剥离的主要因素是什么？

加氢裂化装置中，用于高温高压场合的一些设备(如反应器)，为了抵抗H_2S的腐蚀，在内表面都堆焊了几毫米厚的不锈钢堆焊层(多为奥氏体不锈钢)。在十多年前曾在此类反应器上发现了不锈钢堆焊层剥离损伤现象。

堆焊层剥离现象有如下主要原因：堆焊层剥离现象也是氢致延迟开裂的一种形式。高温高压氢环境下操作的反应器，氢会侵入扩散到器壁中。由于制作反应器本体材料的Cr-Mo钢(如$2\frac{1}{4}$Cr-1Mo钢)和堆焊层用的奥氏体不锈钢(如Tp. 309和Tp. 347)的结晶结构不同，因而氢的溶解度和扩散速度都不一样，使堆焊层界面上氢浓度形成不连续状态，当反应器从正常运行状态下停工冷却到常温状态时，氢在母材中溶解度的过饱和度要比堆焊层大得多，使在过渡区(系堆焊金属被母体稀释引起化学成分变化的区域)附近吸收的氢将从母材侧向堆焊层侧扩散移动。而氢在奥氏体不锈钢中的扩散系数却比Cr-Mo钢小，所以氢在堆焊层内的扩散就很慢，导致在过渡区界面上的堆焊层侧聚集大量的氢而引起脆化，另外，由于母材和堆焊层材料的线膨胀系数差别较大，过饱和溶解氢结合成分子形成的氢气压力也会产生很高的应力。上述这些原因就有可能使堆焊层界面发生剥离，剥离并不是从操作状态冷却到常温时就马上发生，而是要经过一段时间以后(需要一定的孕育期)才可观察到这种现象。从宏观上看，剥离的路径是沿着堆焊层和母材的界面扩展的，在不锈钢堆焊层与母材之间呈剥离状态，故称剥离现象。

在众多影响堆焊层剥离的因素中，操作温度和氢气压力是最重要的参数。氢气压力和操作温度越高，越容易发生剥离。因为它与操作状态下侵入到反应器器壁中的氢量有很大关系。氢气压力越高、温度越高侵入的氢量越多。

在高温高压氢气中暴露后，其冷却速度越快，越容易产生剥离。因为冷却速度的快慢将对堆焊层过渡区上所吸收的氢量有很大影响。

当堆焊层过渡区吸藏有氢的情况下，反复加热冷却的次数越多，越容易引起剥离和促进剥离的进展。因为堆焊层材料与母材之间的线膨胀系数差别很大，反复地加热冷却会引起热应变的累积。

焊后热处理对剥离也是一个很重要的影响因素。

31 在操作中如何防止堆焊层出现剥离？

堆焊层剥离的基本因素归结为：①界面上存在很高的氢浓度；②有相当大的

残余应力存在；③与堆焊金属的性质有关。因此，凡是采取能够降低界面上的氢浓度，减轻残余应力和使熔合线附近的堆焊金属具有较低氢脆敏感性的措施对于防止堆焊层的剥离都是有效的。在操作中应严格遵守操作规程，尽量避免非计划的紧急停车，以及在正常停工时要采取使氢尽可能释放出去的停工条件（恒温脱氢），以减少残留氢量。

在操作中要严格遵守升温、升压和降温、降压规定，并且控制一定的降压速度（通常为 1.5~2.0MPa/h），这有利于钢材中吸收气的溢出，减少内应力，在一定程度上对控制剥离有积极作用，同时严禁超温、超压操作，并且对反应器内壁要作定期检查。

32 $H_2S-NH_3-H_2O$ 型腐蚀特征是什么？

加氢裂化装置进料中，由于常含有硫和氮，经加氢之后在其反应流出物中就变成了 H_2 和 NH_3 腐蚀介质，且互相将发生反应生成硫氢化铵，即 $NH_3 + H_2S \longrightarrow NH_4HS$。$NH_4HS$ 的升华温度约为 120℃，因而此流出物在高压空冷器内被冷却过程中，常在空冷管子和下游管道中发生固体的 NH_4HS 盐的沉积、结垢。由于 NH_4HS 能溶于水，一般在空冷器的上游注水予以冲洗，这就形成了值得注意的 $H_2S-NH_3-H_2O$ 型腐蚀。此腐蚀发生的温度范围在 38~204℃ 之间，正好是此类空冷器的通常使用温度区间。这种腐蚀多半是局部性的，一般多发生在高流速或湍流区及死角的部位（如管束入口或转弯等部位）。

影响此形式腐蚀的主要因素：①氨和硫化氢的浓度，浓度越大，腐蚀越严重；②管内流体的流速，流速越高，腐蚀趋剧烈；当然流速过低，会使铵盐沉积，导致管子的局部腐蚀；③某些介质存在的影响，如氰化物的存在，对腐蚀将产生强烈影响，氧的存在（主要是随着注入的水而进入）也会加速腐蚀等。

33 高压空冷器的管子入口处最容易腐蚀是什么介质引起的？

它是由 H_2S 引起的，根据实验 NH_3 和 H_2S 的摩尔浓度的乘积>0.04% 或<0.01% 腐蚀性都较大，只有在 0.01%~0.04% 范围内腐蚀性较小，所以在操作中，最好把 NH_3 和 H_2S 浓度的乘积的百分比控制在 0.01%~0.04% 之间。

一般易发生腐蚀部位是形成湍流区弯头等处，若有 Cl^- 及氧气的存在，会加速腐蚀。腐蚀的速度与介质的流速也有关系，速度过慢，腐蚀介质易集存加剧腐蚀；流速过快，冲刷与 NH_4HS 共同作用腐蚀也会加剧。因此要选择合适的流速而且一定要避免偏流，在投用时就应注意，碳钢内介质流速为 4.3~6.1m/s。下面是高压空冷发生腐蚀的条件：

摩尔浓度 $[H_2S]$<0.07，不会发生腐蚀；

当介于 0.07~0.2 之间时也能出现腐蚀；

当大于 0.5 时，肯定发生腐蚀；

高分酸性水中 NH_4HS 浓度≤4%，出现腐蚀的可能性较小。

对于在高温部位注软化水，在保证注水量足够的前提下要保证总注水量的 20%在该部位为液态。高压空冷一般选用 16MnR（HIC）或碳钢，碳钢使用温度应 <200℃，不然会发生氢腐蚀（纳尔逊曲线）。

34 污水汽提净化水回用做高压注水的前提条件是什么？

污水汽提装置所处理的原料水组成比较复杂，可溶性杂质多，其中对加氢裂化装置设备危害较大的是其净化水中 Cl^- 很高，一般在 20~60μg/g，若这部分净化水再回用去做反应注水，会使循环氢中 Cl^- 增高，对高压系统的操作和设备带来不利影响。同时污水汽提净化水中 NH_3 和 H_2S 的含量可能会影响到系统腐蚀情况，净化水中的固体杂质也会对空冷器的管束造成堵塞，因此采用污水汽提净化水回用做高压注水应考虑以上问题。

35 在注水中加入多硫化钠和多硫化铵的目的是什么？注入时需注意的事项是什么？

氰化物和 H_2S 其他化合物也具有能产生腐蚀的影响。在许多装置中，氰化物是以几个 μg/g 的范围存在于反应产物物流中，装置原料的氮含量高特别易于形成一定数量的氰化物。如果出现任何一点氰化物的话，腐蚀率就趋向于上升。

可以通过向反应产物冷却器上游的反应产物中注入多硫化钠和多硫化铵来抵抗氰化物的腐蚀。多硫化物与氰化物反应能够生成硫代氰酸盐，此外多硫化物可以通过多硫化铵来抑制硫钢腐蚀，它是通过改变硫化铁腐蚀产物的附着力和组分来实现的。因此多硫化物的注入能降低腐蚀，通常将多硫化物注进反应注水中引入系统。多硫化物不能中止堵塞管内的点蚀，但它会减少积垢物，当系统仍然干净时，注入多硫化物可以使堵塞和腐蚀减至最小。

应当注意在注水中加入聚硫化物，水中 pH 值必须≥7.5。pH 值低于 7.5 会使多硫化物分解，氧能使多硫化物分解，生成单质硫的其他腐蚀反应的产物加强腐蚀，甚至堵塞管路，因此应加强对反应注水水质的检测。当使用多硫化物时，由于多硫化物会干扰氧的分析，故水的取样点在聚硫化物注入点的上游。多硫化物溶液在注入前应不与空气接触，多硫化物罐应有惰性气覆盖或在多硫化物表面覆盖一层油，与空气隔绝。

36 脱乙烷塔增注缓蚀剂的目的是什么？

随着加氢裂化原料品种的增多，馏分宽、含硫高，对设备腐蚀越来越严重的特点，为了减少脱乙烷塔及有关设备的腐蚀，故在脱乙烷塔顶排出线上增注缓蚀剂。

37 什么是缓蚀剂？为何能起防腐作用？

所谓缓蚀剂就是添加少量药剂到腐蚀介质中，能够显著减缓金属腐蚀速度的物质。缓蚀剂可以吸附在金属表面上，形成单分子抗水性保护层，多数缓蚀剂带有氧、硫等原子的官能团，这些极性官能团吸附在金属表面，形成单分子保护膜，极性官能团和金属原子借它们之间的电子对结合，而缓蚀剂分子中的羟基覆盖在金属表面形成分子膜的外层，将金属和腐蚀性水相隔离开来，避免了金属表面与酸性介质接触，同时能部分中和流体中的酸性物质，调节流体的酸度，达到保护金属的目的。由于分馏系统存在 H_2S 等活性硫对设备具有腐蚀作用，为了防止腐蚀的发生，保护设备，所以要加缓蚀剂。

38 缓蚀剂的作用机理是什么？

缓蚀剂作用机理有三种类型：①成相膜机理。缓蚀剂在金属表面通过氧化或沉积作用形成一层保护膜，阻断介质与金属接触。②吸附膜机理。缓蚀剂通过物理或化学吸附方式与金属活性中心结合，阻断介质与金属活性中心接触，从而达到保护金属的目的。物理吸附是指缓蚀剂通过分子或离子间的吸引力的作用与金属活性中心结合；化学吸附是指缓蚀剂分子与金属原子形成络合物，其亲水基团与金属结合，疏水基团远离金属。这类缓蚀剂多为有机物缓蚀剂。③电化学机理。这类缓蚀剂通过加大腐蚀的阳极或阴极阻力来减缓介质对金属的腐蚀。

39 要减少脱硫系统设备的腐蚀，应采取什么措施？

①胺的贮槽及缓冲罐要用 N_2 保护，减少氧化作用；②控制好脱硫剂的使用浓度，防止高浓度操作；③对脱硫剂进行净化；④再生塔和重沸器尽可能采用较低压力和再生温度；⑤溶液中加入少量缓蚀剂；⑥溶液和蒸汽采用低流速，避免使用五角弯头；⑦重沸器和换热器的结构要良好；⑧对材质进行升级。

40 锅炉哪些条件存在易产生苛性脆化？

以下三个条件同时存在时易产生苛性脆化：①胀口焊缝或铆缝发生渗漏时；②炉水碱度高，使氢氧化钠浓度超过允许极限时；③胀口焊缝或铆缝处应力集中，应力达到或超过屈服点时。

41 选用设备材料有哪些规定？

（1）一般规定：材料选择应根据设计条件和专利商的规格书要求，并符合相关

316

标准和规范的规定。对炼油化工装置的静设备受压元件的材料选择一般原则如下：

① $T<-100℃$，采用奥氏体不锈钢；

② $-100℃≤T<-50℃$，采用 3.5Ni；

③ $-50℃≤T<-30℃$，采用 0.5Ni 低合金钢；

④ $-30℃≤T≤30℃$，采用低温用低合金钢；

⑤ $-20℃<T≤420℃$，采用碳钢或低合金钢；

⑥ $420℃<T≤550℃$，采用 Cr-Mo 合金钢；

⑦ 工作介质为氢、酸、碱、硫化物和氯化物腐蚀性物料，应采用相应的耐腐蚀材料或涂料（如工艺介质许用时）。

（2）国外材料：选用国外钢材时应选用国外 ASME 第Ⅷ卷第一册、第二册标准所允许使用的钢材，其使用范围不应超出该标准的规定，同时也不应超出国内相近成分和技术要求的钢材的规定，如作为受压元件的材料且应符合《压力容器安全技术监察规程》第 22 条的规定。

（3）Cr-Mo 合金钢的选材要求：

① 临氢压力容器的主体材料应根据容器的最高操作温度（再留 28℃ 的裕量）和设计氢分压在 Nelson 曲线中选取；

② 临氢高压压力容器的主体材料选用引进的 1Cr-0.5Mo、1.25Cr-0.5Mo-Si、2.25Cr-1Mo 或 2.25Cr-1Mo-V 钢时，其许用应力按 ASME 的规定选取。

（4）其他选材要求：

① 其他所用材料按 GB150《钢制压力容器》、SH3075《石油化工钢制压力容器材料选用标准》和 JB4710《钢制塔式容器》等标准的规定选用；

② 塔类裙座材料一般选用 Q235-B，重要的焊接结构件不宜采用 Q235-AF 和 Q235-A；

③ 压力容器选材时应尽量避免异种钢焊接；

④ 加工高硫原油重点装置主要设备的选材按 SH/T3096《加工高硫原油重点装置主要设备设计选材导则》进行，并考虑长周期操作的需要；

⑤ 压力容器的焊接材料应符合 JB/T4747《压力容器用钢焊条订货技术条件》和 JB/T4709《钢制压力容器焊接规程》的规定。

42 在役反应器的检验范围和手段是什么？

对在役反应器进行检验是保证反应器可靠性的非常重要的措施。通过检验发现缺陷并确定其位置和大小，这些都是评价反应器完整性不可少的基础工作。其被检验范围和数量一般都根据下列几点来考虑：①通常可能产生裂纹的部位，如法兰的梯形槽，主焊缝，开口接管的拐角处，内外构件的焊缝处等；②过去的检验记录，如记录缺陷情况，反修部位等；③发生堆焊层剥离裂纹的可能性；④过去的操作历史，包括温度、压力和开停工次数，或发生异常的情况和非正常开停工的频度等。

在役反应器的检验，通常应用的手段是无损检验，包括超声波检验（UT）、磁粉检验（MT）和渗透检验（PT），有时国外也用声发射检验（AET）作为铺助的方法。

第七章　加氢裂化装置开停工

1　新建装置开工准备阶段的主要工作有哪些?

按照《中国石化工程建设项目生产准备与试车管理规定》，生产准备主要包括七个方面：组织准备、人员准备、技术准备、物资准备、营销准备、资金准备、外部条件准备。新建装置中交前，为做好试车准备，车间配合的主要工作有三查四定、吹扫爆破、化学清洗、水冲洗、单机试运、大型机组空负荷试车、烘炉、仪表、联锁和防毒防火防爆系统调校、反应系统初气密；中交验收合格后，进入联动试车阶段和投料试车阶段，主要工作有水联运、冷油运、热油运、反应系统热油氮联运、催化剂装填、氮气气密、氢气气密、催化剂硫化、钝化及原料油的切换等。

2　开工时应注意的问题有哪些?

加氢裂化反应是强放热反应，反应速度受温度影响强烈，反应温度控制不当会使加氢裂化反应器在短时间内出现"飞温"。因此开工时要随时注意控制好反应温度。需要注意的问题还有：①泄漏：设备升温期间热膨胀和热应力会使法兰和垫片接点处有小的泄漏。当发生这样的泄漏时，应在泄漏处放置蒸汽软管，将油气吹散，这样可在漏点消除之前，防止油气聚集引发着火、爆炸。为使热膨胀的危害减到最小，一般加热升温速度不应超过 $25{}^{\circ}\mathrm{C}/\mathrm{h}$。此外，分馏单元升温前要及时投用塔底热油泵备用泵的预热线，高温部位法兰要进行 $250{}^{\circ}\mathrm{C}$、$350{}^{\circ}\mathrm{C}$ 热紧，投用换热设备时先投用冷流介质，都是为了避免热膨胀产生泄漏。②当反应加压时，充入气体，必须是按正常的气体流动方向通过反应器，同时控制升压速度，一般控制不超过 $1.5\mathrm{MPa}/\mathrm{h}$。③爆炸性混合物：系统内空气还未除去之前（$O_2$ 应不大于 0.5%），决不允许引进烃类到工艺管线、容器中。在引入烃类原料前，所有设备必须用惰性气体或蒸汽置换，并经氧分析确认合格。④水的危险：决不允许将热油加到即使只有少量水的系统中。反应器系统用热气体循环干燥，分馏系统气密试验后，用气体加压后要将液体排干。系统里留有的大量明水先通过冷油运脱除，从容器的底部、管道的低点以及泵低点脱水，期间多次切换备泵。然后通过热油运进一步除水，塔顶回流罐及时脱水，期间多次切换备泵，及时投用备泵预热线。⑤由于真空而造成的设备损坏：除减压塔及相关设备外，其余塔罐容器均没有按真空设计。这些设备用蒸汽吹扫后，决不允许将其进出口全部关闭。设备冷却时，因为蒸汽冷凝会造成容器内真空，关闭蒸汽前，采取措施严防产生真空。⑥开工期间，要防止物料（介质）之间互串：要防止重油（原料油、尾油）串入轻油流程，造成管线凝堵；防止工艺介质串入公用工程介质流程，造成公用工程介质污染；防止公用工程介质串入工艺介质或者轻油窜入重油，造成液击、串气、抽空。因此动改流程前一定要做好流程确认，并做好物料（介质）之间的隔离工作。⑦要防止超压和串压：引物料前要投用安全阀（泄压流程）、压力表（压控回路）和打通出料流程，引物料要缓慢；先打通低压侧流程，再打通高压侧流程，低压侧阀门要全开并投用安全阀和联锁，开高压侧阀门时要缓慢；控制好高分、循环氢脱硫塔、脱丁烷塔、液化气脱硫塔、低分气脱硫塔等高低压分界点的液位或界位，防止高压串低压。⑧要防止超温：先投冷流介质再点炉，点炉后要防止炉管发生偏流以及火焰舔炉管，并及时投用相关联锁；催化剂硫化、引低氮油、切换 VGO 和反应提温、降量时，都要做到小幅、多次、慢调。⑨要防止液位满或空：开工期间油到哪里人到哪里，提前投用液位计，并做好液位核对工作；做好物料进出平衡，除了监控液位指示外，还要通过温度、压力和流量波动情况，辅助判断液位是够过高或过低。

3　加氢裂化开车方案的主要内容是什么？

加氢裂化开车方案的主要内容：①催化剂的装填。②氮气置换、气密：a. 分馏系统气密；b. 反应系统氮气气密；c. 反应系统引进氢气气密；d. 投用循环氢压缩机，e. 点燃反应加热炉；f. 投用增压压缩机和补充氢压缩机，反应系统进行各个等级气密。③催化剂的硫化。④引进开车低氮油步骤。⑤分馏系统循环脱水方案。⑥钝化方案。⑦切换新鲜原料油步骤。⑧产品质量调整。⑨开车过程的危险性分析。⑩开车过程的安全措施。

4　反应系统开车前的检查内容有哪些？

检查的主要内容：①反应器、高压空冷平台上的梯子、平台、栏杆是否完好，各类工具是否运走，各类杂物是否清理；②安全设施是否齐备、灵敏、好用，安全阀等安全附件是否投用，7 巴、21 巴泄压孔板是否安装、上下游手阀是否全开，地沟盖板是否盖好，道路是否畅通；③反应器及高压管道保温是否完好；④反应器进出口 8 字盲板是否已翻通，反应器床层处于氮气保压状态，催化剂床层温度有无异常情况；⑤与反应系统连接的低压部分是否隔离，同时低压部分安全阀等安全附件是否投用；⑥高压仪表控制系统及机组联锁系统是否灵活好用；⑦高压动设备是否备用、静设备是否封孔等。

5 装置开工吹扫的目的和注意事项是什么？

新建装置或大修后，设备管线内部可能遗留焊渣及杂物，即使没有施工的部位也因停工时间较长，将产生大量的铁锈，为了保护设备，保证产品质量，保证开工顺利进行，采用吹扫方法清除杂物，使设备和管线保持干净，清除残留在管道内的泥沙、焊渣、铁锈等杂物，防止卡坏阀门，堵塞管线设备和损坏机泵。通过吹扫工作，可以进一步检查管道工程质量，保证管线设备畅通，贯通流程，并促使操作人员进一步熟悉工艺流程，为开工做好准备。在对加氢装置进行吹扫时，应注意以下方面：①引吹扫介质时，要注意压力不能超过设计压力；②净化风线、非净化风线、氮气线、循环水线、新鲜水线、蒸汽线等一律用本身介质进行吹扫；③冷换设备及泵一律不参加吹扫，有副线的走副线，没有副线的要拆入口法兰；④要顺流程走向吹扫，先扫主线，再扫支线及相关联的管线，应尽可能分段吹扫；⑤蒸汽吹扫时必须坚持先排凝后引汽，引汽要缓慢，严防水击，蒸汽引入设备时，顶部要放空，底部要排凝，设备吹扫干净后，自上而下逐条吹扫各连接工艺管线；⑥吹扫要反复进行，直至管线清净为止。必要时可以采取爆破吹扫的方法。吹扫干净后应彻底放空，管线内不应存水。

6 原料、低压系统水冲洗及水联运注意事项是什么？

水冲洗是用水冲洗管线及设备内残留的铁锈、焊渣、污垢、杂物，使管线、阀门、孔板、机泵等设备保持干净、畅通，为水联运创造条件。水联运是以水代油进行岗位操作训练，同时对管线、机泵、设备、塔、容器、冷换设备、阀门及仪表进行负荷试运，考验其安装质量、运转性能是否符合规定和适合生产要求，为下一步工作打下基础。

水冲洗过程注意事项如下：①临氢系统、富气系统的管线、设备不参加水联运和水冲洗，做好隔离工作；②水冲洗前应将采样点、仪表引线上的阀、液位计、连通阀等易堵塞的阀关闭，待设备和管线冲洗干净后，再打开上述阀门进行冲洗；③系统中的所有阀门在冲洗前应全部关闭，随用随开，防止跑串，在冲洗时先管线后设备，各容器、塔、冷换设备、机泵等设备入口法兰要拆开，并做好遮挡，以防杂物进入设备，在水质干净后方可上好法兰；④对管线进行水冲洗时，先冲洗主线，后冲洗支线，较长的管线要分段冲洗；⑤在向塔、容器内充水时，要打开底部排凝阀和顶部放空阀，防止塔和容器超压，待水清后再关闭排凝阀。然后从设备顶部开始，自上而下逐步冲洗相连管线。在排空塔、容器的水时，要打开顶部放空阀，防止塔器抽空。

原料和分馏系统气密的目的是为了检查并确认静设备及所有工艺管线的密封性能是否符合规范要求，气密过程应注意如下事项：①气密前应确认焊口无损探伤检测合格，管道水压试验合格，设备人孔封闭；②气密介质为 1.0MPa 蒸汽和低压氮气，其中原料油系统用氮气气密，分馏系统绝大部分的设备和管线可以用蒸汽气密；③不同压力等级的设备和管道的气密不能串在一起进行，气密压力不得超过安全阀启动压力；④冷换设备一程气密，另一程必须打开放空；⑤气密前，压力表投用，各设备、管道上的安全阀应全部投用、后路畅通。

8　液压试验有什么要求？

按《GB/T 20801—2020 压力管道规范—工业管道》，液压试验应符合下列规定：

①试验流体一般应使用洁净水。当对奥氏体不锈钢管道或对连有奥氏体不锈钢组成件或容器的管道进行试验时，水中氯离子含量不得超过 50mg/L。如果水对管道或工艺有不良影响并有可能破坏管道时，可使用其他合适的无毒液体。当采用可燃液体进行试验时，其闪点不得低于 49℃，且应考虑到试验周围的环境。试验时流体的温度应不低于 5℃。

② 内压管道液压试验压力应按下述规定：

1）不得低于 1.5 倍设计压力；

2）设计温度高于试验温度，试验压力应不小于下式的计算值：

$$p_T = 1.5 p S_1 / S_2$$

式中　p_T——试验压力，MPa；

　　　p——设计压力，MPa；

　　　S_1——试验温度下管子许用应力，MPa；

　　　S_2——设计温度下管子许用应力，MPa。

③ 如果管道系统中未包含管子，则可根据其他管道组成件(不包括管道支承件和连接螺栓)的许用应力来确定 S_1/S_2 的值。如果管道系统由多种材料组成，则可根据多种材料的 S_1/S_2 最小值来确定。

④ 如果上述规定试验压力，在试验温度下的周向应力或纵向应力(基于最小管壁厚度)会超过材料屈服强度，或在试验温度下的试验压力大于 1.5 倍组成件的额定值，则可将试验压力降低到试验温度下不致超过材料屈服强度或 1.5 倍组成件额定值的最大压力。

⑤ 管道与容器作为一个系统时，液压试压应符合以下规定：

a. 当管道试验压力不大于容器的试验压力时，应按管道的试验压力进行试验；b. 当管道试验压力大于容器的试验压力时，且无法将管道与容器隔开，且容器的试验压力不小于 77%×1.5pS_1/S_2 时，经业主或设计同意，可以按容器的试验压力进行试验。

9 气密的目的是什么？用什么方法进行检验？

装置建成或检修后，要检查设备及管线法兰联系处有无泄漏，故需要进行气密检验，另外在装置开车过程中，整个系统都在逐步升温升压，尤其是高温高压设备，热胀冷缩现象严重，必须在各个升压阶段进行气密试验。一般反应系统气密分两个阶段，它们是氮气气密和氢气气密，氮气气密的压力等级为：1.0MPa、2.0MPa、3.5MPa；氢气气密的压力等级为 1.0MPa、3.0MPa、5.0MPa、8.0MPa、10.0MPa、12.0MPa、15.0MPa、操作压力等均应进行气密实验。低温时当系统压力≤3.0MPa，系统内是氮气时，可用肥皂水检验是否有气泡来确定有无泄漏，高温时当系统压力>3.0MPa，系统内是氢气，并开始升温后可用手提式检漏器测定，如有泄漏需旋紧螺栓时，应降压 2.0MPa 后才可检修。

10 如何判断各压力阶段的气密合格与否？

高压气密分阶段进行，每个阶段气密时的气密方法如下：①在低温段压力 4.5MPa 以下，用肥皂水检查各密封面，不冒泡为合格。②高温部位用可燃气体测爆仪检测泄漏。对于难以检测的大法兰接头处，将其表面包上一层密封带，带上钻一小孔，然后涂上肥皂水检查。③抽真空静压每小时泄漏 0.033MPa（25mmHg）以下为合格。

11 用蒸汽气密完成后为什么要把低点排凝和放空阀打开？

因为蒸汽气密后，随着温度的降低，蒸汽会冷凝为水，而使容器、塔、管线产生负压，有可能被大气压压瘪设备，如果在冬天冷凝水不排尽会冻裂设备，所以要把低点排凝和放空阀打开。

12 加裂装置使用氮气有什么作用？

装置氮气的主要作用：① 开、停工及事故处理时用氮气吹扫置换；② 用于压缩机的密封和隔离，用于塔底热油泵的密封；③ 用于油箱、注水罐和胺液贮罐的隔离空气；④ 用于塔的压力控制；⑤ 用于消防；⑥停工时隔绝空气，保护催化剂和设备等。

13 加氢裂化装置对氮气的纯度有哪些要求？

本装置使用氮气的主要目的：在开、停工及事故状态时用氮气吹扫，降低氧含量，使其在一定范围之内。在以下四种情况下需要采用纯度为99.99%的氮气：①催化剂硫化时紧急泄压后冷却反应器用；②紧急泄压后吹扫反应系统；③紧急泄压后将反应器冷至220℃；④催化剂再生后反应系统漏进空气造成局部燃烧时。除上述四种情况外，装置均可用99.8%的氮气。

14 反应系统为什么要进行抽空和氮气置换？置换后氧含量控制为多少？

因为装置在建成或检修后，系统均存有空气，所以在开工引入氢气之前，必须先送入纯度>99.9%（mol）的氮气进行置换，在氮气置换前先抽真空可节省氮气用量。置换后直到所有取样的氧含量都<0.5%（体积分数）时才算合格。

15 分馏充 N_2 点有何作用？

利用充 N_2 可安全可靠地进行气密，置换和吹扫有关设备和管线；可作气封，隔绝空气与油品的接触和有关设备的接触，保证安全；开工时充压，可加快系统压力升高和实现液面平衡，缩短开工调整时间。

16 紧急泄压试验的目的是什么？

紧急泄压试验的目的是观察按设计的要求安装的紧急泄压孔板是否符合泄压速度的要求，并且进行调校，考查反应系统处于事故状态时，各自的联锁系统的安全可靠性，并进行一次事故状态演习的实际练兵。

17 循环氢润滑油系统启动前的准备工作有哪些？

循环氢润滑油系统启动前的准备工作：①检查润滑油箱；②检查润滑油泵和冷却油泵；③检查润滑油水冷却器，并投用；④检查润滑油过滤器；⑤打开润滑油压和控制阀的上下游阀门及旁通阀，打开导压管线上的导压阀及放空回油阀；⑥打开各轴承及联轴器润滑油点前调节喷嘴；⑦打开调速系统进油阀和保安系统进油阀；⑧打开蓄能器的排污阀，放空污油后关闭，然后将蓄能器的进口阀打开；⑨联系电气班组给润滑油主/备泵、油箱电加热器和除油雾设施电机送电，并将润滑油主泵操作柱至于"手动/就地"位置，备泵操作柱置"自动/联锁"位置；⑩如采用干气密封，则干气密封必须先投用。

18 循环氢压缩机启动前必须具备的信号条件有哪些？

循环氢压缩机启动前必须具备的信号条件：①润滑油系统（压力、温度）正常；②干气密封或浮环密封系统（流量、压力）正常；③压缩机、蒸汽透平的轴位移、振动指示正常；④透平背压系统或抽汽系统正常；⑤盘车器脱开；⑥入口分液罐液面正常；⑦系统未处于 2. 1MPa/min 联锁状态；⑧控制油系统（压力、温度）正常；⑨循氢机出入口紧急切断开关处于正常位置；⑩

中控和现场各紧急停车开关或设施处于正常状态。

19 操作中对反应器的使用有哪些限定？

加氢裂化装置反应器所用材质多为 $2\frac{1}{4}$Cr-1Mo，由于铬钼钢长时间在 370～575℃下操作，材质会发生脆化，因此，这种钢材在温度低于 121℃ 时存在脆性断裂的可能性。故一般建议：温度在 121℃ 以下时，$2\frac{1}{4}$Cr1Mo 和 3Cr1Mo 钢设备内的压力限制在产生的应力不超过材料屈服强度的 20% 的压力范围，但考虑到反应器内的温度与反应器外壁温度的差异，有的装置将此温度改为 135℃，此外，对有明显高的残余应力或机械负荷应力的地方，可谨慎地进行密切监视和进行更严格的检查。为了确保安全，一般要求当温度在 135℃ 以下时，压力不能超过总压的 1/4。要求反应器开工操作时，要先升温后升压，在停工操作中，要先降压后降温。从机械设计方面考虑，冷却速度不应超过 25℃/h，在压力降到总压的 1/4 以前不得将反应器温度降到 135℃ 以下。这些措施对设备应力、堆焊层剥离倾向及防止因回火脆性引起的破坏都有好处，为了防止停工期间反应器不锈钢堆焊层和不锈钢工艺管道内壁接触到潮湿空气，与金属表面的硫化铁形成连多硫酸，造成不锈钢的连多硫酸应力腐蚀开裂，制定了设备和管线的氮气保护措施或用碱中和清洗措施。

20 何谓双炉硫化法？有何特点？

对于尾油循环+炉后混氢工艺，精制反应器入口和裂化反应器入口均设有循环氢加热炉。所谓双炉硫化法，即当达到硫化初始条件后，硫化剂分两路分别注到两反应炉入口，两炉共同升温硫化。该方法特点：①硫化氢穿透反应床层的速度快，可节省硫化时间；②硫化氢是否完全穿透不易判断；③硫化温升较难控制，超温隐患较大；④硫化期间可以充分利用两炉负荷，可以避免炉管超温。

21 何谓单路注硫、双炉升温硫化法？有何优点？

对于尾油循环+炉后混氢工艺，精制反应器入口和裂化反应器入口均设有循环氢加热炉。所谓单路注硫，双炉升温硫化法，就是从精制反应炉入口单路注入硫化剂，两台反应炉同时升温的硫化法。其优点在于：①可以正确判断硫化氢的穿透与否；②有利于控制硫化氢浓度及温升；③有利于降低精制炉负荷；④可以缩短硫化时间。

22 加氢催化剂硫化的基本原理是什么？

催化剂硫化是基于硫化剂 CS_2、DMDS、SulfrZol® 54 或者 FSA-55 临氢分解生成的 H_2S 将催化剂活性金属氧化态转化为相应金属硫化态的反应。加氢催化剂多元金属硫化物活性中心模型十分复杂，至今尚存在多种假设，以 DMDS 为例，通用的相关硫化反应如下：

$$(CH_3)_2S_2+4H_2 \Longrightarrow 2H_2S+CH_4$$
$$(CH_3)_2S_2+3H_2 \Longrightarrow 2H_2S+2CH_4$$
$$MoO_3+2H_2S+H_2 \Longrightarrow MoS_2+3H_2O$$
$$3NiO+2H_2S+H_2 \Longrightarrow Ni_3S_2+3H_2O$$
$$9CoO+8H_2S+H_2 \Longrightarrow Co_9S_8+9H_2O$$
$$WO_3+2H_2S+H_2 \Longrightarrow WS_2+3H_2O$$

23 什么是器外预硫化？

1986年，由Eurecat和AKZO公司开发的Sulficat工艺制备的器外预硫化催化剂，在法国La Voulte炼厂首次成功工业应用。至今，器外预硫化催化剂已在国外炼油厂得到广泛应用。中石化（大连）石油化工研究院有限公司和中石化石油化工科学研究院有限公司均开发了器外预硫化技术，填补了国内的技术空白。

器外预硫化与器内硫化技术比较见表7-1。

表7-1 器外预硫化与器内硫化技术

项目	器外预硫化	器内硫化
开工周期	8~16h	36~48h（包括干燥）
安全及环保	无污染，催化剂装填时，需要专业人士	污染重，使用有毒、易燃、易腐蚀、有难闻气味的硫化物
经济性	不需要专用硫化设备	需要专用硫化设备，投资高
催化剂活性	金属氧化物还原的可能性降至最低，可确保高的催化剂活性	要严格防止催化剂还原，否则将影响催化剂活性

催化剂器外硫化在节约开工时间、减少环境污染上有很大优势，安全性也比器内硫化高，随着人们认识的提高和环境要求的日益提高，器外预硫化是未来的趋势。

24 如何进行加氢催化剂器内硫化方法选择与比较？

一般以氧化铝、含硅氧化铝和无定形硅铝为载体的催化剂，多采用湿法硫化方法进行催化剂硫化，湿法硫化又分为原料油（或选定的馏分油）中含硫化物的湿法硫化和馏分油（如煤油）外加硫化剂（CS_2、DMDS、SulfrZol 54或者FSA-55）的湿法硫化两种情况，但后者一般效果更好。湿法硫化之前，必须对催化剂进行充分干燥脱水，否则含水催化剂在与高温硫化油接触时，会引起催化剂破损，并影响催化剂硫化效果；湿法硫化的硫化油用量较大，并存在含硫污油进一步处理的问题。

含分子筛（尤其是分子筛含量较高）的加氢裂化催化剂，其裂化活性要比无定形硅铝催化剂的活性高得多，对反应温度特别敏感，尤其是在催化剂开工初期阶段；加氢裂化催化剂的最终硫化温度较高（370℃），如果采用湿法硫化，硫化油在较高温度下（>330℃）硫化时，硫化油发生裂化反应致使催化剂床层超温或飞温，同时还会加速催化剂积炭，影响催化剂活性；因此，以前含分子筛的加氢裂化催化剂多采用干法硫化，并配以相应的钝化措施及适宜的换进原料油步骤，以确保开工顺利进行；干法硫化的操作压力不宜低于 5.0MPa，否则催化剂硫化速度将明显减小，延误开工时间。具有强择形裂解活性、弱加氢活性的临氢降凝催化剂，不宜进行湿法硫化，应力求采用干法硫化。

近年来，含分子筛的加氢裂化催化剂也普遍采用改进的湿法硫化开工方案（注氨或胺钝化，硫化终温为320℃），催化剂湿法硫化已成为主流。

25　如何对加氢裂化催化剂湿法硫化和干法硫化进行比较?

① 开工时间短：于液相硫化中加氢裂化催化剂钝化步骤包含在硫化步骤中，开工时间至少可节约 2 天；

② 过程简捷：硫化剂可直接注入到原料油泵入口，减少高压注硫泵故障对硫化进度的影响；

③ 湿法硫化满足特定催化剂对开工方法的特殊要求，硫化过程中在硫化剂分解生成硫化氢前，硫化油可在催化剂表面形成油膜，有效保护该催化剂负载的络合物不流失，从而生成更多的 Ⅱ 类活性相中心，可以大幅度提高催化剂性能。而采用干法硫化可能导致该催化剂负载的络合物在无硫化氢时提前流失，无法达到特定的硫化效果，生成的 Ⅱ 类活性相中心少，催化剂性能不能充分发挥。

④ 减少废氢排放：由于硫化油的存在，大量 CH_4 溶解在高分油中排往后路气相中，从而避免了干法硫化时 CH_4 不断在反应系统中循环累积的情况，从而保证循环氢纯度，降低废氢排放量。

催化剂湿法硫化和干法硫化升温曲线如图 7-1、图 7-2 所示。

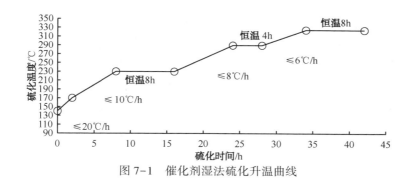

图 7-1　催化剂湿法硫化升温曲线

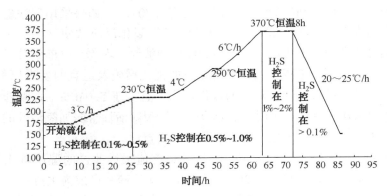

图 7-2　催化剂干法硫化升温曲线

26　目前国内分子筛型加氢裂化催化剂湿法硫化的应用情况如何？

目前国内加氢裂化装置已普遍采用湿法硫化开工方案，同时工业应用表明，湿法硫化对加氢裂化装置产品质量调整没有不利影响，硫化油溶解的少量硫化氢对分馏系统腐蚀没有影响。加氢裂化催化剂湿法硫化将成为未来发展趋势。

27　器内干法硫化注意事项有哪些？

器内硫化对操作的条件有着严格的要求，为避免造成对催化剂、设备和人员的伤害，应按下面几个要求进行硫化：①注硫温度及最终温度。使用不同硫化剂需要不同的起始注硫温度，CS_2 的硫化起始温度为 175℃（分解温度），DMDS 的硫化起始温度为 195℃（氢气循环时，尽量保证催化剂床层温度小于 150℃），SulfrZol® 54 的硫化起始温度为 160℃，FSA-55 的硫化起始温度为 150℃。经过 230℃ 恒温（≥8h），缓慢提温至 370℃ 恒温（≥8h），满足条件后结束硫化。②硫化氢穿透前，床层温度低于 230℃。催化剂上的金属氧化态在温度大于 230℃ 后很容易被氢气还原，成为低价位的金属氧化物甚至成为单质金属，因此在硫化氢穿透催化剂床层前，应严格执行该指标（低价位的金属或单质金属难于硫化，同时被还原的金属对油有较强的吸附作用，会加速裂解反应，造成催化剂大量积炭，使活性降低）。③根据床层的温升，调整注硫速率和升温速度。催化剂硫化是强放热过程，升温过快或注硫量过大会造成床层超温甚至飞温，因此应严格控制提温速度和硫化剂注入量。最大起始注硫速度一般按反应器入口循环氢中硫化氢浓度为 0.30%~0.33%（体积分数）来估算，对于常用的硫化剂来说，就是 $65kgDMDS/10000Nm^3H_2$ 或 $56kgCS_2/10000Nm^3H_2$。提温过程中硫化剂注入量根据循环氢中的硫化氢含量调整。正常情况下，230℃ 恒温结束后，硫化剂耗量占总耗硫量的 50%~60%，循环氢中的硫化氢浓度很高，一般根据硫化氢浓度间断注硫。一般规定硫化时床层温升大于 42℃ 或循环氢中硫化氢含量大于1%时应减少或停注硫，升温速度不应大于10℃/h。硫化期间提温操作时，国内催化剂厂商要求在290℃以前提温速度≤4℃/h，超过290℃以后提温速度可以加快，控制升温速度≤6℃/h直至370℃恒温，期间控制循环氢中硫化氢浓度和露点温度。国外催化剂厂商提温速度较快，230℃以前提温速度≤5℃/h，230~350℃提温速度≤10℃/h，硫化时间稍短。期间主要控制循环氢中硫化氢含量，只要硫化氢浓度在要求指标内就可以快速提温(硫化氢浓度不能过高，按厂商要求执行)，露点的检查只作为抽查的项目。④硫化结束标志：反应器出入口循环氢中硫化氢浓度和水含量(露点)分析数据基本相同；高压分离器内水位不在升高(适用于干法硫化)；硫化剂的注入量已达到或接近预定用量(催化剂硫化理论需硫量)；催化剂床层已无温升。

28　加氢裂化催化剂干法硫化的主要指标是什么？

催化剂器内干法硫化通常是在装置操作压力、循环压缩机全量循环的条件下进行的，起始硫化温度根据硫化剂不同略有差别(具体详见本章第27问)，终止硫化温度370℃。在器内干法硫化的实施过程中，首先要根据操作压力下的循环氢流率来确定催化剂硫化的最大起始注硫流率，即在最大起始注硫流率下，按反应器入口循环氢中 H_2S 浓度为 0.30%~0.33%(体积分数)来估算，是一个可供借鉴的经验数据，而 Unocal 公司经验数据为催化剂硫化的最大起始注硫速率可按 $56 kgCS_2/1 \times 10^4 N \cdot m^3$ 循环氢来估算。表7-2为催化剂硫化对升温速度和循环氢中硫化氢要求。

表7-2　催化剂硫化过程对温度和硫化氢浓度的要求

硫化阶段	升温速度(℃/h)及有关技术要求	循环氢中硫化氢含量(体积分数)/%
起始硫化温度~230℃	3℃/h，在裂化反应器出口 H_2S 穿透之前硫化温度不得 >230℃	0.1~0.5
230℃	恒温时间≥8h，当裂化反应器出口循环氢露点<-19℃后升温	0.5~1.0
230~290℃	4℃/h，裂化反应器出口循环氢露点>-18℃时，暂停升温	0.5~1.0
290~370℃	6℃/h，裂化反应器出口循环氢露点>-18℃时，暂停升温	1.0~2.0
370℃	恒温时间≥8h，当精制反应器出口和裂化反应器出口循环氢露点差<3℃、高分液位不再上升，硫化结束	0.5~1.0

29　加氢裂化催化剂湿法硫化的步骤及注意事项是什么？

加氢裂化催化剂湿法硫化主要步骤如下：加氢裂化装置具备硫化条件后，引入直馏柴油或加裂柴油(氮含量<100μg/g、干点<350℃、含水量<0.01%)进行催

化剂润湿，催化剂充分润湿后升温至175℃开始注硫化剂硫化，升温至230℃恒温硫化8h，温升至290℃恒温硫化6h，升温至320℃恒温硫化2h后结束硫化。

注意事项：针对分子筛加氢裂化催化剂湿法硫化过程需要钝化，需要在230℃恒温结束后注入无水液氨或有机胺，对催化剂进行钝化。碱性的无水液氨或有机胺被吸附在催化剂的酸性中心上，可使加氢裂化催化剂的初活性受到暂时的抑制，这是可逆性的吸附。随着反应温度的升高，催化剂吸附的氨会逐渐解吸流失，催化剂又能恢复其活性。如果不及时注入无水液氨或有机胺，硫化油容易出现明显裂化温升现象。

30　硫化过程有哪些限定？

为了得到好的硫化效果，并安全地完成硫化，在硫化过程中有如下要求：①不管怎样，任何阶段硫化剂用量不得超过最大额定注硫量。②在提温的过程中，若催化剂床层的最高温度超过入口温度25℃，就不得再提入口温度；如床层继续升温且超过入口温度35℃，应切断硫化剂，并降入口温度30℃，但要保证循环氢中硫化氢浓度不低于0.2%（体积分数），此时可用急冷氢；如温升仍得不到控制，则泄压、熄火，并引入纯度大于99.99%（体积分数）的氮气。③硫化期间正常情况不用冷氢，但冷氢阀必须处于随时可用状态。④硫化期间不允许任何一个反应器床层温度大于400℃，特别是在370℃下硫化时，一旦超温3℃则以20kg/h速减硫化剂注入量，若超温5℃则以40kg/h减量，如果床层大于395℃，即以0.7MPa/min启动泄压。⑤硫化期间如发生故障而终止硫化，重新开始时必须恢复到终止前的状态。

31　硫化终止的标志是什么？

催化剂硫化终止的标志：①反应器出入口气体露点差在3℃以内；②反应器出入口气体的 H_2S 浓度相同；③高分无水生成（适用于干法硫化）；④床层没有温升。

32　影响催化剂硫化的因素有哪些？

影响催化剂硫化的因素：在催化剂硫化过程中，影响最终催化剂性能的因素是开始注硫化剂时床层的温度、硫化反应最终温度和压力，对于湿法硫化还与硫化剂携带油有关。其他操作如气剂比、注硫速度、硫化时间只是影响硫化反应速度和完全程度，而其中注硫速度主要从安全角度考虑，以免发生超温事故。一般催化剂硫化都选择器内硫化，器外催化剂预硫化国内应用较少。对于加氢裂化催化剂分子筛含量较高，对反应温度特别敏感，尤其是催化剂开工初期阶段，若采用湿法硫化，硫化油在较高温度下（>330℃），硫化油发生裂化反应致使催化剂床层超温或飞温，同时还会加速催化剂积炭，影响催化剂活性。因此含分子筛的加氢裂化催化剂多采用干法硫化，不存在硫化油的影响。近年来，加氢裂化催化剂普遍采用改进的湿法硫化开工方案（注氨或胺钝化，硫化终温为320℃），催化剂湿法硫化已成为主流。下面对影响因素加以说明：

（1）开始注硫的温度。为了避免高温氢气将催化剂中的活性金属还原成单质金属或低价位金属（低价位金属很难硫化），应保证催化剂床层足够低的温度。不同催化剂厂商对此温度认识不同，目前没有一致的意见，但是温度低对于催化剂的伤害最小是大家一致认可的。一般国内装置根据硫化剂确定注硫温度：二硫化碳注硫温度为175℃，DMDS 注硫温度为195℃。SulfrZol ® 54 的硫化起始温度为160℃，FSA-55 的硫化起始温度为150℃，SulfrZol 54 的硫化起始温度为160℃，FSA-55 的硫化起始温度为150℃。

（2）器内硫化温度对硫化结果的影响见表7-3。

表7-3　催化剂活性与硫化温度的关系

硫化温度/℃	催化剂含硫（质量分数）/%	相对 HDS 活性	硫化温度/℃	催化剂含硫（质量分数）/%	相对 HDS 活性
270	6.95	138	330	7.40	127
300	7.23	132	370	6.77	120

从表7-3可以看出随着温度的升高，催化剂上硫率逐渐提高，当温度升高到一定程度时，催化剂上硫率开始下降，因此在实际干法硫化时，硫化最终床层温度一般为350~370℃（含钨的催化剂在300~400℃时硫化度较高，低温时钨的硫化度较低，过高温度又会使钨在催化剂表面的分散度降低。选择最终硫化温度要考虑两点，一是保证上硫率，达到较高的整体硫化效果，二是保证每一种金属组元的硫化效果，综合考虑硫化温度），既能保证相对高的硫化效果，又能缩短硫化时间。从表7-3中还可以看出，过高的硫化温度不利于催化剂活性的发挥。催化剂硫化的完全程度取决于硫化的最终温度，而上硫量则取决于最终催化剂硫化的恒温时间，干法硫化的最终温度为370℃。

（3）器内预硫化压力对活性影响见表7-4。

表7-4　催化剂活性与硫化压力的关系

硫化压力/MPa	硫化温度/℃	脱氮率（质量分数）/%	上硫率（质量分数）/%
1.6	290	73.3	83.3
1.6	400	44.5	79.1
3.2	290	82.9	90.7
3.2	350	79.6	86.3
3.2	400	76.4	84.2
6.4	290	70.7	82.3
6.4	400	94.3	92.8

从表 7-4 可以看出，催化剂的上硫率及催化剂的活性与硫化压力有很大关系，硫化压力越高上硫率和催化剂活性越高，干法硫化的操作压力不宜低于 5.0MPa，多选择操作压力下进行硫化，否则催化剂硫化速度将明显减小，催化剂硫化效果受到影响，并且延误开工时间。在实际硫化过程中，高的压力意味着高的氢分压，有利于抑制积炭的生成，从而有利于催化剂活性的发挥。在较低压力下硫化，随硫化温度的提高，催化剂的脱硫脱氮活性下降，低压下的最佳硫化温度较低；压力升高，硫化的最佳硫化温度也提高。一定压力下，有一个最佳硫化温度，这一硫化温度随压力的升高而升高，这种现象可能与硫化过程中的烃类裂化和缩合温度有关。干法硫化压力一般选择设计压力。

（4）不同硫化油的硫化效果见表 7-5。

表 7-5　催化剂活性与硫化油的关系

携带油	脱氮率(质量分数)/%			
环己烷	37.0	58.3	75.1	82.1
直馏汽油	34.3	53.3	71.3	77.0
直馏煤油	28.7	45.2	61.4	66.3
反应温度/℃	300	320	340	360

对于以氧化铝、含硅氧化铝和无定形硅铝为载体的加氢催化剂，多采用湿法硫化方案，选择使用的硫化油对硫化效果有一定影响。从表 7-5 可以看出，高馏分的硫化油不利于催化剂的硫化，对催化剂的活性有一定的影响。轻硫化油在反应温度下容易汽化，使床层硫化进行的均匀，而且轻硫化油成分比较简单，那些易生成积炭的重质成分少，此外选择硫化油还与是否是热高分有关。但从可操作性上讲，大多数装置采用直馏喷气燃料作为硫化油，能够满足硫化要求。

在催化剂器内硫化的过程中，硫化氢的浓度控制至关重要，一般催化剂厂商都提供相应硫化各个阶段的数据，这里只对硫化的最大起始注硫速度作一下说明。一般按反应器入口循环氢中硫化氢浓度(体积分数)为 0.30% ~ 0.33% 来估算，对于常用的硫化剂来说，就是 65kg DMDS/10000Nm³ H_2 或 56kg CS_2/10000Nm³ H_2。

33　衡量催化剂硫化好坏的标志，除硫含量外和生成水等有关吗？

最主要的标志是硫含量，一般说含硫量(质量分数)达到 7% ~ 8% 就可以认为硫化完成，当然催化剂中金属含量的不同，与之结合的硫量也会不同，高金属含量的催化剂含硫量可能超过 8%，但根据经验，硫含量达到 8% 就满足了。由于每套装置的泄漏量相差很大，所以很难定出确切的统一标准。至于生成水量，那是不能作为硫化终点的标准的，因为计量可能存在较大误差，露点也只能作为参考标志。

34　硫化过程为什么要严格控制循环氢的露点？

反应器出口气体的露点在催化剂硫化中是一个非常重要的控制值，这是因为露点是判断硫化效果和硫化速度的一个标志，露点过高水含量高，这不仅对催化剂结构有害，且表示催化剂硫化速度过快，在各个阶段上，硫化得不够充分。同时露点也是控制硫化过程的一个有效参数，硫化期间，CS_2 注入量大小、床层温度及提温速度都和反应器出口露点有关。

35　为什么要计量硫化阶段水的生成量？如何操作？

硫化结束后，可以通过实际出水量与理论生成水量的比较来判断预硫化过程的进行程度，因此需要对催化剂的生成水量进行计量。计量时先开注水泵往反应系统注水，直至高分见水后，停泵，记录水位高度，催化剂开始硫化有水生成后，记录每次排水的水位高度，待硫化结束时，把高分水排至原有高度，即可根据排水的总高度和高分截面积计算出排水量，即硫化时生成的水量。

由于加氢裂化催化剂湿法硫化需要注氨或胺和注水，因此无法准确计量生成水量，不能用生成水量作为硫化终点标准。

36　硫化过程中，注入的硫消耗在哪些地方？

硫化过程中，注入的硫消耗在下面几方面：①催化剂上取代氧元素消耗了最大量的硫；②系统泄漏一部分硫；③高分酸性水中溶解硫；④残留在反应系统中的硫；⑤湿法硫化时，随硫化油在低分和原料罐闪蒸排放较大量的硫化氢，在计算注硫剂用量时必须充分考虑。

37　催化剂硫化过程中计算硫含量的基准是以最终生成 NiS、MoS_3 价态计算，还是以 Ni_3S_2、MoS_2 计算为宜？

联合油对 MoO_3-NiO 催化剂硫化过程中硫含量的计算均以最终生成 NiS-MoS_3 价态为基准，没有提出过生成 Ni_3S_2、MoS_2 状态的硫化物。根据经验按NiS-MoS_3 的价态计算值乘以 0.85 即为催化剂的最终硫含量。考虑到硫化剂在运转中和硫化过程中的机械漏损和排放，所以提供给现场的硫化剂应比此值多 25%。如果采用湿法硫化，硫化剂使用量应该比计算值多 50% 以上。

38　如何选用硫化剂？

硫化剂的选用一般应满足下面几个条件：硫含量足够高、分解温度不能过高、毒性不能过大、易于存放、成本不宜过高等。表7-6中列出可选用的几种硫化剂。

表 7-6　几种常见的硫化物的物性

硫化剂	含硫量/%	分解温度/℃	沸点/℃	闪点/℃	自燃点/℃
二硫化碳（CS₂）	84.2	175	46	-22	100
二甲基二硫醚	68.1	195	109	16	339
甲基硫醚	51.1	250	37	-36	206
正丁基硫醚	21.9	225	185	60	—
SulfrZol® 54	54	160	—	100	—
FSA-55	50～56	150	—	110～125	—

催化剂硫化时，要求在硫化氢穿透反应器前，床层最高点温度应控制在230℃以下，目的是防止催化剂上的活性金属氧化物被氢气还原成低价位的金属氧化物甚至成为单质金属，造成催化剂永久失活。从表 7-6 看到，甲基硫醚分解温度过高（250℃），无法作为硫化剂使用；正丁基硫醚的分解温度虽然低于230℃，但是硫化过程会放出大量热量，在操作过程中难于控制，硫化时间过长，正丁基硫醚硫含量很低，无论从成本还是硫化时间上也不适合做催化剂硫化剂。由于二硫化碳的沸点、闪点和自燃点均较低，有恶臭味且有毒，在卸剂至储罐和使用过程中，存在安全、环保和职业卫生风险，现已不再作为硫化剂使用。目前加氢装置硫化时一般选用二甲基二硫醚（DMDS）或者安全环保型硫化剂（如SulfrZol 54、FSA-55）做为催化剂的硫化剂。部分 DMDS 厂家可以提供在线注硫服务，即提供车载压力罐，通过氮气加压、质量流量计精准计量将 DMDS 直送原料油泵入口，再加上外挂在线循环氢硫化氢检测仪，可以实现精准、密闭、在线注硫。安全环保型硫化剂（如 SulfrZol 54、FSA-55）是传统硫化剂的理想替代品，闪点更高、气味更小，可使催化剂的硫化过程更安全、清洁和高效，而且分解温度较低，因此起始硫化温度可以更低。对于现在大多数装置来讲，加工的原料硫含量越来越高，无需注硫，而且基本都设置循环氢脱硫系统。

39　新旧催化剂开工进油有何区别？

旧催化剂开工进油条件：精制反应器入口温度在 340℃左右，裂化反应器入口温度 315～320℃，系统压力比实际操作压力稍低，循环氢总量保证正常值，冷氢阀试验好用。

新催化剂开工进油条件：精制反应器和裂化反应器入口温度为 150℃，首次进油为氮含量小于 100mg/kg 的柴油，经过注氨钝化逐渐升温至精制反应器入口325℃、裂化反应器 315℃后，逐渐切换为原料油。系统压力和循环氢总量与旧催化剂开工没有大的区别。冷氢阀试验好用。

新催化剂与旧催化剂的最直接的区别是新催化剂的反应活性非常高，而且不稳定、操作不当易造成飞温，经过半个月左右操作才会趋于平稳。旧催化剂活性相对稳定，因为停工时经过热氢气提，催化剂的活性也会得到小幅度提高，但进油后很快会恢复正常。

40 新催化剂用低氮油开工的原理是什么？

新鲜催化剂或再生催化剂由于其活性中心未受任何污染，反应活性很高，而且反应起始点不易掌握，再加上新鲜催化剂接触油会产生5℃左右的吸附热。因此，如果采用旧催化剂的高温进油方法，油接触催化剂就会发生剧烈反应，反应温度无法控制。对于新鲜催化剂，进油温度要求由旧催化剂的320℃左右降至150℃，在此基础上缓慢升温，确保床层温度在可控制范围内。然而低温进油为控制床层温度提供了有利条件，却带来了另一个问题，就是在低温下精制催化剂不起精制作用。从150℃提至开始反应的温度需一段时间，这样原料中含量极高的氮直接进入裂化反应器，使催化剂永久中毒。因此反应器在低温状态下，不能进高氮油，只能进低氮油。低氮油的质量指标为：ASTM蒸馏终馏点≥330℃的柴油，总氮含量≤100mg/kg。

41 为什么把进低氮油的温度限制在150℃左右？

催化剂硫化后，在没有吸附氨以前活性是很高的，同时因加油后催化剂放出的吸附热由床层顶部一直往下传递，操作人员如果不注意很容易造成超温失控，所以要根据不同的催化剂限制低氮油进入反应器的温度在150℃左右。

旧催化剂由于已经有焦和氮化物沉积在催化剂活性表面，所以开工加油的温度可以高一些。

42 反应进低氮油钝化的条件及低氮油指标是什么？

系统压力为15.0MPa，各反应器各点温度在150℃左右，循环氢压缩机按正常转速运行，冷氢阀试验好用。低氮油主要指标为：①馏程为200~300℃；②总氮≤100mg/kg。

43 加氢裂化催化剂的钝化目的是什么？具体如何实施？

加氢裂化催化剂硫化后具有很高的加氢裂解活性，故在进原料油之前，须采取注氨的措施对催化剂进行钝化，以抑制其过高的初活性，防止进油过程中可能出现的温度飞升现象，确保催化剂、设备及人身安全。含分子筛（特别是分子筛含量高）的加氢裂化催化剂，引进低氮开工油和注氨或胺钝化是经常采用的一种方法，而对于以无定形硅铝为载体的加氢裂化催化剂，由于其加氢裂化活性相对较低，对温度变化的敏感性较差，注氨或胺钝化虽然可取，但毕竟需要时间，在这种情况下，可考虑采用开工油直接钝化的方法。注氨或胺钝化这种方法多用于单段加氢裂化工艺，通常开工钝化油选用直馏柴油馏分。

具体操作方法如下（以某 800kt/a 加氢裂化装置为例）①当硫化结束后降温到 150℃，反应以正常进料的 20%左右进低氮油，待吸附热温波通过催化剂床层，高压分离器建立液面之后，才能将进料量逐步提到正常进料的 60%左右，逐步建立反应、分馏大循环。②待反应器内催化剂床层温度平稳后，启动注氨泵以 220kg/h 的速度向反应系统注氨，并提升精制、裂化反应器入口温度至 228℃ 和 203℃。③注氨 2h 后开始注水，并每隔半小时分析一次高分洗涤水中氨含量。在高分氨生成之前，控制精制、裂化反应器入口温度在 230℃ 和 205℃ 以下。④注氨钝化期间，应根据需要注入硫化剂，以维持循环氢中硫化氢含量（体积分数）不小于 0.1%。⑤当高分水中氨含量（质量分数）达到 1.5%时，则认为氨已大量穿透，降低注氨量到 75kg/h（起始注氨量的三分之一），并保持氨浓度 1.5%，直至进料量达到 60%。⑥氨穿透催化剂后，以 15℃/h 升高精制、裂化反应器入口温度到 325℃ 和 315℃，通过自动调节，用急冷氢调节维持每个床层入口呈 3℃ 递降的温度分布，如果任一床层温升超过 10℃，则保持入口温度不变，直至温升低于 6℃。⑦在提高裂化反应器入口温度同时，循环油温度也应升温，但不能超过裂化反应器入口温度。⑧当精制反应器入口温度提到 320℃，裂化反应器入口温度到 315℃，床层温差小于 6℃，标志钝化结束。但注氨、注硫设施必须保持操作状态，直至换进 75%设计进料后的第二小时，方可停止注氨、注硫操作。

44 对用过两天的"新催化剂"采用直接进 VGO 的新开工尝试取得成功，是否可考虑把这种方法用于未接触过 VGO 的新催化剂的开工？

加工 VGO 超过一天的"新催化剂"和"旧催化剂"看来都可以考虑用直接进 VGO 的开工方法，但是对于未和油接触的新催化剂开工，还是要采用进低氮油的开工方案。虽然国外有催化剂厂商在提供的指导书中明确可以不经过催化剂钝化过程，直接切换 VGO 蜡油（切换温度约在 240~260℃，之后经过快速提温直至正常操作温度，需要历时十余个小时，期间操作波动较大），但一般不推荐这个方法。虽然裂化催化剂在 240℃ 时已经有了相当高的活性，但是精制催化剂在这个温度下脱氮率很低，这就相当于 VGO 基本未经过脱氮直接送到裂化反应器，因为分子筛型新催化剂对氨、氮的吸附力很强，使得催化剂活性快速失活、提温，直到精制催化剂达到反应温度、达到足够的脱氮率，不再加剧裂化催化剂的中毒、积炭失活。也就是说，一般钝化过的催化剂需要一周时间催化剂才能达到稳定，而未钝化的催化剂在不到一天的时间内达到催化剂的稳定期，两者在催化剂上的初期积炭量的差别可想而知。国内加氢裂化装置开工多采取钝化开工方案。

45　定义为"旧催化剂"相应的结炭情况如何？

定义为"旧催化剂"意即已接触 VGO 3~6 天（有文献规定 10 天）以上的结了炭的催化剂。这种催化剂已吸附了大量的氨，结炭量大约在 5% 左右，而且发现由于精制反应器上部床层的温度低，所以结炭量少，下部温度高结炭量也大。例如，上下床层的温差如果达到 30℃ 时，相应的生焦量之差可达 25%~50%，在中型 30L 绝热装置上曾进行这方面的试验。当然催化剂上的结炭量和原料油的干点及残炭量也是有关的，但在反应床层高、低温区域结炭量分布的趋势是不变的。

46　"旧催化剂"的定义原为 30 天，后修改为 10 天，现在又提出 3~6 天，其依据是什么？

"旧催化剂"定义为 30 天是根据中型工厂的实践确定的，后来根据现场经验修改为 10 天，现在随着对氨在催化剂上的吸附认识的不断提高认为分子筛催化剂在 260℃ 即有明显的裂化活性，而且对氨的吸附很厉害。例如，在废催化剂再生前虽然在高温氢气流下经过长时间的吹扫，但在再生过程中仍发现有大量的 $(NH_4)_2SO_4$ 生成，这些氨就是催化剂上吸附的氨被吹脱下来的。分子筛型催化剂吸附氨后严重地抑制了裂化活性，由于对在正常反应条件下氨不容易由分子筛上吹脱下来的认识不断深化，而且通过工业装置的验证，所以对"旧催化剂"的定义作了不断修改。过去正式文件规定进 VGO 后 30 天定义为"旧催化剂"，可以不注氨开工，现在规定为 10 天，甚至有认为 3~6 天即可。"旧催化剂"和催化剂上结炭量是有关系的，但没有测定的数据，进 VGO 后 3~6 天的催化剂生焦量 5% 是可能的。还要指出的是再生后的催化剂一定要按新催化剂进行开工。

47　VGO 进料空速未达到设计值，对定义为"旧催化剂"的计算时间是否有影响？

VGO 引入催化剂床层后就可开始计算时间。超过 10 天即定义为"旧催化剂"，重新开工时按"旧催化剂"开工程序进行，与 VGO 进料空速无关。

48　应如何避免在开工中由于低空速和循环氢量不足，引起反应温度难以控制，压力下降的现象？

开工过程进料空速一般均较设计空速低，例如，联合油提供的操作手册规定，开工时进低氮油的空速是设计进料空速的一半。所以如果循环氢压缩机操作稳定，转速达到了要求，那么循环氢量就不会不够。1989 年 2 月，某炼油厂的 MHC 装置首次开工，由于硫化设备不配套，开工过程（包括进氮油）中，系统压力仅为正常压力的一半，也未发现循环氢量不够发生温度超高或出现其他问题。因为低氮油比设计的原料油馏分轻，硫、氮含量低，空速只是正常设计值的一半。所以尽管循环氢量只有正常量的一半，也不会使反应温度难以控制。

氢油比降低的主要原因是循环氢压缩机的问题。当然如果系统压力降低，循环氢量也是要降低的。系统压力降低的原因主要是新氢量供应不足，所以要设法增加新氢补充量。需要注意的是，在提高系统压力的过程中，一定要注意防止反应床层温度超高。如果新氢量不能增加，那么就应该立即降低进料量，使氢耗量减少，达到平衡，系统压力即可稳定。

应该指出的是装置无论是在开停工或是正常运转时，如果需要降低进料空速，则必须在降低空速前，降低精制和裂化催化剂床层温度，这样才可避免因原料油和循环油转化率过高发生超温。

49 某加氢裂化开工直接用 VGO 在 290℃进料的依据是什么？

进料温度要从两个方面考虑：一是要保证裂化反应器进料的氮含量要<10mg/kg，第二要防止裂化反应器超温。在290℃直接进VGO，虽然温度较低，脱氮效果较差，但因进料只有15~20m³/h，仅为正常设计进料的1/7左右，所以只要进料后迅速地在两个小时内将温度提到310℃，估计裂化反应器进料的氮含量就不会大于20~30mg/kg，提温后就会很快降到10mg/kg以下，某企业进油的温度高一些，脱氮较好，但考虑到催化剂是HC-14，活性高不好控制，衡量了这两方面的利弊关系后，决定还是选在290℃直接进VGO为好。洛杉矶厂也遇到了类似的问题，新催化剂只运转了几天就停工，虽然燃料油的氮含量高，但是在重新开工时，仍采用在290℃直接进原料油的办法。当时也担心在这样低的温度进原料油，可能会出现因脱氮不好影响裂化反应催化剂的活性，经过实践发现裂化反应器床层温度并没有升高，说明精制反应器精制脱氮的效果是好的。所以认为长期在低温下进低氮油的开工方案，对保护裂化催化剂的活性，并不比现在直接在290℃进原料油的开工方案好，因低氮油虽然含氮低，但因进油的温度太低脱氮不好，精制反应器出口精制油含氮仍可能超过10mg/kg，这种含氮油长期与裂化剂接触，可能要比在短时间内（2h）和脱氮到20~30mg/kg的VGO接触对裂化催化剂活性的损伤要大。这就是我们为什么要求在290℃直接进VGO，并要求在2h内升到310℃以上的原因。

50 装置开工时由低氮油换进 VGO 因吸附热引起床层温度升高的幅度如何？

温度升到315℃由低氮油换进VGO，在加氢裂化发展的初期换进VGO的量为正常设计进料的一半，结果因吸附热使床层温度升高了30~50℃，当然这与原料油中S、N、烯烃等的含量有关。为了减缓温度的波动，所以后来将VGO的进料减为正常进料的25%，这时床层温升约为20~30℃，某加氢裂化装置曾经换进

VGO 的量只有 15m³/h，是正常进料的 1/7，温升在 5~10℃。

51 切换 VGO 原料油，最低的允许温度范围是怎样选择的？

切换 VGO 原料油的温度一般在 300~325℃ 范围之内，选择切换温度的原则是要求在这个温度下 VGO 能发生明显的加氢脱硫、脱氮反应，产生一些反应热把反应床层的温度提起来，要注意在 VGO 未达到 75% 以前一直要注入硫化剂，以维护循环氢中硫化氢含量在 0.1% 以上。

52 反应器升温速度限制是什么？

为了避免产生高的温差应力，应严格控制任何两个表面热电偶之间的温度差。如两表面热电偶之间距离小于 $2.5(R \times T)^{1/2}$，其最大温差不宜大于 28℃。式中：R 为反应器半径，T 为反应器壁厚。一般可通过控制进料的升温速率和进料温度来满足上述条件，见表 7-7。

表 7-7　反应器升温速度限制条件

项目	反应器器壁最低温度(由表面热电偶测出)	
	<50℃ （经过一个周期后为 93℃）	>50℃ （经过一个周期后为 93℃）
进料升温速率	<32℃/h	<56℃/h
进料温度或床层温度 （由反应器内热电偶测出）	<相邻近的表面热电偶温度+ 167℃且<反应器出口温度+111℃	<相邻近的表面热电偶温度+167℃且 <反应器出口温度+111℃

注：此表仅表示理论上的最大升温速率限制，实际操作时尽量降低升温速率。尤其当反应器器壁温度小于150℃时，升降温速度尽可能控制在<25℃/h，防止反应器主题和某些关键构件形成不均匀的温度分布而引起较大热应力，损伤设备。

53 开工循环的意义有哪些？

在装置开工时，装置原料预处理与分馏系统要进行低氮油循环，这在开工过程中是非常重要。①可有效地脱水、脱杂物；②有效地考验机泵；③考察控制阀，如塔底液控；④考验液面测量等仪表；⑤检查流程的工艺阀门等，有利打通流程，有利检查静密封点；⑥有利于熟悉流程。

54 紧急泄压后开工应注意什么？

紧急泄压后开工应注意：①升压过程要对系统进行气密；②要注意加热炉管内是否有油，防止炉管结焦；循环机提速不可过快，防止系统残油快速带至高分来不及排放，使其大量带入循环氢脱硫塔或循环机入口分液罐。

55 反应系统何时开始注水？

开工时注水：新催化剂开工时，在注氨钝化 2h 后开始注水；旧催化剂开工时，在反应进油 2h 后开始注水，根据温度选择或调整注水点。催化剂器内再生时注：在注氨、注碱后就应分别在空冷器的上游注水。

56 原料油硫含量降低到多少就需要补硫？哪种补硫方案较好？

原料油硫含量降低后对精制脱氮活性影响最大，循环氢中 H_2S 含量不能降到 $300mL/m^3$，长期维持在低于 $300mL/m^3$ 时催化剂的反应温度需要提高一些，H_2S 含量在 $0.05\% \sim 0.1\%$ 是维持催化剂在较高活性稳定运转的低限，如果把 H_2S 含量提高到 0.5%，则催化剂活性将进一步提高。装置如果加工低硫原料油（如大庆油）后，由于硫含量低，系统不能维持最低的硫化氢含量要求，需要补硫。最好的方法是原料进行调和，使原料硫含量保持在一定范围内。

57 停工吹扫、开工投用转子流量计和质量流量计等时应如何处理？

停工吹扫时：应先关闭流量计上下游手阀吹扫副线，通知计量班来拆除流量计后再把其上下游阀打开见蒸汽。开工投用时：应先关闭流量计上下游手阀投用其副线，然后通知计量班来人投用流量计。

58 使用吹扫氢时应注意什么？

在全循环流程中，对热油泵要注意检查泵出口阀是否关闭，管线一经顶通，应马上关闭，在循环油泵出口管线使用冲洗氢时，要注意热胀冷缩造成的泄漏，最好待管线稍冷下来后再使用。

59 分馏系统开工一般程序是什么？

分馏系统开工一般程序：①分馏系统开工前条件确认：系统吹扫，压力试验已合格；加热炉已具备点火条件；系统气密合格；火炬系统已具备排放条件；不合格产品罐及轻、重污油系统具备收油条件；所有孔板已装好，所有仪表控制系统已经调试好并均可投用。②建立系统冷油循环：调节各塔压力；引低氮油建立液位，脱水；建立分馏系统循环。③建立系统热油循环：点炉升温，投用相关空冷、水冷；建立回流；脱水操作、热紧。④脱硫系统胺液循环：脱硫系统冷胺循环；脱硫系统热胺循环。⑤建立分馏-反应循环。⑥反应原料分步切换。⑦分馏-反应系统相应操作调整，产品后路实时改线。

60 分馏系统开工准备工作有哪些？

一般分馏开工前应先做好如下工作：①氮气置换合格，气密正常；②泵、风机、冷却器均处备用状态；③有关流量、压力、温度、液面等仪表调校好用；④各塔、容器和管线的低点排水，关闭有关放空阀；⑤联系生产管理部门准备引低氮油；⑥各路流程正确畅通，伴热蒸汽投用等；⑦相关塔、容器充压。

61 脱硫系统开工前应做哪些准备？

开工前应做好如下工作：①检修合格，改好流程气密试验合格；②系统脱脂冲洗完毕；③配制好醇胺脱硫溶液；④各塔维持正常压力；⑤蒸汽系统已正常投用。

62 冷油运时为何要加强各塔和容器脱水？

罐区收进的低氮油可能含有一定水分，水分如果不在冷油运期间脱尽，则在热油运期间，随着塔底泵温度的升高，会引起泵抽空，造成操作波动，机械密封损坏。在实际操作中可结合在冷油运循环之前与循环时，对各塔罐低点进行充分脱水效果更好。

63 分馏热油运操作目的和方法是什么？

新建装置热油运是为了冲洗水联运时未涉及的管线及设备内残留的杂物，使管线、设备保持干净，借助煤油、柴油馏分渗透力强的特点，及时发现漏点，进行补漏；考察温度控制、液位控制等仪表的运转情况；考察机泵、设备等在进油时的变化情况；通过热油运，分馏系统建立稳定的油循环，能在反应系统达到开工条件时迅速退油，缩短分馏系统的开工时间；同时模拟实际操作，为实际操作做好事前训练。具体方法如下：①各塔、容器保持压力，联系按原流程进低氮油，同时原料缓冲罐、循环油缓冲罐也装油；②各塔、容器液位正常后，建立分馏系统循环，流程与冷油运相同，此时停止收油；③启动所有风机、冷却器，减压塔回流泵抽塔底油打回流，减压塔投入真空，实现减压操作；④加热炉点火升温，以 20~50℃/h 的速度把各炉出口温度升高 145~150℃，恒温脱水，当循环油罐进口采样分析含水小于 500mg/kg，继续升高炉出口温度达 250℃时进行热紧，检查设备，并做好接应反应生成油准备；⑤脱水期间为防止发生塔底泵抽空，升温速度稍慢，清扫泵入口过滤网，并控制未转化油空冷器出口温度>60℃，视具体情况组成反应分馏系统大循环，循环量控制>45t/h。

64　开工时，为什么要在250℃时热紧？

检修后或第一次开工时，设备管线的螺栓更换或拆装过，这些都是在常温即冷态下紧固的，而设备正常生产时，在较高的温度下进行。随着温度的升高，管线、法兰、螺栓将发生热膨胀，螺栓受热膨胀的系数与设备或管线法兰不一样，部分法兰的紧固螺栓会松动或由于热胀螺栓紧力不够，法兰密封会泄漏。为了保证不泄漏和装置安全生产，所以要热紧，热紧的时机为分馏系统热油运时各塔塔底温度达250℃时进行。

65　接反应生成油分馏达到什么条件？

分馏接收反应生成油前要达到下面条件：①各塔液面平衡，校验各有关温度、压力、液面仪表与实际相符；②各塔底泵切换赶水处于备用状态；③启动有关空冷器风机及冷却器；④各炉长明灯点着，各炉温度控制：脱丁烷塔底重沸炉出口温度250℃，主分馏塔底重沸炉出口温度230℃，减压塔底重沸炉出口温度180~220℃；⑤联系好各产品的去向。

66　为了保证在开工初期喷气燃料腐蚀尽快合格，分馏操作该采取什么措施？

为了保证在开工初期喷气燃料腐蚀尽快合格，分馏操作保证：①开工前，适当延长油运时间，将塔内残存杂物、水携带干净，塔表面吸附氧溶解携带出来，检修后塔清洗干净；②开工初期，可适当降低塔压力，提高顶温，保证塔底温较高，脱尽 H_2S；③加强脱水工作；④尽量平稳塔的操作；⑤尽量延缓喷气燃料产品抽出时间，在塔温及回流量提高后再抽出喷气燃料，以防止含 H_2S 介质污染喷气燃料产品系统，导致置换时间过长。

67　开工中为使分馏产品尽快合格，分馏塔应如何操作调整？

为尽快使产品合格，脱丁烷塔如下操作：①做好接生成油准备，脱丁烷塔底重沸炉油嘴、瓦斯嘴、长明灯畅通，反应来油时随时有提温余地；②控好炉出口(塔底)温度250℃，切备用泵赶水，校好液位、压力等仪表；③生成油进入脱丁烷塔后，按规定(30℃/h)提温，后逐步提压原则，尽量不使 C_4 组分带至主分馏塔(提温、提压过程参考主分馏塔塔压力不超限)。常压分馏塔如下操作：①做好接生成油的准备，重沸炉油嘴、瓦斯嘴、长明灯畅通，反应来油时随时有提温的余地；②控好炉出口温度至250℃，切换备泵赶水，校好液位、压力、流量等仪表；③当反应进料为1/4设计进料时，生成油进入分馏后按规定提温至正常指标，主分馏塔顶、侧线温度略控高于正常温度3~5℃，拔除轻组分；④反应进料到正常后，参考抽出量及温度调整各产品馏出量至正常值；⑤尽量延缓侧线产品抽出时间，不断加大各回流量，以避免不合格产品污染各产品系统，导致置换时间过长。

68 停工方案的主要内容有哪些？

停工方案的编写应根据工艺流程、工艺条件和原料产品、中间产物的性质及设备状况在危害（环境因素）识别和风险（环境因素）评价的基础上进行制订。主要内容应包括：停工网络，停开工前的准备及确认要求，设备降量、降温、降压（或提量、升温、升压）、停开操作步骤，设备（管线）置换、清洗、吹扫、交出、交回、气密、试压操作要求，停工阶段设备的保护，以及安全环保、停开工盲板一览表、关键控制点确认，每个步骤都应明确规定具体时间、工艺条件变化幅度指标及负责人。

69 一般装置停工分几种方式？

根据停工原因及停工前的状态，装置停工应对不同的情况分别采取不同的停工方式，以使装置尽可能长周期安全运转，一般有以下三类停工方式：①正常停工，即按预定计划，有步骤地全面停工；②局部停工，即由于一些设备故障或特殊原因而采取临时性措施，有计划地临时停车；③紧急停工，即由于关键设备、电气、仪表、仪表风、水、蒸汽等系统故障，或关系到全装置的联锁动作（包括联锁误动作）等造成全装置紧急停工。

70 停工需注意的事项有哪些？

停工需注意的事项：①为了防止反应器床层超温，应遵守先降温后降量的原则。②为了防止催化剂的损坏，在反应器停止进料后，应以尽量大的循环氢量继续保持系统循环，直到进料管线以及反应器中的油已吹扫干净为止。③在第一列和第二列反应器液体进料减量后，加氢裂化反应器进料和流出物处于不平衡的热交换状态。为了防止反应流出物使换热器过度高温，向第四床层进口注入备用冷氢以降低加氢裂化反应器流出物的温度。④在停料以后，新鲜进料和循环油管线中立即引入冲洗氢，引氢时要缓慢进行，防止因热冲击使高压法兰泄漏；当法兰由于冷却发生泄漏时，应及时用蒸汽吹扫油气，防止着火。⑤对于铬-钼钢的回火脆性，在停工时要遵守其压力限制；降温速度应不大于 $25℃/h$；打开不锈钢设备时，注意设备因连多硫酸应力腐蚀开裂的危险；在打开反应器前，必须把反应器冷却到 $40℃$ 以下，同时必须用氮气全面吹扫，以减少烃-氧爆炸混合物和硫化铁自燃的危险。⑥分馏系统应避免各塔过冷造成真空，如果塔暂时不进行蒸汽吹扫的话，则应将氮气引入塔顶回流罐以保持正压。⑦在停工过程中，高倾点物料可能留在设备和管线中，根据情况进行适当加热或排放。⑧在污油向重污油系统排放前必须充分汽提，以防止硫化氢对操作人员造成危害。

71 400℃恒温汽提的目的和注意事项是什么？

把反应系统的残油带出来，确保催化剂表面的干燥，床层疏松，有利于降低再生烧焦量，"撇头"或卸剂前实施汽提，有利于催化剂的卸出。在汽提阶段，应以最大流率循环氢气，关闭急冷氢，并根据需要从高压分离器排放部分循环气，使循环氢的氢气纯度保持在80%（体积分数）以上。催化剂热氢气提阶段，应根据需要适量注入硫化剂，确保循环氢中的硫化氢含量始终保持在0.1%（体积分数）以上。如果催化剂是全部卸出再生或报废，可以不考虑催化剂被还原问题。

72 停工过程中何时引低氮油？为什么？

当进料降低至最低进料量，反应床层温度<320℃，原料罐拉低至低限液位后，引低氮油进原料罐、切断VGO，根据低氮油最大流量控制反应进料量，保持温度300~320℃。停工过程中引低氮油置换的目的在于：①充分带出反应系统的蜡油等重质组分，防止新开工后的结焦；②分馏系统经过低氮油的置换、洗涤，可以节省吹扫时间，并大大降低吹扫难度，防止蜡油的凝堵；③有利于高换、高分等系统的清洗。

73 停工过程中加热炉停炉应注意什么事项？

停工过程中当常压炉出口温度降至250℃，减压炉出口温度降至300℃时，加热炉开始逐个熄灭火嘴，关闭对应风门，并将火嘴从炉膛内拔出或者脱开相关金属软管或法兰，需要关注瓦斯阀门内漏情况。同步调整烟道挡板开度和鼓风机电机变频频率，熄灭相应长明灯并从炉膛内拔出。

74 停工扫线的原则及注意事项是什么？

① 停工前要做好扫线的组织工作，条条管线落实到人。

② 做好扫线联系工作，严防串线、伤人或出设备事故。

③ 扫线时要统一指挥，确保重质油管线有足够的蒸气压力，保证扫线效果。

④ 扫线给汽前一定要放尽蒸汽冷凝水，并缓慢地给汽，防止水击。

⑤ 扫线步骤是先重质油品、易凝油品，后轻质油品、不易凝油品。

⑥ 扫线时必须憋压，重质油品要反复憋压，这样才能达到较好的扫线效果。

⑦ 扫线前必须将所有计量仪表甩掉改走副线，蒸汽不能通过计量表。

⑧ 扫线前必须将所有的连通线、正副线、备用线、盲肠等管线、控制阀都要扫尽，不允许留有死角。

⑨ 扫线过程中绝不允许在各低点放空排放油蒸气，各低点放空只能作为检

查扫线情况并要及时关闭。

⑩ 扫线完毕要及时关闭扫线阀门，并要放尽设备、管线内蒸汽、冷凝水。

⑪ 停工扫线要做好记录。给汽点、给汽停汽时间和操作员姓名等，均要做好详细记录，落实责任。

75 石脑油扫线前为什么要用水顶？

石脑油扫线前先用水顶是出于安全方面考虑，如果用蒸汽直接扫石脑油线，那么石脑油遇到高温蒸汽会迅速汽化，大量油气高速通过管线进入贮罐，在这个过程中极易产生静电，这是很危险的。如果扫线前先用水顶，那么管线内绝大部分石脑油就会被水顶走，然后再扫线就比较安全了。

76 停工中发生反应炉管结焦的原因是什么？

反应炉管结焦的事故将严重影响装置的安稳长运行，对于炉前混氢流程，只要设计得当，在如此大的氢油比下，一般不易结焦。对于炉后混氢的加热炉，其原因是炉出口管线上的单向阀失灵，一旦循环氢中断或紧急放空过程中部分原料油或循环油窜入炉管，开工升温后导致结焦，严重烧坏炉管和影响装置运行。

77 反应器开大盖时的安全措施有哪些？

反应器开大盖时的安全措施：①电动葫芦必须检验合格；②作业人员经过安全教育，作业人员在打开大盖时应佩戴防尘口罩；③反应器已经冷却至40℃或更低；④反应器出口8字盲板已翻至堵的位置；⑤反应器内通入氮气保持微正压；⑥起吊反应器大盖必须由专业起重人员进行吊装作业；⑦反应器大盖打开后，应从顶部通入氮气波带，同时做好防雨措施；⑧安排人员对反应器床层温度和氮气压力进行监视并做好记录；⑨吊装现场用便携式 H_2S 监测仪进行监测；⑩吊装现场放置空气呼吸器以备急用。

78 从反应器卸出催化剂有哪些方法？

从反应器卸出催化剂有如下方法：①器内烧焦再生后卸出催化剂，此种方法较为安全。②向反应器内注碱液后卸出未再生催化剂，此种方法仅限于卸出报废催化剂，对冷壁反应器不适用，避免碱液烧伤。③油洗后卸出未再生催化剂。④热氢气提后卸出未再生催化剂，应采取严密的安全防范措施，有效杜绝硫化铁自燃着火。⑤氮气保护真空抽吸卸出未再生催化剂，应确保惰性环境和定时分析气体中烃类、硫化氢、羰基镍等含量。⑥KEC 公司的加氢催化剂卸出工艺，系统中注入"KS-767"的多环芳烃化学品。⑦抽卸顶部催化剂（撇头）。其中①②③已基本被淘汰，⑥国内很少使用。

79 未再生的催化剂卸出时应注意什么?

卸出催化剂时,存在不容忽视的安全技术问题,必须注意:①防止未再生的催化剂和硫化铁自燃,将催化剂床层降温至40℃甚至更低,保持氮气掩护杜绝空气进入反应器。卸出的催化剂立即装桶或装袋,撒上适量的干冰后封口,需要再生的催化剂可以使用专用的催化剂集装箱,隔绝空气。②预防硫化氢中毒。在打开反应器前,必须充分置换、采样分析合格后,方可打开设备,作业人员需佩戴便携式硫化氢检测仪。③严防羰基镍中毒。加氢精制和加氢裂化过程中广泛应用的含金属镍组分的催化剂经过长期运转后失活或其他故障需卸出处理时,如操作不当,很可能产生羰基镍致癌物质而伤害操作人员和毒化环境。

羰基镍是一种挥发性液体,被人们吸入体内或接触皮肤后,都有严重的致癌性。羰基镍的生成主要是卸出的废催化剂中的元素镍与一氧化碳在低温下化合的产物。同时在反应器温度降至149~204℃以前,必须将循环氢气中的一氧化碳含量降至10mL/m³以下,才能继续降温。

由于卸出的废催化剂在空气中会自燃,故必须在氮气存在下卸出,卸出时反应器内应保持微正压的氮气流,其入口前面加上盲板,以堵绝空气进入反应器。在氮气中卸出或处理催化剂,可以避免催化剂闷烧,也就能防止羰基镍生成,在卸剂之前和卸出过程中,都要检测反应器中有无羰基镍存在。所有站在卸出口附近的人员都要戴上防毒面具,穿上全套防护服。

80 催化剂装填以前,对反应器及内构件检查的项目有哪些?

催化剂装填以前,应对反应器及内构件检查的项目有:①反应器内是否有存水、灰尘、铁锈、施工期间带进的杂物或者废旧的催化剂颗粒物。②反应器底部出口收集器上的不锈钢丝网与出口接头的器壁之间安装应紧密,缝隙宽度应小于3mm。③出口收集器上包裹的不锈钢丝网的网孔应无堵塞物(包括瓷球或者催化剂碎片),保证100%的网孔畅通无阻。不锈钢丝网没有发生弯曲、断丝等现象。如果有钢丝弯曲或断丝以致某些网孔直径变大时,应加以修补。④反应器内壁、内构件上面没有积攒催化剂、瓷球的碎片或者颗粒,没有泥垢,保证所有部件已经清扫干净。⑤确认冷氢管及其喷嘴畅通,没有被异物堵塞。⑥分配盘安装水平度符合设计要求。⑦确认所有的带O形环或者陶瓷纤维垫等密封材料都安装就位并符合设计要求,分配盘的水密性试验符合要求。尤其要注意催化剂床层之间的卸料管与支撑盘、分配盘、冷氢盘等设备之间的环隙密封符合要求,如果有缝隙存在,用陶瓷纤维绳加以密封。⑧按照上述第②、第③项要求对催化剂支撑盘上覆盖的不锈钢丝网进行安装质量检查。⑨对冷氢箱的水平度和水密性进行检查,确认误差在要求范围。

81 密相装填时，催化剂装填密度和料面形状是如何调节的？

密相装填密度的大小取决于装填速度和密相装填器喷口到催化剂料面的距离。速度小，距离大，则密度大；速度大，距离小，则密度小。装填速度由喷口间隙决定。开始装填时，喷口到料面的距离最大，通常选用较大的间隙，随着料面的上升，逐步减小间隙。喷口处的风压决定料面水平还是凸凹，如出现凹形，应降低风压，如出现凸形，则应加大风压。

82 为什么催化剂需要干燥？

以氧化铝或含硅氧化铝为载体的加氢精制催化剂和以无定形硅铝或含各种分子筛载体的加氢裂化催化剂，具有很强的吸水性。加氢催化剂在完成其最后一道高温干燥焙烧制备工序后，又经过过筛、装桶及使用前的装填过程中，暴露于大气中容易受潮，不可避免地吸收一些水分，少者为 1%~3%，多者可在 5% 以上。催化剂吸水受潮会影响催化剂的强度，并导致硫化效果变差，从而影响催化剂的活性，因此新催化剂使用前必须首先经过干燥。

催化剂器内干燥的工艺条件为：

催化剂干燥介质：氮气；

操作压力：0.5~3.0MPa；

循环气量：循环氢压缩机全量循环；

床层温度：200~250℃；

升温速度：≤20℃/h；

高分温度：≤50℃。

在上述条件下干燥至高分每小时放水量<0.01%（质量分数，对催化剂），然后将加热炉熄灭、循环压缩机停运、装置泄压，再引入氢气进入后续的气密、催化剂硫化操作。

83 为什么新催化剂升温至 150℃以前，应严格控制 10~15℃/h 的升温速度？

在催化剂床层从常温开始升温开始，分为两个阶段，常温~150℃ 和 150~250℃。新装催化剂温度<150℃时属于从催化剂微孔向外脱水阶段，如此阶段升温速度过快，水汽化量大，易破坏催化剂微孔，严重很可能使催化剂破碎，造成床层压降过大，缩短开工周期。150~250℃ 提温阶段可以适当提高升温速度。催化剂中的大多数水分经 150℃ 恒温已逸出催化剂，但是仍应保证升温速度≤20℃/h。

84 停工检修时，对分馏塔应作哪些工作？检修结束至开工前应如何保养？

检修时应按下面内容对塔进行检查：①检查塔盘、泡帽和支撑圈结构等的腐蚀、冲蚀及变形情况；②检查浮阀塔盘浮阀的灵活性，检查各种塔盘、泡帽等部分的紧固情况；③检查塔盘各支持圈与塔体连接焊缝的腐蚀、冲蚀等情况；④检查筒体内壁腐蚀情况；⑤对填料环应卸出清洗，集液箱作渗漏检查，液体喷嘴试喷，检查有无堵塞。另外对塔壁、塔盘、塔底各部件应加以清扫、保养，关闭人孔，恢复流程，内部充氮。

85 停工期间如何保护反应炉的炉管？

一般认为停工期间要防止炉管外表面生成连多硫酸腐蚀材质。保护方法：①点长明灯，保证炉管壁温在149℃以上；②炉膛充氮气，防止潮湿空气的进入；③在24h内，对炉管表面进行中和清洗。

发生连多硫酸腐蚀的原因：在高温下钢表面生成硫化铁，当装置停车时温度降低，硫化铁与水分和空气相接触，反应生成连多硫酸。但实际上炉管外表面不会形成硫化铁，即使燃料气含有硫化氢，硫化氢燃烧生成二氧化硫，不会在炉管外表面生成硫化铁。即使炉管外表面有硫化铁生成，硫化铁在炉膛高温和含氧条件下也会迅速被氧化。因此，停工期间反应炉炉管外表面无需考虑连多硫酸腐蚀问题。

86 反应、分馏故障紧急停工时，脱硫岗位应如何调整操作？

反应、分馏故障紧急停工时，脱硫岗位应做如下处理：①干气、酸性气改放火炬，按正常停工处理，处理过程不超压、不压空、不满塔；②胺液继续循环再生；③保证污油线畅通、污油罐不满油；④保证放空罐的正常排放和操作，以保证装置放空后路畅通和装置安全。

87 防止连多硫酸腐蚀有何措施？

反应系统需要防护设备：反应器、反应加热炉炉管、高压换热器、热高分和热低分等奥氏体不锈钢设备及相关奥氏体不锈钢管线。

防止连多硫酸腐蚀有下面几个措施：①氮气封闭：即在装置停工后，对不需检修的奥氏体不锈钢设备或管线阀门加盲板封闭起来，内充氮气保持正压，使其隔绝空气，若温度低于38℃会生成液态水时，则要将无水氨注入系统中，浓度大约为$5000mL/m^3$。②保持温度：特别是加热炉管，在停止检修期间，保持其温度在149℃以上，使其干燥。③中和清洗：对于打开的设备和管线、需要清洗的奥氏体不锈钢管线和不能保持149℃以上的加热炉炉管，应用纯碱溶液进行中和清洗，之后还应用尽量不含氯化物的水清洗。以防止残碱留在表面上造成碱脆和在开工时被带到催化剂，影响活性。热低分可结合除臭钝化，除去设备内壁的铁/铬硫化物。

88 装置停工为什么要除臭和钝化？

由于炼油各装置的长周期运行，装置的系统、设备管线内积存了大量的有毒有害物质，给停工检修带来了许多环保和人身安全上的问题，用一般的处理方法无法从根本上解决处理积存在设备内的硫化氢、碱性氨氮、小分子硫醇、有机胺、硫化亚铁等有毒有害物质，利用污水处理剂可以较好地解决这个问题，清除安全隐患，达到安全环保需求。

硫化氢为一种具有臭鸡蛋气味的刺激性和窒息性气体，在石化系统中，硫化氢中毒及死亡人数均为化学中毒的第一位；硫化亚铁具有自燃性，在装置检修开放阶段很容易发生硫化亚铁自燃造成设备损坏、人员伤亡的事故。因此在检修期间对设备中的硫化物进行中和清洗(除臭和钝化)非常必要。

89 清洗除臭机理是什么？

除臭剂由多种有机化学品、无机化学品及水溶性添加剂等构成，与酸性的硫化氢、碱性的氨氮及硫醇、有机胺等污染物发生中和、加成、缩合等多种反应，达到消除污染、保护环境及人身安全的效果。

除臭剂的技术指标：

外观　　　黄绿色透明液体；

pH 值　　 4.0~6.0；

相对密度　1.05~1.07。

90 中和钝化机理是什么？

由于硫化亚铁具有较强的活性和被螯合能力，基于这一原理，钝化剂由多种有机物和无机物复合而成，可将硫化亚铁分解为稳定的硫盐和铁盐，溶解于水中，从而达到硫化亚铁脱离设备，起到保护设备的作用。

钝化剂的主要特点：高效、无毒、无腐蚀，不会造成二次污染，对硫化亚铁具有快速的钝化作用，可以有效地防止硫化亚铁自燃；对消除 H_2S、硫醇、二硫化物等恶臭物质有一定的作用；硫化亚铁钝化时间一般为 8~12h，硫化亚铁可脱除 96%以上；钝化后的金属表面能形成保护，有效地防止金属表面被进一步腐蚀；一般情况下钝化剂处理后的废水可直接排放到污水处理场，不会冲击污水处理场。

91 除臭剂、钝化剂使用量基本原则是什么？

原则上根据清洗设备、管线等的体积来计算，使用浓度为 10%(质量分数)，经验上根据设备、管线、系统的开工周期、物料硫含量、系统杂质(如气、污泥)等因素来考虑，特殊设备特殊考虑，如填料、污水罐、硫化氢罐等特殊考虑，能够采用循环清洗方法处理的尽可能进行循环清洗，能够梯级使用的尽可能重复使用，尽可能地使用最少量的药剂达到最好的效果，不少用一桶、也不浪费一滴，将成本降到最低。

92　如何判断除臭钝化已完成？

在除臭工作达到要求条件后，由装置技术人员和厂家服务人员共同确认除臭工作完成，并对除臭范围内气体进行采样，分析 H_2S 含量，除臭液颜色由淡黄色变化黑色，pH 值在 7~9 之间趋于稳定，除臭液无硫化氢气味；钝化液颜色由紫红变化为暗红或土黄色(如果变化为无色，则硫化亚铁含量较高，需要补充钝化液原液继续清洗)、pH 值在 7~9 之间趋于稳定，设备或系统温度无明显上升和硫化亚铁自燃现象。

93　除臭、钝化有哪些注意事项？

注意仔细设备特点，进行全面的中和清洗，防止死区，如塔顶、重沸器返回线顶部、富液闪蒸罐填料部分等；另外对部分设备杂质较多的部位注意循环钝化，在打开设备时要注意加强监控，及时进行喷淋。除臭溶剂不得就地排放，该溶剂 COD 浓度极高，开始通过污水出装置线去污水处理，剩余部分通过临时线接到污水池，不得通过边沟进入污水池；除臭废液及冲洗要退尽，防止蒸汽随后吹扫时所产生的水击现象；钝化污水排入地下含油污水系统，不得排入雨水系统；打开人孔进行喷洒作业前先对人孔内进行硫化氢含量检测，不合格不得作业；如不慎将溶液溅入眼中，及时用清水冲洗。

94　装置检修时按什么顺序开启人孔？为什么？

蒸馏装置检修时，开启人孔的顺序是自上而下，即应先打开设备(塔或容器)最上的人孔，尔后自上而下依次打开其余人孔。以便有利于自然通风，防止设备内残存可燃气体，使可燃气体很快逸出，避免爆炸事故，并为人员入塔(器)逐步创造条件。有的厂是自上而下打开上中下三个人孔，也是便于自然通风，为人员入塔创造条件。

在打开设备(塔或容器)底部人孔前，还必须再次检查低点放空阀是否确实打开，设备底部是否残存有温度较高的残存液，避免造成开人孔时的灼伤事故。

塔(器)必须经自然通风，化验分析合格后办理入塔(器)工作票，方可入塔(器)工作。塔(器)采样化验分析是为了防止入塔窒息中毒和有残剩油气动火时发生爆炸着火，确保动火工作安全。总之设备人孔的开启工作具有一定的危险性，要求检修和操作人员，一定要头脑清醒，注意力集中，谨慎从事这项工作。

95　冷换设备在开工过程中为何要热紧？

装置开工时，冷换设备的主体与附件用法兰、螺栓连接，垫片密封。由于它们之间材质不同，升温过程中特别是超过250℃（热油区），各部分膨胀不均匀造成法兰面松弛，密封面压比下降。高温时会造成材料的弹性模数下降、变形，机械强度下降，引起法兰产生局部过高的应力，产生塑性变形弹力消失。此时压力对渗透材料影响极大。或使垫片沿法兰面移动，造成泄漏。热紧的目的就在于消除法兰的松弛，使密封面有足够的压比保证静密封效果。一般>250℃时需要热紧一次，>350℃时需要再热紧一次。

96　为什么开工时冷换系统要先冷后热地开？停工时又要先热后冷地停？

冷换系统的开工顺序，冷却器要先进冷水，换热器要先进冷油。这是由于先进热油会造成各部件热胀，后进冷介质会使各部件急剧收缩，这种温差应力可促使静密封点产生泄漏。故开工时不允许先进热油。反之停工时要先停热后后停冷油。

97　水冷却器是控制入口水量好还是出口好？

对油品冷却器而言，用冷却水入口阀控制弊多利少，控制入口可节省冷却水，但入口水量限死可引起冷却器内水流短路或流速减慢，造成上热下凉。采用出口控制能保证流速和换热效果。一般不宜使用入口控制。

98　开工过程中各塔底泵为什么要切换？何时切换？

开工过程中虽然对各塔底备用泵用预热方法进行顶水和赶空气，但是用预热方法顶水赶空气往往不能将水、空气全部带走，因此必须切换备用泵，使其存水随备用泵的运转而自行带走。

当常压炉出口温度在90℃时，各塔底备用泵切换一次。恒温脱水阶段后期，各塔底备用泵要切换一次。250℃恒温热紧时，须再次切换备用泵。

以上各阶段切换备用泵时，必须特别注意双进出的备用泵，一定要将所有进出口相互置换，确保存水、空气全部带走，还可以让两台泵同时运转一段时间，切换后的机泵要进行预热。

99　开侧线时，侧线泵为什么容易抽空？如何处理？

① 开侧线前没有将泵入口管线内存水放尽，存水遇到高温油品汽化引起泵抽空。

② 脱水阶段塔板上的部分冷凝水进入泵体，遇高温油品汽化引起泵抽空。

出现以上两种情况，只要将该侧线泵入口低点放空阀打开，排除存水和气体，该泵一般就能上量。若仍不上量可反复开关该侧线泵出口阀门，使没有排尽的气体经过反复憋压而迅速带走，直至侧线泵正常上量。

塔内该侧线塔板受液槽尚未来油或来油量不足，也会使泵抽空，此时要调整好塔内各中段回流比例，待侧线来油后再开侧线并控制好侧线抽出量。

100 如何启用蒸汽发生器系统？

改蒸汽发生器系统的流程一般和改侧线流程同步进行，投用步骤如下：

① 在恒温阶段时，按正常发汽流程给上软化水、除氧水，并在各发汽换热器排污处排放，发汽汽包液位设自动控制。其目的：冲洗发汽系统脏物；考验发汽汽包液位自动控制情况。此时蒸汽发生器不得并网。

② 随着侧线的开启，产生的蒸汽先在发汽汽包放空阀放空，待各侧线开正常后再将蒸汽发生器系统并网，并网时要缓慢，并要先开并网阀门，后关放空阀门，防止憋压安全阀启跳。

③ 0.3MPa 蒸汽发生器发生的蒸汽可在炉出口过热蒸汽放空处放空，待常压塔底汽提开启后关闭放空，关闭放空时须密切注意 0.3MPa 蒸气压力，及时关小补汽阀门，保持压力平衡，防止过热蒸气压力波动。

④ 1.0MPa 蒸汽发生器发汽正常后逐步关闭装置外补汽阀门，视蒸气压力情况投用压力控制系统。

⑤ 无论是 1.0MPa 蒸汽发生器还是 0.3MPa 蒸汽发生器并网前均要将连通阀门前后管内的冷凝水放尽，防止水击。

101 蒸塔的目的及注意事项是什么？

装置停工后，尽可能通过固定流程或临时设施，利用系统残压、氮气加压或机泵将各塔、罐和管道内的存油退往污油系统。尽管如此，塔釜、塔盘、塔顶挥发线和冷凝冷却器等死角部位不可避免还会残留不少烃油及油气，与空气接触后将形成爆炸气体，就不能确保安全检修。为了保证检修安全，通常采用蒸塔的方法来处理塔内残油、油气。

蒸塔时注意以下问题：

① 塔顶流程必须按正常生产时的流程进行，不得遗漏任何冷凝冷却器。

② 为防止超温和气量过大，必须投用塔顶空冷风机或水冷器冷却水，全开塔顶和回流罐顶的放火炬阀门和安全阀副线阀门。为防止液击和保证蒸塔温度，打开塔顶回流罐底和塔底的放空。

③ 所有侧线抽出阀及汽提塔抽出阀均要关闭，防止蒸汽串入侧线。但主塔与汽提塔相连的阀门要打开。

④ 与主塔相连的各汽提塔均要按流程一道蒸塔，并将汽提塔底放空打开。

⑤ 塔底液面计放空阀也应打开。

⑥ 必须保证一定的蒸汽量和足够的吹气时间，介质不同蒸塔时间不同，按

安全规范规定执行。

⑦ 蒸塔时给蒸汽一般以塔底汽、进料汽为主，中段回流处给汽为辅。

⑧ 为防止油气就地排放造成安全风险和异味，必须密闭排放，如没有密闭排放流程，需要接临时实施实现密闭排放。待环保采样分析合格后，方可就地排放。

102 如何正确安装法兰？

法兰连接前，应仔细检查并除去法兰密封面上的油污、泥垢、缺陷等。法兰垫片应按设计规定使用，垫片和螺栓丝扣部分的两表面应涂上一层二硫化钼或石墨粉与机油的调合物。垫片放在法兰中心，不得偏斜，梯形槽和凹凸面法兰的垫片应嵌入凹槽内，不得同时用两层垫片。在管道吹扫和试压后还要拆卸的法兰，可用临时垫片。拧紧时应先把间隙较大的一边拧紧，再按对称的顺序拧紧所有螺栓，不得遗漏，法兰拧紧后，螺栓要露出螺母 $2 \sim 3$ 扣，螺栓头和螺母的支撑面都应与法兰紧密配合，发现有间隙，应取下进行检查、修理或更换。注意：高温反应区高温高压系统必须采用 25CrMoA 双头螺栓，其他采用 35Cr2MoA 合金螺栓，后者不能代替前者。

103 如何进行法兰换垫检修？

①垫片材质、型式、尺寸要符合要求；②拆下螺栓后检查法兰密封面不得有缺陷，密封面要清理干净；③螺栓穿法兰螺孔的 1/2 或能放进垫片为准；④把垫片放进法兰面内；⑤两法兰必须在同一中心线上；⑥对角上紧螺栓，螺栓两端突出 1.5cm 为好；⑦检查法兰面的四周间隙要一样大。

104 阀门的盘根泄漏怎么处理？

阀门的盘根一般有两种压紧方式，一是由盘根压盖通过两个螺栓压紧，另一种是由螺帽直接压紧(小阀门用)。阀门盘根泄漏时，可以均匀地上紧两个螺栓压紧压盖，再压紧盘根填料起到密封作用，但盘根不宜压得太紧，否则阀门无法开关，如果盘根压盖已压到最低位置还有泄漏，这只能更换盘根了，对于螺帽压紧盘根阀，可直接上紧螺母即可。

第八章　安全生产和事故处理

第一节　安全基础知识

1　安全基础知识有关术语是什么？

①　安全"三同时"：建设项目"三同时"是指生产性基本建设项目中的劳动安全卫生设施，必须与主体工程同时设计、同时施工、同时投产和使用。

②　安全"三级教育"：厂级、车间级和班组级三级安全教育。

③　"三不动火"原则：没有合格用火许可证不动火；防火措施不落实不动火；用火看火人不在现场不动火。

④　"四不开汽"原则：检修质量不好不开汽，堵漏不彻底不开汽，安全设施不好不开汽，卫生不好不开汽。

⑤　事故"四不放过"原则：事故原因分析不清不放过；事故责任者和群众没有受到教育不放过；没有防范措施不放过；事故责任者没有受到处罚不放过。

⑥　"三违"现象：违章作业、违章指挥、违反劳动纪律。

⑦　"四不伤害"：不伤害自己、不伤害他人、不被他人伤害、保护他人不被伤害。

2　安全用火有关术语是什么？

①　易燃液体：闪点≤45℃的液体。

②　可燃液体：闪点>45℃，遇火源或受到高温作用能起火燃烧的液体。

③　可燃气体：与空气混合在爆炸极限内遇火源或受到高温作用能起火燃烧的气体，如氢气、氨气、石油气等。

3　"三级安全教育"的主要内容是什么？

"三级安全教育"指公司/企业级安全教育、运行部/车间级安全教育、班组安全教育。

公司/企业级安全教育的主要内容：①认识安全生产的重要性，学习党和国家的安全生产方针政策；明确安全生产的目的任务。②了解工厂概况，生产特点，共同性的安全守则。③初步掌握防火和防毒方面的基础知识和器材使用与维护。④重点介绍工厂安全方面的经验和教训。

运行部/车间级安全教育的主要内容：①了解车间概况，车间生产特点及其在安全生产中的地位和作用。②学习车间生产工艺流程及工艺操作方面共同性的安全要求与注意事项。③学习车间生产设备和维护检修方面共同性的安全要求与注意事项。④学习车间安全生产规章制度，介绍车间安全与生产方面的经验和教训。班组安全教育的主要内容：①了解岗位的任务和作用，生产特点、生产设备和安全装置。②了解岗位安全规章制度，安全操作规则。③了解岗位个人防护用品，用具，器具，器具的具体使用方法。④了解岗位发生过的事故和教训。

4　什么是工艺危害？

工艺危害是指工艺系统或相关设施中存在的化学或物理条件，它们有可能导致化学品或能量泄漏，并进而导致人员伤害、财产损失或环境污染等。

5　什么是工艺危害分析？

工艺危害分析是工艺安全管理的核心要素之一，它是一项工作任务，是一个正式的、有组织的工作过程，在此过程中，对工艺系统的危害加以辨识和分析，从危害引发事故的后果和可能性两个方面确定风险，然后采取减轻后果的措施和预防事故的措施，使风险减小到可以接受的程度。

6　什么是安全装置？安全装置如何进行分类？

安全装置是为预防事故所设置的各种检测、控制、联锁、防护、报警等仪表和仪器装置的总称。按其作用的不同，可分为以下七类：

①检测仪器：如压力表、温度计等；②防爆泄压装置；如安全网、爆破片等；③防火控制与隔绝装置：如阻火器、安全液封等；④紧急制动、联锁装置：如紧急切断阀、止逆阀等；⑤组分控制装置：如气体组分控制装置、流体组分控制装置等；⑥防护装置与设施：如起重设备的行程和负荷限制装置，电气设备的行程和负荷限制装置，电气设备的防雷装置等；⑦事故通信、信号及疏散照明设施：如电话、报警器等。

7　什么是燃烧？燃烧需要具备哪些条件？

燃烧是一种放热发光的化学反应，也就是化学能转变成热能的过程。在日常生活、生产中所见的燃烧现象，大都是可燃物质与空气（氧）或其他氧化剂进行剧烈化合而发生放热发光的现象，实际上燃烧不仅仅是化合反应，有的是分解反应。

反应是否具有放热、发光、生成新物质等三个特征，是区分燃烧和非燃烧现象的根据。其中可燃物与氧化合所发生的燃烧是燃烧最普遍的一种。但是有些可燃物没有氧参加化合也能燃烧，如氢气在氯气中燃烧。

一般来说，燃烧需要同时具备以下三个条件：

① 要有可燃物。凡是能和氧或氧化剂起剧烈化学反应的任何固体、液体和气体都可称作可燃物质。如石油、煤炭、瓦斯、纸张等。

② 要有助燃物质。一般指氧和氧化剂，而氧普遍存在于空气中（氧在空气中的体积比为21%），因此当可燃物质燃烧时，只要源源不断地供给空气，燃烧就能继续，直到燃尽，否则燃烧就会停止。

③ 要有着火源。凡是能够把可燃物部分或全部加热到发生燃烧所需要的温度和热量的热源都叫做火源。着火源很多，分为直接火源和间接火源。直接火源有明火，通常指的是生产生活用的炉火、灯火、焊接火以及火柴、打火机的火焰、烟头火、烟囱火星、撞击摩擦产生的火星、烧红的电热丝，还有电气火花和静电火花以及雷电等。间接火源主要是指被加热物质本身自行发热、自燃。

不难看出没有可燃物，燃烧根本不会发生，有了可燃物，而无氧或氧化剂，燃烧也不能进行，即使有了可燃物和氧，若没有着火源也还是燃不起来。由此，燃烧必须同时具备上述三个条件，缺一不可。

8 什么是燃点、自燃和自燃点？

气体、液体和固体可燃物与空气共存，当达到一定温度时，与火源接触即自行燃烧。火源移走后，仍能继续燃烧的最低温度，称为该物质的燃点或称着火点。

自燃是指可燃物不需明火作用而通过受热或自身发热并蓄热所产生的自行燃烧。自燃点即可燃物质达到自行燃烧时的最低温度。

产品中的轻质油闪点比重质油闪点低，而轻质油的自燃点比重质油的自燃点高。固体物质的自燃点一般低于液体和气体物质的自燃点。闪点低和自燃点低的物质，火灾危险性都比较大。

9 影响燃料性能的主要因素有哪些？

①燃点：燃点越低，火灾危险性越大；②自燃点：自燃点越低，火灾危险性越大；③闪点：闪点越低，火灾危险性越大；④挥发性：密度越小，沸点越低，其蒸发速度越快，火灾危险性越大；⑤可燃气体的燃烧速度：单位时间内被燃烧

掉的物质质量或体积量度，燃烧速度越快，引起火灾危险性越大；⑥自燃：自热燃烧，堆放越多，越易引起燃烧；⑦诱导期：在自燃着火前所延滞的时间称为诱导期，时间越短，火灾危险性越大；⑧最小引燃量：所需引燃量越小，引起火灾危险性越大。

10 引起火灾的主要原因有哪些？

归纳有以下几方面：①对防火工作重要性缺乏认识，思想麻痹，是发生火灾事故的主要思想根源。②对生产工艺，设备防火管理不善是导致发生火灾事故的重要原因。③设计不完善，为防火工作留下隐患，成为火灾事故的根源。④对明火、火源、易燃易爆物质控制不严，管理不善，是引起火灾事故的直接原因。⑤防火责任制贯彻不落实，消防组织不健全，不能坚持防火检查，消防器材管理不善及供应不足是导致火灾漫延扩大的重要原因。

11 静电引燃的条件是什么？

静电电荷要成为引燃的火源，必须充分满足下述四个条件：①必须有静电电荷的产生；②必须有足以产生火花的静电电荷的积聚；③必须有合适的火花间隙，使积聚的电荷以引燃的火花形式放电；④在火花间隙中必须有可燃性液体的蒸气-空气的混合物。

12 气体的燃烧速度以什么来衡量？它与哪些因素有关？

气体的燃烧速度以火焰传播速度来衡量。影响气体燃烧速度的因素：①物质成分不同有差异。②简单气体比复杂的燃烧速度要快。③管子的直径大小。

13 氢气燃烧的特点是什么？

特点：①燃烧速度快，氢气爆炸速度与氢气浓度的关系近似高斯曲线，其定向最大传播速度(也称氢焰速度)$V_{max}=167.7m/s$；出现最大氢焰速度时的浓度值 $D_{max}=33.5\%$。氢气在管道内的火焰速度受点火位置影响，在管道内设置阻火器的开口管道进行的火焰速度试验表明，当距阻火器的管道点火点达到 1.5m 点火距离后即发生爆轰，其在管道内的火焰速度可达到 2133m/s。闭口一端的点火的火焰速度大于开口一端点火的火焰速度，是同样条件下丙烷和空气混合气体火焰速度的 20~30 倍。②燃烧温度高，燃烧时发出青色火焰并产生爆鸣，燃烧温度可达 2000℃。氢氧混合燃烧的火焰温度为 2100~2500℃。③熄灭直径小，仅为 0.3m，最小点火能量为 0.019MJ。④爆炸范围宽，其爆炸的上下限范围为 4.1%~74.2%。⑤爆炸威力大，最大爆炸压力为 0.74MPa。

14 什么是爆炸？常见的爆炸有哪两类？发生爆炸的基本因素是什么？

爆炸是物质自一种状态迅速转变到另一种状态，并在瞬间放出巨大的能量，同时产生巨大响声的现象。

常见的爆炸有物理爆炸和化学爆炸。

物理爆炸：由于物质状态或压力发生突变而引起的爆炸称为物理爆炸。如蒸汽锅炉的爆炸便属于此类。

化学爆炸：由于物质发生极迅速的化学反应，产生高温高压而引起的爆炸称为化学爆炸。化学爆炸前后物质的性质和成分均发生了根本的变化。

造成爆炸的基本因素：①温度；②压力；③爆炸物的浓度；④着火源。

15 什么是爆炸浓度极限？影响爆炸极限的主要因素有哪些？

可燃气体、粉尘或可燃液体的蒸气与空气形成的混合物遇火源发生爆炸的浓度范围，称为浓度爆炸极限。通常用可燃气体在空气中的体积百分比（%）来表示。

爆炸极限随着原始温度、原始压力、介质的影响、容器的尺寸和材质、着火源等因素而变化。

① 原始温度：原始温度越高，爆炸极限越大，即爆炸下限降低，上限升高。

② 原始压力：压力增高，爆炸极限扩大，其上限提高较下限更为显著，原始压力降低，爆炸范围缩小，降到一定数值时，上下限互相合为一点，压力再降低则不易爆炸。

③ 介质的影响：爆炸混合物加入惰性气体，爆炸范围将缩小，当惰性气体达到一定浓度时，可使混合物不能爆炸。

④ 容器尺寸和材质：容器尺寸减少，爆炸范围缩小。

⑤ 着火源：着火源的能量、热表面面积及着火源与混合物接触时间对爆炸极限均有影响。

16 爆炸与爆破的区别是什么？

物质猛烈而突然急速地进行化学反应，由一种相状态迅速地转变成另一种相状态，并在瞬间释放出大量能量的现象，称为爆炸，又称为化学爆炸，如炸药爆炸。

由于设备内部物质的压力超过了设备的本身强度，内部物质急剧冲出而引起，纯属物理性的变化过程，这种现象称为爆破，又称为物理性的爆炸，如蒸汽锅炉超压爆炸。

17 爆炸危险物质的分类是什么？

① 一般的爆炸危险物质：可燃气体；易燃流体，即闪点在45℃以下的流体；闪点低于或等于现场环境温度的液体；爆炸下限小于或等于66g/m³的悬浮状可燃粉尘，可燃纤维。

② 危险性较大的爆炸性物质：闪点≤28℃液体和爆炸下限≤10%的可燃气体；爆炸混合物的级别为四级，组别为d级、e级的可燃气，如二硫化碳等；导电性的金属粉尘，如镁、铝粉等。

18 什么是危险物品？什么是重大危险源？加氢裂化装置主要危险源及防范措施是什么？

危险物品是指易燃易爆物品、危险化学品、放射性物品等能够危及人身安全和财产安全的物品。

重大危险源是指长期地或者临时地生产、搬运、使用或者贮存危险物品，且危险物品的数量等于或者超过临界量的单元(包括场所和设施)，见表8-1。

表8-1 装置的主要危险源明细表

序号	场所或设备	危险性	防范措施
1	反应器区	着火、爆炸	设备事故紧急泄压系统
2	加热炉	高温、噪声	保温、选择低噪声火嘴
3	压缩机	噪声、爆炸	加消声罩、良好通风
4	泵	噪声、着火	防止泄漏、选低噪声设备
5	空冷器	噪声	选低噪声风机
6	催化剂装填	粉尘、有毒	戴防毒面具、反应器内通风
7	硫化剂装填	易燃、有毒	水封、戴防毒面具
8	高压气相采样	有毒、易爆	采用密闭高压采样钢瓶
9	装置区	着火、爆炸	设置可燃气体报警仪

19 易燃易爆的火灾分类是如何的？

甲类：闪点小于28℃的易燃液体。

乙类：28℃≤闪点<60℃的为易燃、可燃液体。

丙类：A，闪点≥60℃的可燃液体。B，可燃固体。

20 为什么在易燃易爆作业场所不能穿用化学纤维制作的工作服？

化纤衣服和人体或空气摩擦，会使人体带静电，一般可以达数千伏甚至上万伏，这么高的电压放电时产生的火花足以点燃炼油厂的可燃性气体，从而造成火灾或爆炸。

另外化学纤维是高分子有机化合物，在高温下（如锦纶为180℃左右、腈纶为190~240℃、涤纶为235~450℃、维纶为220~230℃）便开始软化，温度再升高20~40℃，就会熔融而呈黏流状态。当装置发生火情或爆炸时，由于温度一般都在几百度以上，所以化学纤维会立即熔融或燃烧。熔融物黏附在人体皮肤上，必然会造成严重烧伤。而棉、麻、丝、羊毛等天然纤维的熔点比分解点高，一旦遇高温即先分解或炭化了，所以这类衣物着火就不会黏附在人体上，容易脱落或扑灭，不会加重烧伤。从大量烧伤事故看出，凡是穿用化学纤维的烧伤人员，其伤势往往较重，且不易治愈。因此，炼油厂工作服均采用棉布类天然纤维，而不能穿化学纤维服装。

21　引起着火的火源途径和方式主要有哪些？

① 明火——如焊炬、炉火、香烟等。

② 明火花——如电气开关的接触火花、静电火花。

③ 雷击——云层在瞬间高压放电引起的火。

④ 加热自燃起火——如熬沥青加热引起自燃。

⑤ 可燃物质接触被加热体的表面——如油棉纱接触高温介质的管道引起自燃。

⑥ 辐射作用——衣服挂在高温炉附近引起着火。

⑦ 由于摩擦作用——如轴承的油箱缺乏润滑油发热起火。

⑧ 聚焦及高能作用——使用老花眼镜、铝板等对日光的聚焦作用和反射作用引起着火；激光照射引起着火烧毁。

⑨ 对某些液态物质施加压力进行压缩，产生很大的热量，也会导致可燃物着火，如柴油发动机起火的工作原理。

⑩ 与其他物质接触引起自燃起火，如钾、钠、钙等金属与水接触；可燃物体与氧化剂接触，如木屑、棉花、稻草与硝酸接触等。

22　灭火的基本原理及方法是什么？

燃烧必须同时具备三个条件，采取措施以至少破坏其中一个条件则可达到扑灭火灾的目的。①冷却法：将燃烧物质降温扑灭；如木材着火用水扑灭。②窒息法：将助燃物质稀释窒息到不能燃烧反应。如用氮气、二氧化碳等惰性气体灭火。③隔离法：切断可燃气体来源，移走可燃物质，施放阻燃剂，切断助燃物质，如油类着火用泡沫灭火机。

23　常见的消防器材有哪些？一般灭火方法及注意事项是什么？

常用的灭火物质：①固体：砂、土、石棉粉、石棉毡、碳酸氢钠粉等；②液体：水、溴甲烷、四氯化碳、泡沫等；③气体：氮气、二氧化碳气，水蒸气等。

常见的灭火器材：①各类灭火器：泡沫灭火器、二氧化碳灭火器、四氯化碳灭火器、干粉灭火器、"1211"（二氟一氯一溴甲烷）灭火器等。②各类消防车：水车、泡沫车、干粉车、氮气或二氧化碳车等。③各类灭火工具：消防栓、铁锹、铁钩、石棉布、湿棉被等。

一般灭火方法及注意事项：①气体着火：立即切断气源，通入氮气、水蒸气，使用二氧化碳灭火器，用湿石棉布压盖，必要时停车处理。②油类着火：使用泡沫灭火器效果最好。油桶、贮罐、油锅可用湿石棉袋及石棉板覆盖，禁止用水扑灭。③电气着火：使用四氯化碳、二氧化碳、干粉灭火剂，应先切断电源，禁止使用水和泡沫灭火器扑灭。④木材、棉花、纸张着火：可用泡沫灭火器、水。⑤文件、档案、贵重仪表着火：可用二氧化碳、干粉和"1211"灭火器扑灭。

24　泡沫灭火原理、灭火器的结构、使用方法及其注意事项是什么？

化学泡沫是由硫酸铝和碳酸氢钠与泡沫稳定剂相互作用而制成的，化学泡沫轻，相对密度为 0.15～0.25，有一定的发泡倍数，能隔离空气，抗烧性强，持久性好。灭火原理：冷却、窒息。适用于扑救油类火灾，不宜扑救醇类、酮类、醚类等水性液体的火灾。目前高倍数泡沫灭火系统有逐步取代低倍数泡沫灭火系统的趋势，高倍数泡沫灭火剂的发泡倍数高（201～1000倍），能在短时间内迅速充满着火空间，特别适用于大空间火灾。广泛应用于油罐区、液态烃罐区、油轮、大型库房等扑救失控性大火。

泡沫灭火器由内筒、外筒组成，内筒为玻璃筒或塑料筒，筒内装有硫酸铝等酸性溶液，外筒为铁筒，筒内装有碳酸氢钠溶液和泡沫剂。

使用时颠倒过来，两种药液混合发生化学反应，产生带压的二氧化碳泡沫，一次有效，其喷射距离约8m，喷射时间约1min，拿取泡沫灭火器必须保持平稳，勿倾斜或背在肩上，使用时，一手提环，一手握底边，将灭火器颠倒过来，对准着火点，即可喷出二氧化碳泡沫，其喷嘴易被堵塞，故应挂通竿，经常保持畅通无阻，冬季注意防冻，零度以下药剂失效，药剂有效期为一年，泡沫灭火器适用于木材、棉花、纸张、油类着火，不适用于电气、忌水的化学品（钾、钠、电石等）、带压气体着火。

25　二氧化碳灭火原理、灭火器的结构、使用方法及其注意事项是什么？

二氧化碳灭火原理：二氧化碳灭火剂是一种具有一百多年历史的灭火剂，价格低廉，获取制备容易，其主要依靠窒息作用和部分冷却作用灭火。二氧化碳具有较高的密度，约为空气的 1.5 倍。在常压下液态的二氧化碳会立即汽化，一般

1kg 的液态二氧化碳可产生约 0.5m³ 的气体。因此灭火时二氧化碳气体可以排除空气包围在燃烧物体的表面，或分布于较密闭的空间中，降低可燃物周围或防护空间内的氧浓度，产生窒息作用而灭火。另外二氧化碳从贮存容器中喷出时，会由液体迅速汽化成气体，从周围吸引部分热量，起到冷却的作用。

二氧化碳灭火器为耐高压钢瓶，瓶内装有 6~9MPa 的液态二氧化碳，其喷射距离约 2m 左右。使用时先拔出设有铅封的保险销子，喷射嗽叭对着火点，一手握喷射嗽叭木柄；一手掀动鸭舌开关或旋转开关，即可喷出雪花状的二氧化碳，温度可以 -78℃，液态体积变为气态体积增大 760 倍。二氧化碳是一种惰性气体，不燃爆，当空气中浓度为 30%~35% 时，燃烧就会停。使用中注意不要喷到手上、身上，也不能手握嗽叭筒，以防冻伤；人站在上风向，不要站在逆风向，以防窒息；放置地点温度应低于 35℃，不要暴晒或靠近高温设备，钢瓶三年检验一次。

二氧化碳灭火器主要用于扑救贵重设备、档案资料、仪器仪表、600V 以下电气设备及忌水物质（油类）等的初起火灾。不适用于碱金属着火（钾、钠、镁、铝粉及铅锰合金）。

26 干粉灭火器的灭火原理、结构、使用方法及其注意事项是什么？

干粉灭火器是利用二氧化碳气体或氮气气体作动力，将筒内的干粉喷出与火焰接触混合时发生的物理、化学作用灭火：一是靠干粉中的无机盐的挥发性分解物，与燃烧过程中燃料所产生的自由基或活性基团发生化学抑制和副催化作用，使燃烧的链反应中断而灭火；二是靠干粉的粉末落在可燃物表面外，发生化学反应，并在高温作用下形成一层玻璃状覆盖层，从而隔绝氧，进而窒息灭火。另外还有部分稀释氧和冷却作用。干粉灭火剂是用于灭火的干燥且易于流动的微细粉末，由具有灭火效能的无机盐和少量的添加剂经干燥、粉碎、混合而成微细固体粉末组成。它是一种在消防中得到广泛应用的灭火剂。除扑救金属火灾的专用干粉化学灭火剂外，干粉灭火剂一般分为 BC 干粉灭火剂和 ABC 干粉两大类。如碳酸氢钠干粉、改性钠盐干粉、钾盐干粉、磷酸二氢铵干粉、磷酸氢二铵干粉、磷酸干粉和氨基干粉灭火剂等。干粉灭火器按移动方式分为手提式、背负式和推车式三种。

干粉灭火器由两部分组成，一是装有碳酸氢钠等盐类和防潮剂、润滑剂的钢筒，二是工作压力为 14MPa 的二氧化碳钢瓶，钢瓶内的二氧化碳是作为喷动力用。

干粉喷出，盖在固体燃烧物上，能够构成阻碍燃烧的隔离层，而且通过受热还会分解出不燃气体，稀释燃烧区域中的氧含量，干粉还有中断燃烧联锁反应的作用，灭火速度快。

使用时在离火场几米远时，将灭火机立于地上，用手握紧喷嘴胶管，另一手拉住提环，用力向上拉起并向火源移近，这时机内就会喷出一股带大量白色粉沫的强大气流。

干粉灭火器适用于扑救石油、有机溶剂等遇水燃烧的物质、可燃气体和电气设备的初起火灾。如扑救油类火灾时，不要使干粉气流直接冲击油渍，以免溅起油面使火势蔓延。存放处保持 35℃ 以下，钢瓶内 CO_2 不少于 250g，严防漏气失效，有效期为 4~5 年。

27 加氢裂化生产过程具有火灾爆炸危险性的物质特性是什么？

加氢裂化装置主要易燃易爆物料安全理化特性见表 8-2。

表 8-2　加氢裂化装置主要易燃易爆物料安全理化特性表

序号	物料名称	常温状态	闪点/℃	自燃点/℃	爆炸极限/%（体积）	火灾危险分类	性质
1	氢气	气		510	4.1~74.2	甲	易爆
2	液态烃	液	<-66	475~510	1.5~11	甲 A	易燃易爆
3	轻石脑油	液	<-22			甲 B	易燃易爆
4	重石脑油	液	<28	510~590	1.4~7.6	甲	易燃易爆
5	喷气燃料	液	>30	500	1.4~7.5	乙	易爆
6	柴油	液	45~120	350~380	1.5~4.5	丙 A	易爆
7	尾油	液	>120	300~330		丙 B	易爆
8	原料油	液	>120			丙 B	易爆
9	H_2S	气		290	4.3~45.5	甲	有毒
10	NH_3	液			15.5~27		有毒
11	DEA	液	138				
12	燃料气	气		675~750	3~13	甲	易燃易爆

28 加氢裂化装置生产有何特点和危险特性？加氢裂化装置哪些部位容易着火？

加氢裂化装置生产特点和危险特性：具有炼油企业之高温、高压、易燃易爆、高噪声且介质含 H_2S、工业粉尘、汽油等。加氢裂化工艺属高温、高压、临氢工艺过程。技术要求高，操作难度大，危险因素多。物料介质中含有浓度较高的硫化氢等有毒有害物质，而硫化氢在潮湿、低温的环境下，容易产生湿硫化氢腐蚀，容器及管线设备容易被腐蚀穿孔，或者有管线爆裂、法兰垫片撕裂等情况都可能发生硫化氢泄漏事故。因此，防爆防毒是车间安全工作的重点。

装置内高温高压法兰、分馏塔、塔底热油泵、高温高压循环油泵、产品泵、压缩机管线等部位容易着火。

29 为什么硫化亚铁能引起火灾？

硫化亚铁是在贮存、输送含硫石油过程中形成的，硫化铁与空气接触便会很快氧化，同时放出大量的热，由于热量增加，温度升高，氧化的速度随之加快，如此继续下去，它就会逐渐变成褐色，随后出现淡青色烟，当温度升至$600 \sim 700 \, ℃$时，氧化的地方便会燃烧起来，其热量足以使石油蒸气起火。

加氢裂化装置存在硫化亚铁的部位很多，其中量较大的部位有高低压分离器、分馏塔塔顶、填料塔、各塔顶回流罐及放空罐等。还有使用过的刚卸出的硫化态的催化剂，因含有硫化铁等金属硫化物，这些硫化物与空气接触极易被氧化而生成金属氧化物，同时放出大量热量，生成的氧化硫也污染环境，因此使用过的催化剂卸出后应隔绝空气密封保存。而对于存在硫化亚铁较多的部位，在停工时全部经过钝化处理，彻底清除硫化亚铁形成的安全隐患。

30 高压高温设备着火后救火应注意什么？

迅速查清发生泄漏着火的部位，一般来说高压高温设备泄漏着火通常是高温氢气的泄漏着火，应立即报告有关部门同时立即启动紧急泄压系统，使压力迅速下降，以减少氢气的泄漏量，同时降温并切断原料油和新鲜氢气进入系统。

消防车在现场就位，准备好干粉灭火机和灭火器。一旦氢气泄漏量减少，火势减弱，即可对火源处喷射灭火剂灭火。不能使用二氧化碳和高压水等具有冷却作用的灭火剂来扑救高温、高压临氢设备、管道泄漏的引起火灾。因为高温部位的一些密封面可能会因不同材质在急剧降温时收缩程度不同引发更大的泄漏，使火情加重，甚至酿成灾难性后果。高压水在救火过程中仅限于用来保护其他冷态的设备，以减少火源产生的热辐射对它们的影响。

大量的高温氢气泄漏火灾事故的后果非常严重并且难以确定其发展方向，如果火灾持续扩大可能发生爆炸，应做好人员撤离工作。

31 什么是职业病和职业中毒？急性中毒的特点是什么？装置都有哪些毒物？

职工在生产环境中，由于职业性毒害引起的疾病的总称叫职业病。

在生产过程中，因工业毒物进入人体后引起身体某些器官或某些系统的暂时性或永久性的疾病称为职业中毒。

急性中毒的特点：病情发生急剧，症状严重，变化迅速，如抢救措施不当，死亡率高。

装置内主要产生有毒有害物质有：硫化氢（H_2S）、二硫化碳（CS_2）、氨

（NH_3）、羰基镍（$NiCO$）。二硫化碳是无色或淡黄色液体，有毒、有恶臭。

为防止毒物刺激或中毒，在实际从事有毒有害气体、液体作业时应做到：①根据工作情况选择戴好合适的防毒面具；②站在上风向操作；③必须有人监护。一旦发生中毒、窒息事故时发现者应立即呼救，并尽快使患者脱离现场，参加现场抢救的同志应佩戴好适用的防毒面具。

32 国家规定的职业病范围分哪几类？

职业病范围：职业中毒，尘肺，物理因素职业病，职业性传染病，职业性皮肤病，职业性眼病，职业性耳鼻喉疾病，职业性肿瘤，其他职业病。

33 生产车间空气中有害物质的最高容许浓度是怎样的？

有害物质的最高容许浓度见表8-3。

表8-3　有害物质的最高容许浓度

物质名称	最高容许浓度/（mg/m^3）	物质名称	最高容许浓度/（mg/m^3）
硫化氢	10	汽油	350
苯	40	液态烃	1000
二甲苯	100	甲苯	100
二氧化硫	15	粉尘	2
氨	30	酚	5

34 羰基镍基本常识和避免羰基镍危害的防护措施是什么？

羰基镍 $Ni(CO)_4$ 是一种容易挥发的剧毒液体，它主要引起肺伤害，其次损害肝脏，是致癌物。羰基镍是催化剂中的镍与 CO 在低温下化合反应的产物。允许的羰基镍的最大平均浓度为 $0.00\mu g/kg$，现场最大暴露浓度为 $0.04\mu g/kg$。

羰基镍在空气中能氧化形成并覆盖在镍催化剂表面，类似于目前的再生现象。起初出现的可能性较少，然而没有再生的催化剂决不可能通入空气，为了避免出现以上情况，在含有镍催化剂的容器内工作必须配戴新鲜空气面罩。

在加氢裂化装置形成羰基镍潜能是催化剂含有镍并且存在于再生期间或再生催化剂操作时期，必须时刻关注保证操作步骤避免羰基镍的形成。已出版的资料显示羰基镍的平均浓度与温度、压力和一氧化碳浓度的关系，羰基镍在气体中的浓度随着温度的升高和一氧化碳浓度的降低而迅速降低。气体压力在 $7kg/cm^2g$（100psig）一氧化碳浓度为 0.5%（摩尔分数）温度为 $150℃$，羰基镍的浓度最高为 $0.04mL/m^3$，当温度为 $182℃$，浓度降低到 $0.001mL/m^3$。

防止羰基镍的生成主要措施：

① 催化剂再生期间：当一个含有镍催化剂的反应器暴露于含氧的环境里，必须连续测量氧的浓度直到碳完全燃烧尽，且所有的一氧化碳和二氧化碳从系统中吹扫干净。

② 镍催化剂的再生：应该保持在惰性气体中直到所有的催化剂冷却到65℃以下，所有再生的催化剂应该冷却低于该温度并且在氮气吹洗下卸剂。

③ 在氮气惰性气氛中卸出或处理催化剂，既可有效避免催化剂氧化自燃，也能防范羰基镍的生成。在卸催化剂作业区附近的人员须身着全套安全防护服和佩戴防毒面具。

④ 在清扫反应器时，操作人员必须佩戴氧呼吸器和安全防护服，有人监护才能作业。

35 怎样防止氨气对人体的危害?

氨(NH_3)是无色有强烈刺激性的气体，相对分子质量17.03，气体对空气相对密度0.5971，熔点-77.7℃，沸点-33.6℃。极易溶于水而形成氨水(一水和氨)。

氨气在空气中最高允许浓度为30mg/m³，氨气的中毒性危害表现为：在轻度中毒时，对眼及上呼吸道黏膜有刺激作用，患者眼及口有辛辣感、流泪、流涕、咳嗽、声嘶、吞咽困难、胸闷、气急。在重度中毒时是吸入高浓度氨气所致，可引起肺充血、烧伤，甚至角膜浑浊引起失明。少数患者可因反射性喉头痉挛或呼吸停止，而"闪电式"中毒死亡。

预防措施：

① 对贮存氨水的贮罐和使用氨水的管线设备要定期检修，严防跑、冒、滴、漏。

② 对含氨废水及废气要净化处理，不得任意排放，防止污染劳动场所及周围环境。

③ 加强安全教育，建立健全安全操作制度。

不同氨浓度对人体的危害见表8-4。

表8-4 不同氨浓度对人体的危害

浓度/(mg/m³)	接触时间	人体反应
0.7	接触	感到气味
62.7	45min	鼻和眼有刺激感
140	30min	眼和上呼吸道不适，头痛
175~350	20min	呼吸和脉搏加速
700	接触	咳嗽
1750~4500	30min	危及生命
3500~7000	接触	即刻死亡

366

36 惰性气体的特性和毒害原因是什么?

这里讲到的惰性气体是指通常碰到的氮气和二氧化碳。

特性:氮气为无色无臭而又难溶于水的气体,相对密度 0.97,比空气略轻,不助燃,不易燃,不导电,化学性质稳定。

二氧化碳为无色无臭可溶于水的气体,相对密度 1.53,比空气重得多,可以像倒水一样从这里倒到那里而不跑掉。不助燃、不易燃、不导电,化学性质稳定。

氮气、二氧化碳本身并无毒性,进入惰性气体浓度很高的设备里,由于缺氧使人很快窒息,产生所谓中毒。

37 预防惰性气体中毒的措施有哪些?

① 停工检修,凡是用惰性气体置换过的设备应当设法再用空气置换几次,使氧含量不低于20%(体)。

② 需要进行检修的设备,事先应将上下人孔(法兰、阀门)打开,构成气体对流条件,保持自然通风良好。

③ 自然通风不良的设备,进入工作前应用胶皮带向里面吹压缩空气,或戴长管防毒面具进入。

④ 进入容器设备要身系安全带和绳,外面有人监护,并规定好联络信号,隔几分种联络一次,以防意外。

38 遇到惰性气体中毒如何急救?

①接到不正常信号或联络不通,监护人员要设法迅速将工作者从设备里救出,移至空气新鲜的地方。②如挽救有困难,应立即报告求援,严禁在未采取安全措施情况下进去抢救。③若发生窒息,要立即进行人工呼吸,并向医院打急救电话,报告生产管理部门。

39 H_2S 基本常识和接触 H_2S 作业的安全规定是什么?

物理性质:H_2S 是一种无色有臭鸡蛋味的有刺激性又是窒息性的有毒性气体。分子式为 H_2S,相对分子质量 34,相对密度 1.19,沸点 $-61.8℃$,熔点 $-82.9℃$,自燃点 260℃,易溶于水。H_2S 与空气混合物,爆炸范围:4.3%~45.5%。

毒性原理:H_2S 对黏膜有强烈的刺激作用。这是因为 H_2S 与湿润黏膜接触后分解形成的硫化钠以及本身的酸性所引起的。硫化氢主要经呼吸道进入人体,对

机体的全身作用为 H_2S 与机体的细胞色素氧化酶及这类酶中的二硫键作用后，影响细胞色素氧化过程，阻断细胞内呼吸，导致全身缺氧，由于中枢神经系统对缺氧最敏感，因而首先受到损害。但 H_2S 作用于血红蛋白，产生硫化血红蛋白而引起的化学窒息，被认为是主要的发病机理。

中毒表现：①轻度中毒：患者感到眼灼热、刺痛、流泪、视觉模糊，有流涕、咽痒、胸闷、呼吸困难等症状，还有逐渐加重的头痛、头晕，乏力等症状。②中度中毒：接触较高浓度（$200 \sim 300mg/m^3$）H_2S，眼睛刺激症更强烈，如流泪、眼刺痛、视物更模糊。有中枢神经系统症状，可出现昏迷。常有中毒性肺炎和肺水肿发生。③重度中毒：接触高浓度（$700mg/m^3$ 以上）H_2S，中毒表现以中枢神经系统症状为突出。立即出现神志模糊、昏迷、心悸，全身肌肉痉挛或强直、大小便失禁，昏迷或痉挛持续较久者会发生中毒性肺炎、肺水肿和脑水肿。

当 H_2S 在空气中的浓度达到 $0.4mg/m^3$ 时，即可明显闻到臭鸡蛋味；浓度低于 $10mg/m^3$ 时，臭味与浓度成正比，浓度增加臭味愈感强烈；当浓度超过 $10mg/m^3$ 时，浓度继续升高臭味反而减弱；浓度大于 $70mg/m^3$ 时，可使人发生嗅觉疲劳，不再嗅到气味。国家标准要求：H_2S 在空气中允许的最高浓度为 $10mg/m^3$。当 H_2S 浓度大于 $760mg/m^3$ 时就能致人死亡。当 H_2S 浓度大于 $1000mg/m^3$ 时，人一吸入就可因呼吸麻痹而死亡（电击样死亡）。

急救措施：①救护者进入 H_2S 气体泄漏区抢救中毒人员必须佩戴空气呼吸器防毒面具；②迅速把中毒人员移到空气新鲜处的地方，对呼吸困难者应立即进行人工呼吸，同时向医院的打急救电话，并报告生产管理部门，待医生赶到后，协助抢救。③眼睛：使眼睛张开，用生理盐水或 $1\% \sim 3\%$ 的碳酸氢钠液冲洗患眼。

接触硫化氢作业的安全规定：①在含有 H_2S 的油罐、粗汽油罐、轻质污油罐及含酸性气、瓦斯介质的设备上作业时，必须随身佩戴好适用的防毒救护器材。作业时应有两人同时到现场，并站在上风向，必须坚持一人作业，一人监护。在上述油罐及设备更换阀门、垫片、拆装盲板、清扫阻火器、维修仪表及抢修、堵漏等施工作业，必须办理《接触硫化氢施工作业许可证》。②凡进入含有 H_2S 介质的设备、容器内作业时，必须按规定切断一切物料，彻底冲洗、吹扫、置换，加好盲板，经取样分析合格，落实好安全措施，并办理《一级进入设备作业票》和《接触硫化氢施工作业许可证》，在有人监护的情况下进行作业。

40 常用的防毒面具的种类、应用范围和注意事项是什么？

常用的防毒面具的种类：滤毒罐式防毒面具、长管式防毒面具、空气呼吸器。

（1）滤毒罐式防毒面具适用于毒气浓度低，氧含量与大气中氧量相近的环境。

注意事项：①呼吸所需的氧气是靠环境提供的，使用环境的氧含量必须达到保障人正常呼吸的浓度（氧含量20%以上），否则使用者就会因缺氧而窒息。②由于滤毒罐内的活性炭吸附能力有限，要求环境中有毒介质的浓度不能太高（硫化氢浓度<1%），如果浓度过高，未被吸附或转化的有毒气体就会侵入人体的呼吸器官而中毒，当嗅到有异味时，应立即更换滤毒罐或离开有毒气体作业现场。③防毒用品应放置在防毒用品专用柜里，放置在便于取用、无日光直接照射、温度适宜、不受尘埃和腐蚀性物质污染的地方。备用滤毒罐上下盖应盖严密。建立滤毒罐使用登记制度，对多次使用、累计时间长或有异味的滤毒罐及时更换，保持滤毒罐处于备用状态。

滤毒罐使用后，罐内滤毒剂吸附毒气的状况逐渐由底部上升，越下层越浓，到达滤毒剂顶端时，滤毒罐便失效。从开始使用到失效为止中间时间即有效防护时间。判断是否失效方法：①靠主观嗅觉：发现异样嗅觉时，即为失效。但对剧毒或无气味的毒气则不能用此法。②用称重量法：滤毒罐由于吸入湿气和有毒物，罐重增加，超过重量的即为失效。③摇晃滤毒罐，听是否有声音。有则为松剂失效。

（2）自然供风长管式防毒面具适用于常压的设备内作业范围；压力供风长管式防毒面具适用于任何场合和环境。

注意事项：长管式防毒面具的入口管应放置在上风向空气新鲜的地方，长管不适宜过长，要在监护人员的监视范围内，把管子拉直，防止打结、挤压而影响供氧。

判别长管式面罩是否好用方法：使用者戴好面具后，用手堵住进气口，同时用力吸气，若感到闭塞不透气时，说明面具基本是气密的，否则应用手捏法逐段检查罩体、呼气阀门、导气管是否漏气。

（3）空气呼吸器适用于任何场合和环境。

注意事项：①使用呼吸器前要检查呼吸器的面罩、气源导管、气瓶及背架，确认完好方可使用。②佩戴呼吸器后做深呼吸试验，扣紧头上紧固胶带，确认不漏气，并查看压力表，空气压力不低于额定压力的80%（压力不少于24MPa）。③报警笛好用。④佩戴空气呼吸器进入作业区作业，当呼吸器内气体压力小于4.0MPa时，呼吸器会发出警报，此时必须迅速逃离作业区。

41 装置哪些地方存在 H_2S 较多？

装置生产区内存在 H_2S 较多地方有：高分酸性水各排凝，低分脱水口，回流罐酸性水排放口，酸性液态烃采样口，循环压缩机酸性油再生罐周围，循环氢采样口，污水汽提区等。

42 装置里发生人员 H_2S 中毒处理程序是什么？

① 班长接到告知，马上指挥人员佩戴好空气呼吸器进行"双人救护"，并安排作紧急停工，立即向主任及有关方面报告。

② 两人佩戴好空气呼吸器迅速将中毒者救离现场，移到空气新鲜、流通的上风地方进行现场救护。

③ 将中毒者上衣钮扣、紧身衣物和裤带松开，清除口中污垢。

④ 用仰头抬颈法打开气道并保持呼吸道畅通。

⑤ 因中毒者呼吸、心跳已经停止，要争分夺秒对中毒伤员进行"心肺复苏术"（注意按压位置准确，用力稳健有力、均匀，避免用力过猛导致骨折），直到移交给医务人员（附急救知识："心肺复苏胸外压"频率：80 次/min；压深 4～5cm，现场抢救必须在 5min 内完成）。

⑥ 其他人员同时打电话向职工医院或消防气防中心求助。

⑦ 同时派人至路口为救护车引路。

43 什么是人工呼吸？什么叫现场急救方法？

人工呼吸就是在中毒者呼吸停止时，救护者对病人口对口（鼻）进行人工呼吸的急救方法。现场急救方法：主要是对患者进行人工呼吸和胸外心脏挤压法的急救方法。

急救方法：首先将中毒者转移到安全地带，解开领扣，使其呼吸畅通，让病人呼吸新鲜空气，若出现呼吸困难或呼吸停止，应立即进行人工呼吸，病人仰卧，面部敷以二层纱布或一层手帕，急救者一手托起病人下颌使头后仰，口张开，另一手捏紧病人鼻孔，以防止气体由鼻孔溢出。术者深吸一口气，紧贴病人口部用力吹入，然后立即松开病人鼻孔，以使其胸部和肺自行回缩将气体排出，反复进行，每分钟 12 次。如吹气时病人胸廓扩张，并能听到肺泡性呼吸音，说明是有效。心脏骤停应立即进行胸外心脏按摩术。

44 噪声控制的基本途径是什么？

① 降低声源噪声：改造生产工艺和选用低噪声设备；提高机械加工及装配精度，减少机械振动和摩擦产生的噪声；对高压、高速气流要降低压差和流速，或改变气流喷嘴形状。

② 在传播途径上控制：在总体布局上合理设计，将主要噪声源远离安静的车间、试验室和办公室；利用屏障阻止噪声传播；利用声源的指向性特点来控制

噪声，将各排汽放空口指向天空及旷野。

③ 对接受者进行防护：对工人进行个人防护，如配带耳塞、耳罩、头盔等用品；采取工人轮换作业，缩短工人进入高噪声环境的工作时间。

45 加氢裂化装置设计中如何防止噪声？

装置内的噪声源主要有压缩机及其相应的驱动机、机泵、空冷器及加热炉等。相应采取以下措施降低噪声。

① 机泵尽量选用噪声低的电机。空冷器选用噪声低的风机，使噪声控制在85dB 以下。

② 加热炉的喷嘴及风道部分采用保温隔声材料。

③ 压缩机的厂房设计中，考虑设置隔音值班亭降低噪声。

④ 加氢进料泵、新氢压缩机配用的大型电机均加消音罩。

⑤ 凡易产生噪声的各排放点均设置消音器。

46 防雷防静电相关术语及防范措施是什么？

雷电是积累大量电荷的云层相互接近到一定的距离，发生激烈的放电现象；放电时出现耀眼的闪光，同时因放电温度高达20000℃，造成空气受热急剧膨胀，产生轰鸣，这就是闪电和雷鸣。

雷电的危害：①高电压产生高压冲击波，损坏电气设备，造成停电，火灾爆炸；②高电流产生高热能，损示电气电线，引起火灾爆炸；③高电流通过被击物时，其间隙气体剧烈膨胀，被击物受损或爆裂。

防范雷击的措施：①装设避雷针；②装设避雷线；③采用避雷网或避雷带。

静电是由两种不同的物体相互接触摩擦、感应等而产生的电荷。

静电的危害：炼油过程产生的静电，如果电压较高时会影响安全生产，使人体遭受雷电击，并引起火灾爆炸。

静电引燃的界限：静电非导体的引燃电位约30kV。国家标准《防止静电事故通用导则》中5.2.3 条指出，静电非导体的电位低于15kV 时，不会引燃最小引燃能量大于0.2mJ 的可燃性气体。但有些情况下，产生引燃的界限还要小，有的标准规定约5kV。防止人体遭受静电非导体电击的带电电位约10kV 以下。

静电对人体的影响：若人体静电超过2~3kV，当人接触接地金属时则会产生静电电击，若静电电压很高，则会对人体心理和生理造成一定的影响。

接地是防静电中最基本的措施，主要是将设备或管道等金属导体与大地进行电气上的连接，使金属导体上的静电泄入大地，与大地接近同电位。

下列场所或情况应做静电接地：凡爆炸、火灾危险场所内可能产生静电危险的设备和管道，均应采取静电接地措施。

静电接地注意事项：①连接的支、干线与接地体等处，应采用螺栓紧固法相连接；②在设备或管道的金属体的一定位置上设有专用的接地连接端板，在"端板"与接地支线之间，加挠性跨线用螺栓紧固法连接；③设备、管道用金属法兰连接时，其接触电阻不大于10Ω，可以认为接触面之间有足够的静电导通性，在一般情况下，可不另装跨接线；④每年应对各固定设备接地电阻进行1次测量，并建立测量数据档案，如果被测设备电阻值不符合规定，立即检修。

设备、管道上静电接地连接点位置的选择：不受外力伤害；便于检查维修；便于与接地干线相连；不妨碍操作。

为防止人体静电危害，着装应注意在爆炸危险场所不应穿易产生静电的服装和鞋靴。

47 什么是电流伤害事故？

电流伤害事故即触电事故，说得准确一些应是人体触及电流所发生的事故。在高压触电事故中，往往不是人体触及带电体，而是接近带电体至一定程度时，期间击穿放电造成的。电流通过人体内部的触电叫电击；电流的热效应和机械效应对人体的局部伤害叫电伤。电伤也属于触电事故，但与电击比较起来，严重程度要低一些。

为了避免电流伤害事故的发生，操作人员必须加强电气设备安全技术知识的普及，自觉地按章办事。在危险高压区应设置醒目的安全警告标志，严格执行石化总公司人身安全十大禁令的有关规定。表8-5列出了电流强度大小对人体的影响关系。

表8-5 电流强度大小对人体的影响

电流强度/mA	对人体的影响	
	交流电（50Hz）	直流电
0.6~1.5	开始有感觉，手指麻刺	无感觉
2~3	手指强烈麻刺，颤抖	无感觉
5~7	手部痉挛	热感
8~10	手指剧痛，勉强可以摆脱电源	热感增多
20~25	手迅速麻痹，不能自立，呼吸困难	手部轻微痉挛
50~80	呼吸麻痹，心室开始颤抖	手部痉挛，呼吸困难

48 触电急救的要点是什么？安全电压的临时灯有几种？使用范围是什么？

触电急救的要点是迅速使触电者离开电源，然后根据触电者的具体情况，进行相应的救治。安全电压的临时灯有三种：12V、24V、36V。12V 用于潮湿或设备容器特别危险的工作场所，24V 和 36V 是手提式的，一般临时用的安全灯。

49 加氢裂化装置安全联锁系统的检测部分的注意事项是什么？

① 尽可能减少中间环节。在满足精度要求下，优先采用开关接点信号进入安全联锁系统的逻辑运算部分。选择压力、差压或温度开关时，应使其给定值在测量范围分为三等份的中间的 1/3 范围，这样仪表有较好的灵敏度及寿命。

② 独立设置原则。重要的联锁信号，其检测部分应与监控分开。包括测量管道及一次阀。当然逻辑运算更应与执行控制功能的部件分开。

③ 重要的参数采用三取二表决式。有三个测量信号进入逻辑判断单元，最终输出与三个信号中两个一致的信号作为此参数的输出信号。这样既能满足操作稳定的要求，又能保证安全。

50 加氢裂化装置除了具有一般装置的安全设施外，还具有哪些特殊安全防范设施？

① 两套紧急泄压放空系统(2.1MPa/min、0.7MPa/min)；

② 联锁自保系统；

③ 固定式及便携式可燃气、硫化氢检测报警仪；

④ 火警报警系统；

⑤ 双套电源供电系统和 UPS 系统。双套电源供电系统可以大大提高供电装置用电属一级负荷。循环氢压缩机、补充氢压缩机、原料油泵、高压空冷器、塔顶回流泵这类重要设备属一级负荷。而控制室某些仪表或检测报警器应属特别重要的负荷，要设置应急电源(UPS 系统)。

⑥ 高温高压法兰安装低压蒸汽环形保护圈管，管上钻有1~2mm的小孔。一旦发生泄漏，可打开蒸汽，喷出的蒸汽成雾状覆盖泄漏处，既可隔绝空气，又可降低漏出气体的温度和稀释氢气的浓度。

51 紧急泄压选用 0.7MPa/min、2.1MPa/min 的原则是什么？是否装置的总压不同也随之有所变化？放火炬的泄压管如何选择？

0.7MPa/min、2.1MPa/min 都是工业装置泄压通常采用的标准，是经验值，是10MPa 压力以上联化油均选用这个标准，不随总压而变化。0.7MPa/min 是为了很快地将装置压力泄掉的安全保护设施，若采用 0.5MPa/min 或 1.0MPa/min 也不能说就不行。

2.1MPa/min 是当反应床层发生严重超温时采用的保护设施，紧急泄压系统最快速泄压通常限制在泄压的第一分钟泄压约 2.0MPa。第一分钟泄压速度不能>

2.1MPa，泄压速度过快，整个高压系统的压差突然增大，对设备特别是由于对反应床层施加的压力很大，故对反应器内部结构支架等有损伤。还应指出在设计内部结构支架时，要把催化剂和固体沉积物的重量，以及启动 2.1MPa/min 时对床层施加的压力一并计入。

52 加氢裂化装置主要联锁有哪些？

加氢裂化装置主要有以下联锁系统：①装置紧急停工及紧急泄压联锁系统，包括 0.7MPa/min 和 1.4MPa/min 紧急泄压系统；②循环氢压缩机安全联锁，一般包括：润滑油压力低低、密封油高位油罐液位低低、汽轮机轴位移过大、压缩机轴位移过大、汽轮机进汽侧振动过高、汽轮机排汽侧振动过高、压缩机进气侧振动过高、压缩机排气侧振动过高、压缩机组超速、压缩机入口缓冲罐液位高高、压缩机入口切断阀（电动或气动）关闭、压缩机出口切断阀关闭等，均能导致循环氢压缩机停运；③新氢压缩机停机联锁；④高压反应进料泵停泵联锁；⑤反应加热炉停炉联锁，包括：加热炉入口流量低低、加热炉出口原料温度高高、燃料气压力低低、反应进料泵停运、循环氢压缩机停机、停仪表电等会导致联锁停炉；⑥冷、热高分液位低低联锁；⑦循环氢脱硫塔液位低低联锁；⑧原料油流量低低联锁；

53 什么是安全阀？常用的安全阀有几种？

为了保证安全生产，要求某些阀门在介质压力超过规定数值时，能自动打开排泄介质，防止设备或管路破坏；压力正常后又能自动闭合，具有这种作用的阀门叫安全阀，最常见的有弹簧式安全阀，还有脉冲式安全阀和杠杆式（即重锤式）安全阀。

弹簧式安全阀的作用原理：弹簧力与介质作用与阀芯的正常压力相平衡，使密封面密合；当介质压力过高时，弹簧受到压缩，使阀瓣离开阀座，介质从中泄出；当压力回到正常时，弹簧又将阀瓣推向阀座，密封面重新密合。

杠杆式安全阀是一种古老的阀门，它依靠杠杆和重锤来平衡阀芯的压力。通过重锤在杠杆上的移动，调整压力大小。这种阀较弹簧式安全阀笨重而迟钝，但因无弹簧，不怕介质热影响，目前多用于某些压力较低的小型锅炉上。

脉冲式安全阀是一个大的安全阀（主阀）与一个小安全阀（辅阀）配合动作，通过辅阀的脉冲作用带动主阀的启闭。大的安全阀较迟钝，小的较灵敏，将通过主阀的介质与辅阀连通，压力过高时，辅阀启开，介质从旁路进入主阀下面的一个活塞，推动活塞将主阀打开，压力回降时，辅阀关闭，主阀活塞下的介质压力降低，主阀芯也跟着下降密合，这种安全阀结构复杂，只有在通径很大的情况下才采用。

安全阀按阀芯开启高度与阀座通经之比，划分为微启型和全启型两种。

全启型安全阀盘升启高度大于喷嘴直径的 1/4，泄放量大，适用于气体和液体介质。微启型安全阀盘升启高度为喷嘴直径的 1/40～1/4，泄放量小，适用于液体介质。

按结构安全阀可划分为四种：①封闭式和不封闭式，封闭式用于易燃、易爆或有毒介质；②带扳手和不带扳手，扳手用于检查阀盘灵活程度；③带散热片和不带散热片，带散热片的用于介质温度大于 300℃；④有风箱和没有风箱　有风箱的属于平衡型安全阀，用于介质腐蚀性较严重或背压波动较大的情况。

安全阀在使用中有应按下面规定执行：①经校验合格的安全阀必须加铅封。②容器或管道与安全阀之间有阀门时，阀门必须全开加铅封。③安全阀定压值最大不得超过容器设计压力。④运行中起跳的安全阀，必须分析其起跳原因，必要时应重新定压。⑤安全阀上的铭牌，定压牌不得擅自取下，安全阀上应有安装位置的标记号，安装时必须对号，不得错用。⑥安全阀必须一年一校。

54　加氢裂化装置开停工时容易出现哪些危险？

（1）开工时容易出现的危险：

① 加氢裂化反应是强放热反应，反应速度受温度强烈影响，致使加氢裂化反应器在短时间内会出现温度"飞温"。由于新催化剂活性强，因此要特别注意新催化剂开工控制好反应温度。

② 设备升温期间热膨胀和热应力会使法兰和垫片接点处有小的泄漏。当发生这样泄漏时，应在泄漏处放蒸汽软管，使油气吹散，这样可在连接点紧好前，防止发生着火。泄漏处可用超声波检测或在法兰处用肥皂水或气体检测器检查，为了使热膨胀的危害减到最小，一般加热速度不应超过 25℃/h。

③ 空气还未除去之前，决不允许引进烃类到工艺管线容器中，在引入烃类原料前，所有设备必须用惰性气体或蒸汽置换。

④ 热油决不允许加到即使只含少量水的系统中，反应器系统用循环热气体干燥，分馏系统气密试验后，用气体加压后要将液体排干，系统里留有水先用冷油冲洗，然后在循环期间用热油冲洗，从容器的底部、管道的低压以及泵处排放。

⑤ 新鲜原料缓冲罐和分馏部分的所有容器没有按真空设计，这些设备用过蒸汽后，决不允许让其关闭着，设备冷却时因为蒸汽冷凝会造成容器内真空，关闭蒸汽前采取措施严防产生真空。

（2）停工时容易出现的危险：

① 当催化剂床层温度高于 80℃（175 ℉）时，绝不能用供风来帮助催化剂床层

降温，这是为了避免在催化剂床层上的燃烧和羰基镍的形成(因为催化剂含有镍)。

② 在打开的盲板两侧都应保持氮气正压。

③ 在全面停车期间，加热炉炉膛温度必须维持在205℃(400 ℉)，以保护炉管，或按特殊程序的要求进行中和。

④ 任何奥氏体不锈钢设备在打开接触空气前都必须按照按特殊程序的说明用纯碱溶液中和。

⑤ 分馏部分在设备打开前必须排液和蒸汽吹扫。建议塔和塔顶罐在接触空气前用水彻底冲洗，以避免塔壁上的硫化亚铁锈自燃。

55 在什么情况下需要采用纯度为99.9%的氮气？为什么事故处理时吹扫用的氮气纯度要保证？

在下列四种情况下需要采用纯度为99.9%的氮气：①催化剂硫化时紧急减压后冷却反应器；②紧急减压后吹扫反应系统；③紧急减压后将反应器冷至220℃；④催化剂再生后反应系统漏进空气造成局部燃烧时。

事故用氮要求含量达99.99%是因为事故用氮目的是降低反应器温度，一旦纯度不够，将氧气等带入反应器，将使硫化态的催化剂迅速发生氧化反应，导致床层温度迅速上升使床层超温，事与愿违。研究表明循环气中带入1%的氧，床层温升可升高115℃。因此必须严格控制事故氮气中氧含量。另外氢气和氧气的混合物爆炸极限的范围很宽也很危险。

56 停工检修中填料型减压塔内着火原因是什么？如何预防？

装置停工时，填料型的减压塔各集油箱和塔底油抽完后，虽然进行了规定的蒸塔和水洗，但在减压塔壁、塔内填料上的少量残油、焦质和硫化亚铁自燃造成填料着火，或塔内动火时引燃着火造成事故，有的甚至造成局部填料烧结被迫更换。

为解决这一问题，可装配减压消防专用水线，在每层平台和人孔均可接胶皮管，定期向塔内填料喷水，可使填料降温，一旦发生火情，监护人员立即用水扑灭；也可保证塔内检修人员的安全，即所谓"湿式检修"。而塔内蒸汽消防可解决塔内临时灭火，但不能使塔内降温，而且在检修时塔中有人干活是绝对禁止向塔内吹汽的，否则容易造成人身事故。所以一般采用消防冷水灭火，降温为宜。

目前国内有的加氢裂化装置为预防填料着火，在打开人孔之前，用专用药剂对塔进行清洗，冲洗填料、油污和硫化亚铁，有效地减少填料着火的可能性。

57 风开、风关阀的选用原则是什么？

调节阀是风开还是风关，主要从安全角度来选择，考虑到不同工艺条件下安全生产的需要，即一旦发生故障(仪表风中断)后，调节阀的位置(设备)处于较安全的状态，例如，容器的压控阀一般选用风关阀，在事故状态时(仪表风中断)，调节阀全开，不会造成容器超压。容器和塔器的液控阀，一般选用风开阀，在事故状态时，调节阀关闭，保持容器和塔的正常液位，以避免泵抽空和窜压。

58 压力容器常见的破坏形式和特征有哪些？怎样判断这些破坏事故的原因？

压力容器常见的破坏形式共五种：

(1) 塑性破坏。容器因压力过高，超过材料强度极限，发生了较大的塑性变形而破裂，叫塑性破坏。其特征：①产生较大的塑性变形，对圆筒形的容器，破裂后一般呈两头小中间大的纺梭裂状，容积变形率(或叫增大率)可达 10%～20%；②断口呈撕裂状，多与轴向平行，一般呈暗灰色的纤维状，断口不齐平，与主应力方向成 45°角，将断口拼合时，沿断口间有间隙；③破裂时一般不产生碎片或只有少量碎片；④爆破口的大小随容器的膨胀能量而定，膨胀能量大(如气体特别是液化气)，裂口也大。

发生塑性破坏事故的主要原因：①过量充装，超压运行；②磨损、腐蚀使壁厚减薄；③温度过高或受热。

(2) 脆性破坏。容器承受较低的压力，且无较大的变形，但由于有裂纹等原因而突然发生破裂，这种破坏与生铁、陶瓷等脆性材料的破坏相似，叫脆性破坏或低应力破坏。其特征：①没有或只有很小的塑性变化，如将碎片拼合，其周长和容积与爆破前无明显差别；②破坏时常裂成碎片；③断口齐平，断面有晶粒状的光亮，常出现人字形纹路，其尖端指向始裂点。而始裂点往往是有缺陷处或形状突变处；④大多发生在较低温度部位；⑤破坏在一瞬间发生，断裂的速度极快。

发生脆性破坏事故的主要原因：①材料在低温下其韧性会下降，因而发生所谓"冷脆"，即低温脆裂；②焊接或裂纹会使应力高度集中，使材料塑性下降而引起脆裂；③其他如加载速率过大，外力冲击和震动，钢材中含磷、硫量过高。

(3) 疲劳破坏。疲劳破坏是金属材料在反复的交变载荷(如频繁的开停车运行中压力温度大幅度变化等)作用下，在较低的应力状态下，没有经过明显塑性变形而突然发生的破坏。通过试验发现，当材料受到交变应力大于一定数值，并且交变次数达到一定值后，就会在有缺陷或应力集中的地方出现裂缝。这种由于交变应力而出现裂缝的现象，叫作材料的疲劳。当裂缝逐渐扩大，到一定时候就突然破坏，即疲劳破坏。其特征：①破坏时的应力一般低于材料的抗拉强度极限；②最易发生在接管处；③断口有两个明显区域，一个呈贝状花纹，光亮得如细瓷断口，叫做疲劳裂纹扩展区；另一个是最后断裂区，一般和脆性断口相同；

④一般使容器开裂，泄漏失效，而不会飞出碎片。

发生疲劳破坏的主要原因：①频繁地反复加压和卸压；②操作压力波动幅度较大，常超出设计压力的20%以上；③容器的使用温度发生周期性变化，或由于结构、安装等原因，在正常的温度变化中，容器或其部件不能自由地膨胀或收缩。

（4）蠕性破坏。容器材料在高于一定的温度下（如碳钢工作温度超过300～350℃，低合金钢温度超过350～400℃），受到应力作用，即使应力较小，也会因时间增长而缓慢地产生塑性变形，使截面变小，发生破坏，此种破坏叫蠕变破坏（一般来说，如果材料的使用温度小于它的熔化温度的25%～35%，则可以不考虑它的蠕变）。其特征：①破坏时具有明显的塑性变形；②破坏后，对材料进行金相分析，可发现金相组织有明显变化（如晶粒长大，钢中碳化物分解为石墨，出现蠕变的晶间裂纹等）。发生蠕变破坏的主要原因是由于设计时选材不当或运行中局部过热。

（5）腐蚀破坏。腐蚀破坏指金属表面在周围介质的作用下，由于化学（或电化学）作用的结果产生的破坏。腐蚀破坏产生的方式大致可分为四种类型：均匀腐蚀、局部腐蚀、晶间腐蚀和断裂腐蚀。影响腐蚀速度的因素很多，如溶液的酸碱性、氧气、二氧化碳、水分含量、温度、介质流速、金属加工状况、材料表面光洁度、热负荷等。由于腐蚀类型不同，造成破坏的特征各异，一般特征是：①均匀腐蚀破坏使壁厚减薄，导致强度不够而发生塑性破坏；②局部腐蚀会使容器穿孔或造成腐蚀处应力集中，在交变载荷下，成为疲劳破坏的始裂处；也有因腐蚀造成强度不足而发生塑性破坏；③晶间腐蚀与断裂腐蚀属低压破坏，晶间腐蚀会使材料强度降低，金属材料失去原有金属响声，可经验查发现；④腐蚀破坏和介质物化性质、应力状态、工作条件等有关，需根据具体情况，具体分析。在各种腐蚀中，以晶间腐蚀和断裂腐蚀最危险，因为它不易引起金属表面的变化，同时又主要是应力腐蚀所造成的，不易察觉。

59　从安全方面考虑，为什么多采用 DMDS 做硫化剂？

通常含硫量较高的有机硫化物都可以作为硫化剂，如硫化氢（H_2S）、二硫化碳（CS_2）、甲基硫醇、乙基硫醇、二甲基硫（DMS）、二乙基硫（DES）和二甲基二硫（DMDS）等。

（1）从安全考虑，DMDS 在安全操作方面是最佳的硫化物。与上述各种硫化剂比较，DMDS 具有最高沸点、闪点和自燃点（见表8-6）。DMDS 是有特殊醚味的无色液体，在水中溶解度为2%，容易燃烧，燃烧极限为2.2%～19.7%，自燃温度为339℃。DMDS 有轻度毒性，对皮肤刺激不大，但可以使眼睛产生刺激性疼痛，误吞咽了 DMDS 则应喝大量水并催吐，接触此物时应戴好橡皮手套和护目镜。

表 8-6　不同硫化剂的比较

项目	硫含量/%	沸点/℃	闪点/℃	自燃点/℃
二甲基二硫	68	109	16	≥300
二甲基硫	52	37	≤0	206
二乙基硫	36	92	≤0	≥300
H_2S	94	≤0	≤0	260
CS_2	84	46	≤0	100
甲基硫醇	67	8	≤0	≥300
乙基硫醇	52	35	≤0	≥300
非活性进料原料	2~3			

值得指出的是 DMDS 沸点高，蒸气压较低，因而具有许多实际的好处。二甲基硫通常亦被认为是安全的硫化剂，但它的沸点低，蒸气压高，在空气中的浓度过大，抵消了它的优点。此外人体吸收 DMDS 危险性也比二甲基硫低。H_2S 和甲基硫醇是有毒的化学品；二硫化碳是高危险性化学品，易燃。

（2）二甲基二硫的另一个优点是分解温度低，且分解后只产生少量不饱和烃，不会造成积炭。而乙基硫醇、二乙基硫和长碳链含硫化合物则会产生积炭。

二甲基二硫是淡黄色液体，有难闻臭味，无腐蚀性，可存放在碳钢容器中；但和所有有机硫化物一样，应该避免与铜和铜合金接触。

二甲基二硫是一种强溶剂，可溶碳氢化合物，并能溶解或导致树脂及塑料的溶胀，因此只能与聚四氟乙烯或聚二氟乙烯或氟橡胶制品接触。

操作中应按可燃物及化学品的规则，戴口罩、手套及防护镜；排放时不可放入小水道或空气中；如果从容器中溢出须用氧化剂中和，通常 1mol 二甲基二硫可用 20mol 次氯酸钠中和。

60　二乙醇胺（MDEA）的性质是什么？操作人员如何进行防护？

MDEA 是无色黏稠液体，有类似氨的气体，呈碱性，能溶于水、乙醇和丙酮，具有吸收作用，能吸收空气中的二氧化碳和硫化氢，MDEA 闪点高，但是剧烈受热后会形成爆炸性混合物，碰到受热面或明火会着火。MDEA 碰到眼睛会导致严重伤害，碰到皮肤可产生皮痒和刺激性疼痛，此时应用水冲洗，对中毒人员应移至新鲜空气处，如停止呼吸则应进行人工呼吸，在接触 MDEA 时，操作人员应戴好护目镜、橡皮手套，并穿好胶鞋。

61　为什么说液化石油气的破坏性强?

液化石油气的爆炸速度为 2000～3000m/s，火焰温度达 2000℃，闪点在 0℃以下，最小引燃能量都为 0.2～0.8MJ，在标准情况下 1m³ 石油气安全燃烧，发热量高达 104500kJ，由于燃烧值大，爆炸速度快，瞬间就会完成化学性爆炸，所以爆炸的威力大，其破坏性也就很强。

62　为什么说液化石油气具有冻伤危险?

液化石油气是加压液化的石油气体，贮存于罐或钢瓶中，在使用时又由液态减压汽化为气态，一旦设备、容器、管线破漏或瓶阀崩开，大量液化气喷出，由液态急剧减压变为气态，大量吸热结霜冻冰，如果喷到人身上，就会造成冻伤。

第二节　事故处理

1　加氢裂化事故处理总则是什么?

① 加氢裂化反应总体上是属于放热反应，加氢裂化反应放出的大量热必须及时被带出反应器，也就是说催化剂床层必须达到生热率和释热率平衡。当释热率小于生热率时，将会导致床层异常温升，温升反过来加速加氢裂化反应和生热率，这些反应是连锁的无止境的，会导致催化剂严重结焦损坏甚至毁坏反应器或产生灾难性的恶果。所以任何时刻都必须十分注意监视反应器的温度变化，当出现异常温升时应想尽一切办法把温度控制住。如果飞温得不到有效控制就必须立即启动 0.7MPa/min 或 2.1MPa/min 紧急放空系统，降低反应压力和温度。

② 加氢裂化装置具有高温、高压、临氢的特点，如果出现突发事故发展非常迅速，不允许拖延时间。若车间领导不在现场，当班班长有权不请示车间即可作紧急处理(但应联系生产管理部门)。事故发生时，班长应在最短的时间内迅速摸清事故原因，及时处理，避免事故进一步扩大。

③ 凡启动 0.7MPa/min 或 2.1MPa/min 时应迅速检查程序系统是否真的动作，若失效应立即手动启用放空阀(2.1MPa/min)放空。如果放空阀因故不能开启，可以打开紧急放空阀副线或高分安全阀副线放空。

④ 2.1MPa/min 启动后，循环氢压缩机按程序停运，为了保护压缩机必须关闭进出口气阀，机体往火炬放空。降压一旦发生，立即把循环氢压缩机反飞动流量控制阀改手动关闭，确保循环氢全量循环，不允许循环氢走旁路。

⑤ 必须坚持"一泄到底"的原则(系统压力降至 0.5MPa)。

⑥ 一般事故的降温应关注前部床层温度，总体效果较好。

⑦ 事故处理 N_2 必须保证纯度(99.9%)。

⑧ 在故障处理中，必须遵守"先降温后降量"的原则。

⑨ 高压分离器和循环氢脱硫塔的液位必须加强监控，细心调节，严防高压串低压。

⑩ 在任何情况下都必须考虑反应器铬钼钢材质回火脆性对温度和压力限制的要求。

⑪ 在任何情况下(正常生产过程中)放空系统不能有存液，火炬线必须时刻保持畅通。

⑫ 事故处理的要点通常都集中在反应部分。在大多数情况下，调整的结果会在分馏部分造成混乱。建议在流量、转化率降低时仔细调节分馏部分的操作，尤其注意重沸器和进料加热炉。

⑬ 应当注意对奥氏体不锈钢设备的保护必须有效。必须采用适当防范措施阻止氧和液态水与任何含硫化物的奥氏体材料接触，杜绝连多硫酸的腐蚀。这些规定不应与其他紧急情况下采取的步骤冲突。

2 跟随在紧急泄压后的停车程序是什么？

① 当装置的压力达到或低于0.5MPa，将换热器和管线内残余的油排至分馏塔或污油系统。

② 装置继续向火炬泄压至低于0.5MPa，用氮气向反应器部分充压。氮气充压至反应器设计压力的20%、冷分离器正常操作压力的30%或循环氢压缩机开机所需的最低压力。

警告：除非催化剂床层温度全都低于150℃，否则装置不能在紧急泄压后用氢气重新加压。氢气重新加压能诱发裂化反应，并且在循环氢压缩机不运行时，裂化放热将会使反应器温度很快地上升到无法承受的高点。

③ 用循环氮气将反应器冷却至150℃。

④ 装置泄压，然后用氢气充压至设计压力。在加压期间，使氢气循环并将反应温度控制在150℃。

⑤ 维持装置准备开车。如果有一个反应器的温度降至最小受压温度或更低，应降低压力以服从回火脆性的要求，或将气体循环降至最小，同时加热炉应准备升温。

此外，如果任何一点床层温度开始升至175℃以上，应准备气体循环，严密监视温度。

注意：如果发生了严重的飞温，加氢裂化装置应完全停车并取出受影响的催化剂、筛分并重新装填。

3　反应器飞温的事故如何处理？

除非某些设备发生故障或操作失误，否则高的且继续升高的催化剂床层温度是不会发生的。导致飞温的原因可能有：①反应加热炉异常导致出口温度超高；②原料量及性质突变，新氢含 CO、CO_2 突增；③系统压降大，循环氢大量减少；④急冷氢调节失灵；⑤如果有循环油流程的话，循环油温度大幅变化或者循环油中断。

处理办法：

① 反应器内任一点出现异常温升，及时调节反应加热炉出口温度及急冷氢，降低反应器温度，使它回到正常状态。

② 如果反应器任何温度超过正常温度 15℃则要紧急降量，甚至切断进料，利用急冷氢阀尽快将各催化剂床层入口和床层温度冷却至开工进料前要求的温度。

③ 一般情况下，降温速度可慢些，标准的降温速度应为 2℃/5min。如果必要，降温速度可快些。

④ 如果 0.7MPa/min 放空都控制不了温度的急升，或者反应温度超过正常值28℃或达 425℃，启动 2.1MPa/min 放空，按紧急泄压程序处理。

4　为什么催化剂床层温度超过 860℃以后将无法降温？最终结果是什么？

加氢裂化使用的催化剂床层温度达到 860℃以后，催化剂的晶格结构将发生变化，这一变化是放热的，而且这一过程不同于燃烧和其他放热的化学反应，这些过程一旦改变条件就会停止，但这种结构变化一旦开始，就不会停止，直至晶格变化进行完全为止。并且放出大量热量，所以催化剂床层超过 860℃以后将会无法降温。所以如果催化剂床层温度达到 860℃，则催化剂的晶格会发生变化，并放出大量热量，最终会使催化剂烧结在反应器中。

5　为什么反应器任何一点温度超过正常值 15℃时应切断进料？

15℃是一个经验值，因为温度升高，会造成裂化深度增加，同时也加快了加氢反应的速度，使得反应热增加，形成恶性循环，易造成催化剂床层超温，这个时候必须立即切断进料使反应停止，防止超温现象的发生。

6　为什么规定原料中断时间超过 5min 就不能立即恢复进料？

正常操作时，原料中的氮在精致反应器中转化为氨，这些氨吸附在裂化催化剂上，抑制了催化剂的活性。进料终止后，氨就会从催化剂上解脱出来，时间越长，氨解吸量越大，催化剂的活性恢复得越高，如在这种情况下，重新进料，很可能发生过度转化导致床层超温。所以当原料中断超过5min后，只有把精制温度较正常温度降低15℃，裂化温度较正常温度降低30℃后，才能恢复进料。

7 循环油中断如何处理(循环油返回到裂化反应器入口)?

对于循环油返回加氢裂化反应器入口的流程来讲，循环油中断对反应操作的影响非常大，处理不当可能会造成床层超温甚至飞温。循环油中断后会出现：循环油流量表无指示、裂化反应器入口温度升高、循环油缓冲罐液面上升以及循环油泵停运灯屏开始报警。

循环油中断处理：①把加氢裂化反应器的温度降低到比正常低15℃；②若加氢裂化反应器中任一点温度超过正常操作15℃，全开冷氢仍无好转，应启动0.7MPa/min放空，装置切断进料；③若反应器任一点温度超过正常状态28℃，则启动2.1MPa/min放空，装置紧急停工；④降低循环油液位，保持平稳。

当加氢裂化反应器的温度和氢气流量稳定，加氢裂化反应器温度低于正常15℃后，检查反应系统有无泄漏，无漏点才能恢复生产，按要求启动循环油泵，恢复进料，同时按要求调整反应器温度以达到要求的总转化率。

8 新氢中断如何处理?

新氢部分中断时，由于新氢减少，反应系统压力会下降，应及时调整反应进料和反应温度，根据新氢减少的变化，将进料量调整到和供氢相平衡，维持低负荷操作。如果补充氢气大量减少，当氢耗大于补充氢能力时，压力会迅速下降。随着系统压力的减小，循环氢压缩机的能力将降低，反应温度的控制将变得更加困难，此时必须立即停止进料。具体处理方法如下：

(1) 如果部分中断，降低裂化温度以降低转化率和氢耗，尽快恢复反应压力。在压力恢复正常后，根据可利用的氢量调节裂化反应温度以获得合适的转化率。

(2) 如果补充氢完全中断，则必须停车，尽快降低反应温度并除去原料和循环油。在反应器进料除去后，按正常停车程序进行，尽量减少反应器部分的压力损失。

(3) 如果补充氢气压缩机停机(例如，电力骤降)，但压缩机能立即重新启动，则装置不必停车。尽快降低温度和原料量，使氢耗最小。补充氢气压缩机重启并尽可能恢复系统压力。

(4) 如果在压缩机重启前高压分离器的压力降至正常压力的70%以下，装置必须停车，以避免造成催化剂的过度结焦和失活。

如果出现整个装置停动力电后，除了与紧急发电机相连的设备(如果有)外，其他用电设备将全部停止，这种情况需要装置停车。

立刻会受到影响设备主要有：反应系统包括进料泵、新氢机、注水泵、高压空冷。分馏系统塔底泵、回流泵、产品泵和所有冷却风机。烟道鼓风机和引风机等。

循环氢压缩机和附属设备以及凝汽式透平或背压式透平不会立刻受到电力故障的影响，压缩机应尽可能维持运行。如果反应器流出物不能充分冷却、因冷却水泵停机不能充分冷却附属设备或蒸汽冷凝负荷不够，压缩机最终也必须停车。

处理办法：

① 反应器进料加热炉立即停运，留有少量长明灯。循环氢压缩机继续运转，用循环氢冷却反应器并带走催化剂上的油。

② 视催化剂床层温度上升情况，利用急冷氢阀尽快将各催化剂床层入口和床层温度冷却至开工进料前要求的温度。

③ 如果新催化剂处理原料的时间少于 15 天，或如果明确停车时间很长，将反应器冷却至 150℃并维持，直到装置准备开车。

④ 高压空冷停运后，循环氢压缩机入口温度会急升，尽量使其低于压缩机入口极限指标；注意监视高分的液位及压力，防止液位超高使循环氢压缩机停运或液位超低向低分窜压。

⑤ 密切监视调节反应器温度，如任一反应器最高点温度超过正常的 15℃，手动启动 0.7MPa/min 放空系统。如果反应器温度超过正常值 28℃或超过反应器设计温度，操作人员应启用 2.1MPa/min 泄压系统。

⑥ 启用 0.7MPa/min 或 2.1MPa/min 放空系统后，按紧急降压程序处理。

⑦ 如果装置是脱丁烷塔在前的流程，那么在停电时脱丁烷塔重沸泵会停运，随后产生的低流量将导致重沸加热炉停运。如果分馏塔进料加热炉的进料用泵输送，那么停电还会导致进料加热炉流量少，加热炉将会在低流量下停运。检查确保各分馏塔底重沸炉和分馏塔进料加热炉停运，留有少量长明灯。

⑧ 分馏塔超压时，必须放压至火炬。

⑨ 因停电油品可以留在各塔、容器内。用产品分馏塔、闪蒸罐和分馏各容器的液控阀维持各自的液面。必要时打开旁路阀，以保证液面控制。

⑩ 如果是全厂性停电，则要特别注意蒸汽、水、风的参数变化。

10 停蒸汽事故如何处理？

这里的停蒸汽事故的蒸汽特指循环氢压缩机驱动用的蒸汽，一般为 3.5MPa

中压蒸汽，但也有用高压蒸汽。

处理方法：

① 循环压缩机停运后，0.7MPa/min 放空系统自起动，各联锁设备自动停运。此时密切注视床层温度变化，如反应器任一点温度超过正常温度 28℃，或反应器温度超过 425℃，立即启动 2.1MPa/min 泄压系统，以后处理步骤按紧急放空程序进行。

② 高分保持自控，密切注视高分液面，防止液位超高使循环氢压缩机系统进油或液位超低向低分窜压。

③ 停中压蒸汽不意味着停 1.0MPa 蒸汽。停中压蒸汽时，1.0MPa 蒸汽如果不停，分馏部分按新鲜进料中断方案进行。

11 **停循环水事故如何处理？**

冷却水系统的故障是加氢裂化最严重的故障之一。将导致分馏塔顶挥发线后冷器、新氢压机的级间冷却器、产品冷却器、机泵冷却器失去冷却能力。最主要的是循环氢压缩机因润滑油系统无法冷却而被迫停机。处理方法按停中压蒸汽的处理方法和步骤进行。

处理办法：

① 联系紧急停运循环氢压缩机，0.7MPa/min 降压系统自启动，检查各联锁设备是否停运。

② 反应按停中压蒸汽的处理方法和步骤处理。

③ 分馏开大各空冷百叶窗，充分发挥空冷的作用，其余按停电的处理步骤进行。

12 **停仪表风事故如何处理？**

仪表风发生故障是加氢裂化最严重的故障之一，仪表风压力不足所有调节阀都将处于安全位置。

因为仪表风系统的减少，0.7MPa/min 泄压控制阀将自动处于故障开的位置，2.1MPa/min 泄压控制阀将处于故障关的位置。控制室内手动启动 0.7MPa/min 联锁按钮，停止反应加热炉、新鲜原料、循环油和新氢供应，保持最大循环氢循环量，快速将催化剂冷却至反应温度以下，减少了氢耗并使结焦最少。

如果仪表风减少影响到炼油厂的公用系统，蒸汽将会在很短的时间内减小。蒸汽透平驱动的循环氢压缩机不能保证供给反应器部分的气体循环量。

处理方法：

① 停运进料泵、循环油泵、新氢机。

② 各炉熄火，保留长明灯。

③ 尽可能维持循环氢压缩机的运转以冷却反应系统。

④ 反应器进料流出物换热器走旁路，避免吸收反应器流出物的热量。必须小心，不要超过反应器产品冷凝器的最高温度，将风机调节至最大冷却效果。

⑤ 如果仪表风全部停止，所有调节阀均处于关闭或全开状态，可以尝试改用调节阀上的手轮或旁路进行调节。

⑥ 用副线阀调节，保证高分的正常液位。注意低分压力严防窜压。

⑦ 要尽可能保证分馏塔的回流、必要时流量用副线控制，回流罐液位到低低限时停回流泵。

⑧ 维持各塔正常液位，当反应方面没有油来，而各塔液位正常时，改单塔循环，各炉进料量用上游阀控制。

⑨ 各塔各容器压力改排火炬线，用控制阀上的手轮或副线阀控制，维持正常压力。

⑩ 其余的处理方法和步骤均按停汽的处理措施进行。

13 氢气大量泄漏或火灾事故如何处理？

① 迅速查清发生泄漏的部位，一般来说高压高温设备泄漏的通常是高温氢气和烃类混合物的泄漏并同时着火，应立即报告上级领导和消防部门，立即启动紧急泄压系统(0.7MPa/min 或 2.1MPa/min 系统)，使压力迅速下降，以减少氢气的泄漏量。同时降温并切断原料油和新鲜氢气进入系统。

② 采取紧急泄压的同时，若是低温氢气泄漏没有引起着火，现场应考虑采取相应的保护措施防止氢气在局部积聚，如用蒸汽驱赶、掩护，防止进一步发生火灾事故。

③ 大量的高温氢气泄漏火灾事故的后果非常严重并且难以确定其发展方向。如果火灾持续扩大可能发生爆炸，应做好人员撤离工作。

④ 紧急泄压之后装置作紧急停工处理。

注意：不能使用二氧化碳和高压水等具有冷却作用的灭火剂来扑救高温、高压临氢设备、管道泄漏的火灾。因为高温部位的一些密封面可能会因不同材质在急剧降温时收缩程度不同引发更大的泄漏，使火情加重，甚至酿成灾难性后果。高压水在救火过程中仅限于用来保护其他冷态的设备，以减少火源产生的热辐射对它们的影响。

14 高分底排酸水手阀前穿孔大漏如何处理？

高分排水阀穿孔泄漏情况严重，立刻按紧急停工处理。

① 手动启动 0.7MPa/min，应迅速检查联锁程序系统是否真的动作。如果联锁设备没有动作，人工处理。

② 注意监视高分的液位及压力，防止液位超高使循环机停运或液位超低向

低分窜压。如果有循环氢脱硫系统，切出循环氢脱硫系统，注意监视循环氢脱硫塔的液位，关闭循环氢脱硫塔液控手阀，防止液位超低高压串低压。

③ 设置现场警戒线，防止无关人员误入有毒区。

④ 注水泵不能停，确保泄漏点有水漏出，阻止大量油气跑出。

⑤ 利用附近的消防炮打水压住泄漏点。

⑥ 当系统压力接近1.0MPa时，组织停运循环机，关闭其进出口气动阀，机体内氢气缓慢往火炬放空。

⑦ 关闭新氢机和高压泵出口阀，低分瓦斯改放火炬。

⑧ 分馏和脱硫的操作按停新鲜进料处理。

⑨ 联系生产管理部门，引氮气(氮气纯度：99.9%以上)置换反应系统的可燃气体。

⑩ 注意观察火炬线排放情况，如果发生剧烈震动，联系生产管理部门处理。

⑪ 当只有在各反应器的温度至少比正常操作温度低30℃时，压力降到微正压时才可关掉放空阀。

15　新鲜进料中断如何处理?

可能的原因：高压进料泵故障；原料油罐区、装置内或外原料油线故障；程序控制失灵。现象：①进料量大幅度下降，直至回零。②原料和反应产物换热器管程温度上升，精致反应器入口温度突升。③高分油位下降。

如果新鲜进料大幅减少或中止，进料的突然减少会发生两件事情导致裂化反应难于控制。首先，系统中氨的来源消失。由于向反应流出物中的注水仍然继续，循环氢中残余的氨会被冲洗走，而催化剂上也会有更多的氨被除去，因而提高了裂化催化剂的活性。其次，反应器进料加热炉可能不会迅速减小热量来保持反应器入口温度稳定。入口温度升高，催化剂上残余了足够的油继续反应，并导致反应器温度进一步升高。

因此，应当遵循下面的程序：

① 进料泵联锁停车应自动关闭加热炉的燃料，如果没有联锁就人工立即关闭加热炉的燃料。不管是反应进料泵停车还是原料供给中断，都要确认在冷氢的作用下快速将精制反应器和裂化反应器温度降至低于正常操作温度28℃，通常情况下用循环氢冷却反应器到开车进料前需要的温度，应注意的是优先冷却裂化反应器。

② 如果有循环油流程的停止裂化反应器的循环油进料。

③ 高低分维持正常液位，低分尾气改放火炬，减少对脱硫系统的影响。

④ 如果裂化催化剂(新鲜或再生的催化剂)少于30天开工时间或停车时间

长，不要重新开进料泵，应把系统压力、温度降低至新催化剂开工前的状态。特别要注意 Cr-Mo 钢回火脆化温度限制，维持氢气循环等待开工。

⑤ 如果裂化催化剂(新鲜或再生的)使用期已超过 30 天，进料泵能在 5min 内重新启动的，可恢复操作。重开循环油泵，把反应器温度逐渐提至正常状态。否则把温度降低至新催化剂开工前的状态，维持气循环待命。

⑥ 严密监测所有反应器和催化剂温度。如果温度超过正常温度 15℃，立即启动 0.7MPa/min 紧急降压系统。

⑦ 如反应器温度无法控制而上升超过正常值 28℃ 或达到 425℃，则启动 2.1MPa/min 降压系统。

⑧ 根据需要决定是否停新氢机。维持循环氢压缩机的正常运转。用循环氢冲洗管线、换热器和反应器。

⑨ 分馏炉子逐步降温至 200~250℃，联系生产管理部门把产品改入不合格线，注意排未转化油。

⑩ 保证分馏各塔回流，控制好顶温，当各回流罐无法保证正常液面时，停回流泵，保证各回流罐的液位，等待开工。

⑪ 各塔顶回流罐瓦斯气改去火炬，脱硫干气、酸气改至火炬。平衡好各塔的正常液位，改单塔循环等待开工。

⑫ 侧线泵抽空即停泵，尽可能关小重沸器的热源。脱硫部分各塔维持压力，保证循环正常进行，等待开工。

⑬ 其余按正常停工处理。

16　进料加热炉爆管如何处理?

加氢裂化装置加热炉的炉管故障是一件非常严重的紧急情况，这会导致氢和烃类在高压下失控泄放。首先要保护人和设备，使其受到的伤害最小。通过停止工艺管线向加热炉中的供氢和油，并且向爆管处充蒸汽或氮气，避免从工艺管线和设备带入空气。

如果可能，进行下列操作:

① 启用 2.1MPa/min 泄压。

② 关闭所有通向加热炉的燃料供给和返回线，并向炉膛通入保护蒸汽。

③ 完全打开烟道挡板。

④ 停运并切断补充氢气和循环氢压缩机、反应器进料泵、反应器冲洗水注水泵。

⑤ 在系统泄压后，将临时氮气(蒸汽)软管接到加热炉两侧，吹扫至爆管处，以避免空气从爆管处反窜在系统内形成烃类的爆炸性混合物。如果必须穿过反应

器吹扫，吹扫介质只能应用氮气而不能使用蒸汽。不管怎样氮气都是保护催化剂和回路内奥氏体不锈钢管道和设备的首选。

⑥ 其余按停"中压蒸汽"处理。

⑦ 救火期间应注意硫化氢的防护。

17 反应注水中断有何现象？如何操作？

反应注水中断后出现下面情况：①高压空冷入口温度升高；②注意：由于中水中断后高压空冷内介质流速降低，高压空冷出口温度可能会出现下降现象；③注水流量指示为零；④循环氢中的 NH_3 及 H_2S 浓度升高；⑤反应温度下降；⑥长时间停注水，会使空冷铵盐析出堵塞，系统压降增大。

处理：①机泵故障，切换备泵维持生产；②供水中断，联系迅速供水；③如长时间停水，则降低进料或停进料；④短时间停水，排废氢适当提高反应温度，维持转化率及生产。一般反应停注水的时间不应超过 4h，恢复注水后，应保持最大注水量一段时间，能实现逐路分支进行注水的装置，可以逐路冲洗 10min。

18 高分液位过高或过低有何危害？如何处理？

高压分离器和低压分离器之间是高低压的分界线，高压分离器液位过高危及循环氢压缩机的安全，过低会窜压导致低分爆炸，因此高分液位是一个非常重要的控制参数。通常为了安全起见高分都设置低液位报警及低低液位安全联锁和高液位报警及液位过高安全联锁系统。

当高分液面过低，会导致高压气体因液封不足而被夹带至下游，造成低分压力波动甚至超压。高分液位高造成高分顶部分离空间减少，使得循环氢易携带液体，损坏循环氢压缩机。

可能导致高分液位大幅波动的原因有两个：①高分进油量大幅波动或突然中断。②测量仪表或调节阀故障。

在高分液位调节阀不能自动地有效控制高分液位时，处理办法主要是将高分液位改手动操作直到液位正常，或者在情况紧急时人工到现场盯住液面计用调节阀的上下手阀或副线阀控制。

19 设置进液力透平高分油紧急切断阀的作用是什么？

在装置处理量达到一定要求时，用液力透平回收一部分能量以减少装置的能耗，为确保能量回收透平的安全运行，在能量回收透平进口装有高分油紧急切断阀，在正常情况下，紧急切断阀处于全开位置，异常情况时紧急切断阀全关。

进液力透平高分油紧急切断阀的联锁条件：① 2.1MPa/min 紧急泄压系统启动；② 0.7MPa/min 紧急泄压系统启动；③ 高压分离器低低液位开关启动；

④ 液力透平超速；⑤新鲜进料泵停车信号；⑥ 循环氢压缩机停车。上述 6 项条件任一存在都会导致该紧急切断阀关闭，切断高分油进透平。

20　加氢裂化反应炉燃料气自保阀的作用是什么？

加氢裂化反应炉燃料气联锁阀及长明灯燃料气联锁阀，在正常状态时，两联锁阀均处于全开位置，如果因工艺有异常情况或相应的仪表故障，程序电路则切断电磁阀电源，使两台联锁阀切断燃料气，达到安全熄灭的目的。

反应炉燃料气紧急切断阀的联锁的条件：① 2.1MPa/min 手动泄压；② 0.7MPa/min泄压；③反应炉燃料气低低压力开关启动（或低低流量开关启动）；④ 精制反应器进口温度过高超过高限跳闸值；⑤ 进反应炉循环氢低低流量开关启动；⑥反应炉停炉按钮启动。上述任一条件存在，则紧急切断阀关闭，切断炉燃料气。长明灯的紧急切断阀只有当瓦斯低低压力开关启动时才联锁关闭。

当加热炉内发生爆炸或泄漏着火，加热炉管破裂等事故时，可以手动关闭燃料气紧急联锁阀，减缓事故的扩展。

设置该自保回路的作用：①防止反应炉燃料气压力低造成回火；②防止精制反应器入口温度高造成催化剂结焦烧死，缩短催化剂寿命；③防止炉出口流量低造成精制反应器入口温度高。

21　反应加热炉熄火后恢复点火的步骤是什么？

因联锁阀动作导致的加热炉熄火时，瓦斯可以马上恢复，按如下步骤进行：①首先用消防蒸汽吹扫炉膛 10~15min，在此之前应检查所有火嘴，长明灯手阀是否关严；②将瓦斯联锁阀复位打开，把瓦斯引到炉前；③调节好风门、挡板；④炉膛停蒸汽后立即点长明灯；⑤长明灯点完后点主火嘴。

因瓦斯管网瓦斯中断造成的加热炉熄火，瓦斯需要较长时间恢复，按如下步骤进行：①首先关闭所有火嘴、长明灯手阀（双阀），打开消防蒸汽吹扫炉膛直至点火前；②瓦斯重新恢复后，检查瓦斯压力将瓦斯联锁阀复位打开，把瓦斯引到炉前；③采样分析炉膛瓦斯含量应<0.5%（体积分数），若采样与点火相隔30min，应重新采样分析；④调节好风门、挡板；⑤炉膛停蒸汽后立即点长明灯；⑥长明灯点完后点主火嘴。

22　高压空冷管束穿孔如何处理？

① 根据实际情况，如果可能的话岗位人员立即关闭该台空冷器进出口手阀，并向操作室汇报，同时要及时向厂生产管理部门及车间领导或值班汇报。

② 关闭空冷器进出口阀后如果泄漏得到控制，岗位可以参考高压空冷出口温度（避免超过循环氢压缩机入口温度限制）及时调整装置处理量，等待进一步

处理。如果超过循环氢压缩机入口温度限制，导致必须停机的话，装置作紧急停工处理。

③ 若空冷器出现泄漏，切勿停运风机，防止泄漏气体向下蔓延。

④ 如果发现空冷器出现大量的喷漏导致失火，或可能导致失火的情况而影响到装置的人身和设备安全，立即向消防队及生产管理部门、车间领导或值班汇报，装置作紧急停工处理。

⑤ 新近开工的加氢裂化部分高压空冷没有进出口手阀，无法切除。必须立即向消防队及生产管理部门、车间领导或值班汇报，装置作紧急停工处理。

23　循环氢脱硫系统跑胺如何处理？

原因及现象：①液面看不清或仪表失灵导致实际液位超高。②塔压、循环量波动大，导致液面波动。③循环气量过大或波动或压缩机工作不正常。④胺液发泡。

处理：①联系仪表工修理液面计。②胺液流量改手动控制，平稳塔液位。③稳定反应系统和循环氢压缩机操作。④胺液缓冲罐加阻泡剂，同时联系溶剂再生装置控好贫液质量。⑤加强循环氢压缩机入口分液罐脱液。⑥如果跑胺严重，影响到正常生产，则立即打开循环氢脱硫塔循环氢旁路阀，切出循环氢脱硫塔。

24　胺液供应中断循环氢脱硫系统如何处理？

原因：①溶剂再生装置故障。②贫胺液管线故障。

现象：①胺液缓冲罐液位不断下降。②胺液换热器出口贫液温度上升。

处理：①立即停循环氢脱硫塔进料泵，稳定胺液缓冲罐和循环氢脱硫塔液位。②打开循环氢脱硫塔循环氢旁路阀，切出循环氢脱硫塔的循环氢。③切断胺液换热器热源。④通知生产管理部门和溶剂再生装置，如果可能联系生产管理部门切换低硫原料油。

25　分馏塔底泵密封泄漏应急处理预案是什么？

塔底一般都是热油泵，工作介质温度高，如发生密封大量泄漏，就可能发生火灾爆炸，严重威胁装置安全。塔底泵如发生轻度泄漏，马上采用蒸汽掩护，切换备用泵，停在运泵更换密封。如果塔底泵大量泄漏着火，则按以下方法处理：

① 采用蒸汽灭火，第一时间停运在运泵，同时起动备用泵，如有必要马上降低炉子温度，以防炉管结焦。

② 如果火势大，现场不能停运在运泵，马上通知电工停在运泵，立即降低炉子温度，以防炉管结焦。在停下泄漏泵后，同时开起备用泵恢复生产。

③ 如两台泵都发生泄漏，无法维持生产，则马上熄灭炉火，降低炉子温度，

从低分过来的油则通过事故线排出装置，平衡好各塔液位、压力。

④ 产品质量难于保证时，应联系生产管理部门改变产品流程，配合作好改流程工作。

⑤ 反应视情况降量生产或打循环，等待塔底泵处理好后恢复生产。

26 发现液化气罐区大量泄漏，液化气如何进行处理？

发生液化气大量泄漏时应立即切断液化气进料，如贮罐根部泄漏，立即进行倒罐处理，泄漏严重时，通过放空线将液化气排到火炬回收系统，在转流程的同时，严禁开停非防爆设备，以免打出火花，控制周围火源，切断周围车辆来往，报告有关处室，开疏散蒸汽，做好掩护，做好周围警戒。

27 热油管线法兰漏油着火的原因有哪些？热油管线法兰漏油着火如何处理？

原因：①垫片使用时间长，操作变化引起撕开漏油着火；②因腐蚀、冲蚀或材质缺陷所致；③急冷或骤热，产生的热效应使法兰张开。

应视具体部位及当时条件决定，原则是管线着火卡两头，容器着火抽下头。如果着火不大，班长立即组织人员扑灭，并汇报车间。若火势不能控制，可视具体情况作降量循环、停汽的处理，如漏油着火扩大时，应紧急泄压，联系消防队及生产管理部门。各岗位要配合，把事故损失降到最低限度。

第三节 环境保护

1 生态系统和生态平衡的定义是什么？

自从地球上出现生命以来，生物和环境相互依存组成一个统一体，这种生活群落（包括动物、植物、微生物）与其周围的无机环境构成整体，称为生态系统。在正常情况下，每个生态系统在相对稳定的条件下，不断地进行着能量转换与物质循环，形成一个相对稳定的生态系统，保持着自然的平衡关系，称为生态平衡。

2 何为环境保护？

运用现代环境科学的理论和方法，在更好地利用自然资源和经济建设的同时，深入认识和掌握污染和破坏环境的根源和危害，有计划地保护环境，促进环境质量的协调发展，提高人类的环境质量和生活质量。

3 环境保护中的"环境"指的是什么？

环境是指大气、水、土地、矿藏、森林、草原、野生动物、野生植物、水生生物、名胜古迹、风景旅游区、温泉疗养区、自然保护区、生活居住区等。

4 "三废"指的是什么？

"三废"是指废水、废气、废渣。

5 空气污染的概念是什么？

由于人类活动和自然过程引起某种物质进入大气中，呈现足够的浓度，达到足够的时间，并因此而危害了人体健康、舒适感、环境。

6 大气污染物的危害性是什么？

二氧化硫是有恶臭和强刺激性气体，主要是对呼吸系统的损害。二氧化硫浓度为 $1 \sim 10mg/L$ 时对人体有刺激；浓度为 $10 \sim 100mg/L$ 时，人们开始流泪、胸痛；浓度大于 $100mg/L$ 时会导致死亡。

氮氧化物（NO_x）对植物的危害较大，高浓度下植物不能生存，在低浓度长期作用下，使农作物减产。NO_x 浓度高时会形成酸雨。能使人血液输氧能力下降，使中枢神经及肺部受损。空气中浓度达 $2.5mg/L$ 时，危害植物生长，达 $100 \sim 200mg/L$ 时，人类会发生肺水肿，甚至急性中毒死亡。

一氧化碳（CO）能和血液中血红蛋白结合，降低血液输氧功能，造成全身组织缺氧中毒。空气中 CO 浓度达 $1000mg/L$ 时，出现头痛、恶心，达到 $10000mg/L$ 时立即死亡。

硫化氢是具有恶臭的有害气体，大气中含量在 $1mg/L$ 以上时，可使人立即中毒死亡。

烟尘大部分含炭粒子，其吸附性很强，能吸附各种有害物体和液体，黑烟中还含有被认为是致癌性物质，焦油状碳氢化合物侵害人体呼吸系统，产生综合性危害（如矽肺）。

烃类浓度高时造成缺氧症状，在一定条件下与氮氧化合物一起构成光化学烟雾，形成可比氮氧化物毒性更强的物质，对人体危害更大。

7 水污染指的是什么？水污染有哪几类物质？

是指水体因某种物质的介入，而导致其化学、物理、生物或者放射等方面特性的改变，从而影响水的有效利用，危害人体健康或者破坏生态平衡，造成水质恶化的现象。

主要有油的污染，酚、氰化物、硫化物的污染，酸碱的污染，重金属的污染，固体悬浮物的污染，有机物的污染，营养物质的污染和热污染等。

8　**废水的排放量及所含主要污染物的危害性是什么?**

废水中主要含油、硫化物、挥发酚、氨、碱、盐等,一般废水为偏碱性。这些污染物均会污染环境及危害人体。

油的危害:在水面形成油膜,妨碍氧气进入水体,使水生物死亡;造成水有异味,农作物死亡。

硫化物:使水生生物中毒死亡,植物烂根。

挥发酚:水中含酚 0.1~0.2mg/L 时,鱼肉即有臭味,粮食不能食用;含酚 6.5~9.3mg/L 时,能破坏鱼的鳃和咽,使其腹腔出血,脾肿大,甚至死亡。含酚浓度高于 100mg/L 的废水直接灌田,会引起农作物枯死和减产。

氨:使水富营养化,水生植物大量繁殖,造成水中缺氧,水中生物死亡。

碱:碱性高不适于生物生存。

盐:土壤盐碱化。

汞、铜、镉、铝等金属极其化合物:在水中不能被破坏,由于食物链的传递、浓缩、积聚于水生生物体内,人食用后危害人体健康,甚至造成死亡。

以上污染物均会污染天然水体。

9　**污染事故的定义是什么?**

凡是由于生产装置、贮运设施和"三废"治理设施排放的污染物严重超过国家规定而污染和破坏环境或引起人员中毒伤亡,造成农、林、牧、副、渔业较大的经济损失的事故,均称为污染事故。

第九章　仪表与自动化

1　加氢裂化常见的控制系统有哪些?

加氢裂化装置生产过程中最常见、应用最广泛、数量最多的调节系统是单回路简单控制系统。单回路控制系统由被控制对象、测量单元、调节器和执行器组成，构成单变量负反馈控制系统。按被控制的工艺变量来划分，常见的是温度、压力、流量和成分分析等工艺变量的控制系统。单回路解决了装置大部分控制问题，但单回路控制系统对滞后较大、时间常数较大、数学模型复杂、非线形特征、干扰多而变化剧烈的对象，控制质量较差，对与其他过程变量之间有关联和耦合的过程，单变量控制系统解决不了相互之间的干扰问题。因此，加氢裂化装置根据控制回路的具体情况和条件采用了一部分复杂控制系统，最常见的有串级控制系统、均匀控制系统、分程控制系统、自动选择控制系统、复杂计算控制系统、前馈控制系统，以及根据现代控制理论发展起来的非线性控制系统、模糊控制系统、解耦控制系统等。

2　如何投用串级回路?

串级调节是由两个调节器共同作用控制一个调节阀动作的调节方式，称为串级调节。首先将串级回路的副表投至自动，再将其投至串级，最后主表投至自动即可。投用串级回路时应注意，最好在操作比较平稳时进行，减少因主表设定值与测量值存在偏差造成波动。

串级均匀调节系统方块图如图9-1所示。

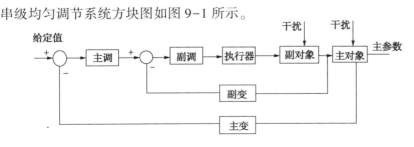

图9-1　串级均匀调节系统方块图

以加热炉出口温度与燃料组成的串级回路为例，绘制回路图如图 9-2 所示。

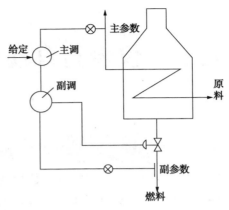

图 9-2　加热炉出口温度串级回路

3　什么是简单自动调节系统？

简单自动调节系统包括四个基本组成部分，调节对象、测量元件（包括变送器）、调节器和调节阀。根据需要不同还可以配置其他的组成部分。测量元件和变送器是由感受工艺参数的测量元件和用一种特定信号（一般用风压或电流）将工艺参数变化表示出来的变送装置组成的。自动调节器即由变送器送来的信号与工艺上所需的参数规定值（由给定装置给出）相比较，得出偏差，按设计好的运算规律算出结果，然后将此结果按特定信号（风压或电流）发送出去。执行机构（调节阀）常用的有气动调节阀和电动调节阀两种，它们接受自动调节器的输出信号，以改变调节阀开度来改变物料和能量的大小。

通常所说的自动调节系统，是指由上述各部分按一定规律通过传递信号连成闭环并带有反馈调节系统。它的作用是根据生产需要将被调节参数控制在给定的量值上。见图 9-3。

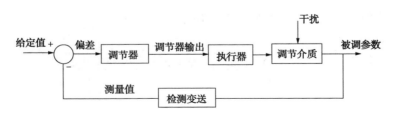

图 9-3　简单自动调节系统方块图

4 什么是自动选择调节系统？

自动选择调节系统方块图见图9-4所示。

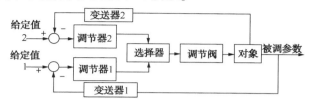

图9-4 自动选择调节系统方块图

5 什么是分程调节系统？

分程调节系统方块图如图9-5所示。

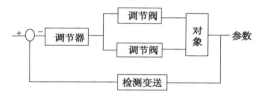

图9-5 分程调节系统方块图

压控分程控制阀位图如图9-6所示。

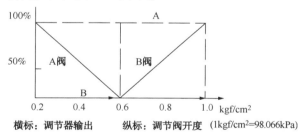

横标：调节器输出　　纵标：调节阀开度　(1kgf/cm²=98.066kPa)

图9-6 压控分程控制阀位图

原料罐一般使用氮气或瓦斯隔离空气，顶部压力控制为分程控制，即进气阀与排气阀为两个控制阀，这两阀共同作用控制原料罐压力。如图9-6所示，当调节器输出在0.2~0.6kgf/cm²时，进气阀A动作，排气阀B全关；当调节器输出为0.6kgf/cm²时，A、B两阀全关；当调节器输出在0.6~1.0kgf/cm²时，排气阀B动作，而进气阀A全关。

6 高压空冷出口温度调节方式有几种？如何实现？

高压空冷出口温度调节有三种方式：百叶窗调节、扇叶角度调节和变频调节。百叶窗调节是将百叶窗手柄与仪表控制系统连接实现 DCS 控制，这种操作方式的精确度很差，不灵活，现场劳动强度更大，现在基本不使用这种调节方式；扇叶角度调节是从 DCS 给出信号直接调整扇叶角度，改变供风量，达到调温的目的，这种方式比较方便，但是故障率高，现在一般不使用该方式；变频调节是通过改变空冷风机的转速、改变供风量，达到调温的目的，而且在负荷低时，电机转速降低还可以节省电能，新建装置基本用该方式，原有装置也可以改造为变频调节。

7　加氢裂化装置的自动化水平如何分类？

目前国内加氢裂化基本上采用工业控制计算机进行集中分散控制，它具有技术先进、功能齐全、组态灵活、操作方便、安全可靠等优点。特别是对实施先进控制、优化控制等极为有利。目前常规仪表基本上采用智能化仪表和电动单元组合仪表，逐步淘汰气动单元组合仪表。

8　气动、电动仪表有哪些优点？

气动仪表的特点：①结构简单、工作可靠。对环境温度、湿度、电磁场的抗干扰能力强。因为没有半导体或触点之类的元件，所以很少发生突然故障，平均无事故间隔比电动仪表长。②容易维修。③本身具有本质安全防爆的特点。④便于与气动执行器匹配，但不宜远距离传输，反应慢，精度低。⑤价格便宜。

气动仪表在中小型企业和现场就地指示调节的场合被大量采用。

电动仪表的特点：①由于采用了集成电路，故体积小、反应快、精度高，并能进行较复杂的信息处理、运算和先进控制。②信号便于远距离传送，易于集中管理。③便于与计算机配合使用。

9　仪表对电源、气源有什么要求？

仪表用电源有不间断交流电源(UPS)和工厂用市电交流电源两种。通常情况下，不影响安全生产的记录、指示仪等允许采用工厂用市电交流电源。而控制仪表、多点数字显示仪表、闪光报警器、自动保护系统以及 DCS 等控制及安全保护系统都宜采用不间断交流电源(UPS)。

工厂用市电规格 220V、50Hz 正弦波。

交流不间断电源规格：单相 220V、50Hz 正弦波。

采用电动仪表的重要工艺装置(单元)，如停电会造成重大经济损失或安全事故的都应配置仪表后备电源。备用时间大于 30min。仪表所用气源(净化压缩空气)压力一般为 0.5~0.7MPa。GB/T 4830—2015《工业自动化仪表　气源压力范围和质量》中规定：在线压力下的气源露点温度应比环境温度下限值至少低10℃，即气源的压力露点至少比环境最低温度低10℃。气源中的油雾是电动仪表的主要威胁，所以气源中油分含量不得大于 10mg/m³。为防止气动仪表恒节流孔或射流元件堵塞，防止气源中的冷凝水使设备和管路生锈、结冰，造成供气管路堵塞或冻裂，要求除去气源中 20μm 以上的尘粒。

10　温度测量主要有哪几种仪表？热电偶测量温度的原理是什么？

加氢裂化装置中采用的温度测量仪表是接触式仪表，主要有热电偶、热电阻、双金属温度计。

热电偶测量温度是应用了热点效应，即同一导体或半导体材料的两端处于不同温度环境时将产生热电势，且该热电势只与两端温度有关。

热电偶是将两根不同的导体或半导体材料焊接或绞接而成，焊接的一端作热电偶的热端（工作端），另一端与导线连接称作冷端，热电势为两种材料所产生热电势的差值，它只与两端温度有关。常用的热电偶有铂铑−铂、镍铬−镍硅、镍铬−铜。

11　常用压力测量仪表有哪几种？

（1）弹簧管压力表。
（2）膜盒压力表。
（3）电动、气动压力变送器。
（4）法兰压力变送器。

12　压力测量的常用工程单位有哪几种？

过去压力测量的常用工程单位有 mmH_2O、mmHg、kgf/cm^2、工业大气压（atm）四种（见表 9−1）。现已实行法定计量单位，故只有 MPa、kPa、Pa 三种。压力单位换算关系见表 9−1。

表 9−1　压力单位换算关系

项目	Pa(N/m^2)	atm	kgf/cm^2	mmHg
1 帕斯卡（Pa）	1	9.86923×10^{-6}	1.01972×10^{-5}	7.50062×10^{-3}
1 标准大气压（atm）	101325.0	1	1.03323	760
1kgf/cm²	98066.5	0.967841	1	735.559
1 毫米汞柱（mmHg）	133.322	0.001316	0.0135951	1
1 毫米水柱（mmH₂O）	9.80665	9.67841×10^{-5}	1.0×10^{-4}	7.35560×10^{-2}

常用的流量测量仪表有以下几种：

（1）差压式流量仪表包括：文丘里管、同心锐孔板、偏心锐孔板、1/4 圆喷嘴等节流装置。

（2）容积式流量仪表包括：椭圆齿轮流量计、腰轮流量计等。

（3）面积式流量仪表包括：转子流量计、浮子流量计等。

（4）自然振荡式流量仪表包括：涡街流量计。

（5）力平衡式压力仪表包括：靶式流量计。

（6）涡轮流量计。

（7）超声波流量计。

（8）质量流量计。

差压式流量仪表原理简明、设备简单、应用技术比较成熟，它是目前生产上广泛应用的一种仪表。缺点是安装要求严格、上下游需要有足够长度的直管段、测量范围窄（一般为 3∶1）、压力损失较大、刻度非线性。

容器式流量仪表主要用来测量液体流量，它精度高，量程宽（可达 10∶1），可以测量小流量，几乎不受黏度等因素的影响，但易磨损。

转子流量计适用于带压小流量测量，压力损失小，量程比较宽，反应速度快。根据仪表特点，安装时要求仪表垂直安装，介质流向由下向上。

涡街流量计测量范围宽，流量系数不受测量介质的压力、温度、密度、黏度及其组分等参数影响。可用于测量气体、蒸汽、液体，且安装方便，精度较低。

靶式流量计特别适用于黏性、脏污、腐蚀性等介质的测量。如需要生产操作中调零，则必须装设旁路。精度低，适应范围不广。

涡轮流量计精度高，在所有类型流量计中属于最精确的流量计；无零点漂移，抗干扰能力好，内部清洗简单；具有较宽的工作温度范围（−200～400℃），可耐较高工作压力（<10MPa）。缺点是要求被测介质洁净，适用于黏度较大的液体测量。

超声波流量计不受电导率、压力、温度以及黏度的影响，与介质不接触，尤其适用于腐蚀性介质；安装简单、费用低，可在现有管道上安装，无需切断工艺管道，管径适用广泛；无扰流件，不限流、无需缩径。缺点是测量线路比一般流量计复杂，需要满管操作。

质量流量计具有准确性、重复性、稳定性，而且在流体通道内没有阻流元件和可动部件；可直接测量得到质量流量信号，不受被测介质物理参数的影响，精度较高；可以测量多种液体和浆液，也可以用于多相测量；不受管内流态影响，因此对流量计前后直管段要求不高；其范围度可达 100 :1。缺点是不能用于测量低密度介质和低压气体，液体中含气量超过一定限制会显著影响测量值。对外界振动干扰比较敏感，为防止管道振动影响，大部分型号质量流量计传感器安装固定要求较高；不能用于较大管径，价格昂贵。

14　比例式调节器有何特点？比例积分调节器有何特点？比例积分微分调节器有何特点？

比例式调节器是最基本的调节器，它的输出信号变化量与输入信号（设定值与测量值之差即偏差）在一定范围内成比例关系，该调节器能较快地克服干扰，使系统重新稳定下来。但当系统负荷改变时，不能把被调参数调到设定值从而产生残余偏差。

比例积分调节器（PI 调节器）的输出既有随输入偏差成比例的比例作用，又有偏差不为零输出一直要变化到极限值的积分作用，且这两种作用的方向一致。所以该调节器既能较快地克服干扰，使系统重新稳定，又能在系统负荷改变时将被调参数调到设定值，从而消除余差。

应用比例积分微分调节器（PID 调节器），当干扰一出现，微分作用先输出一个与输入变化速度成比例的信号，叠加比例积分的输出上，用克服系统的滞后，缩短过渡时间，提高调节品质。

15　调节器的正反作用指的是什么？

调节器的正反作用是指调节器输入信号（偏差）与输出信号变化方向的关系。

当被调参数测量值减去设定值（即偏差）大于零时，对应的调节器的输出信号增加，则该调节器为正作用调节器；如调节器输出的信号减小，则该调节器为反作用调节器。

16　调节器中的比例度（P）、积分时间（I）和微分时间（D）在调节过程中有何作用？

比例调节作用中的比例度是指调节器的输入信号变化量与输出信号变化量之间的比值。比例度是放大倍数的倒数，可以根据需要调节的，比例度越大，放大系数越小，比例调节作用越弱，变化越不灵敏；反之比例度越小，放大系数越大，比例调节作用越强，变化越灵敏。在实际生产中为了求得平稳生产，当有扰动时，使被调参数尽快稳定下来，因此要求比例度适中，调节作用合适，不希望太慢，也不希望太灵敏，变化频繁而稳定不下来。一般调节器的比例度在 0~500%。

积分时间一般为 0.01~25min，积分时间与纠正偏差的速度有关，积分时间愈小，积分作用愈强。

微分时间一般为 0.04~10min，微分时间与测量参数的变化速度有关，微分时间愈小，微分作用愈弱。

通过调整调节器的这三个可变参数，使被调参数在受到干扰作用后能以一定的变化规律恢复到给定值。

17　常用调节阀有哪几种？各有何特点？

调节阀按其执行机构方式不同，主要分为气动调节阀、电动调节阀、液动调节阀三类，这三类阀的差别在于所配的执行机构上。三者的执行机构分别是气动执行机构、电动执行机构和液动执行机构。使用最多最广的是气动调节阀。

常用的气动调节阀及其特点如下：

（1）直通单座调节阀：直通单座调节阀的阀体内只有一个阀座和阀芯，特点是结构简单，价格便宜，全关时泄漏量少。它的泄漏量为 0.01%，是双座阀的十分之一。但由于阀座前后存在压力差，对阀芯产生不平衡力较大，一般适用于阀两端压差较小、对泄漏量要求比较严格、管径不大的场合。当需用在高压差时，应配用阀门定位器。

（2）直通双座调节阀：直通双座调节阀的阀体内有两个阀座和两个阀芯，它的流通能力比同口径的单座阀大。由于流体作用在上下阀芯上的推力方向相反而大小近似相等，因此介质对阀芯造成的不平衡力小，允许使用的压差较大，应用比较普遍。但是因加工精度的限制，上下两个阀芯不易保证同时关闭，所以关阀时泄漏量较大。阀体内流路复杂，用于高压差时对阀体的冲蚀损伤较严重，不宜用在高黏度和含悬浮颗粒或纤维介质的场合。

（3）角形调节阀：角形调节阀的两个接管呈直角形，它的流路简单，阻力较小。流向一般是底进侧出，但在高压差的情况下，为减少流体对阀芯的损伤，也可侧进底出。这种阀的阀体内不易积存污物，不易堵塞，适用于测量高黏度介质、高压差和含有少量悬浮物和颗粒状物质的流量。

（4）笼形阀（套筒阀）：笼式阀可以看作在单座阀的阀芯部位加了个笼套，把阀芯罩住，其节流还是通过调节阀芯和阀座的间隙进行流路和压力的调节，笼套上开有较大的孔或窗口。笼套的作用有两个：其一，对阀芯进行导向，抑制阀芯震动，减少噪声；其二，笼套上的孔形成一级减压功能，因此笼式阀的工作压力比单座阀高，震动和噪声小，密封性能优越。套筒阀其实就是将笼式阀的节流部位改在套筒上的窗口或小孔，阀芯和套筒精确配合，使用压力更高，调节性能更好，平衡式阀芯可以有效减少执行机构的尺寸，因此在大差压的工况下性能优异。

（5）隔膜调节阀：它采用耐腐蚀衬里的阀体和隔膜代替阀组件，当阀杆移动时，带动隔膜上下动作，从而改变流通面积。这种调节阀结构简单，流阻小，流通能力比同口径的其他种类的大。由于流动介质用隔膜与外界隔离，故无填料密封，介质不会外漏。这种阀耐腐蚀性强，适用于强酸、强碱、强腐蚀性介质的调节，也能用于高黏度及悬浮颗粒状介质的调节。由于隔膜的材料通常为氯丁橡胶、聚四氟乙烯等，故使用温度宜在150℃以下，压力在1MPa以下。另外在选用隔膜阀时，应注意执行机构必须有足够的推力，以克服介质压力的影响，一般隔膜阀直径100mm时，应采用活塞式执行机构。

（6）蝶形阀：蝶阀又名翻板（挡板）阀，它是通过杠杆带动挡板轴使挡板偏转，改变流通面积，达到改变流量的目的。操阀具有结构简单、重量轻、价格便宜、流阻极小的优点，但泄漏量大。它适用于大口径、大流量、低压差的场合，也可以用于浓浊浆状或悬浮颗粒状介质的调节。

（7）三通调节阀：三通调节阀有三个出入口与管道连接。其流通方式有分流（一种介质分成两路）和合流（两种介质混合成一路）两种。这种产品基本结构与单座阀或双座阀相仿。通常可用来代替两个直通阀，适用于配比调节和旁路调节。与直通阀相比，组成同样的系统时，可省掉一个二通阀和一个三通接管。

（8）球阀：球阀的节流元件是带圆孔的球形体，转动球体可起到调节和切断的作用，常用于双位式控制。球阀的结构除上述外，还有一种是V形缺口球形体，转动球心使V形缺口起节流和剪切的作用，其特性近似于等百分比型。它适用于纤维、纸浆、含有颗粒等介质的调节。

18 气动调节阀的气开和气关作用有何不同？

气动调节阀按作用方式不同，分为气开（风开）和气关（风关）两种。

有气（信号压力）便打开的阀称为气开阀，一旦信号中断阀便回到当初的原始状态（关闭）。有气（信号压力）才能关闭的阀称为气闭阀，一旦信号中断阀便回到当初的原始状态（打开）。调节阀气开、气关阀选择主要根据工艺生产的需要和安全要求来决定的；原则是当信号压力中断时，应能确保工艺设备和生产的安全。如果阀门处于全开位置安全性高，则应选用气开阀，反之则应选用气关式阀。

调节阀气动执行机构铭牌上，气开阀一般标为：气开、风开、F. C. (False to Close)、PDTO(Push Down To Open)或者RA(Reverse Action)。风关阀一般标为：气关、风关、F. O. (false open)、PDTC(push down to close)或者DA(Direct Action)。

19 压力变送器的作用是什么？有哪几种类型？

在炼油生产中，目前使用的多种调节仪表都有各自的统一调节和输出信号。

为了得到这种统一调节信号，需采用变送装置。

压力变送器能连续测量被测介质的压力，并将其转换为标准信号(气压或电流)的仪表。变送器的输出可远距离传输到控制室，并进行压力指示、记录或调节。

压力变送器的种类可以按不同方式划分。按能源供给方式可分为电动压力变送器和气动压力变送器(气动压力变送器目前已基本淘汰)。按使用场合，可分为一般、防腐、防爆等类型。

20 电动压力变送器的基本原理是什么？

以 DBY(电、变、压汉语拼音字头)型压力变送器为例，它是 DDZ 系列电动单元组合式仪表中的一种单元设备。

DBY 型压力变送器在 DDZ 系列自动调节系统中是检测变送气体或液体等介质的压力(或负压)，将介质的压力转换为 $0 \sim 10mA$ 的直流电信号。它能与电动调节器组成自动测量、记录和调节系统。

被测压力通过感应元件(弹簧片、波纹管和膜片)转换成作用力，它使主杠杆产生偏移，并带动副杠杆偏转，与此同时使检测片发生位移，此位移使晶体管位移检波器放大而转换成 $0 \sim 10mA$ 的直流电信号。此电流通过永久磁场内的动圈，由运动而产生与作用力相平衡的反馈力，平衡后检波器不再位移，此时放大器输出电流即为变送器的输出电流，它与输入压力成正比。

DBY 型压力变送器分为两大类型：防爆型与非防爆型。在装置中由于经常测量易爆物质，所以通常多用防爆型。

DBY 型电动压力变送器由于采用晶体管高频放大器、印刷电路板等新技术和采力平衡结构，所以工作可靠，寿命较长，具有精度高、体积小等优点。

21 测量液位的目的是什么？常用的液位计有哪些？特点是什么？

气相和液相的界面测量称为液位测量。测量液位的目的之一是为了计算物料的数量，为生产管理者提供必要数据；目的之二是为了了解液位是否在规定的范围之内，以便进行液位的调节。常用的液位测量方法：

(1) 连通器式。就是应用最普通的玻璃液位计，特点是结构简单、价廉、直观，适于现场使用，但易破损，内表面沾污，造成读数困难，不便于远传和调节。

(2) 浮力式液位计包括恒浮力式和变浮力式两类。①恒浮力式液位计：恒浮力式液位计是依靠浮标或浮子浮在液体中随液面变化而升降。它的特点是结构简单、价格较低，适于各种贮罐的测量。②变浮力式液位计：变浮力式亦称浮筒(沉筒)式液位计，当液面不同时，浮筒(沉筒)浸泡于液体内的体积不同，因而所受浮力不同而产生位移，通过机械传动转换为角位移来测量液位。此类仪表能实现远传和自动调节，适用于各种比重和操作压力的场合，也可用于真空系统、界面测量和换热器液面测量，但量程比较小（一般小于2m），不适合测量液面量程大、介质腐蚀性太强、高温、高黏度、易凝固的场合。

（3）差压液位计。差压式液位计有气相和液相两个取压口。气相取压点处压力为设备内气相压力，液相取压点处压力除受气相压力作用外，还受液柱静压力的作用，液相和气相压力之差，就是液柱所产生的静压力。其工作原理基于液面升降时能造成液柱差。其特点是敞口或闭口容器均能用。一般差压变送器测量精度比较高，反应速度快，量程宽，可进行连续测量和远传指示，且被测差压与输出信号呈线形关系，所以应用较多。对于黏性大、有沉淀、易结晶介质的液位测量，可以采用双法兰液位计。双法兰液位计适用于液位波动比较大的场合，它的正负压室与法兰之间的毛细管都充满硅油，变送器与被测量介质之间严格隔离。

（4）电式液位计。包括以下几种：

① 电容液位计：置于液体中的电容，其电容值随液位高低而变化，该种液位计轻便，测量滞后小，能远距离指示，但成本较高。

② 电阻液位计：置于液体中的电阻，其电阻值随液位高低而变化。

③ 电接触液位计：应用电极导电装置，当液面超过规定范围时，发出电调整信号，用于要求不高的场合。

（5）辐射式液位计。利用物位的高低对放射形同位素的射线吸收程度不同来测量物位高低的，它的测量范围宽，可用于低温、高温、高压容器中的高黏度、高腐蚀、易燃易爆介质物位的测量。但此类仪表成本高，使用维护不方便，射线对人体危害性大。

（6）超声波液位计。利用超声波在气体、液体或固体中的衰减程度、穿透能力和辐射声阻抗等各不相同的特性测量液位。非接触式测量液位，精确度高，惯性小；但成本高，使用维修不方便。

（7）雷达液位计。雷达液位计发射能量很低的极短的微波脉冲通过天线系统发射并接收，雷达波以光速运行，运行时间可以通过电子部件被转换成物位信号，一种特殊的时间延伸方法可以确保极短时间内稳定和精确的测量。即使在工况比较复杂的情况下，存在虚假回波，用最新的微处理技术和调试软件也可以准确地分析出物位的回波。

雷达液位计与超声波液位计的相同点：都可以进行非接触式测量。不同点在于雷达发射的是电磁波，不需要传播媒介，而超声波是声波，是一种机械波，是需要传播媒介的。另外波的发射方式元件不同，超声波是通过压电物质的振动来发射的。①超声液位计不能用在压力较高或负压的场合，一般只用在常压容器，一般要求在0.3MPa以内，因为声波要靠振动来发出，压力太大时发声部件会受影响；而雷达液位计可以用在高压的过程罐。②超声波物位计有温度限制，一般探头处温度不能超过80℃，并且声波速度受温度影响很大。③当测量环境中雾气或粉尘很大时将不能很好的测量。雷达的精度高于超声波，一般情况下超声波比雷达低。雷达的是电磁波，不受真空度影响，对介质温度压力的适用范围又很宽，随着高频雷达的出现，其应用范围就更加广泛了。

22　节流式流量计的测量原理是什么？

节流式流量计是由节流装置(孔板、喷嘴、文氏管)、引压导管和差压计三部分所组成。流体通过孔板或其他节流装置时，流通面积缩小，流速增加。依据能量守恒定律，当流体不可压缩时，静压必然减少，依据节流装置两侧的压差，可以测出流速，并可折算为流量。节流装置的流量方程：

$$V = \alpha \varepsilon A \sqrt{\frac{2g\Delta P(\rho_{\text{指}} - \rho)}{\rho}}$$

式中　　V——体积流量，m^3/s；

α——流量系数，取决于节流装置的几何形状、孔径与管径比值等因素，当 Re 数很小时，还与 Re 数有关，α 的数值可查阅有关手册；

ε——膨胀校正系数，如将流体作为不可压缩来看待，则 $\varepsilon = 1$；

A——节流装置的开孔截面积，m^2；

ΔP——U 形差压计压差(读数)，m；

$\rho_{\text{指}}$、ρ——U 形管内指示液和被测液的密度，kg/m^3。

由于流量 V 与压力差 ΔP 成平方根的关系，所以用这种流量计测流量时，流量标尺为不均匀刻度。

23　温度变送器的工作原理是什么？

温度(温差)的测量信息，通常采用变送器变成 0~10mA 的电流，然后传送到操作室内仪表盘上的调节器或指示器，变送器由输入回路和直流毫伏放大两部分组成。这种变送器可以现场安装，结构简单。

热电偶输出的毫伏信号输入回路部分的桥路进行零点调整，再经过冷端补偿，成为电压。

经滤波器清除噪音之后，通过放大器和复合晶体管变换为 4~20mA 的恒定电流。

24　什么是积分饱和？它有什么害处？

积分饱和现象是指具有积分作用的调节器在开环状态下，当测量值与给定值之间存在偏差时，使调节器的输出达到最大或最小极限值的现象。

积分饱和现象是有害无益的，使过程起调量加大，过渡时间加长，使调节精度降低。在紧急情况下，调节系统不能立即工作，起不到安全保护作用，甚至造成事故。

25 微分时间越长调节作用越大吗？

微分时间越长调节作用越大，微分调节器的输入和输出的关系如下：

$$P = T_d \frac{de}{dt}$$

式中　P——调节微分调节器的输出；

　　　T_d——微分时间；

　　　$\frac{de}{dt}$——偏差 e 的变化速率。

由此式可见，当偏差 e 的变化速度不变，微分时间 T_d 越长，则微分调节作用越大。

26 什么是集散型控制系统(DCS)？

工艺流程的控制一般选用集散型计算机控制系统(DCCS)，通常简称为集散型控制系统(DCS)。

集中控制系统又称为分散型系统，简称集散控制系统。它以分散的控制适应分散的过程对象，同时又以集中的监视、操作和管理达到控制全局的目的，不仅发挥了计算机高智能、速度快的特点，又大大提高了整个系统的安全可靠性。集散系统可再分散控制的基础上，将大量信息通过数据通讯电缆传送到中央控制室，控制室用以微处理机为基础的屏幕显示操作站，将送来的信息集中显示和记录，同时可与上位监控计算机配合，对生产过程实行集中控制监视和管理，构成分级控制系统。

集散控制系统不仅可完成任一物理量的检测，进行自动和手动调节控制，而且可向用户提供多种应用软件，如工艺流程显示、各种报表的制作，还提供过程控制语言，可完成顺序程序控制、数据处理、自适应控制、优化控制等程序编制。系统可采用积木组件式结构，根据用户规模任意组合，从只控制一个回路到控制几百个回路。采用集散控制系统不仅使生产过程实现安全、稳定、长周期运行，而且可实现优化控制和管理。

27 什么是工业自动化在线分析系统？它对加氢裂化装置有何重要作用？

所谓工业自动化在线分析系统，就是将自动化分析仪表安装在工艺系统中，对流程之中的某些物质成分及其性质(如组成、含水量等)进行连续精确的测量和控制的系统。

工业自动化在线分析系统和自动化仪表监控系统一样,对装置有着重要作用,如在线氢纯度分析仪、烟气氧含量在线分析仪等都成为现代加氢裂化装置必不可少的自动化分析仪器。它的作用是:①它将代替传统的繁琐而费时的定时采样分析任务,大大提高了劳动生产率;②提高了分析速度,能及时准确地反映中间或最终产品的质量情况;③能把分析结果作为自动化仪表监控系统的信号进行操作调整,使生产控制在最佳参数上。

28 什么是工业自动化在线分析仪器?由哪几部分组成?各部分的作用是什么?

分析仪器是用来测量物质(包括混合物和化合物)成分和含量及其某些物理特性的仪器总称。用于实验室的称为实验室分析仪器,用于工艺流程中的在线分析仪表称为工业自动化在线分析仪器。

自动化在线分析仪器的工作原理互不相同,其结构也各有差异,但是它们都有一些共同作用的部件和基本的环节所组成:

(1)发送器部分:发送器(也称传送器)是仪器的核心部件,其主要作用是将被测组分浓度的变化或物质性质的变化转化成为某种电参数的变化,这种变化通过一定的电路转变成相应的电压或电流输出。

(2)放大器部分:发送器来的信号一般比较微弱,这时需要放大器将信号放大,以便推动二次表。

(3)二次仪表:二次表包括指示、记录等显示装置。

(4)取样和预处理装置:取样装置的任务是将被测样品自动地、连续地送入发送器。它包括减压、稳流、预处理和流路切换等。预处理装置通常包括过滤器、分离器、干燥器、冷却器、转化器等。

(5)辅助装置:辅助装置,如恒温器、电源稳压器等,以保证自动化分析系统正常稳定地工作。

29 自动化系统可分哪些类型?

(1)自动测量系统,如温度(T)、压力(P)、流量(F),液面(L)、成分(A)、界面(L)等参数进行测量,并将结果指示或记录出来。

(2)自动调节系统:将生产中某些重要的参数稳定在规定的数值范围以内。

(3)自动信号,报警、联锁系统,生产过程中有时由于一些偶然因素的影响,如由于仪表失灵,或由于工艺、外界干扰等因素,使工艺参数混乱,矛盾激化,如不及时处理有可能引起燃烧、爆炸或其他恶性事故发生;为了确保安全生产，对生产中某些关键参数设置自动报警和联锁装置。当参数超过规定的极限值，信号系统动作，发光发声报警，告诉操作人员应立即采取措施。如果处理不及时，联锁系统即自动采取措施，以防止事故发生或扩大。

30 仪表的零点、跨度、量程是指什么？

仪表的零点是指仪表测量范围的下限（即仪表在其特点精度下所能测出的最小值）。量程是指仪表的测量范围，跨度是指测量范围的上限和下限之差。

如果一台仪表测量范围是200~300℃，则它的零点就是200℃，量程是200~300℃，跨度是100℃。在使用中应选择适当，一般使仪表的正常指示值为仪表量程的50%~70%为最佳。即可使工艺参数不超过量程，又可减少测量误差。

31 什么是仪表的误差和精度？

仪表的误差是指仪表在正常工作条件下的最大误差。它一般用百分比相对误差表示：

$$百分比相对误差 = \frac{最大决定误差}{跨度} \times 100\%$$

式中，最大绝对误差是多次测量中被测参数值与标准值之差的最大值。仪表的精度是指仪表允许误差的大小，它是衡量仪表准确性的重要参数之一。常用仪表的精度有：0.05、0.1、0.2、0.35、0.5、1.0、1.5、2.5、4.0等级别，0.35以上的仪表称精密仪表，用以校验其他级别的仪表。0.5、1.0、1.5级仪表多用在实验室中，1.5到4.0级仪表多用在工厂的生产中，仪表精度在仪表盘面标明。

如果一台仪表的百分比误差是1.2%，它小于允许误差+1.5%，则该仪表的精度就是1.5级。

32 仪表灵敏性和稳定性有什么意义？

仪表的灵敏性是指被测参数变化反应在测量仪表值变化的程度。仪表的灵敏度低就不能把被测参数的微小变化量测出来。

仪表的稳定性是表示在相同外界条件下，仪表对同一被测量值的多次测量中其指示值（正行程或反行程）的稳定程度。如果仪表稳定性不好，对同一被测量的多次测量显示值不同，不仅误差大，还影响调节系统的调节质量。

33 为什么要用各类防爆仪表？隔爆型仪表在使用中有什么注意事项？

石油化工生产的原料、产品大部分为易燃易爆品，在生产、输送、储存过程中存在泄漏风险，这就要求安装在现场的仪表是防爆仪表。常用防爆仪表有本安型、隔爆型和增安型。

防爆型仪表在使用时，必须严格按照国家规定的防爆规程进行。要注意配管、配线密封。

34 什么是本质安全仪表？有何优点？

本质安全仪表是既不产生也不传递足以点燃可燃性气体或混合物的火花和热效应的仪表。本质安全意味着内在的人身安全，防爆和本安(IS)是电子(电动)仪表在易燃易爆气体中使用的两种被认可、行之有效的手段，仪表的电子电路在任何情况下都不能成为点火源，本质安全仪表可在0区安全地安装和使用。

35 热电偶测量温度为什么要有冷端温度补偿？

热电偶产生的热电势只与热电偶端温有关。冷端温度保持不变时，该电势才是被测温度的单值函数。在应用中，由于热电偶的工作端面与冷端面离的很近，冷端面又暴露于空间，易受环境温度波动的影响，为此要对热电偶冷端进行补偿，使冷端温度保持恒定。

冷端补偿的主要方法是采用补偿导线(这种导线在0~100℃与所连接的热电偶有相同的热电性能，价格便宜)，热电偶的冷端延长后，伸至温度波动很小的地方(如控制室)或配用本身具有冷端补偿装置的仪表。

36 安装测温元件要注意什么？

测量点应设在能灵敏、准确反映介质温度的位置，不得位于介质不流动的死角处。

在直管道上安装，可以直插或斜45°插入管道。如果工艺管道管径较小可扩管或在弯头处安装，在弯头处或45°安装时测量元件应与介质逆向。

加热炉炉膛热电偶保护管末端超过炉管的长度应为50~100mm；水平安装的热电偶插入炉内的悬臂长度不宜超过600mm；安装在回弯头箱内的热电偶的接线盒应在回弯头箱的隔热层外。

37 氧化锆测氧仪的工作原理是怎样的？

氧化锆测氧仪所用的氧化锆材料是一种氧化锆固体电解质，是在纯氧化锆中掺入一定量的氧化钇或氧化钙。在高温下烧成的稳定氧化锆，在高温条件下是氧离子的良好导体。利用氧化锆电解质可构成如下测氧电池：

$$Pt, P_0(空气) \parallel ZrO_2 \cdot Y_2O_3 \parallel P(烟气), Pt$$

$ZrO_2 \cdot Y_2O_3$ 是用氧化钇稳定的氧化锆电解质，一般做成管状；P_0 和 P 分别是空气中和烟气中氧的含量，Pt 为两个用铂涂在氧化锆管内外表面的电极。

在大约850℃的温度下操作时，两个电极之间的电位差与存在于两个电极和电解质界面处的氧气分压比的对数成正比，通过测量该电位差的变化得出加热炉内烟气的氧含量。在分析池的一侧通常用干燥的空气作为参考气体。

38 测量仪表按用途主要可分为哪些类型？

（1）测量压力的仪表：如压力表、真空表、压差表等；

（2）测量流量的仪表：如孔板流量计、涡轮流量计等；

（3）测量液面的仪表：如玻璃板液位计、差压液位计、沉筒液位计等；

（4）测量温度的仪表：如玻璃温度计、双金属温度计、热电偶、热电阻温度仪等；

（5）测量组分的仪表：如在线色谱分析仪表。

39 测量变送元件的作用是什么？调节单元的作用是什么？执行机构的作用是什么？

测量变送元件是将被调节的参数（如测量出来的温度压力、流量、液位等）变换成自动化中可以接收的统一的相应信号，对气信号为 $0.2 \sim 1.0 \text{kgf}/\text{cm}^2$（$1\text{kgf}/\text{cm}^2 = 98.066\text{kPa}$）的气压，对电信号为 $4 \sim 20\text{mA}$ 的电流信号，并把这种统一的信号传送给调节单元或指示单元。

调节单元是将变送器送来的测量信号与人工给定值进行比较，加以判断确定调节方向的规律，发出相应的调节命令输出信号给调节阀即执行机构。

自动调节回路中执行机构（一般是调节阀）是用来执行调节器送来的调节命令产生相应的调节作用，对工艺过程中被调对象进行在线调节。

40 什么是调节对象？

执行机构产生的调节作用施加到调节对象上，使被调参数发生变化，与施加到调节对象上的干扰作用所引起的变化相补偿，而被调参数变化又经测量变送单元送给调节器，形成各环节互相联系，互相制约的调节系统。

41 自动调节系统具有哪两个特点？

（1）调节系统是一个闭路循环系统，当作用在调节对象的干扰发生变化后，通过调节对象，测量变送，调节器和执行机构各组成环节又在调节对象上施加一定的调节作用，即各环节之间是相互联系，互相制约的。

（2）调节系统是一个负反馈系统，当干扰作用被调量上升时，通过系统各环节反馈到调节对象，输入端的调节作用必定使调节量下降，保证调节系统正常工作。

42 何谓风开阀？何谓风关阀？调节阀的风开或风关根据什么决定的？

气动薄膜调节阀的作用方式有风开、风关两种。有信号压力时阀关，无信号压力时阀全开称风关阀；反之，有信号压力时阀开，无信号压力时阀全关称风开阀。

选择控制阀风开、风关是根据工艺过程中万一碰到事故状态时，能使被调对象马上转入安全状态，不致发生恶性事故，或防止事故进一步恶化。

43 孔板测量流量的原理是什么？

孔板测量流量是根据柏努利方程流动的能量守恒原理实现的。测出孔板前后的压差，即可计算出管道内的介质流量。在自动控制中是将此压差(P_1-P_2)通过差压变送器转换成统一的气或电信号来进行测量的。

44 双金属温度计的测量原理是什么？

双金属温度计中的测量元件是由两种线膨胀系数不同的金属叠焊在一起制成的。当两金属片受热，由于两金属片膨胀系数不同，而产生弯曲，温度越高，产生的弯曲越大，这种弯曲带动指针显示出被测温度。

45 涡轮流量计的测量原理是什么？

在流体流动的管道里，安装一个可以自由转动的叶轮，当流体通过叶轮时，流体的动能使叶轮旋转，流体的流速越高，动能愈大，叶轮转速也就越高，因而测出叶轮的转数或转速，就可以测出管道内介质的流量。

46 什么是绝对误差？什么是相对误差？

测量误差通常有两种表示法，即用绝对表示法和相对表示法来表示。绝对误差等于测量值减真实值；相对误差等于绝对值除以真实值。

47 什么是仪表的灵敏度？

仪表的灵敏度，可用仪表输出的变化量 Δa 与引起此变化的被测参数的变化量 ΔX 之比来表示，即：仪表灵敏度 $=\Delta a/\Delta X$。

48 什么是定位器？作用是什么？

定位器是控制阀的辅助装置，它与控制阀配套使用，可以使阀门定位器接受调节器送来的信号正确定位，使阀门开关位置与送来的信号大小保持线性关系。

49　气动调节阀安装应注意的事项有哪些?

①调节阀应垂直安装在水平管道上,如在特殊情况下需要水平和倾斜安装时,一般要加支撑。②当选定调节阀的公称通径与工艺管径不同时,应加装异径接头进行连接。③安装场地应有较好的环境条件,环境温度应在-25~+55℃。④尽量避免安装在有振源的场合,否则应采取必要的防振加固措施。⑤安装时必须使阀体上或法兰上的箭头方向指向介质方向。⑥安装前需要认真清除管道内焊渣和其他杂物;在安装后应使阀芯处于最大开度,并对管道和调节阀再次进行清洗,以防杂物卡住和损伤节流件。⑦气动调节阀应安装在便于维护、修理的位置。⑧阀前直管段应尽可能长,出口配管应用3~5倍管道直径的直管段。⑨为了确保调节阀和调节系统出现故障时不致影响生产和发生安全事故,一般都需要安装旁路和旁路阀。旁路阀不能安装在调节阀的正上方,以免旁路阀内腐蚀性介质泄漏至调节阀上。调节阀前、后需安装截止阀,对于高温、高压、易冻、黏稠介质,还要安装导淋阀。

50　气关式调节阀的工作原理是什么?

当阀头无风压时,由于弹簧力的作用将阀芯提起,当阀头风压增大时,风压作用在膜片上,使膜片向下移动,压缩弹簧,使阀芯向下移动,由于弹簧的位移与压力成正比,所以阀芯移动的距离与阀头上的风压成正比关系,即阀头不同的风压有相应于阀芯的不同开度。

51　弹簧式压力表的工作原理是什么?

测压元件是一个270°圆弧的偏圆形截面的空心金属管,一端是封闭的自由端,另一端是引入压力的固定端,在被测介质压力作用下,弹簧自由端发生位移,通过连杆带动指针旋转,刻度盘上指示相应的压力值。

52　加氢裂化装置工艺过程控制的特点有哪些?

(1)反应部分的仪表和设备、管线、阀门一样,均在高氢压、高温下工作,而且氢气中含有较多的硫化氢,因此,所有仪表材质和压力等级必须适应所处的操作条件。

(2)加氢反应具有耗氢、放热特点,操作中应关注以下两点:①采用压力控制方法及时补充氢气,以维持反应系统的压力;②反应热的多少取决于反应速度的快慢和反应温度的高低。为避免反应温度过高导致产生过多的反应热,必须严格控制床层入口温度,并及时排除反应热,否则,会导致催化剂床层飞温,即温度失控。因此,反应部分的压力及温度是重要的控制参数。

（3）高压分离器和低压分离器是高压反应部分和低压分馏部分的分界面或连接处的设备，在实行高压液体减压时，为避免液体减空，高压气体串入低压分离器，发生爆炸事故，必须严格控制高压分离器的液面。

53 加氢裂化装置反应器温度测量热电偶如何设置？

加氢裂化过程中，床层同一截面的径向温度分布是流体分布均匀的最好评价，也是反应器内构件及催化剂装填好坏的最灵敏和最直接的反映。如在同一截面的测量点太少，则不能得到足够的温度或流体分布的信息。床层热电偶常用到3点、4点、6点、8点、12点以及最近接触到的22点。

对于反应放热较大的加氢裂化工艺过程，反应器床层数量较多，气液分配盘、积垢篮、冷氢箱等内部构件数量较多，结构复杂，热电偶通常采用径向插入的类型。一般在每个床层入口、出口处各设置一组热电偶。根据工艺需要，当床层高度较大时，在床层中部增设一组或两组，也有为更好监测床层出口径向温度场的分布情况，在反应器床层出口设互相垂直的两组。

从径向温度分布统计来看，正常时中心点和距器壁 1/3 半径处为高温点，根据这一机理，以往大多数床层温度监测一般采用三支不同长度的铠装热电偶，横向插入设备内三个独立的高压热电偶套管（内径不小于 6mm）或者 1 个共用高压热电偶保护套管内（内径不小于 28mm）。从安装角度来看，三支独立套管这种形式现场最易出问题。比如与设备连接过程法兰对应，但三支热电偶长度与对应角度套管长短不匹配。因为这种套管很细，又比较长，如果机加工不准确，热电偶就很难插进去。因此对温度响应要求相对较低的加氢精制反应器床层一般采用共用保护管（$DN40mm$），三支或四支热电偶横插入共用保护管；对温度相关要求相对较高的加氢裂化反应器床层一般采用三根 $\phi14mm\times\phi3mm$ 不锈钢套管组成正三角形结构，每根套管内插入一支铠装"K"型热电偶。

尽管这种温度监测元件被广泛的采用，但由于高压保护套管管壁过厚，尤其是铠装热电偶感温端部不能与高压保护管内壁紧密接触而存在空气层，而使相应时间加长，测量误差加大，操作员得到一个不精确的和滞后的温度值，因而对温度控制回路的冷氢注入同样不能很好地控制。

近年来开发了新型的热电偶以解决以上问题。UOP 公司在新建的加氢裂化装置中采用直接承压快速响应式铠装 T-bar 三点热电偶，也即多点热电偶直接与催化剂接触测温，响应时间约为 30~35s。Gayesco 开发的 Flex-R 系统 22 点柔性铠装热电偶，与传统方法比，此种热电偶优点是既增加了测温点的数量，也将测温点设在反应器内任何需要的位置上，响应时间仅为 4~7s，而常规热电偶需要 2~3min。由于测量点增多、响应快，因此为过程控制和诊断提供可靠信息。

54 炉后混氢流程中反应流出物与循环氢(或原料油)换热温控阀的事故状态如何设置?

炉后混氢流程中反应流出物与循环氢(或原料油)换热温度阀一般设两台,一台(A 阀)位于循环氢(或原料油)入口,另一台(B 阀)设在旁路线上。A 阀为气关阀(FO),B 阀为气开阀(FC)。当仪表风故障时,几乎全部循环氢(或原料油)全部进入热交换器,反应器流出物换热冷却后温度更低,即进入高压分离器的温度低,不会出现安全问题。相反反应器流出物换热冷却后温度过高,则进入高压分离器的温度高,大量烃气体与氢气一同进入循环氢压缩机的管线,沿途降温会产生大量的凝液,严重时会损坏压缩机。这两台调节阀只起到物流分配作用,不要求关严,因此选用价位较低的蝶阀就能满足要求。

55 加氢裂化装置反应系统压力如何控制?

加氢裂化装置的反应系统压力控制是保证氢气量恒定的重要控制手段。因为加氢裂化反应器中的反应要消耗氢气,而反应又要在一定氢分压下进行,因而需要新氢来维持反应系统氢分压。无论何种工艺,只需在高压分离器顶或循环氢压缩机入口设置一套压力控制,即可控制反应系统压力。

来自产氢装置来的低压氢气经新氢入口分液罐后进入新氢压缩机升压。一般情况下,新氢压缩机机组为往复式压缩机,其输送入反应系统的新氢气量通过出口返回入口的流量调节。通常情况下高分的压力控制往往与新氢压缩机压力控制系统联系在一起。新氢压缩机为往复式压缩机,因此可以采用三种调节方法,一是采用压缩机"三返一"控制方案,即高压分离器与新氢压缩机一级入口分液罐压力分程、选择控制;二是采用逐级返回的控制方案,即高压分离器压力与新氢压缩机各级分液罐压力逐级分程、选择控制;三是最新的液压式气量无级调节系统,通过计算机即时处理压缩机运行过程中的状态数据,并将信号反馈至执行机构内电子模块,通过液压执行器来实时控制进气阀的开启与关闭时间,实现压缩机排气量 0~100% 全行程范围无级调节。其中压力逐段分程、选择控制的方法为压力递推自平衡控制,此方案为加氢装置特有。

(1)"三返一"控制方案:"三返一"控制方案见图9-7所示。"三返一"控制方案有两个调节回路,为采用高分压力 PIC-1 与新氢机一级入口分液罐压力 PIC-2 选择控制的控制方案。"三返一"调节阀 PV-1 选择气关式(FO),高分压力调节器 PIC-1 选正作用(输出取反);新氢机一级入口分液罐出口调节阀 PV-2 选气开式(FC),新氢机一级入口分液罐压力调节器 PIC-2 选正作用。这两个调节器之间通过采用低值选择器选择工作。

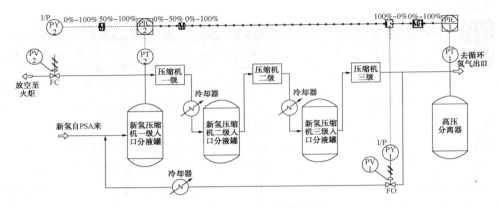

图 9-7 "三返一"控制方案

由于反应耗氢、溶解、泄漏损失等因素，反应系统压力会下降，直接体现到高分压力测量 PT-1 测量值下降。此时若新氢机一级入口分液罐压力 PT-2 测量稳定，PIC-2 分程 0~50% 经转换输出 100%，此时低值选择器选中 PIC-1。PT-1 测量下降，PIC-1 输出增加，PV-1 开度减少，返回新氢机一级入口分液罐的氢气量减少，输出到反应系统的氢气量增大，反应系统压力恢复稳定。

若新氢机一级入口分液罐压力降低，PT-2 测量值降低，PIC-2 输出减少，若此时 PT-1 测量值稳定，经与 PIC-1 低选比较，被低选器选中，PIC-2 输出减少，PV-1 开度开大，氢气返回量增加，提高新氢压缩机一级分液罐压力，使其回到稳定状态。

当高分压力与新氢机一级入口分液罐压力同时升高时，若低选器选中 PIC-1，PIC-1 起作用开大 PV-1，增加氢气返回量、减少进入高分氢气补充量，导致新氢机一级入口分液罐压力升高，PIC-2 起作用，打开 PV-2，将氢气放空至火炬，使系统压力降低。

当高分压力与新氢机一级入口分液罐压力同时降低时，若低选器选中 PIC-2，PIC-2 起作用开大 PV-1，增加氢气返回量、提高新氢机一级入口分液罐压力，从而保证新氢机三级出口压力。

（2）逐级返回的控制方案：新氢机"逐级返回"控制见图 9-8。"逐级返回"控制方案有四个调节回路。除了在"三返一"控制方案中的高分压力 PIC-1 与新氢机一级入口分液罐压力 PIC-2 两个控制回路以外，又将新氢机级间分液罐的压力测量引入。在每级返回线上增加调节阀分别构成调节回路，通过级间测量低选比较。

根据往复式压缩机的工作特点，每段都有氢气返回，根据"三返一"控制方案的控制原理逐级进行压力递推比较，实现每段的压缩比都达到要求。

416

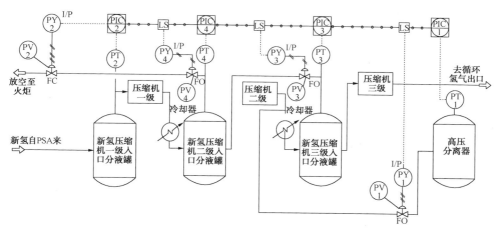

图 9-8 "逐级返回"控制方案

高分压力 PIC-1 与新氢机三级入口压力 PIC-3 通过低选器选择控制新氢机三级出口返回三级入口调节阀 PV-1；三级入口压力 PIC-3 与二级入口压力 PIC-4 通过低选器选择控制新氢机二级出口返回二级入口调节阀 PV-3；二级入口压力 PIC-4 与一级入口压力 PIC-2 通过低选器选择控制新氢机一级出口返回一级入口调节阀 PV-4。一级入口压力 PT-2 升高，PIC-2 起作用，自动打开新氢机一级入口放空至火炬调节阀 PV-2，将氢气放空至火炬。

从控制流程看出，控制的关键是往复式压缩机每段出口压力控制返回入口阀的开度。当高分压力低时，则有高分压力调节器的输出和压缩机末段出口压力调节器的输出控制返回阀，向系统补充氢气量多；当高分压力升高时，则由高分压力调节器输出到压缩机各段出口压力调节器的输出控制返回阀，向系统补充氢气量少。

"三返一"控制方案的优点是控制回路设备少，管线少，过程控制影响快，投资少，但对新氢机维护要求高，不能对各段压缩比进行调整。"逐级返回"控制方案控制回路多，管线多，过程控制响应慢，投资大，但对每段的压缩比可以自动调节。

（3）液压式气量无级调节系统：HydroCOM 是一种用于往复式压缩机的无级气量调节系统，是建立在大型柴油机上的喷射技术上的，并融入了数字计算和控制技术。液压驱动的卸荷装置让进气阀延迟关闭，使多余部分气体未经压缩而重新返回到进气总管，压缩循环中只压缩了需要压缩的气量。通过这种方式每一个行程的气体流量可以得到控制。往复式压缩机的指示功消耗与实际容积流量成正比，因此气量无级调节系统能够最大程度地节约能耗。压缩机的流量控制回路是在 DCS 或是 PLC 里实现的，控制变量一般选取排气压力作为主控变量。用户为这个变量给与设定值，PI 控制器被分配到压缩机的每一级上，第一级根据过程变量来控制。第一个控制器的输出主要作用于第一级，在高压级，选取级间压力作为过程控制变量。各级的负荷百分比信号转换为 4~20mA 信号传输给中间接口单元 CIU。HydroCOM 的特性：①最大限度的节省能源；②10%~100%无级可调；③快速而精确的控制；④很高的流程稳定性；⑤不产生气阀阀片跳动现象；⑥部分负荷时可降低连杆受力；⑦适合新压缩机配套以及已运行压缩机的改造。

56 循环氢压缩机如何实现防喘振控制？

蒸汽透平驱动的离心式循环氢压缩机，能适应加氢裂化负荷变化大的要求。与往复式压缩机相比，具有调节性能好，运行率高，输送气体不会被润滑油污染、体积小、重量轻，流量大及供气量均匀等优点。但它存在着特有的喘振问题。

当离心机工作在某一转速时，如果其入口流量低于某一极限值，就会出现出口管道中的压力高于压缩机出口压力，因此被压缩的气体很快倒流回压缩机，此时管道内压力又下降，气体流动方向又反过来，这样反复进行引起剧烈的振动，这就是所谓的离心式压缩机喘振现象。严重时会损坏机器，为此离心式压缩机运行中要避免出现喘振。防止压缩机喘振的两种控制方法如下：

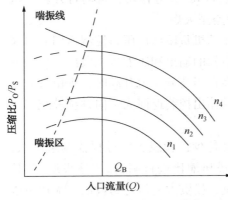

图 9-9 离心式压缩机特性曲线

（1）固定极限流量防喘振控制。离心式压缩机的特性曲线（图 9-9）是指压缩机出口压力与入口压力之比（即压缩比）与入口体积流量之间管线曲线。从图 9-9 可看出，每一转速下有一个喘振点，这些喘振点连接成一条曲线就是所谓的压缩机喘振线，如图 9-9 中虚线所示，虚线左边的区域叫做喘振区。

从图 9-9 可以看出，只要能保证压缩机入口流量始终大于某一极限值，就能保证压缩机操作稳定，不会发生喘振现象。图中的 Q_B 就是固定流量的极限值，它大于任何转速下的喘振点流量，只要压缩机入口流量 Q 是固 ∂_B，就不会出现喘振。压缩机入口流量调节器的给定值为 Q_B，一旦入口流量小于极限值 Q_B，则调节阀自动打开，一部分出口气体返回入口（气体经冷却进入高分），以保证入口流量 $\partial = \partial_B$，从而防止喘振发生。固定极限流量防喘振控制方法简单，可靠性强，投资少，但压缩机在低转速运行时能耗较大，不够经济，适用于固定转速的离心式压缩机防喘振控制。

（2）可变极限流量防喘振控制（即随动防喘振控制）。

变转速运行的离心式压缩机宜采用随动防喘动控制系统，随压缩机的不同工况（压缩比、出口压力或转速）自动改变防喘振流量调节器的给定值，克服了固定极限流量防喘动控制能耗比较大的缺点。

随动防喘振流量控制系统采用如下的数学模型：

$$h/P_1 = V \times P_2/P_1 + k$$

式中 h——压缩机入口流量压差变送器量程的百分数；

   P_1——压缩机入口压力（绝）变送器量程百分数；

   P_2——压缩机出口压力（绝）变送器量程百分数；

   V——压缩机喘振限直线的斜率，见图9-10；

   k——随动防喘振控制操作线的截距，见图9-10。

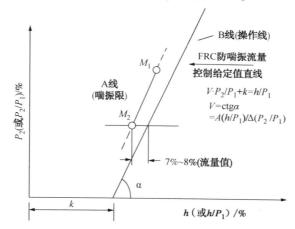

图9-10 循环氢压缩机喘振限及随动防喘振控制操作线

图9-10所示喘振限为一直线，选择两个不同的转速（如100%额定转速，70%额定转速）下的两个喘振点 M_1 和 M_2，连接 $M_1 M_2$ 则作出喘振限的直线，此线左侧为喘振区域。为了保证压缩机在安全区运行，在喘振限直线右侧划一条与它平行的直线即防喘振流量控制给定值直线，两个直线的间距为7%～8%流量值。

随动防喘振控制系统如图9-11所示。

从上述看出，除作出防喘振流量控制给定值线外，还应把压力变送器测量值从表压换算为绝压，因此随动防喘振模型为：

$$h/P_1 \geqslant V \times P_2/P_1 + k$$

这样就能保证压缩机在安全区域内操作。

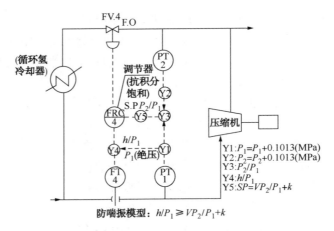

防喘振模型：$h/P_1 \geqslant VP_2/P_1 + k$

图 9-11　循环氢压缩机随动防喘振流量控制系统

Y1:$P_1 = P_1 + 0.1013$(MPa)
Y2:$P_2 = P_2 + 0.1013$(MPa)
Y3:P_2/P_1
Y4:h/P_1
Y5:$SP = VP_2/P_1 + k$

57　高分液位、界位的控制和联锁保护如何实现？

　　高压分离器和低压分离器之间是高低压分界线。反应流出物换热冷却降温并经温度控制，达到所需的温度后进入高压分离器，进行气液分离。高分设有压力控制系统，自动补充反应所消耗的氢气。高分顶部的气体进入循环氢压缩机，下部的液体进入低压分离器。如果液位太低，高压气体串入低压分离器，引起严重事故。因此高分液位是一个十分重要的控制参数，应设置液位报警及低低液位安全联锁。高分底部的含硫污水经界位调节器控制，排入含硫污水缓冲罐（常压容器），也应设置低界位报警及低低界位安全联锁。

　　高分（对于设置循环氢脱硫的装置，应为循环氢压缩机入口分液罐）顶部的气体进入循环氢压缩机。循环氢压缩机是加氢裂化装置的心脏，如果液位过高，进入压缩机的气体夹带液体，严重时损坏压缩机，迫使装置停工，造成重大经济损失。因此，应设置高液位报警及液位过高安全联锁系统。

　　（1）设有液力透平时的液位控制。高分的高压液体能量回收对节能起一定的作用，因此大部分加氢裂化装置利用高分的高压液体驱动液力透平带动一台高压进料泵，以回收能量。

　　高分液位为分程控制，高分液位调节器输出分 0~50% 和 50%~100% 两部分，分别作用 A 阀和 B 阀。高压液体经 A 阀驱动液力透平后进入低压分离器，而 B 阀是旁路液力透平，直接去低分。

　　当高分液位不高时，液位调节器（正作用）输出在 0~50% 范围内，只是 A 阀开，B 阀关闭，高压液体去液力透平驱动反应进料泵运行。当液位继续上升，液位调节器的输出大于 50%，说明只靠 A 阀开关不能维持高分的液位，B 阀开启，有一部分高压液体直接进入低压分离器，以保持高分液位在给定值，不至于高分液位过高引起循环氢压缩机跳机。

高分液位控制过程中，首先是 A 阀动作，尽可能使高分液体去液力透平以多回收能量，当 A 阀全开还不能保持高分的液位，B 阀才打开以维持高分液位在给定值。

(2) 未设置液力透平时的液位控制。高分液体直接去低分，液位调节器的输出信号 0~100% 去控制高分到低分之间的调节阀。当液位上升时，调节阀开度加大，去低分的液体流量增多，高分的液体下降以保持液位达到给定值。

高分去低分管道上的调节阀压降大，高压液体减压后产生气化，采用多级平衡阀芯的角阀为好，流向为底进侧出。对于可能夹带催化剂颗粒的工况(如热高分流程中热高分、冷高分流程中的冷高分)，宜采用肮脏工况防气蚀形式(DST)的多次降压阀。

(3) 高压分离器界位控制。高压分离器底部为油-水界位，油在上层，水在下层。由于油水密度相差较大，很容易监测。高分底部设有界位调节器，控制高分底部的含硫污水去污水处理系统的流量，避免污水带油造成事故和经济损失。当界位上升时，界位调节阀的输出增加，调节阀的开度加大，流量上升，而使界位回到给定值。

(4) 高分(循环氢压缩机入口分液罐)液位过高联锁。高分(循环氢压缩机入口分液罐)顶出的气体进入循环氢压缩机，液位过高会造成重大事故，因此设置液位过高安全联锁系统(SIS)。为了保证压缩机安全，又要保证液位确实过高时才启动联锁系统，因此液位高高(过高)联锁信号采用"三取二"表决式。三个液位开关信号去安全联锁系统，至少有二个信号显示液位过高，才能启动安全联锁系统。

液位开关信号可由三个外浮筒(球)开关发出，或由外浮筒液位开关和其他类型液位仪表组合。无论何种仪表，均都要求采用在实践中经受考验的可靠的仪表。

当液位过高启动安全联锁系统时，自动停循环氢压缩机、反应进料泵、循环氢加热炉以及补充氢压缩机停止或零负荷运行，并且自动启动慢速泄压系统，保证装置处于安全状态。

(5) 高分液位、界位过低联锁。设置高分液位低低(过低)安全联锁，当高分处于低液位时，即发出报警信号提醒操作人员注意。如果液位继续下降达到低低液位时，即发出严重报警信号，并自动关闭高分到低分之间的调节阀(或另设的切断阀)，避免高压气体窜入低分引起爆炸。由于高分有较大的容积，虽然切断了高分到低分的物流，其液位达到高高液位报警前还有足够的时间供操作人员处理问题，此联锁不必与其他设备自动关联。

高分低液位报警信号可由液位控制系统给出，而低低液位报警联锁一般采用外(内)浮筒式液位开关(液位计)、双法兰液位计等。

高分底部油-水界位也设置低界位报警及低低界位安全联锁，避免油进入含硫污水系统引发事故和经济损失。低界位报警信号可由界位控制系统给出，而低低界位报警联锁一般采用浮筒液位计(液位开关)。

高分上安装的外浮筒、玻璃板或差压液位计，都应进行良好的伴热保温，避免凝固而失灵。

58 联锁切断阀在选型时需要注意哪些事项？

联锁切断阀的泄漏等级必须高于调节阀的泄漏等级，加氢裂化装置紧急切断阀的泄漏等级至少 ANSI V 级，最好为 VI 级。因装置介质中含硫，在操作条件下形成硫化氢，选材时应注意硫化氢对各种材料的腐蚀。阀体材质不应低于工艺管道材质，阀内件材质(阀芯、阀座)在加氢装置中一般为合金钢堆焊司钛莱，以增强抗腐蚀性和耐磨性。阀门的阀芯形式可选用球形(介质较为清洁的场合)或闸板型(高压场合)等。阀门执行机构由阀门供货商根据设计提出的阀门最大关闭压降而配置。执行机构的形式有：薄膜式、单气缸式、双气缸式。两位式切断阀的执行机构一般用气缸式，薄膜式多用于调节作用为主、兼有切断作用的阀。

接线箱、信号转换接头、空气过滤减压阀、气阀、保位/锁位阀、电磁阀等阀门附件一般选择由阀门供货商提供，以减少安装不匹配带来的麻烦。因高压切断阀一般不设工艺旁路副线操作，阀门自动部分出现故障时需用手轮操作，所以一般配带手轮。自动复位式执行机构(指弹簧复位式，包括气缸及薄膜式)不需要事故空气罐。非自动复位式气缸式执行机构都应配置事故空气罐。事故空气罐的作用是在规定时间内开阀或关阀，从而保证联锁动作的完成。事故空气罐容积的大小，一般由阀门供货商根据执行机构所需的推力、最小供气气源压力、执行器所需的最小操作压力、执行器有效体积及阀门形成次数等计算决定。

59 联锁系统设置旁路开关的作用是什么？

旁路开关分两种，一种是装置投用初期，对尚未正常的工艺参数，需将旁路开关设置在旁路位置，称开工旁路或强制旁路开关；另一种是在装置已经投入正常运行情况下，参与联锁的仪表有故障需维护时，需置旁路位置，称为仪表维护旁路开关，分别供工艺人员和仪表维护人员专用，按功能分开设置对安全生产有利。

参 考 文 献

金德浩等编者．加氢裂化装置技术问答．北京：中国石化出版社，2006.